普通高等教育基础课系列教材

大学物理实验教程

谢超然　编著

机 械 工 业 出 版 社

本书是根据教育部《理工科类大学物理实验课程教学基本要求》和国家标准化管理委员会发布的 GB/T 27418—2017《测量不确定度评定和表示》，在北京化工大学历年来所使用的物理实验讲义的基础上，结合当前实际教学内容和仪器设备的新发展，吸收了近年来的一系列教学改革成果以及编者多年的物理实验教学经验而编写的。

本书分为绪论，测量误差、不确定度及数据处理，基础性实验，基本实验，近代与综合性、应用性实验，设计性实验共六部分，力求较为完整、系统地反映主流实验教学理论、技术和方法。本书注重实验教学内容与课程体系的层次化、模块化相结合。同时，结合北京化工大学化工行业的特点，面向化工、材料类学生增设了部分与化工、材料相关的实验项目，使实验内容既具有普适性，又具有针对性。

本书适用于高等学校理工科各专业物理实验课程的教学，也可供相关工程技术、实验人员参考。

图书在版编目（CIP）数据

大学物理实验教程/谢超然编著. —北京：机械工业出版社，2022. 12（2024. 3 重印）
普通高等教育基础课系列教材
ISBN 978 - 7 - 111 - 71431 - 6

Ⅰ. ①大… Ⅱ. ①谢… Ⅲ. ①物理学 - 实验 - 高等学校 - 教材 Ⅳ. ①O4 - 33

中国版本图书馆 CIP 数据核字（2022）第 151671 号

机械工业出版社（北京市百万庄大街 22 号 邮政编码 100037）
策划编辑：李永联　　责任编辑：张金奎
责任校对：张晓蓉　王明欣　封面设计：王　旭
责任印制：单爱军
保定市中画美凯印刷有限公司印刷
2024 年 3 月第 1 版第 2 次印刷
184mm × 260mm · 18. 75 印张 · 462 千字
标准书号：ISBN 978 - 7 - 111 - 71431-6
定价：53. 00 元

电话服务　　网络服务
客服电话：010-88361066　机　工　官　网：www. cmpbook. com
010-88379833　机　工　官　博：weibo. com/cmp1952
010-68326294　金　书　网：www. golden-book. com

机工教育服务网：www. cmpedu. com

前　言

本书是根据教育部《理工科类大学物理实验课程教学基本要求》和国家标准化管理委员会发布的GB/T 27418—2017《测量不确定度评定和表示》，在北京化工大学历年来所使用的物理实验讲义的基础上，结合当前实际教学内容和仪器设备的新发展，吸收了近年来的一系列教学改革成果以及编者多年的物理实验教学经验而编写的。

本书力求较为完整、系统地反映主流实验教学理论、技术和方法，注重实验教学内容与课程体系的层次化、模块化相结合。本书的主要特色包括：

(1) 本书阐述了大学物理实验课的课程思政的地位和作用，内容设计既注重对学生的能力培养，又注重对学生的科学人文素养培养。在通过系统的基础实验、设计实验、创新实验训练培养学生的独立实验能力、分析研究能力以及创新能力的同时，尤其注重通过引入经典实验对科学发展的贡献、新兴科技与经典实验的联系、与信息技术相结合的实验等内容，培养学生科学人文素养。

(2) 按照GB/T 27418—2017《测量不确定度评定和表示》的要求，使用了新的术语和表述方式来介绍不确定度的评定和表示，并通过相应的例题以增强学生对不确定度的评定和表示的认识；同时，本书的编写结合北京化工大学化工行业的特点，面向化工、材料类学生增设了部分与化工、材料相关的实验项目，使实验内容既具有普适性，又具有针对性。

(3) 本书充分考虑了当前国内中学物理及物理实验的教学现状，以及不同地区生源基础的差异，开设了预备性基础实验。这样既可以弥补中学物理实验基础不足的缺陷，又可以加强对基本实验技能的训练。

本书由谢超然编著完成。本书的编写得到了学校、教务处、数理学院等各级有关领导的支持和帮助，郎海涛教授、冯志芳副教授、房慧敏副教授等为本书的编写提出了宝贵的建议。本书也凝结了北京化工大学全体从事物理实验教学工作的教师和实验技术人员多年的劳动和奉献。在此一并表示衷心的感谢！

由于编者水平有限，书中难免有疏漏、不妥或错误之处，欢迎专家、老师和同学们多提宝贵建议，并批评指正，以利再版。

(编者电子邮箱：xiecr@mail.buct.edu.cn)

编著者

目录

绪　　论

0.1　物理实验的地位和作用

“物理”一词最先出自古希腊文，原意是指自然，泛指一般的自然科学。物理学是研究物质基本结构和物质运动最一般规律的学科，是当今最精密的一门自然科学，也是其他各自然科学的研究基础。

物理学是自然科学中最重要、最活跃的一门实验科学之一，其理论与实验既紧密联系，又相互独立。它的理论结构充分地运用数学作为自己的工作语言，以实验作为检验理论正确性的唯一标准。物理学的研究必须以客观事实的观察和实验为基础，实验可以发现新事实，实验结果可以为物理规律的建立提供依据。物理学的概念、规律及公式等都必须以严格的实验为基础，同时必须受到科学实验的检验。物理学的概念、规律及公式等只有经受住实验的检验，由实验所证实，才会得到公认。在物理学的整个发展过程中，物理实验起到了直接和间接的推动作用。

整个物理学的发展史是人类不断深刻了解自然、认识自然的历史进程。实验物理和理论物理是物理学的两大分支，实验事实是检验物理模型、确立物理规律的终审裁判。理论物理与实验物理相辅相成，互相促进，缺一不可。物理学正是靠着实验物理和理论物理的相互促进、相互激励、相互完善而不断向前发展的。当代最为人们瞩目的诺贝尔物理学奖的宗旨是奖给那些在物理学方面有最重大发现或发明的人，因此，诺贝尔物理学奖标志着物理学中划时代和里程碑级的重大发现和发明。从 1901 年第一次授奖至今已有一百多年的历史，诺贝尔物理学奖已有得主超过两百名，其中因在实验物理学方面取得重大发现或发明者占了多数。

在经典力学发展之初，首先将科学的实验方法引入到物理学研究中来的物理学家是伽利略。在此之后，物理学的研究才真正走上了科学的道路。开普勒三定律是德国天文学家开普勒借助丹麦天文学家布拉赫等人的观测资料和星表，并通过他本人的观测和分析，于 1609—1619 年先后归纳提出的。牛顿三定律是经典物理学的奠基人牛顿在伽利略、开普勒、胡克、惠更斯等人的实验基础上总结出来的。

在物理学的发展过程中，常常会发生一些用不同的物理学理论来解释同一个物理现象的争论，而解决这种争论的方式就是实验，只有实验才能对某种理论的正确性做出判决。在对光的本性认识的历史进程中，以牛顿为代表的微粒说和以惠更斯为代表的波动说曾发生过长期的争论。光的成像和直线传播的事实支持了微粒说；而光的独立传播的事实又给波动说提供了佐证。杨氏双缝干涉实验证明，光是一种波动；而俄国物理学家列别捷夫的关于光对固体和气体压力的发现的实验又证实，光是微粒。劳厄的 X 射线衍射实验证实了 X 射线也是一种电磁波，具有波动的性质；而光电效应实验又给光量子理论提供了有力的支持。最后，在大量实验事实的基础上，人们最终以光的波粒二象性结束了这场旷日持久的争论。

在物理学的发展过程中，物理实验常常成为修正错误的依据。古希腊的哲学家亚里士多德曾经断言：力的持久作用是保持物体匀速运动的原因。这一曾经统治近 2000 多年的错误理论终于被伽利略斜面实验引出的惯性定律所否定。物理实验也可以使假说成为科学的定论。1927 年，美国科学家戴维森和革末用被电场加速过的电子束打在镍晶体上得到衍射环纹照片，从而计算并证实了 p 和 λ 之间关系的假设，使德布洛意的理论得以被公认。同时，物理实验还可以纠正理论权威的某些不正确论断，促使新物理规律的发现。1879 年，美国物理学家霍尔因为对麦克斯韦的“在导线中流动的电荷本身完全不受磁铁接近或其他电流的影响”的论断表示怀疑，而设计了一个被后人称之为霍尔效应的实验。霍尔效应实验不仅纠正了麦克斯韦的那个不正确的论断，而且为后来的半导体物理提供了重要的研究手段。难怪爱因斯坦说：“一个美妙的实验，通常要比我们头脑中提取的 20 个公式更有价值。”

现代科学技术的高速发展离不开物理学理论和实验的构思和方法。物理实验的一些实验理论和实验方法也已经广泛渗透到了各个自然科学学科和工程技术领域，例如信息时代的四大关键技术——信息存储、信息处理、信息传输、信息显示等，其实都是一些专业的物理实验。正是由于物理实验方法在其他专业领域的成功运用，才使得这些工程技术专业得到迅速的发展。

大学物理实验课作为面向理工科各专业开设的一门公共基础实验课，是学生进入大学后在科学实验思想、实验方法和实验技能训练等诸多方面，接受较为系统、严格训练的开端，是学生进行自主学习、培养创新意识、为后续课程及科学研究打好基础的第一步。

大学物理实验课不仅可以使学生在物理理论和实验技能两方面融会贯通，同时在融入课程思政教育，培养具有社会主义核心价值观的人才方面具有独特的优势。它可以培养和提高学生的基本科学实验能力及素养，培养和提高学生理论联系实际和实事求是的科学作风，培养和提高学生严肃认真、精益求精的工匠精神，培养和提高学生主动探索、追求卓越的创新精神，培养和提高学生团结协作、和谐互助的集体主义精神，培养和提高学生热爱祖国、奉献人民的爱国主义精神。

0.2 物理实验的目的和任务

物理实验的目的是通过对物理实验知识和方法的学习，以及实验技能的训练，初步了解科学实验的主要过程与基本方法，为今后的学习和工作奠定良好的实验基础，其基本任务如下：

1）通过对实验现象的观察、分析和对物理量的测量，学生能进一步掌握物理实验的基本知识、基本方法和技能，并能运用物理原理、物理实验的方法来研究物理现象，总结物理规律，加深对物理原理的理解。

2）培养和提高学生从事科学实验的能力，其中包括能够自行阅读实验教材，做好实验前的准备；能够借助教材与仪器说明书，正确使用常用仪器设备；能够运用物理学原理对实验现象进行初步分析和判断；能够正确记录和处理实验数据，绘制图表，说明实验结果，撰写合格的实验报告；能够完成简单的设计性实验。

0.3　物理实验教学的主要环节与基本规则

实验预习

这是进行物理实验的首要步骤。实验课前必须认真预习，并写出预习报告，不预习或未达到预习要求者不得进行实验操作。实验预习包括以下内容：

1）仔细阅读教材，明确实验目的，理解实验原理，了解实验内容、实验步骤、实验方法以及实验注意事项等。

2）设计并画好原始数据记录表格（要求单独使用一张不小于32开的数据记录纸），表格上要标明文字符号所代表的物理量及其单位，同时注明表格的名称。

3）课上教师可以采用课前小测、提问、讨论等方式，检查学生的预习情况，并记录预习成绩。

实验操作

这是进行物理实验的重要步骤，主要包括阅读资料、调整仪器、观察现象、获取数据、仪器还原等。具体步骤如下：

1）进入实验室后，按照实验室的相关规定和要求，按学号和仪器号“对号入座”，填写有关“仪器使用及维护情况记录表”等。

2）根据实验课教师的安排及讲解，熟悉实验仪器，了解仪器的工作原理和使用方法，按照实验室的规定，安装、调试仪器或连接实验线路、搭建实验光路。

3）测量并记录实验数据，同时将实验数据用钢笔或圆珠笔记录在事先准备好的原始数据记录表格中。

4）将实验原始数据交由任课教师审阅，并签字。经教师签字后，该次实验才有效。

5）完成实验后将所用仪器设备复原，并在“仪器使用及维护情况记录表”上签字。

实验报告

正确处理实验数据并撰写出完整的实验报告，是物理实验课程训练的重要内容之一。实验报告是对实验工作的总结，即在对实验原始数据处理后，对所做实验进行的全面分析和最终总结。

撰写实验报告时，要求字迹清晰、文字通顺、图表规矩、结果正确、分析恰当。具体要求如下：

1）实验报告要用实验报告纸（册）书写。

2）凡是预习报告中已经书写的内容不必再重写，但可以补充。

3）处理数据时，应先将实验原始数据重写整理、誊录在实验报告中，然后再进行数据处理。

4）提交实验报告时，应将任课教师签字的原始数据一并提交。

第 1 章　测量误差、不确定度及数据处理

1.1　测量与误差

任何实验都是在理论指导下，利用仪器设备，人为地控制或模拟自然现象，使它们以比较纯粹和典型的形式表现出来，然后再通过观察和测量来探索自然界客观规律的过程。物理实验由三个基本部分构成，即人为地再现自然界的物理现象、对物理量进行测量和寻找物理规律。因此，物理实验与物理测量有着紧密的联系，在任何物理实验中，几乎都含有测量物理量的内容。物理实验的最终目的是为了探索物理规律，测量的最终目的是为了获得物理量的精确值，由于测量条件千变万化，错综复杂，所以测量总是存在误差的。因此，在实验中除了测得应有的数据外，还需要对测量结果的可靠性做出合理的评价，对测量结果的误差范围做出合理的估计。误差是测量中的不可靠量值，导致测量结果的不可靠量值称为不确定度。测量误差越小，其测量结果的不确定度就越小，测量精度也就越高，人们对客观世界的认识也就越准确。这就是测量、误差和不确定度三者之间的关系。

1.1.1　测量及其分类

1. 测量的定义

广义而言，测量就是用实验手段对客观事物获取定量信息的过程。具体而言，所谓**测量**就是将待测量直接或间接地与另一个同类的已知量相比较，把后者作为计量的单位，从而确定被测量是该单位的多少倍的过程。因此，测量的必要条件是被测物理量、标准量及操作者。测量结果包括数值（即量度出它是标准量的倍数）、单位（即所选定的标准量）以及结果的可信程度（即不确定度表示）。例如，使用外径千分尺（也叫螺旋测微器）测量一个钢球的直径，选用的标准量是毫米，测量结果是毫米的 5.237 倍，则该钢球的直径的测量值为 5.237mm。

测量的方法很多，常用的包括直读法、比较法、补偿法、放大法、模拟法、干涉法、转换法、示踪法和量纲分析法等。

2. 测量的分类

（1）按测量方式分为直接测量和间接测量

① 直接测量：用测量仪器能直接测出被测量的测量值称为**直接测量**，相应的被测量称为直接测量量。例如，用米尺测物体的长度、用秒表测量一段时间、用天平称物体的质量等，这些均是直接测量。相应的长度、时间、质量等均称为直接测量量。直接测量按测量次数分为单次测量和多次测量。

单次测量：只测量一次的测量称为**单次测量**，主要用于测量精度要求不高、测量比较困难或测量过程所带来的误差远远大于仪器误差的测量。如在测弹性模量（也叫杨氏模量）的实验中，钢丝长度的测量就是单次测量。

多次测量：测量次数超过一次的测量称为**多次测量**。多次测量按测量条件主要分为等精度测量和非等精度测量。

② 间接测量：对于某些物理量的测量，由于没有合适的测量仪器，不便或不能进行直接测量，只能先测出与待测量有一定函数关系的直接测量量，再将直接测量的结果代入函数关系式进行计算，最终得到待测物理量的测量值，这个过程称为**间接测量**。简单地说，它是先进行直接测量，然后利用一定的函数关系才能得到测量结果的测量，相应的被测量称为间接测量量。例如，用单摆法测量重力加速度时，就是先用米尺和计时器分别对 L 和 T 进行直接测量，然后将 L 和 T 的值代入测量公式 $g=\frac{4\pi^2 L}{T^2}$，从而得到结果。整个这个过程称为间接测量，其中 g 是间接测量量，L 和 T 是直接测量量。实验中的大多数物理量都没有直接的测量工具，因此，这些物理量的测量过程大多为间接测量。

（2）按测量条件分为等精度测量和非等精度测量

① 等精度测量：为了减小误差，在相同的测量条件（同一观察者、同一套仪器、同一种实验原理和方法、同样的测量环境等）下，对同一被测量进行多次重复测量的过程称为**等精度测量**。由于各次测量的条件相同，所以就没有任何依据可以判断某次测量就一定比另一次测量更准确。因此，每次测量的可靠程度都是相同的。这样的一组等精度测量值被称为**测量列**。

② 非等精度测量：多次重复测量时，只要有一个测量条件发生了变化，如更换了测量所用的量具或仪表，或改变了测量方法等，这种重复测量称为**非等精度测量**。在非等精度测量的过程中，由于各次测量结果的可靠程度各不相同，所以在处理非等精度测量的结果时要引入测量“权”的概念，进行“加权平均”。“权”是用来衡量各单次或局部测量结果可靠性的数字，测量的权越大，说明该次测量结果的可靠性越大，它在最后测量结果中所占的比重也就越大。

在实际测量中常用的测量主要是单次测量、等精度测量和间接测量。当测量精度要求不高时用单次测量；当测量精度要求比较高时，用等精度测量。在无法使用直接测量时才用间接测量。本书所介绍的对于某物理量的多次测量，如无特别说明，都是等精度测量。

1.1.2　误差与不确定度的基本概念

由于实验条件、实验方法等测量条件的限制，任何测量都不可能绝对精确，即测量结果与被测量真值之间总存在着偏差，这就是测量误差。误差存在的普遍性和必然性已被长期的科学实验所证明。对误差研究的深入程度反映了人们对客观世界的认识程度。随着科学技术的飞速发展、实验手段的不断更新以及人们认识水平的不断提高，人们对客观世界的揭示越来越深刻，误差控制得也越来越小，但是试图完全消除误差却始终无法做到。为了充分认识误差的规律并尽可能地减小它、控制它，就必须对误差进行更深入、更细致的研究。

1. 真值与测量值

在一定条件下，当某个被测量能被完善地确定并能排除所有测量上的缺陷时，通过测量所得的量值就称为该被测量的**真值**。真值是待测量的真实大小，是待测量客观存在的量值，是一个比较抽象和理想的概念。由于对一个物理量的完善定义极其困难，并且人们也不能完全排除测量过程中的所有缺陷，所以真值是不可能知道的！物理实验课中所测物理量的真值常用已修正过的算术平均值、公认值（物理常数）、理论值或准确度较高的仪器的测量值近似地代替真值，这些值被称为“**约定真值**”。例如 He-Ne 激光器的红光波长为 632.8nm。

通过各种实验所得到的量值称为**测量值**。它包括以下三种类型。

① 单次测量值：若只能进行一次测量，如变化过程中的测量、对测量结果的准确度要求不高的测量、仪器的准确度不高或多次测量结果相同的测量。

② 算术平均值：对多次等精度重复测量，用所有测量值的算术平均值来替代真值。由数理统计理论可以证明，算术平均值是被测量真值的最佳估计值。

③ 加权平均值：当每个测量值的可信程度或测量准确度不等时，为了区分每个测量值的可靠性（即测量值的重要程度），对每个测量值都给一个“权”数，最后测量结果用带上“权”数的测量值求出的平均值表示，即加权平均值。

2. 误差的定义

一般来说，测量过程都是通过某人在一定的环境条件下使用一定的测量仪器进行的。由于仪器的结构不可能完美无缺，实验人员的操作、调整和读数不可能完全准确，环境条件的变化，如温度的波动、电磁辐射的随机变化等，都将不可避免地会造成对实验结果的干扰。因此，任何测量都不可能做到绝对准确，每个测量值都有一定的近似性，它们与真值之间总会有或多或少的差异，这种差异在数值上的表示就称为**测量误差**，简称**误差**。误差自始至终存在于一切科学实验和测量过程之中，任何测量结果都存在误差。误差按表达方式分为绝对误差和相对误差。

（1）绝对误差 Δx（简称误差）

绝对误差是测量值与真值的差值，即

$$\Delta x = x - x_0 \tag{1.1.1}$$

式中，Δx 表示误差；x 表示测量值；x_0表示真值。

由于真值一般是得不到的，所以误差也是无法计算的。在实际测量中，根据误差的性质和特点，一般可将其分为三类：系统误差、随机误差和过失误差。

（2）相对误差 E

相对误差是绝对误差与被测量真值之比。由于真值不能确定，实际上常用约定真值来代替被测量的真值。相对误差常用百分数表示：

$$E = \frac{\Delta x}{x_0} \times 100\% \tag{1.1.2}$$

绝对误差不是误差的绝对值！绝对误差反映的是测量值偏离真值的程度，它是一个可正可负、有量纲的代数值。它的大小与被测量所取单位有关，能够反映出误差的大小与方向，但不能确切地反映出测量工作的精细程度。

相对误差反映了测量的准确程度，它是一个量纲为一的量。它的大小与被测量的单位无关，它能够反映出误差的大小与方向，并能更确切地反映出测量工作的精细程度，可以用它来比较不同被测量测量准确度的高低。

3. 偏差与近真值

在实际测量中，为了减小误差，常常对某一物理量 x 进行 n 次等精度测量，得到一系列测量值 x_1，x_2，x_3，…，x_i，…，x_n，则测量结果的算术平均值$\bar{x}$为

$$\bar{x} = \frac{1}{n}(x_1 + x_2 + x_3 + \cdots + x_i + \cdots + x_n) = \frac{1}{n}\sum_{i=1}^{n} x_i \tag{1.1.3}$$

算术平均值$\bar{x}$虽然并非真值，但它比任何一次单次的测量结果都更可靠，所以通常将算术平均值$\bar{x}$作为真值的最佳估计值，称为**近真值**。测量值x_i与算术平均值$\bar{x}$之差称为**偏差**v_i（或**残差**），即

$$v_i = x_i - \bar{x} \tag{1.1.4}$$

4. 精确度与不确定度

（1）精确度

反映测量结果与真值接近程度的量，称为**精确度**（简称**精度**）。它和误差相对应，若误差大，则精确度低，若误差小，则精确度高。

精确度是一个综合指标。为了定性地描述各测量值的重复性及测量结果与其真值的接近程度，常用精密度、准确度、精确度来描述。

① **精密度**：表示重复测量各测量值的分散程度，即测量值分布的密集程度，它表征随机误差对测量值的影响，精密度高表示随机误差小，测量重复性好，测量数据比较集中。精密度反映随机误差大小的程度。

② **准确度**：表示测量值或实验所得结果与真值的接近程度，它表征系统误差对测量值的影响，准确度高表示系统误差小，测量值与真值的偏离小，接近真值的程度高。准确度反映系统误差大小的程度。

③ **精确度**（精度）：描述各测量值重复性及测量结果与真值的接近程度，它反映测量中的随机误差和系统误差综合大小的程度。测量精确度高，表示测量结果既精密又正确，数据集中，而且偏离真值小，测量的随机误差和系统误差都比较小。

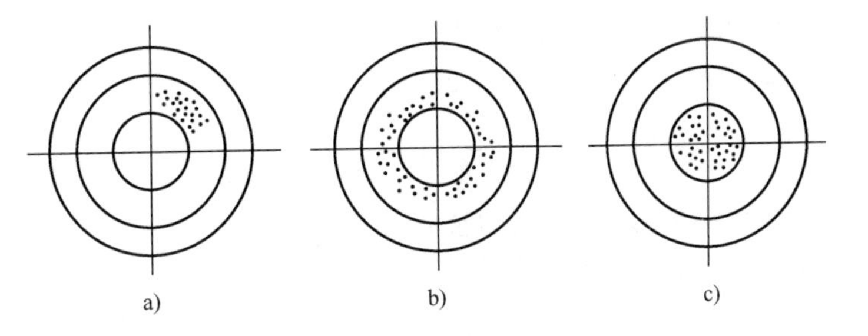

图1.1.1　精密度、准确度、精确度示意图

以打靶时弹着点的分布为例，其成绩由枪的校准程度、射击者的状态和周围环境所决定。子弹中靶的情况有三种，如图1.1.1所示。其中，图1.1.1a精密度高，准确度低；图1.1.1b精密度低，准确度高；图1.1.1c精确度高，既准确又精密。

（2）不确定度

由误差存在的必然性和普遍性可知，在任何一次测量中，系统误差和随机误差总是同时存在的。系统误差对应着测量结果的不准确度，随机误差对应着测量结果的不精确度，而测量结果的总误差则对应着测量结果的不确定度。所以，在实际测量过程中，采用不确定度更能表示测量结果的特征。

1.1.3　系统误差的分析和处理

1. 系统误差的概念

在相同条件下（指方法、仪器、环境、人员）多次重复测量同一量时，误差的大小和符号（正、负）均保持不变，或随着测量条件的变化，按某一确定的规律变化，这类误差称为**系统误差**。系统误差的特征是具有确定性，且不能通过多次测量来消除。

2. 系统误差的分类

系统误差的分类相当复杂，从不同角度有不同的分法。

（1）按掌握的程度

① 可定系统误差：在测量中，大小和正负是可以确定的，并且必须采取一定的措施予以消除或修正的系统误差。例如，外径千分尺零点不为零的误差；再如在伏安法测电阻时，电流表和电压表内阻引起的误差。

② 未定系统误差：在测量中，误差的大小和正负二者中至少其一为未知的，但通常可估计出的系统误差。例如，外径千分尺的示值误差、电表的精度（即准确度等级）产生的测量误差都是未定系统误差。

（2）按变化规律

① 不变系统误差：误差的大小和符号不变化，为固定值的系统误差。如仪器零点不准或示值（刻度）不准造成的误差。

② 变化系统误差：误差的大小和符号至少有其一是变化的，变化规律可以是线性变化、周期性变化或复杂变化。如温度变化引起刻度尺的热胀冷缩给测量带来的误差、指针式电表的转轴与刻度盘的圆心不重合引起的误差。

（3）按产生的原因

① 仪器误差：由于仪器本身固有的缺陷或没有按照规定条件使用所造成的误差。例如，仪器的精度不够、示值（刻度）不准、天平两臂不等长、气压计的水银柱上方漏进少量气体、20℃标定的标准电池在30℃时使用，等等。

② 理论误差：由于测量公式本身的近似性或没有满足理论公式所规定的实际条件而产生的误差。例如，单摆周期公式 $T=2\pi\sqrt{\frac{l}{g}}$ 的成立条件是单摆的摆角趋于0°，而实验过程是无法做到的。用这个近似公式计算 T 时，计算本身就带来了误差；又如用伏安法测量电阻时，忽略了电表内阻的影响而引起的误差，等等。

③ 环境误差：在测量过程中，因周围温度、湿度、气压、振动、电磁场等环境条件发生有规律的变化而引起的误差。如钢卡尺的热胀冷缩造成的示值（刻度）不准、抗电磁能力低的电表在强电磁环境下使用，等等。

④ 人员误差：由操作人员的主观因素、操作技术等引起的误差。这是由于操作者生理、心理等因素造成的误差。例如，用米尺测长，读数为斜视读出；用秒表计时，掐表速度较慢，等等。

3. 发现系统误差的方法

1）理论分析法：从原理和测量公式上找原因，看是否满足测量条件。例如，用伏安法测量电阻时，电压表内阻不等于无穷大、电流表内阻不等于零，会产生系统误差。

2）实验对比法：改变测量方法和条件，比较差异，从而发现系统误差。例如，调换测量仪器或操作人员，进行对比，观察测量结果是否相同而进行判断确认。

3）数据分析法：分析数据的规律性，以便发现误差。例如残差法，对一组等精度测量数据，通过计算偏差、观察其大小和比较正、负号的数目，可以寻找系统误差。

4. 系统误差消除和减小的方法

（1）可定系统误差的消除和减小

① 交换抵消法：将测量中的某些条件进行相互交换，使产生系统误差的原因对两次的

测量结果起到相反的作用，取其平均值即可消除系统误差。例如，用不等臂天平两次称衡物体质量时，由于天平臂长不相等必然会造成误差，因此，在实验过程中将被测物与砝码相互交换进行两次称衡，两次称量结果分别为 m_1、m_2，则取 $m=\sqrt{m_1m_2}$ 为最终称量结果，即可消除天平的不等臂误差。

② 替代消除法：在测量时保持其他的实验条件不变，用已知量代替被测量，即可消除系统误差。例如，在电表改装实验中测量表头Ⓖ的内阻时，如图 1.1.2 所示，首先将 S_2 与表头Ⓖ的回路接通，调节 R_1 使电流表Ⓐ指到某一整刻度，记下此时的电流值 I，再将 S_2 与电阻箱回路接通，保持 R_1 不变，调节电阻箱 R_2 的阻值，使Ⓐ的指示值和记下的电流值 I 相同，此时电阻箱的阻值就等于被测表头的内阻，这种方法避免了测量仪器Ⓐ内阻引入的误差。

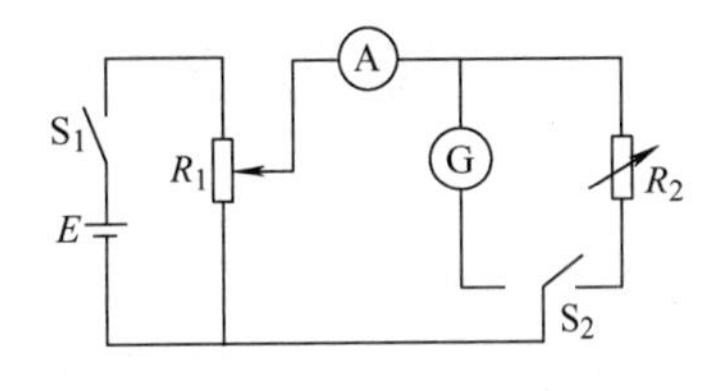

图 1.1.2　用替代消除法测量电表内阻的电路图

③ 异号法：改变测量中的某些条件（如测量方向），先后进行两次测量，使得两次测量中出现的误差符号相反，再取其平均值作为测量结果，以消除系统误差。例如，在电桥和电位差计实验中，由于灵敏电流计的零点不正确必然会引起误差。在测量时，通过改变电流方向，使得电流计的两次偏转方向不一致，再求两次偏转的算术平均值作为测量结果就可以消除因灵敏电流计的零点不正确而引起系统误差了。

④ 补偿法：对测量中某些条件进行修正，通过两次测量从而抵消系统误差。补偿法包括压力补偿法、温度补偿法、电压补偿法等。例如，在两次测量中，第一次将标准值 N 与被测量 x 相加，在 $N+x$ 的作用下，得到测量结果；第二次在不加被测量 x 的情况下，改变标准值 N'，得到与第一次的相同的实验结果，则 $x=N'-N$。

⑤ 半周期偶数测量法：对于周期性的系统误差，可以采用半周期偶数测量法，即通过每经过半个周期进行偶数次测量的方法来消除系统误差。例如，在使用分光仪时，采用双游标读数来消除分光仪的刻度盘与游标盘不共轴所引起的偏心误差。

⑥ 引入修正值法：已知某种系统误差出现的规律，对其进行理论计算以便得到其大小，最后再引入修正值对结果加以修正。例如，在用毛细管测液体的黏度时，毛细管的平均孔径就是由毛细管一端的孔径乘以修正值得到的。

（2）未定系统误差消除和减小的方法

对于无法忽略又无法消除或修正的未定系统误差，通常可以估计出误差范围，如测量仪器说明书给出的误差极限。因而，对于此类误差常常采用估计误差极限的方法进行估算，然后将其与随机误差合并，一并标注到实验结果中。

以上仅对系统误差的分析、发现及处理（减小、修正和消除）方法，做了一些简单的介绍。但具体采用什么方法，要根据具体的实际情况及实践经验来决定。无论采用哪种方法，都不可能完全将系统误差消除，只能将系统误差减小到测量误差要求所允许的范围内，或者当系统误差对测量结果的影响小到可以忽略不计时，就可以认为系统误差被消除了。

系统误差的处理复杂且困难，它不仅涉及许多知识，而且还需要有丰富的经验，这些都必须通过长期艰苦的实践，不断积累和提高。系统误差的出现，常常是由于实验理论的不完善，或其理论背后隐藏着某些未被发现的规律。在科学史上，不乏由于发现了误差，进而通过深入细致的研究探索，最终发现新现象、新事物的例子。例如，英国物理学家瑞利在对氮气的研究中发现，从空气中分离出的氮气的密度与从含氮化合物中制得的氮气的密度存在着千分之一的差别，尽管这一差别非常微小，但他却没有放过。他怀疑从空气中获得的氮气里一定还含有尚未被发现的新气体。在与英国化学家拉姆塞合作十几年后，他终于在 1894 年发现了空气中存在的惰性气体——氩气。

1.1.4　随机误差的分析和处理

在测量时，即使消除了系统误差，在相同条件下多次重复测量同一量时，各次测得的值仍会有些差异，其误差的大小和符号没有确定的变化规律。但如果大量增加测量次数，其总体（多次测量得到的所有测量值）便会服从一定的统计规律，这类误差称为**随机误差**。随机误差的特征之一是具有偶然性。一般来说，通过增加测量次数可以有效地减小随机误差。

1. 统计直方图

对某一物理量在相同条件下做 n 次重复测量，得到一系列测量值，找出它的最大值和最小值，然后确定一个区间，使其包含全部测量数据，将区间分成若干小区间，统计出测量结果出现在各小区间的频数 K_i，以测量数据为横坐标，以频数 K 为纵坐标，画出各小区间及其对应的频数高度，则可得到一个矩形图，即统计直方图。例如，测量某一物理量所得到的数据如表 1.1.1 所示。

表 1.1.1　测量数据列

区间 i	x 值范围	中间值	频数 K_i	概率 K_i/n
1	1.00 ~ 1.02	1.01	0	0.000
2	1.02 ~ 1.04	1.03	1	0.005
3	1.04 ~ 1.06	1.05	4	0.022
4	1.06 ~ 1.08	1.07	7	0.038
5	1.08 ~ 1.10	1.09	15	0.082
6	1.10 ~ 1.12	1.11	31	0.170
7	1.12 ~ 1.14	1.13	54	0.297
8	1.14 ~ 1.16	1.15	38	0.203
9	1.16 ~ 1.18	1.17	20	0.110
10	1.18 ~ 1.20	1.19	9	0.049
11	1.20 ~ 1.22	1.21	3	0.016
12	1.22 ~ 1.24	1.23	0	0.000
13	1.24 ~ 1.26	1.25	1	0.005
14	1.26 ~ 1.28	1.27	0	0.000
总数	—	—	183	0.997

以频数 K 为纵轴，以测量数值 x 为横轴作统计直方图，如图 1.1.3 所示。也可以用中间值代表此区间的测量值 x，以它为横轴，以概率 K/n 为纵轴，连成一条光滑曲线，如图 1.1.4所示，这就是概率分布曲线。

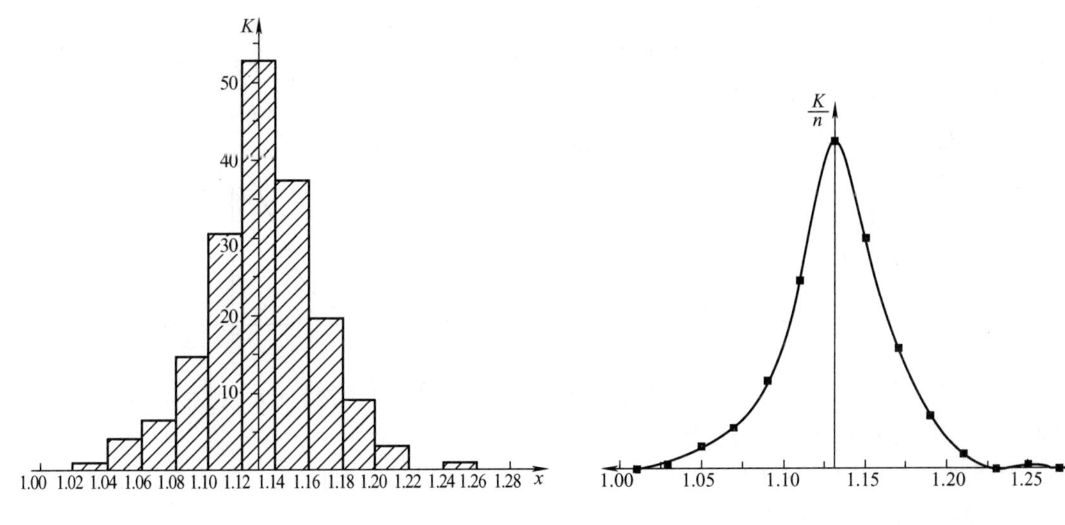

图 1.1.3　统计直方图　　　　图 1.1.4　概率分布曲线

一般来说，采用这种方法就可以从实验数据中得到被测量所遵循的分布规律。但必须指出的是，用上述作图法得到的分布规律，只有在观测次数足够多时才具有统计意义。

2. 随机误差的统计规律

假设系统误差已被减弱到可以被忽略的程度，那么对某一被测量进行 n 次重复的等精度测量时，由于随机误差的存在，测量结果 x_1，x_2，…，x_n一般都存在着一定的差异。如果该被测量的真值为 x_0，则根据误差的定义，各次测量的随机误差为

$$\delta_i = x_i - x_0 \tag{1.1.5}$$

若在这 n 次等精度测量中，随机误差 δ_i出现了 n_k次，则

$$P_k = \frac{n_k}{n} \tag{1.1.6}$$

比值 P_k 称为随机误差 δ_i出现的概率。

如果测量次数足够多，则可以采用$f(\delta)\mathrm{d}\delta_i$来表征随机误差 δ_i落入单位区间 $\mathrm{d}\delta_i$的概率。

如图 1.1.5 所示，曲线下阴影的 $\mathrm{d}\delta_i$区间的面积元$f(\delta)\mathrm{d}\delta_i$表示测量值的误差出现在 $\mathrm{d}\delta_i$区间内的概率。如果概率密度函数$f(\delta)$ 已知，则随机误差 δ_i落入区间 $\mathrm{d}\delta_i$的概率为

$$\mathrm{d}P_i = f(\delta)\mathrm{d}\delta_i \tag{1.1.7}$$

根据归一化条件，概率密度函数$f(\delta)$ 曲线下的面积代表了各种随机误差 δ_i出现的概率，即

$$P = \int_{-\infty}^{+\infty}\mathrm{d}P_i = \int_{-\infty}^{+\infty}f(\delta)\mathrm{d}\delta_i \equiv 1$$

即随机误差 δ 在（$-\infty$，$+\infty$）区间内出现的概率为 100%，因此，当测量次数$n\to\infty$，随机误差 δ 的取值趋于连续时，任取误差分布范围内的一个确定的区间 [δ_1，δ_2]，则随机误差落入此区间的概率也是一个定值。区间不同，概率也不同。

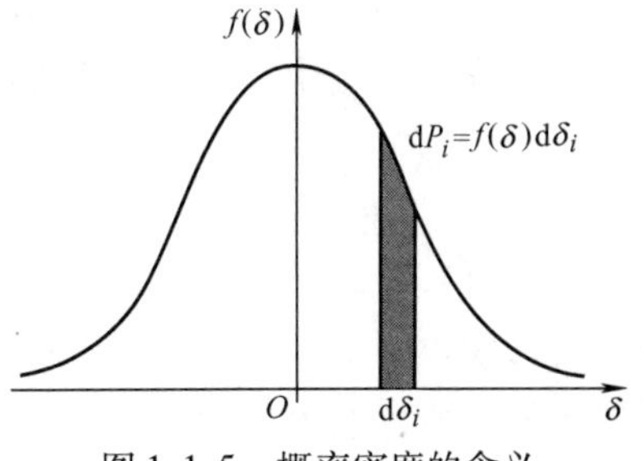

图 1.1.5　概率密度的含义

(1) 随机误差的正态分布规律

① 正态分布的性质：大量的实验事实和统计理论都证明，在绝大多数物理测量中，当重复测量次数足够多时，随机误差 δ_i 服从或接近正态分布（或称高斯分布）规律，如图 1.1.6 所示。当测量次数 $n\to\infty$ 时，此曲线是完全对称的。

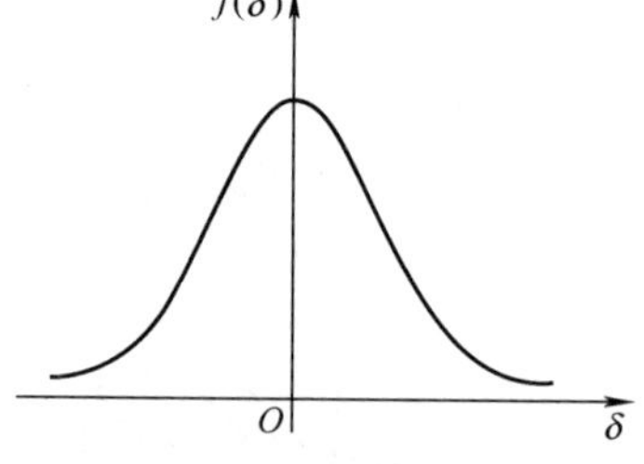

图 1.1.6　正态分布曲线

正态分布具有以下统计特征：

a. 单峰性：误差为零处的概率密度最大，即绝对值小的误差出现的可能性（概率）大，绝对值大的误差出现的可能性小。

b. 对称性：绝对值大小相等、符号相反的误差，出现的概率相等。曲线关于纵轴左右对称。

c. 有界性：在一定测量条件下，误差的绝对值不会超过一定限度，即非常大的正误差或负误差出现的可能性几乎为零。

d. 抵偿性：大小相等的正误差和负误差出现的机会均等，并对称分布于真值的两侧，当测量次数 $n\to\infty$ 时，正误差和负误差相互抵消，于是，误差的代数和趋向于零，即

$$\lim_{n\to\infty}\frac{1}{n}\sum_{i=1}^{n}\delta_i = 0$$

② 正态分布函数：根据误差理论，随机误差 δ 的正态分布函数的数学表达式为

$$f(\delta)=\frac{1}{\sigma\sqrt{2\pi}}\exp\left(-\frac{\delta^2}{2\sigma^2}\right)=\frac{1}{\sigma\sqrt{2\pi}}\exp\left(\frac{(x-x_0)^2}{2\sigma^2}\right) \tag{1.1.8}$$

式中，x 表示测量值；$\delta=x-x_0$ 为测量值的随机误差；σ 是与真值 x_0 有关的常数，它反映的是一组测量数据的离散程度，常称为测量列的**标准误差**（简称**标准差**），其平方 σ^2 称为**方差**，是随机误差平方的理论平均值：

$$\sigma^2 = \lim_{n\to\infty}\frac{1}{n}(\delta_1^2+\delta_2^2+\cdots+\delta_n^2)$$

设对某物理量进行 n 次等精度测量，测量列为 x_1，x_2，…，x_n，则标准误差 σ 的数学表达式为

$$\sigma = \lim_{n\to\infty}\sqrt{\frac{1}{n}\sum_{i=1}^{n}\delta_i^2} = \lim_{n\to\infty}\sqrt{\frac{1}{n}\sum_{i=1}^{n}(x_i-x_0)^2} \tag{1.1.9}$$

由上式可见，标准误差 σ 是各个测量值的误差平方和的平均值的平方根，故 σ 又称为**方均根误差**。

③ σ 的统计意义：σ 是正态分布函数的一个特征量，它决定了正态分布曲线的形状。它的大小表示随机误差离散性的大小和测量精密程度的高低。当 $\delta=0$ 时，由式（1.1.8）得

$$f(0)=\frac{1}{\sigma\sqrt{2\pi}} \tag{1.1.10}$$

由式（1.1.10）可见，若测量的标准差 σ 很小，则必有 $f(0)$ 很大。由于曲线与横轴间围成的面积恒等于 1，所以如果曲线中间凸起较大，两侧下降较快，则相应的测量必然是绝对值小的随机误差出现较多，即测得值的离散性小，重复测量所得的结果相互接近，测量的精密度高；相反，如果 σ 很大，则 $f(0)$ 就很小，误差分布的范围就较宽，说明测得值的离

散性大，测量的精密度低。这两种情况的正态分布曲线如图1.1.7所示。

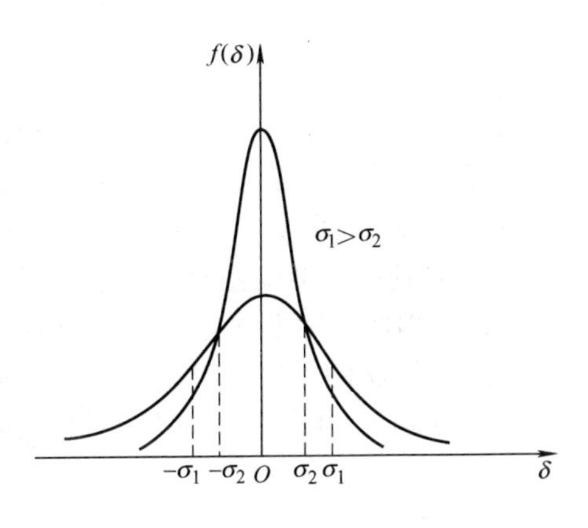

图1.1.7　正态分布与 σ 的关系

根据随机误差的概率理论，由式（1.1.8）可以计算出任意一次测量值的随机误差出现在［$-k\sigma$，$+k\sigma$］区间的**包含概率**为

$$P = \int_{-k\sigma}^{+k\sigma} \mathrm{d}P = \int_{-k\sigma}^{+k\sigma} f(\delta)\,\mathrm{d}\delta$$

误差区间［$-k\sigma$，$+k\sigma$］称为该包含概率所对应的**包含区间**，其中 k 称为**包含因子**，k 是包含区间极限 $\Delta x_{极限}$与标准误差 σ 的比值。

$$k = \frac{\Delta x_{极限}}{\sigma} \tag{1.1.11}$$

因此，只要给出某一测量结果在一定包含概率下的包含区间，就可以知道测量结果的精密程度，即测量结果的置信度。这就是标准误差 σ 的统计意义。

对于正态分布而言，由式（1.1.8）和式（1.1.10）可知，当包含系数 $k=1$，2，3 时，随机误差出现在［$-\sigma$，$+\sigma$］、［-2σ，$+2\sigma$］和［-3σ，$+3\sigma$］区间的包含概率分别为

$$P(1\sigma) = \int_{-\sigma}^{+\sigma} f(\delta)\,\mathrm{d}\delta = 0.683 = 68.3\% \tag{1.1.12}$$

$$P(2\sigma) = \int_{-2\sigma}^{+2\sigma} f(\delta)\,\mathrm{d}\delta = 0.954 = 95.4\% \tag{1.1.13}$$

$$P(3\sigma) = \int_{-3\sigma}^{+3\sigma} f(\delta)\,\mathrm{d}\delta = 0.997 = 99.7\% \tag{1.1.14}$$

$P(1\sigma)=68.3\%$ 表明，由 $-\sigma$ 到 $+\sigma$ 之间正态分布曲线下的面积占总面积的68.3%。这就是说，如果测量次数 n 很大，则在所测得的数据中，将有占总数68.3%的数据的误差落在包含区间［$-\sigma$，$+\sigma$］之内，即在所测得的数据中，任意一个数据 x_i的误差 δ_i落在包含区间［$-\sigma$，$+\sigma$］之内的包含概率为68.3%；或者说，测量过程中得到的 n 个数据中，将有68.3%的数据落在包含区间［$x_0-\sigma$，$x_0+\sigma$］内。同样，$P(2\sigma)=95.4\%$ 和 $P(3\sigma)=99.7\%$ 也具有同样的统计意义。

④ 真值 x_0与标准误差 σ 的最佳替代值：

a. 有限次测量的算术平均值$\bar{x}$：由于误差存在于测量的整个过程中，所以真值始终是无法测得的。为了使测量有意义，就必须找到真值的最佳替代值。对于一个测量列来说，用任何一个测量值来替代真值都是不可取的。下面简要说明多次测量的算术平均值是真值的最佳替代值的原因。

设对某物理量进行 n 次等精度测量，测量列为 x_1，x_2，x_3，…，x_n，则该测量列的算术平均值$\bar{x}$为

$$\bar{x} = \frac{1}{n}\sum_{i=1}^{n} x_i$$

在系统误差已被消除的情况下，由于随机误差的对称性和补偿性，有

$$\bar{\delta} = \frac{1}{n}\sum_{i=1}^{n}(x_i - x_0) = \frac{1}{n}\sum_{i=1}^{n} x_i - x_0 = \bar{x} - x_0 \to 0$$

$$\bar{x} = \frac{1}{n}\sum_{i=1}^{n} x_i \to x_0$$

即有限多次重复测量的平均值最接近被测量的真值，测量次数越多，接近的程度越好。因而，在有限次测量的情况下，可以用测量列的算术平均值替代真值来表示测量结果，即测量列的算术平均值是测量结果的最佳估计值。

b. 测量列的标准偏差 $s(x)$：在实际测量中，测量次数始终是有限的，并且真值始终是不可知的，因此，标准误差也只有理论上的价值，对标准误差 σ 的处理也只能进行估算。估算标准误差 σ 的方法有很多，最常用的是用标准偏差 $s(x)$ 来替代标准误差 σ。测量列的标准偏差 $s(x)$ 是由贝塞尔（Bessel）公式计算得到的，它的数学表达式为

$$s(x) = \sqrt{\frac{1}{n-1}\sum_{i=1}^{n} v_i^2} = \sqrt{\frac{1}{n-1}\sum_{i=1}^{n}(x_i - \bar{x})^2} \tag{1.1.15}$$

式中，$v_i = x_i - \bar{x}$是残差。

$s(x)$ 表示测量值 x_1，x_2，x_3，…，x_n及其随机误差离散性的大小。$s(x)$ 越大，测量值 x_i越分散，测量精度越低；$s(x)$ 越小，测量值 x_i越集中，测量精度越高。$s(x)$ 的物理意义是，在有限多次测量时，在所测得的数据中，将有占总数 68.3% 的数据落在包含区间 $[\bar{x} - s(x), \bar{x} + s(x)]$ 之内，或者说是在所测得的数据中，任一个数据 x_i的误差 δ_i落在包含区间 $[-s(x), +s(x)]$ 之内的包含概率为 68.3%。

c. 平均值的标准偏差 $s(\bar{x})$：测量列的平均值$\bar{x}$并不等于真值 x_0，它只是真值 x_0的最佳估计值。在完全相同的条件下，进行多次重复测量，每次得到的算术平均值$\bar{x}$也存在一定的差异，这表明测量列的算术平均值$\bar{x}$也存在离散性，也存在随机误差。因此，用平均值的标准偏差 $s(\bar{x})$ 来表示测量列的平均值$\bar{x}$的随机误差的大小，平均值的标准偏差 $s(\bar{x})$ 是任意一次测量值的标准偏差 $s(x)$ 的$\frac{1}{\sqrt{n}}$倍，它的数学表达式为

$$s(\bar{x}) = \frac{s(x)}{\sqrt{n}} = \sqrt{\frac{1}{n(n-1)}\sum_{i=1}^{n} v_i^2} = \sqrt{\frac{1}{n(n-1)}\sum_{i=1}^{n}(x_i - \bar{x})^2} \tag{1.1.16}$$

由式（1.1.16）可知，随着测量次数的增加，可以使 $s(\bar{x})$ 逐渐减小，从而提高测量的准确度。但实际上，当 $n > 10$ 以后，随着测量次数的增加，$s(\bar{x})$ 的减小趋势逐渐减缓，如图 1.1.8 所示。因此，单凭增加测量次数来提高测量的准确度，其作用是有限且没有必要的。测量精度主要还是取决于实验理论、实验方法、测量的技术和手段、实验环境和条件，以及实验者的素质等因素。因此，在科学研究实验中，测量次数一般取 $n = 20$ 次左右，而在物理实验教学中一般取 $n = 10$ 次左右。

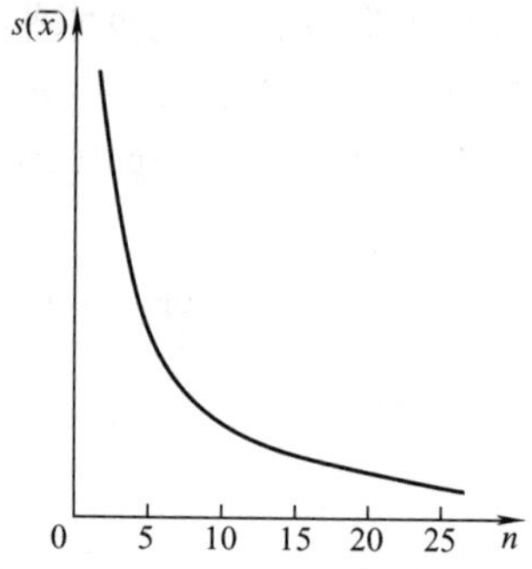

图 1.1.8　测量次数 n 对 $s(\bar{x})$ 的影响

d. 结果表达式的物理意义：由于测量过程中不可避免地会出现误差，所以一个没有标明误差的测量结果是没有科学价值的。实验结果表达式正确的书写格式为

$$x = \bar{x} \pm ks(\bar{x})\text{（单位）}\quad (P_{ks(\bar{x})} = \cdots) \tag{1.1.17}$$

式（1.1.17）中，k 为包含因子。该结果表达式的物理意义是待测量的真值落在 $[\bar{x} - ks(\bar{x}), \bar{x} + ks(\bar{x})]$ 内的概率为 $P_{ks(\bar{x})} = \cdots$。以 $k = 2$ 为例，待测量的真值落在 $[\bar{x} - 2s(\bar{x}), \bar{x} + 2s(\bar{x})]$ 内的概率为 95.4%。

（2）随机误差的 t 分布规律

正态分布测量列的标准差 σ 是一个理论值，当测量次数 $n\to\infty$ 时，它才趋于正态分布。而实际上只能进行有限次数的测量，当测量次数减少时，测量结果并不是严格遵从正态分布，概率密度曲线变得平缓（见图 1.1.9），而有限次数测量的随机误差实际遵从 t 分布。t 分布是 1908 年由英国数学家戈塞特（Gosset）首先提出的，由于发表时使用了笔名“Student”，故也称“学生分布”。

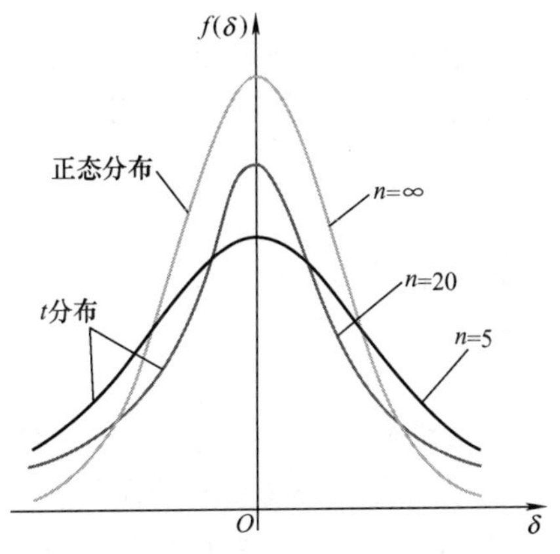

图 1.1.9　正态分布与 t 分布的比较

t 分布具有如下性质：

① 以 0 为中心，呈左右对称的单峰分布；

② t 分布曲线的形态变化与测量次数 n 的大小有关。t 分布与正态分布的主要区别是：t 分布曲线的峰值低于正态分布，而且上部较窄、下部较宽。测量次数 n 越小，t 分布曲线就越低平，就越偏离正态分布。随着测量次数 n 的逐渐增大，t 分布曲线也逐渐接近标准的正态分布曲线，当 $n\to\infty$ 时，t 分布也就趋于正态分布。

因此，在有限次测量的情况下，要保持与正态分布具有相同的包含概率，就要把包含区间扩大一些，将随机误差的范围扩大一些，即在估算随机误差时，要将标准偏差 $s(x)$ 乘上一个 t 分布因子 t_p：

$$\delta = t_p s(x) \tag{1.1.18}$$

式中，t_p 为大于 1 的系数；$s(x)$ 为测量列的标准偏差。表 1.1.2 给出了常用不同包含概率 P、不同自由度 ν 和 t_p 的对应关系。表中数字表示当自由度 ν 和概率 P 为某值时，对应的临界值 t_p。

表 1.1.2　t_p 临界值表

P	ν													
	1	2	3	4	5	6	7	8	9	10	20	30	50	∞
0.683	1.84	1.32	1.20	1.14	1.11	1.09	1.08	1.07	1.06	1.05	1.03	1.02	1.01	1.00
0.950	12.71	4.30	3.18	2.78	2.57	2.45	2.36	2.31	2.26	2.23	2.09	2.04	2.01	1.96
0.954	13.97	4.53	3.31	2.87	2.65	2.52	2.43	2.37	2.32	2.28	2.13	2.09	2.05	2.00
0.997	235.80	19.21	9.22	6.62	5.51	4.90	4.53	4.28	4.09	3.96	3.42	3.27	3.16	3.00

注：用 n 次独立测量值的算术平均值来估计单个量时，自由度 ν 为 $n-1$。

从表 1.1.2 可见，当测量次数 n 增加时，t_p 将减小。但当 n 较大时，t_p 的减小趋势将变缓；当 $n\geqslant 10$ 时，t_p 因子已接近 $n\to\infty$ 时的结果，此时 t 分布和正态分布就非常接近了。因此，在一般的物理实验中，多次测量取 $n=10$ 次就足够了。若测量次数少于 10 次，则必须用 t_p 因子对结果进行修正。

（3）随机误差的均匀分布规律

在测量实践中，均匀分布是经常遇到的一种分布，其主要特点是：测量值在某一范围中各处出现的机会一样，即均匀一致；而在该区域以外，误差出现的概率为 0，如图 1.1.10 所示。故其又称为矩形分布或等概率分布，即

$$f(\delta)=\begin{cases}\dfrac{1}{2a} & |\delta|\leqslant a\\ 0 & |\delta|>a\end{cases}$$

若测量值服从均匀分布，则测量列的平均值为区间 $[-a,\ a]$ 的中点，即$\bar{\delta}=0$。由统计学理论可得，测量列的标准误差 σ 为

$$\sigma=\frac{a}{\sqrt{3}} \tag{1.1.19}$$

则在平均值$\bar{\delta}=0$ 附近，$[-\sigma,\ +\sigma]$ 以内的概率为

$$P=\int_{-\sigma}^{+\sigma}f(\delta)\,\mathrm{d}\delta=\frac{1}{\sqrt{3}}=0.577 \tag{1.1.20}$$

遵从均匀分布或假设为均匀分布的误差包括：

① 数据尾数取舍引起的误差。

② 数字式测量仪器最小显示单位（即分辨率）导致的误差。

③ 测量仪器由于滞后、摩擦效应导致的误差。

④ 仪表盘刻度误差或仪器传动机构的空程误差。

⑤ 平衡指示器调零不准引起的误差。

（4）随机误差的三角分布规律

尽管许多情况下最原始的概率分布是均匀分布，但是多个均匀分布的综合效果却与均匀分布完全不同。当两个均匀分布的分布范围相等时，它们的合成效果就是三角分布，如图 1.1.11所示。此时三角分布的概率密度函数为

$$f(\delta)=\begin{cases}\dfrac{a+\delta}{a^2} & -a\leqslant\delta\leqslant 0\\ \dfrac{a-\delta}{a^2} & 0\leqslant\delta\leqslant a\end{cases}$$

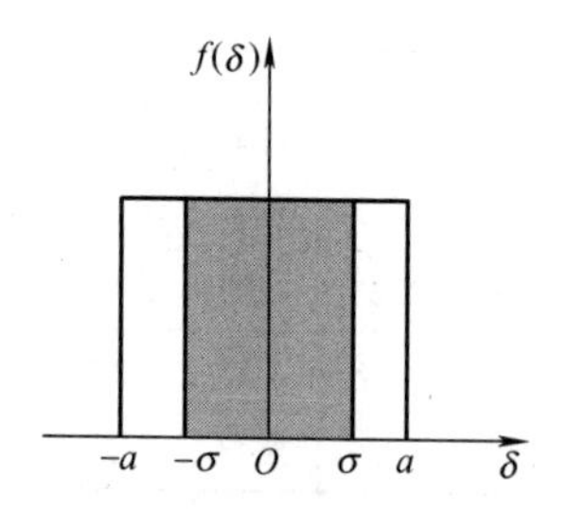

图 1.1.10　均匀分布

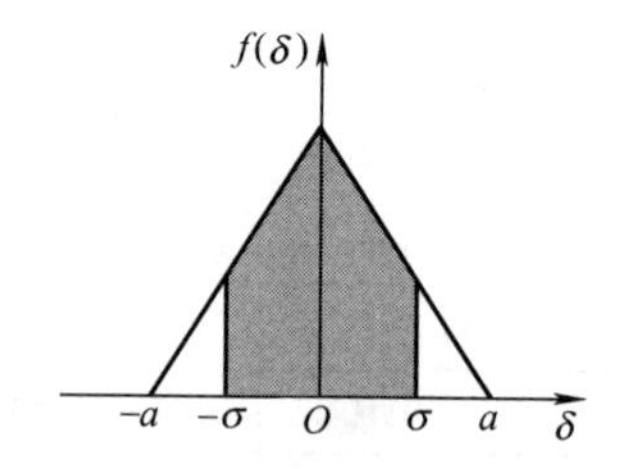

图 1.1.11　三角分布

若测量值服从三角分布，则测量列的平均值为区间 $[-a,\ a]$ 的中点，即$\bar{\delta}=0$。由统计学理论可得，若测量列的标准差 σ 为

$$\sigma=\frac{a}{\sqrt{6}} \tag{1.1.21}$$

则在平均值$\bar{\delta}=0$ 附近，$[-\sigma,\ +\sigma]$ 以内的概率为

$$P=\int_{-\sigma}^{+\sigma}f(\delta)\,\mathrm{d}\delta=1-\left(1-\frac{1}{\sqrt{6}}\right)^2=0.650 \tag{1.1.22}$$

遵从三角分布或假设为三角分布的测量值包括：

① 两次测量结果的和值或差值。

② 两相同均匀分布的合成。

1.1.5 过失误差

过失误差是一种可以避免的误差，它是由于实验者的粗心大意或操作不当造成的人为差错。例如，看错刻度、读错数字、计算错误等。含有过失误差的测量结果是完全无效的，应舍弃不用，它往往表现为巨大的误差。当然，过失误差往往是由于没有觉察到实验条件的突变，仪器在非正常状态下工作，无意识的不正确操作等因素造成的。含有过失误差的测量值称为异常值或坏值。但是在没有充分依据时，绝不能按主观意愿轻易地剔除，应该按照一定的统计准则慎重地予以取舍。

根据概率理论，在等精度的情况下，多次测量随机误差服从正态分布，则对于包含区间 $[-3\sigma, +3\sigma]$ 而言，其包含概率为99.7%，即测量值的随机误差超出 $[-3\sigma, +3\sigma]$ 的概率仅为0.3%。也就是说，在1000次重复测量中，随机误差超出 $[-3\sigma, +3\sigma]$ 的测量值只有3次。而在一般的测量过程中，超出这个区间的可能性微乎其微，所以称 $\pm 3\sigma$ 为极限误差。因此，在一般的物理实验中，常常将误差大于 3σ 的测量值视为可能的测量失误而将其剔除。这就是判别过失误差的 3σ 准则。**具体做法**是求出被测量的平均值 $\bar{x}$ 和测量列的标准偏差 $s(x)$，作区间 $[\bar{x}-3\cdot s(x), \bar{x}+3\cdot s(x)]$，则测量列中数据不在此区间内的值即视为是“坏值”而予以剔除。

1.2 测量结果与不确定度的评定

早在400多年前，法国天文学家开普勒（Kepler）用已校准的仪器进行天文测量，发现了行星的运动规律，从轨道测量结果的比较中，首次提出了测量不确定度的概念。在此之后，世界范围内的许多科学家和国际组织对测量不确定度的理论发展及其应用都做出了不断的努力并取得了显著的成绩。

1986年由国际标准化组织（ISO）、国际电工委员会（IEC）、国际计量委员会（CIPM）、国际法制计量组织（OIML）组成了国际不确定度工作组，负责制定用于计量、标准、质量、认证、科研、生产中的不确定度应用指南。1993年，经国际不确定度工作组多年研究、讨论，并征求各国及专业组织意见，制定了《测量不确定度表示指南》（Guide to the Expression of Uncertainty in Measurement，简称GUM），这个指南由国际计量组织（BIPM）、国际临床化学联合会（IFCC）、国际理论及应用化学联合会（IUPAC）、国际理论及应用物理联合会（IUPAP）以及上述IEC、ISO和OIML等七个国际组织批准和发布，并由ISO出版。《指南》经1995年修订后，在世界范围内得到了广泛的应用。此后，许多国家、国际组织、实验室认可合作组织都相继根据《指南》制定了本国或本组织的不确定度表示指南。1999年，我国也发布了JJF1059—1999《测量不确定评定与表示》的计量技术规范，并于2012年，又发布了JJF1059.1—2012以替代JJF1059—1999。2017年，我国还发布了GB/T 27418—2017《测量不确定评定和表示》的国家标准。目前，《指南》的应用和推广已成为当今科学界、质量技术监督部门、各类认可机构和认证机构关注的热点。近年来，我国各个高校也不断开展这方面的讨论，并根据《指南》对教学内容与方法不断地进行改革，以求与国际接轨。虽然一些学者对《指南》的有些内容持批评态度，但总的趋势是在贯彻《指南》的同时，不断改善它。

1.2.1　不确定度的概念

测量不确定度是对被测量客观值在某一量值范围内的一个评定，它是测量结果带有的、用以评定实验测量结果的质量、表征合理赋予被测量值的分散性的一个参数。测量不确定度不是误差，是一定概率下的误差限值。由于真值的不可知，误差是不能计算的，它可正、可负也可能十分接近零；而不确定度总是不为零的正值，是可以具体评定的。测量不确定度是指由于测量误差的存在而对被测量值不能肯定的程度，它是对被测量的真值在某个量值范围的一个评定，或者说测量不确定度反映了可能存在的误差分布范围，即随机误差和未定系统误差的联合分布范围。测量不确定度的理论既保留系统误差的概念，也不排除误差的概念。这里的误差是指测量值与平均值之差或测量值与标准值（用更高级的仪器的测量值）的偏差。测量不确定度的大小反映了测量结果可信赖程度。不确定度越小，测量结果与真值越靠近，测量质量越高；反之，不确定度越大，测量结果与真值越远离，测量质量越低。

不确定度是对被测量的真值所处量值范围的评定，它按某一包含概率给出真值可能落入的区间。它可以是诸如称为标准测量不确定度的标准差或其特定倍数，或是说明了包含概率的区间半宽度。它不是具体的真误差，它只是以参数形式定量表示了无法修正的那部分误差范围。以标准偏差表示的不确定度称为标准不确定度，以标准偏差的倍数表示的不确定度称为扩展不确定度，其倍数 k 称为包含因子。扩展不确定度表明了具有较大包含概率的区间的半宽度。不确定度通常由多个分量组成，对于每一分量都要评定其标准不确定度。不确定度按其获得方法分为 A、B 两类评定分量。A 类评定分量是通过对观测列进行统计分析做出的不确定度评定，B 类评定分量是依据经验或其他信息进行估计，并假定存在近似的“标准偏差”所表征的不确定度分量。各标准不确定度分量的合成称为**合成标准不确定度**，它是测量结果标准误差的估计值。

不确定度的表示形式有绝对、相对两种，绝对形式表示的不确定度具有与被测量相同的量纲，相对形式无量纲。

1.2.2　不确定度的分量

1. A 类不确定度 u_A

用统计方法评定的误差分量称为 **A 类不确定度** u_A。它用标准偏差 $s(x)$ 来表征。随机误差就属于 A 类不确定度。

$$u_A = t_p s(\bar{x}) = t_p \frac{s(x)}{\sqrt{n}} = t_p \sqrt{\frac{1}{n(n-1)} \sum_{i=1}^{n} (x_i - \bar{x})^2} \tag{1.2.1}$$

2. B 类不确定度 u_B

根据经验或其他信息进行估计，用非统计方法评定的误差分量，称为 **B 类不确定度** u_B。测量中凡是不符合统计规律的误差分量均为 B 类不确定度。在实际实验测量中，存在许多影响 B 类不确定度的因素。在本课程中，主要考虑系统误差中仪器误差的影响，即

$$u_B = \sigma_{ins} = \frac{\Delta_{ins}}{C} \tag{1.2.2}$$

式中，$\Delta_{ins} = \Delta_{max}$，它可以是仪器的示值误差、极限误差、基本误差、灵敏阈等。C 为包含因子。

（1）仪器误差

仪器误差 Δ_{ins}（又称仪器的极限误差）是指在满足仪器规定使用条件下，正确使用仪器时，仪器的示值与被测量的真值之间可能产生的最大误差的绝对值。它是由于使用的仪器本身不够精密所造成的测定结果与实际结果之间的偏差。在实验教学中，仪器误差常常被用来估计因测量仪器所导致的误差范围。仪器误差体现了仪器的质量指标，因而也常称为仪器的准确度。

导致仪器产生仪器误差的因素有很多方面，它既包含了系统误差也包含了随机误差。对于级别不高的仪器则主要表现为系统误差。因此，为了简化计算，在大学物理实验教学中的仪器误差被直接作为 B 类不确定度进行处理。

仪器误差的大小由仪器的说明书提供或由仪器的准确度级别和量程来确定。最常采用的有以下几种形式。

① 在仪器上直接写出准确度来表明该仪器的仪器误差。例如，准确度为 0.02mm 的游标卡尺的仪器误差即为 0.02mm。

② 根据仪器的精度级别进行计算。例如，指针式电表的最大结构误差即为其仪器误差，具体计算形式如下：

$$\Delta_{ins} = 准确度等级\% \times 量程 \tag{1.2.3}$$

③ 数字式仪器的仪器误差常采用以下公式计算：

$$\Delta_{ins} = 准确度等级\% \cdot x + n \tag{1.2.4}$$

式中，x 为示值；n 代表仪器固定项误差，常取 1，2，… 等整数，相当于最小量化单位（即分度值）的 n 倍。

④ 对于未注明仪器误差的仪器，为了便于计算，能连续读数的仪器通常取其分度值的 $\frac{1}{2}$ 作为仪器误差，如米尺、读数显微镜等；对于不能连续读数的仪器就以其分度值作为仪器误差，例如机械秒表。

表 1.2.1 列出了本课程中常见的仪器误差极限值。

（2）包含因子 C

包含因子 C 是与仪器误差在 $[-\Delta_{ins},\ +\Delta_{ins}]$ 区间内的分布以及概率有关的常数。仪器在此区间内可能服从的分布包括正态分布、三角分布、均匀分布等。误差分布与包含概率和包含因子的对应关系如表 1.2.2 所示。

表 1.2.1　常见仪器的误差极限

仪器名称	量　程	分　度　值	误 差 极 限
钢直尺	1m	1mm	0.5mm
游标卡尺	150mm	0.05mm	0.05mm
		0.02mm	0.02mm
外径千分尺	25mm	0.01mm	0.004mm
分光仪	360°	1′	1′
指针式仪表	—	—	准确度等级% ×量程
数字式仪表	—	—	准确度等级% ×示值 + n（n 一般取 1 ~ 2）

表 1.2.2　三种分布的标准差、包含概率及包含因子 *C*

分　布	标准差 σ	$P(\sigma)$	$P(2\sigma)$	$P(3\sigma)$	C
正态分布	$\Delta_{\text{ins}}/3$	0.683	0.954	0.997	3
三角分布	$\Delta_{\text{ins}}/\sqrt{6}$	0.650	0.966	1	$\sqrt{6}$
均匀分布	$\Delta_{\text{ins}}/\sqrt{3}$	0.577	1	1	$\sqrt{3}$

根据概率统计理论，对均匀分布函数，测量误差落在区间［$-\Delta_{\text{ins}}$，$+\Delta_{\text{ins}}$］内的概率为57.7%；对三角分布函数，测量误差落在区间［$-\Delta_{\text{ins}}$，$+\Delta_{\text{ins}}$］内的概率为65.0%；只有对于正态分布函数，测量误差落在区间［$-\Delta_{\text{ins}}$，$+\Delta_{\text{ins}}$］内的概率才为68.3%。即测量值的B类不确定度与包含概率P有关，$u_{\text{B}}=k_{\text{p}}\dfrac{\Delta_{\text{ins}}}{C}$，$k_{\text{p}}$为包含因子。以正态分布为例，包含概率$P$与$k_{\text{p}}$的关系见表1.2.3。

表 1.2.3　正态分布包含概率 *P* 与 k_{p} 的关系

P	0.500	0.683	0.900	0.950	0.954	0.990	0.997
k_{p}	0.675	1	1.65	1.96	2	2.58	3

目前，人们对很多仪器的质量标准在最大允差范围内的分布性质有不同的说法，对某些分布性质还不清楚，很多文献把它们简化成均匀分布来处理，即B类不确定度可以表示为

$$u_{\text{B}}=\frac{\Delta_{\text{ins}}}{C}=\frac{\Delta_{\text{ins}}}{\sqrt{3}} \tag{1.2.5}$$

在本课程中，即按式（1.2.5）计算B类不确定度。

1.2.3　总不确定度及其分类

在各个不确定度分量相互独立并且位于同一置信水平的情况下，将A类不确定度和B类不确定度按照“方和根”的方法合成，构成**总不确定度** $u(\bar{x})$，即

$$u(\bar{x})=\sqrt{u_{\text{A}}^{2}+u_{\text{B}}^{2}} \tag{1.2.6}$$

根据不确定度理论，不同的分布具有不同的包含概率；同时，不同的包含区间也具有不同的包含概率，因此，在合成总不确定度时，一定要注意区分不同的分布以及不同的包含区间。根据包含区间的差异，可以将总不确定度分为两类：标准不确定度和扩展不确定度。

1. 标准不确定度 $u_{P(1\sigma)}$

标准不确定度 $u_{P(1\sigma)}$ 是以标准偏差表示的测量不确定度，它是包含区间［$\bar{x}-k\sigma$，$\bar{x}+k\sigma$］中包含因子$k=1$时合成的总不确定度。标准不确定度的物理意义是：被测量的真值将以68.3%的包含概率位于包含区间［$\bar{x}-\sigma$，$\bar{x}+\sigma$］内。

$$u_{P(1\sigma)}=\sqrt{u_{\text{A}}^{2}+u_{\text{B}}^{2}}=\sqrt{[t_{\text{p}}s(\bar{x})]^{2}+\left(\frac{\Delta_{\text{ins}}}{C}\right)^{2}}\quad (P=0.683) \tag{1.2.7}$$

2. 扩展不确定度 $u_{P(k\sigma)}$

扩展不确定度 $u_{P(k\sigma)}$ 就是在标准不确定度σ前乘以一个与包含概率、包含区间相联系的包含因子k（一般取2或3）后，得到的增大了包含区间和包含概率的不确定度，即

$$u_{P(k\sigma)}=ku_{P(1\sigma)}=k\sqrt{u_{\mathrm{A}}^{2}+u_{\mathrm{B}}^{2}}=k\sqrt{[t_{\mathrm{p}}s(\bar{x})]^{2}+\left(\frac{\Delta_{\mathrm{ins}}}{C}\right)^{2}}\quad(P=\cdots)\tag{1.2.8}$$

目前，通用的包含概率 $P=0.950$，即扩展不确定度中的包含因子为 $k=2$，即

$$u_{P(2\sigma)}=2u_{P(1\sigma)}=2\sqrt{u_{\mathrm{A}}^{2}+u_{\mathrm{B}}^{2}}=2\sqrt{[t_{\mathrm{p}}s(\bar{x})]^{2}+\left(\frac{\Delta_{\mathrm{ins}}}{C}\right)^{2}}\quad(P=0.950)\tag{1.2.9}$$

1.2.4　测量结果的表示

1. 多次测量的结果表示

对于物理量进行多次测量，其测量结果的最终表达形式为

$$x=\bar{x}\pm u_{P(k\sigma)}(\bar{x})(\text{单位})\quad(P(k\sigma)=\cdots)$$

$$E(\bar{x})=\frac{u(\bar{x})}{\bar{x}}\times100\%$$

$$E_0=\left|\frac{\bar{x}-x_0}{x_0}\right|\times100\%$$

式中，x_0为待测量的约定真值（公认值或理论值）；$E(\bar{x})$为**相对不确定度**；E_0为实验测量结果与约定真值之间的误差，称为**百分差**。本课程中，取包含因子 $k=2$，即

$$x=\bar{x}\pm u_{P(2\sigma)}(\bar{x})(\text{单位})\quad(P(2\sigma)=0.950)\tag{1.2.10}$$

2. 单次测量的结果表示

通常对于物理量的测量都要重复进行多次，以便提高测量精度。但在实际中，由于实验条件、环境和仪器的限制，致使无法进行多次测量或使多次测量的结果均相同；或者有些测量精度要求不高，则只需要进行单次测量。而这些测量的结果均按照单次测量进行处理。

单次测量的测量值即为测量结果 x。单次测量的不确定度只有 B 类不确定度 u_{B}。同时，本着不确定度取偏大值的原则，此时的 u_{B}一般不得小于仪器的极限误差 Δ_{ins}，因此，单次测量的不确定度可写为

$$u_{\mathrm{B}}\cong\Delta_{\mathrm{ins}}\tag{1.2.11}$$

所以，单次测量的结果表达式为

$$x=x\pm u_{\mathrm{B}}=x\pm\Delta_{\mathrm{ins}}(\text{单位})\tag{1.2.12}$$

3. 不确定度的取位

由于不确定度本身只是一个估计值，所以在测量结果的表达式中，不确定度的数值通常只取 1 ~2 位有效数字，相对不确定度一般取 2 ~3 位有效数字。在计算测量结果的不确定度的过程中，中间结果的有效数字可保留多位，但原则上，最多也不能超过 4 位有效数字。

对于测量结果的结果表达式中测量结果的取位而言，要求是：在被测量、测量值、不确定度三者的单位一致、指数（幂次）一致的情况下，测量结果的最后一位应与不确定度最后一位取齐。

1.2.5　直接被测量不确定度评定的步骤

① 计算测量列的算术平均值$\bar{x}$。

② 计算测量列的标准偏差 $s(x)$。

③ 根据 3σ 准则，剔除测量值中的“坏值”；剔除后，再重复步骤 2、3，直至测量列中

没有“坏值”。

④ 计算 A 类不确定度 u_A。

⑤ 计算 B 类不确定度 u_B。

⑥ 计算包含因子 $k=2$ 的扩展不确定度 $u_{P(2\sigma)}$。

⑦ 修正直接测量量的可定系统误差。

⑧ 正确写出结果表达式。

例 1.1　用一级外径千分尺（$\Delta_{ins}=0.004$mm）对一钢丝直径进行了 5 次测量，测量结果如表 1.2.4 所示。请写出测量结果的表达式。（已知：外径千分尺的零点读数为 $d_0=-0.009$mm）

表 1.2.4　钢丝直径测量结果

次　数	1	2	3	4	5
d/mm	0.478	0.465	0.481	0.473	0.480

解　① 计算出测量列的算术平均值

$$\bar{d}=\frac{1}{n}\sum_{i=1}^{5}d_i=0.4754\text{mm}$$

注：平均值应比测量值多保留一位有效数字！

② 计算测量列的任一测量值的标准偏差 $s(d)$

$$s(d)=\sqrt{\frac{1}{n-1}\sum_{i=1}^{5}v_i^2}=\sqrt{\frac{1}{n-1}\sum_{i=1}^{5}(d_i-\bar{d})^2}=0.0066\text{mm}$$

③“坏值”检验

由 $\bar{d}$ 和 $s(d)$ 的计算结果可得，该测量列的 3σ 区间为 [0.4556，0.4952]，故该测量列中数据没有“坏值”。

④ 计算 A 类不确定度

已知，测量次数 $n=5$，则自由度 $\nu=n-1=4$。

由表 1.1.2 可知，$\nu=4$，$P=0.683$ 对应的 $t_p=1.14$，则

$$u_A=t_p s(\bar{d})=t_p\frac{s(d)}{\sqrt{n}}=1.14\times\frac{0.0066}{\sqrt{5}}=0.0034\text{mm}\quad(P=0.683)$$

⑤ 计算 B 类不确定度

$$u_B=\frac{\Delta_{ins}}{C}=\frac{\Delta_{ins}}{\sqrt{3}}=\frac{0.004}{\sqrt{3}}=0.0023\text{mm}$$

⑥ 计算总不确定度

$$u_{P(2\sigma)}(\bar{d})=2u_{0.683}=2\sqrt{u_A^2+u_B^2}=2\sqrt{[t_p s(\bar{d})]^2+\left(\frac{\Delta_{ins}}{C}\right)^2}$$

$$=2\times\sqrt{(0.0034)^2+(0.0023)^2}\text{mm}=2\times0.0041\text{mm}=0.0082\text{mm}\quad(P=0.950)$$

⑦ 修正直接测量量的可定系统误差

$$\overline{d_{修}}=\bar{d}-d_0=0.4754\text{mm}-(-0.009\text{mm})=0.4844\text{mm}$$

⑧ 写出结果表达式

$$d=\bar{d}\pm u(\bar{d})=(0.4844\pm0.0082)\,\text{mm}\quad(P_{2\sigma}=0.950)$$

$$E(\bar{d})=\frac{u(\bar{d})}{\bar{d}}\times100\%=\frac{0.0082}{0.4844}\times100\%=1.7\%$$

或

$$d=\bar{d}\pm u(\bar{d})=(0.484\pm0.008)\,\text{mm}\quad(P_{2\sigma}=0.950)$$

$$E(\bar{d})=\frac{u(\bar{d})}{\bar{d}}\times100\%=\frac{0.008}{0.484}\times100\%=1.6\%$$

1.2.6　间接被测量的计算及不确定度的评定

1. 间接被测量的计算

设间接被测量为 Y，由 N 个相互独立的直接被测量 X_1，X_2，…，X_N通过函数关系来确定，即

$$Y=f(X_1,X_2,\cdots,X_N)$$

如间接被测量 Y 的估计值为 y，直接被测量 X_i的估计值为 x_i，则有

$$y=f(x_1,x_2,\cdots,x_N)$$

若直接被测量 x_i的测量结果是通过 n 次独立重复的测量获得的，则对于直接被测量 x_i的第 k 次测量，可表示为 x_{ik}。因此，间接被测量 Y 的最佳估计值 y 是由直接被测量 X_1，X_2，…，X_N的最佳估计值$\overline{x_1}$，$\overline{x_2}$，…，$\overline{x_N}$获得的。根据测量过程的不同，y 可以通过以下两种不同的方法获得。

（1）第一种方法

$$y=\bar{y}=\frac{1}{n}\sum_{k=1}^{n}y_k=\frac{1}{n}\sum_{k=1}^{n}f(x_{1k},x_{2k},\cdots,x_{Nk})\tag{1.2.13}$$

式中，y 是 Y 的 n 次独立观测值 y_k的算术平均值，其每个观测值 y_k的不确定度相同，且每个观测值 y_k都是根据同时获得的 N 个独立的直接被测量 X_i的一组完整的观测值求得的。例如，伏安法测电阻实验中，获得待测电阻 R 的阻值的过程。

（2）第二种方法

$$y=f(\overline{x_1},\overline{x_2},\cdots,\overline{x_N})\tag{1.2.14}$$

式中，$\overline{x_i}=\frac{1}{n}\sum_{k=1}^{n}x_{ik}$，它是独立观测值 x_{ik}的算术平均值。这种方法的实质是先求出 X_i的最佳估计值为$\overline{x_i}$，再由函数关系式得到 y。

2. 间接被测量的不确定度评定

间接被测量的测量结果有两种不同的获得方法，对于第一种方法而言，间接被测量的不确定度的评定方法是按照直接被测量的不确定度评定方法进行的。而由第二种方法得到的间接被测量的不确定度则应该由传递公式获得。

间接被测量是由若干个相互独立的直接被测量通过函数关系获得的。由于直接被测量存在着误差和不确定度，那么，由直接被测量经过运算而获得的间接被测量也必然存在着误差和不确定度，这就叫作**误差的传递**或**不确定度的传递**。两者的传递公式不同，下面将分别讨论。

（1）极限误差（仪器误差）的传递公式

设间接被测量为 Y，它由 N 个相互独立的直接被测量 X_1，X_2，…，X_N通过函数关系来确定，即

$$Y=f(X_1,X_2,\cdots,X_N)$$

函数 f 的全微分表达式为

$$\mathrm{d}Y=\sum_{i=1}^{N}\frac{\partial f(X_i)}{\partial X_i}\mathrm{d}X_i$$

由于各直接被测量的误差 ΔX_i都是微小量，所以可以用来近似替代各微分量 $\mathrm{d}X_i$，故上式可以写成

$$\Delta Y=\sum_{i=1}^{N}\frac{\partial f(X_i)}{\partial X_i}\Delta X_i \tag{1.2.15}$$

式（1.2.15）为测量误差的一般传递公式。它表明间接被测量的误差 ΔY 是各直接被测量的误差 ΔX_i与相应的传递系数$\dfrac{\partial f(X_i)}{\partial X_i}$乘积的代数和。

如果实验中测量仪器的准确度等级较低，仪器误差占据了总误差的主要部分，那么在利用式（1.2.15）来估算间接被测量的误差时，常用仪器误差 Δ_{ins}来估计各直接被测量的误差范围。由于Δ_{ins}的符号并不确定，且传递系数的符号也不确定，所以为谨慎起见，通常将式（1.2.15）中的各项取绝对值相加，即

$$\Delta Y=\sum_{i=1}^{N}\left|\frac{\partial f(X_i)}{\partial X_i}\Delta X_i\right| \tag{1.2.16}$$

式（1.2.16）称为**极限误差（仪器误差）的传递公式**。

（2）测量不确定度的传递公式

由式（1.2.15）可得**间接被测量的不确定度的传递公式**为

$$u(y)=\sqrt{\sum_{i=1}^{N}\left[\frac{\partial f(X_i)}{\partial X_i}u(X_i)\right]^2} \tag{1.2.17}$$

或

$$E(y)=\frac{u(y)}{y}=\sqrt{\sum_{i=1}^{N}\left[\frac{\partial \ln f(X_i)}{\partial X_i}u(X_i)\right]^2} \tag{1.2.18}$$

即间接被测量的不确定度是由直接被测量的不确定度与相应的传递系数的乘积的“方和根”形式得到的。常用函数的不确定度的传递公式如表 1.2.5 所示。

注意：

① 对于“和差”形式的函数，采用式（1.2.17）比较简便；而对于“积商”形式的函数，采用式（1.2.18）则比较简便。

② 不同的直接被测量的测量次数可能不同，在计算其不确定度时应采取不同的 t_{p}因子进行修正。但是要求在不确定度传递公式中，各直接被测量应具有相同的包含概率，以保证间接被测量的不确定度具有与直接被测量相同的包含概率。

③ 在不同包含概率下和不同的包含区间范围内，直接被测量的不确定度是不同的，因此，在不同包含概率下和不同的包含区间范围内，间接被测量的不确定度也存在差异。

表 1.2.5　常用函数的不确定度的传递公式

函　　数	传 递 公 式
$y=kx_1+mx_2$ 或 $y=kx_1-mx_2$	$u(y)=\sqrt{[ku(x_1)]^2+[mu(x_2)]^2}$
$y=kx_1x_2$ 或 $y=k\dfrac{x_1}{x_2}$	$\dfrac{u(y)}{y}=\sqrt{\left[\dfrac{u(x_1)}{x_1}\right]^2+\left[\dfrac{u(x_2)}{x_2}\right]^2}$
$y=\dfrac{x_1{}^k x_2{}^m}{x_3{}^n}$	$\dfrac{u(y)}{y}=\sqrt{k^2\left[\dfrac{u(x_1)}{x_1}\right]^2+m^2\left[\dfrac{u(x_2)}{x_2}\right]^2+n^2\left[\dfrac{u(x_3)}{x_3}\right]^2}$
$y=\sqrt[k]{x}$	$\dfrac{u(y)}{y}=\dfrac{1}{k}\dfrac{u(x)}{x}$
$y=\ln x$	$u(y)=\dfrac{u(x)}{x}$
$y=\sin x$	$u(y)=\lvert\cos x\rvert u(x)$

注：表中 k、m、n 均为常数。

3. 间接测量结果不确定度的评定步骤

1）按照直接被测量的不确定度评定的步骤，计算各个直接被测量的平均值、A 类不确定度、B 类不确定度和包含因子 $k=2$ 的扩展不确定度。

2）按照函数关系，计算出间接被测量的最佳估计值（算术平均值）。

3）推导出间接被测量的不确定度的传递公式，具体步骤如下。

① 根据函数关系，写出间接被测量的全微分表达式，一般来说，对于“和差”形式的函数可直接求全微分，对于“积商”形式的函数应先取对数再求全微分。

② 合并同类项，即将同一直接被测量的传递系数统一在一起。

③ 将合并后的各个直接被测量的传递系数取绝对值，即将“－”号变为“＋”号。

④ 将微分符号变为不确定度的符号，即将“d”变为“u”。

⑤ 写出间接被测量的“方和根”式。

4）计算间接被测量的总不确定度和相对不确定度。

5）正确书写结果表达式。

例 1.2　分别使用 20 分度和 50 分度的游标卡尺测量圆柱体的高 H 和外径 D，所得数据如表 1.2.6 所示。求圆柱体的体积和不确定度，并写出结果表达式。

表 1.2.6　圆柱体的高 H 和外径 D 的测量结果

次　数	1	2	3	4	5	6
H/cm	6.028	6.035	6.030	6.032	6.022	6.035
D/cm	3.456	3.468	3.462	3.459	3.466	3.450

解　① 分别计算 H 和 D 的平均值及其不确定度

$$\overline{H}=\frac{1}{n}\sum_{i=1}^{6}H_i=6.0303\text{cm}$$

$$s(H)=\sqrt{\frac{1}{n-1}\sum_{i=1}^{6}v_i^2}=\sqrt{\frac{1}{n-1}\sum_{i=1}^{6}(H_i-\overline{H})^2}=0.0049\text{cm}$$

$$\overline{D} = \frac{1}{n}\sum_{i=1}^{6} D_i = 3.4602\text{cm}$$

$$s(D) = \sqrt{\frac{1}{n-1}\sum_{i=1}^{6} v_i^2} = \sqrt{\frac{1}{n-1}\sum_{i=1}^{6}(D_i - \overline{D})^2} = 0.0066\text{cm}$$

根据 3σ 准则，H 和 D 的测量列中没有“坏值”；

由表1.2.6可知，测量次数 $n=6$，则自由度 $\nu=n-1=5$。

由表1.1.2可知，$\nu=5$，$P=0.683$ 对应的 $t_{\mathrm{p}}=1.11$，则

$$u_{\mathrm{A}}(\overline{H}) = t_{\mathrm{p}}s(\overline{H}) = t_{\mathrm{p}}\frac{s(H)}{\sqrt{n}} = 1.11\times\frac{0.0049}{\sqrt{6}} = 0.0022\text{cm}\quad (P=0.683)$$

$$u_{\mathrm{A}}(\overline{D}) = t_{\mathrm{p}}s(\overline{D}) = t_{\mathrm{p}}\frac{s(D)}{\sqrt{n}} = 1.11\times\frac{0.0066}{\sqrt{6}} = 0.0030\text{cm}\quad (P=0.683)$$

20分度游标卡尺的极限误差 $\Delta_{\mathrm{ins}}=0.05\text{mm}$，则高 H 的B类不确定度为

$$u_{\mathrm{B}}(H) = \frac{\Delta_{\mathrm{ins}}}{C} = \frac{\Delta_{\mathrm{ins}}}{\sqrt{3}} = \frac{0.05}{\sqrt{3}} = 0.029\text{mm} = 0.0029\text{cm}$$

50分度游标卡尺的极限误差 $\Delta_{\mathrm{ins}}=0.02\text{mm}$，则外径 D 的B类不确定度为

$$u_{\mathrm{B}}(D) = \frac{\Delta_{\mathrm{ins}}}{C} = \frac{\Delta_{\mathrm{ins}}}{\sqrt{3}} = \frac{0.02}{\sqrt{3}} = 0.012\text{mm} = 0.0012\text{cm}$$

由此可得到 H 和 D 的总不确定度，分别为

$$\begin{aligned} u_{P(2\sigma)}(\overline{H}) &= 2u_{0.683} = 2\sqrt{u_{\mathrm{A}}^2 + u_{\mathrm{B}}^2} \\ &= 2\times\sqrt{(0.0022)^2 + (0.0029)^2} = 2\times 0.0036 = 0.0072\text{cm}\quad (P_{2\sigma}=0.950) \end{aligned}$$

$$\begin{aligned} u_{P(2\sigma)}(\overline{D}) &= 2u_{0.683} = 2\sqrt{u_{\mathrm{A}}^2 + u_{\mathrm{B}}^2} \\ &= 2\times\sqrt{(0.0030)^2 + (0.0012)^2} = 2\times 0.0032 = 0.0064\text{cm}\quad (P_{2\sigma}=0.950) \end{aligned}$$

则 H 和 D 的结果表达式分别为

$$H = \overline{H} \pm u(\overline{H}) = (6.0303 \pm 0.0072)\text{cm}\quad (P_{2\sigma}=0.950)$$

$$E(\overline{H}) = \frac{u(\overline{H})}{\overline{H}}\times 100\% = \frac{0.0072}{6.0303}\times 100\% = 0.12\%$$

$$D = \overline{D} \pm u(\overline{D}) = (3.4602 \pm 0.0064)\text{cm}\quad (P_{2\sigma}=0.950)$$

$$E(\overline{d}) = \frac{u(\overline{d})}{\overline{d}}\times 100\% = \frac{0.0064}{3.4602}\times 100\% = 0.18\%$$

② 圆柱体的体积为

$$\overline{V} = \frac{\pi}{4}\overline{H}\ \overline{D}^2 = \frac{1}{4}\times 3.14159\times 6.0303\times(3.4602)^2\text{cm}^3 = 56.7062\text{cm}^3$$

圆柱体的不确定度为

$$\frac{u(\overline{V})}{\overline{V}} = \sqrt{\left[\frac{u(\overline{H})}{\overline{H}}\right]^2 + 2^2\left[\frac{u(\overline{D})}{\overline{D}}\right]^2} = \sqrt{\left(\frac{0.0072}{6.0303}\right)^2 + 2^2\times\left(\frac{0.0064}{3.4602}\right)^2} = 0.0039$$

$$u(\overline{V}) = \overline{V}\frac{u(\overline{V})}{\overline{V}} = 56.7062\times 0.0039\text{cm}^3 = 0.22\text{cm}^3$$

③ 结果表达式为

$$V=\overline{V}\pm u(\overline{V})=(56.71\pm0.22)\text{cm}^3 \quad 或 \quad V=\overline{V}\pm u(\overline{V})=(56.7\pm0.2)\text{cm}^3 \quad (P_{2\sigma}=0.950)$$

$$E(\overline{V})=\frac{u(\overline{V})}{\overline{V}}=0.39\%$$

例 1.3　在“扭摆法测定物体转动惯量”的实验中，测得的数据以及测量工具的极限误差如表 1.2.7 所示。求扭摆的扭摆常数及其不确定度，并写出结果表达式。

表 1.2.7　扭摆法测定物体转动惯量的实验数据

序号	1	2	3	4	5	Δ_{ins}
m/g	712.1	—	—	—	—	0.1
D/mm	99.90	99.90	99.93	99.90	99.92	0.02
$10T_0$/s	7.83	7.82	7.82	7.82	7.83	0.01
$10T_1$/s	12.68	12.68	12.68	12.68	12.68	0.01

解　（一）各个直接测量量的计算及其不确定度评定

1. 圆柱体质量 m 的计算及其不确定度评定

因为质量只测量了一次，且测量工具的极限误差为 0.1g，故其不确定度为

$$u(m)=0.1\text{g}$$

所以，质量的结果表达式为

$$m=m\pm u(m)=(712.1\pm0.1)\text{g}$$

$$E(m)=\frac{u(m)}{m}\times100\%=\frac{0.1}{712.1}\times100\%=0.014\%$$

2. 塑料圆柱直径 D 的计算及其不确定度评定

由表 1.2.7 可得

① $\overline{D}=99.910\text{mm}$

② $s(D)=\sqrt{\frac{1}{n-1}\sum_{i=1}^{n}v_{Di}^2}=\sqrt{\frac{1}{n-1}\sum_{i=1}^{n}(D_i-\overline{D})^2}=0.014\text{mm}$

③ 由$\overline{D}$和 $s(D)$的计算结果可得，该测量列的 3σ 区间为［99.868，99.952］，故该测量列中数据没有“坏值”。

由于 $\nu=n-1=4$，$P=0.683$ 对应的 $t_p=1.14$，则 D 的 A 类不确定度为

$$u_A(\overline{D})=t_p s(\overline{D})=t_p\frac{s(D)}{\sqrt{n}}=1.14\times\frac{0.014}{\sqrt{5}}\text{mm}=0.0071\text{mm} \quad (P=0.683)$$

因直径的测量工具的极限误差 0.02mm，故 D 的 B 类不确定度为

$$u_B(\overline{D})=\frac{\Delta_{ins}}{\sqrt{3}}=\frac{0.02}{\sqrt{3}}\text{mm}=0.012\text{mm}$$

所以，D 的总不确定度为

$$u_{P(2\sigma)}(\overline{D})=2u_{0.683}=2\sqrt{u_A^2+u_B^2}=2\sqrt{(0.0071)^2+(0.012)^2}\text{mm}=2\times0.014\text{mm}$$
$$=0.028\text{mm}(P=0.950)$$

④ 直径的结果表达式为

$$D=\overline{D}\pm u(\overline{D})=(99.910\pm0.028)\text{mm} \quad (P_{2\sigma}=0.950)$$

$$E(\overline{D})=\frac{u(\overline{D})}{\overline{D}}\times100\%=\frac{0.028}{99.910}\times100\%=0.028\%$$

3. 周期 T_0 的计算及其不确定度评定

由表 1.2.7 可得

① $\overline{10T_0}=7.824\text{s}$

② $s(10T_0)=\sqrt{\frac{1}{n-1}\sum_{i=1}^{n}v_{10T_{0i}}^2}=\sqrt{\frac{1}{n-1}\sum_{i=1}^{n}(10T_{0i}-\overline{10T_0})^2}=0.0055\text{s}$

③ 由$\overline{10T_0}$和 $s(10T_0)$的计算结果可得，该测量列的 3σ 区间为 [7.8075，7.8405]，故该测量列中数据没有“坏值”。

由于 $\nu=n-1=4$，$P=0.683$ 对应的 $t_p=1.14$，则 $10T_0$ 的 A 类不确定度为

$$u_A(\overline{10T_0})=t_p s(\overline{10T_0})=t_p\frac{s(10T_0)}{\sqrt{n}}=1.14\times\frac{0.0055}{\sqrt{5}}\text{s}=0.0028\text{s}\quad(P=0.683)$$

因周期的测量工具的极限误差为 0.01s，故 $10T_0$ 的 B 类不确定度为

$$u_B(\overline{10\,T_0})=\frac{\Delta_{\text{ins}}}{\sqrt{3}}=\frac{0.01}{\sqrt{3}}\text{s}=0.0058\text{s}$$

所以，$10T_0$ 的总不确定度为

$$u_{P(2\sigma)}(\overline{10T_0})=2u_{0.683}=2\sqrt{u_A^2+u_B^2}=2\sqrt{(0.0028)^2+(0.0058)^2}$$
$$=2\times0.0064\text{s}=0.013\text{s}(P_{2\sigma}=0.950)$$

④ 由①、②、③可得

$$\overline{10\,T_0}=(7.824\pm0.013)\text{s}\quad(P_{2\sigma}=0.950)$$

所以，T_0的结果表达式为

$$\overline{T_0}=(0.7824\pm0.0013)\text{s}\quad(P_{2\sigma}=0.950)$$

$$E(\overline{T_0})=\frac{u(\overline{T_0})}{\overline{T_0}}\times100\%=\frac{0.0013}{0.7824}\times100\%=0.17\%$$

注意：当直接计算单个周期的不确定度时，B 类不确定度必须“除以周期的测量个数”！

4. 周期 T_1 的计算及其不确定度评定

由表 1.2.7 可得

① $\overline{10T_1}=12.680\text{s}$

② 因为 $10T_1$ 的 5 次的测量结果均相同，故对其的测量结果按照“单次测量”的要求进行不确定度评定！即

$$u_{P(2\sigma)}(\overline{10T_1})=\Delta_{\text{ins}}=0.01\text{s}$$

③ 由①、②可得

$$\overline{10T_1}=(12.68\pm0.01)\text{s}$$

所以，T_1的结果表达式为

$$\overline{T_1}=(1.268\pm0.001)\text{s}$$

$$E(\overline{T_1})=\frac{u(\overline{T_1})}{\overline{T_1}}\times100\%=\frac{0.001}{1.268}\times100\%=0.079\%$$

（二）间接测量量的计算及其不确定度评定

1. 塑料圆柱的转动惯量计算及其不确定度评定

由塑料圆柱的转动惯量的原理公式可得

$$\frac{u(\overline{I_1})}{\overline{I_1}}=\sqrt{\left[\frac{u(\overline{M})}{\overline{M}}\right]^2+\left[2\cdot\frac{u(\overline{D})}{\overline{D}}\right]^2}=\sqrt{\left(\frac{0.1}{712.1}\right)^2+\left(2\times\frac{0.028}{99.910}\right)^2}=5.8\times10^{-4}$$

$$\overline{I_1}=\frac{1}{8}\overline{M}\,\overline{D}^2=\frac{1}{8}\times0.7121\times(0.099910)^2\text{kg}\cdot\text{m}^2=8.8852\times10^{-4}\text{kg}\cdot\text{m}^2$$

$$u(\overline{I_1})=\frac{u(\overline{I_1})}{\overline{I_1}}\times\overline{I_1}=5.8\times10^{-4}\times8.8852\times10^{-4}\text{kg}\cdot\text{m}^2=5.2\times10^{-7}\text{kg}\cdot\text{m}^2$$

所以，转动惯量的结果表达式为

$$I_1=(8.8852\pm0.0052)\times10^{-4}\text{kg}\cdot\text{m}^2\qquad(P_{2\sigma}=0.950)$$

$$E(\overline{I_1})=\frac{u(\overline{I_1})}{\overline{I_1}}\times100\%=0.058\%$$

2. 扭摆常数的计算及其不确定度评定

由扭摆常数的原理公式可得

$$\frac{u(\overline{K})}{\overline{K}}=\sqrt{\left[\frac{u(\overline{I_0})}{\overline{I_0}}\right]^2+\left[\frac{2\overline{T_1}}{\overline{T_1}^2-\overline{T_0}^2}u(\overline{T_1})\right]^2+\left[\frac{2\overline{T_0}}{\overline{T_1}^2-\overline{T_0}^2}u(\overline{T_0})\right]^2}$$

$$=\sqrt{\left(\frac{0.0052\times10^{-4}}{8.8852\times10^{-4}}\right)^2+\left(\frac{2\times1.2680}{1.2680^2-0.7824^2}\times0.0010\right)^2+\left(\frac{2\times0.7824}{1.2680^2-0.7824^2}\times0.0013\right)^2}$$

$$=3.3\times10^{-3}$$

$$\overline{K}=4\pi^2\frac{\overline{I_1}}{\overline{T_1}^2-\overline{T_0}^2}=4\times(3.1416)^2\times\frac{8.8852\times10^{-4}}{1.2680^2-0.7824^2}\text{N}\cdot\text{m}=0.035230\text{N}\cdot\text{m}$$

$$u(\overline{K})=\frac{u(\overline{K})}{\overline{K}}\times\overline{K}=3.3\times10^{-3}\times0.035230\text{N}\cdot\text{m}=1.2\times10^{-4}\text{N}\cdot\text{m}$$

所以，扭摆常数的结果表达式为

$$K=(3.523\pm0.012)\times10^{-2}\text{N}\cdot\text{m}\quad(P_{2\sigma}=0.950)$$

$$E(\overline{K})=\frac{u(\overline{K})}{\overline{K}}\times100\%=0.34\%$$

例1.4　用流体静力称衡法测量固体密度的公式为$\rho=\frac{m_1}{m_1-m_2}\rho_0$。已知待测固体在空气中的质量为$m_1=(34.27\pm0.48)$g，待测固体在液体中的质量为$m_2=(18.62\pm0.23)$g，液体密度为$\rho_0=(0.9998\pm0.0010)\text{g}\cdot\text{cm}^{-3}$。各个物理量均为包含因子$k=2$的扩展不确定度评定。试求$\rho$的实验结果表达式。

解　1）根据函数关系式，计算ρ的最佳估计值

$$\overline{\rho}=\frac{\overline{m_1}}{\overline{m_1}-\overline{m_2}}\overline{\rho_0}=\frac{34.27}{34.27-18.62}\times0.9998\text{g}\cdot\text{cm}^{-3}=2.1893\text{g}\cdot\text{cm}^{-3}$$

2）由$\rho=\frac{m_1}{m_1-m_2}\rho_0$推导$\rho$的不确定度的传递公式

① 对函数关系式的两边取对数

$$\ln\rho = \ln m_1 - \ln(m_1 - m_2) + \ln\rho_0$$

② 求全微分

$$\frac{d\rho}{\rho} = \frac{dm_1}{m_1} - \frac{d(m_1 - m_2)}{m_1 - m_2} + \frac{d\rho_0}{\rho_0}$$

③ 合并同类项

$$\frac{d\rho}{\rho} = \frac{-m_2}{m_1(m_1 - m_2)}dm_1 + \frac{1}{m_1 - m_2}dm_2 + \frac{d\rho_0}{\rho_0}$$

④ 将传递系数取绝对值，同时将微分号“d”变为不确定度符号“u”

$$\frac{u(\rho)}{\rho} = \left|\frac{-m_2}{m_1(m_1 - m_2)}\right|u(m_1) + \left|\frac{1}{m_1 - m_2}\right|u(m_2) + \left|\frac{1}{\rho_0}\right|u(\rho_0)$$

⑤ 间接被测量ρ的“方和根”式为

$$\frac{u(\rho)}{\rho} = \sqrt{\left[\frac{-m_2}{m_1(m_1 - m_2)}u(m_1)\right]^2 + \left[\frac{1}{m_1 - m_2}u(m_2)\right]^2 + \left[\frac{1}{\rho_0}u(\rho_0)\right]^2}$$

3）因为已知各个物理量的扩展不确定度的包含因子均为$k=2$，故可将已知各量的数值直接代入，可得

$$\frac{u(\bar{\rho})}{\bar{\rho}} = \sqrt{\left[\frac{-\overline{m_2}}{\overline{m_1}(\overline{m_1} - \overline{m_2})}u(\overline{m_1})\right]^2 + \left[\frac{1}{\overline{m_1} - \overline{m_2}}u(\overline{m_2})\right]^2 + \left[\frac{1}{\overline{\rho_0}}u(\overline{\rho_0})\right]^2}$$

$$= \sqrt{\left[\frac{-18.62}{34.27\times(34.27-18.62)}\times0.48\right]^2 + \left(\frac{1}{34.27-18.62}\times0.23\right)^2 + \left(\frac{1}{0.9998}\times0.0010\right)^2}$$

$$=0.022$$

$$u(\bar{\rho}) = \bar{\rho}\frac{u(\bar{\rho})}{\bar{\rho}} = 2.1893\times0.022\text{g}\cdot\text{cm}^{-3} = 0.048\text{g}\cdot\text{cm}^{-3}$$

4）结果表达式为

$$\rho = \bar{\rho} \pm u(\bar{\rho}) = (2.189 \pm 0.048)\text{g}\cdot\text{cm}^{-3}$$

或

$$\rho = \bar{\rho} \pm u(\bar{\rho}) = (2.19 \pm 0.05)\text{g}\cdot\text{cm}^{-3} \quad (P_{2\sigma} = 0.950)$$

$$E(\bar{\rho}) = \frac{u(\bar{\rho})}{\bar{\rho}} = 2.2\%$$

1.2.7 不确定度分配原则

在不确定度分析和实验设计中，常常需要解决的问题是，在间接被测量的测量结果的准确度已经给定的情况下，如何选择合理的测量方法和测量仪器。**一般的做法是，**根据极限误差（仪器误差）传递公式的具体形式，按照不确定度等作用原则将测量结果的总不确定度均匀分到各个直接被测量中，使得各个直接被测量的不确定度对于总不确定度的贡献相等。因此，在通常情况下，测量对结果影响较大的物理量时，应选择精度较高的仪器；而对结果影响较小的物理量，则不必采用精度较高的仪器。

例 1.5　已知一个圆柱体直径D的粗测值约为20mm，高度H的粗测值约为50mm，如果要求该圆柱体体积V的相对不确定度不大于1.0%，求D和H的测量工具。

解　由圆柱体的体积公式$V=\frac{\pi}{4}D^2H$，可得测量结果的极限误差（仪器误差）的传递公

式为

$$E(V)=\frac{\Delta V}{V}=\frac{2\Delta D}{D}+\frac{\Delta H}{H}\leqslant 1.0\%$$

根据不确定度等作用原则，有

$$\frac{2\Delta D}{D}=\frac{\Delta H}{H}\leqslant 0.5\%$$

则

$$\Delta D\leqslant\frac{D}{2}\times 0.5\%=0.05\text{mm}$$

$$\Delta H\leqslant H\times 0.5\%=0.25\text{mm}$$

由于20分度的游标卡尺的分度值为0.05mm（仪器误差为$\Delta_{ins}=0.05\text{mm}$），不锈钢直尺的分度值为1mm（仪器误差为$\Delta_{ins}=0.20\text{mm}$），故选用20分度的游标卡尺测量圆柱体的直径，采用不锈钢直尺测量圆柱体的高度。

1.3 有效数字的记录及运算

由于物理测量中总存在误差，因而实验中所测得的物理量都是含有误差的数值，对这些数值不能任意取舍，应该反映出测量值的准确度。因此，在物理测量中，必须根据测量误差或实验结果的不确定度来正确记录数据、进行计算以及书写测量结果。

1.3.1 有效数字的概念

任何测量仪器总是存在仪器误差，受仪器误差的制约，在使用仪器对被测量进行测量读数时，能够准确读到仪器的分度值，而在分度值以下还可再估读一位数字。从仪器刻度读出的分度值的整数部分是准确的数字，称为**可靠数字**。对同一被测量，即使不同的测量者进行测量，可靠数字也不会发生改变。而在分度值以下估读的末位数字，它具有不确定性，其估读数值会因人而异，称为**存疑数字**或**可疑数字**。存疑数字虽不准确，但它仍代表了该物理量的一定大小，反映了仪器误差或相应的仪器不确定度，是有一定意义的，是对测量值有一定贡献的数字，因而它也是有效的。一般规定，对于一个测量数据，其可靠位数的全部数字和最后一位存疑数字，称为这个测量数据的有效数字。

现以毫米尺测物体长度为例介绍确定物体长度的有效数字。如图1.3.1a所示，测量某一物体长度，可以读出物体长度为6.73cm，在这个数据中，“6.7”是由毫米尺上的刻度直接读取的，即为可靠数字；而最后一位数字“3”是测量者估读出来的，是有疑问的。因为不同的测量者估读出来的结果可能是不一样的，即为存疑数字。因此，测量结果为3位有效数字。

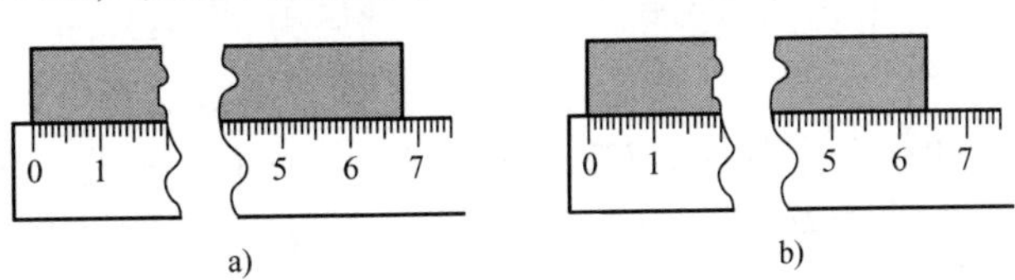

图1.3.1 毫米尺测物体长度

又如图1.3.1b所示，可读出物体长度为6.40cm，也是3位有效数字，其中最后一位“0”是估计得到的，这个“0”是不能省略的。因为毫米尺的精度（即分度值）是1mm，如果省去了“0”，那么测量结果就只有2位有效数字了，“4”就是估计的存疑数字，相应的测量工具就不是毫米尺，而应是厘米尺了！

1.3.2 有效数字的读数规则

一般来说，仪器的分度值是根据仪器误差的所在位来划分的。读取测量数据时，应使最后一位数字恰好在误差所在位，即读数就读到这个误差所在位上为止，既不能多读，也不能少读。少读则误差就会加大，测量精度就降低了；而多读既无意义也是不可能的。实际上，由于仪器的种类不同，它们的读数规则也是不一样的。正确的有效数字读数方法大致如下：

1）在分度值以下再估读1位，即分度值位为可靠位，分度值的下1位为存疑位，例如毫米尺、外径千分尺等。

2）对于20分度和50分度游标类量具，只读到游标的分度值，一般不估读。例如，50分度的游标卡尺的分度值为0.02mm，为保证测量结果的有效数字位数的一致性，在分度值以下就不需要再估读一位了，因此当末位数为奇数时，即为估计值，而末位数为偶数则是准确值，如8.73mm和8.74mm中“3”为估计值，“4”为准确值。20分度的游标卡尺与此类似，其分度值为0.05mm，则末位数为“0”或“5”时为准确值，而末位数为“2”或“8”时则为估计值。

3）对于10分度游标类量具，估读到游标分度值的一半。例如，10分度的游标卡尺的分度值为0.1mm，若读数时，认为游标上某一刻度和与之相邻刻度均未与尺身刻度存在一定的偏离，则末位数应估读为“5”，如12.25mm；若认为游标上某一刻度恰好与尺身刻度对齐，为保证测量结果的有效数字位数的一致性，在分度值以下就需添“0”，如12.20mm。即测量数据的末位数应为“0”或“5”，它们都是估计值。

4）对于数字式仪表、步进读数仪器（如电阻箱），不需要估读，仪器所显示的最后一位就是估计值。

5）在读数时，如果测量值恰好是整数，则必须补“0”，直至补到“存疑位”，如图1.3.1b所示。

1.3.3 有效数字的特性及说明

1. 有效数字的位数与仪器精度(分度值)有关

对于同一被测量，如果使用不同精度的仪器进行测量，则测得的有效数字的位数是不同的。例如，用量程为75mm的外径千分尺（分度值为0.01mm，$\Delta_{ins}=0.004$mm）测量图1.3.1a、b中的两个物体，测得的结果为67.315mm和64.023mm，它们都有5位有效数字，其中“5”和“3”都是存疑数字；而采用精度为0.02mm的50分度游标卡尺来测量时，可读出的结果分别为6.732cm和6.400cm，它们都有4位有效数字，其中最后一位的“2”和“0”都是存疑数字。50分度游标卡尺没有估读数字，其末位数字为存疑数字，因为末位数字与游标卡尺的$\Delta_{ins}=0.02$mm是在同一数位上的。

2. 有效数字的位数与被测量的大小有关

如果用同一仪器测量大小不同的被测量，其有效数字的位数也是不相同的。被测量越大，测得结果的有效数字位数也就越多。

3. 有效数字的位数与小数点的位置无关（单位换算时有效数字的位数不应发生变化）

非"0"数字前面的"0"只是表示小数点的定位，不是有效数字；非"0"数字中间的"0"和后面的"0"，都是有效数字，不能随意地舍去或增加。例如，30.5mm、3.05cm 均是 3 位有效数字，而 30.50mm 和 30.5mm 在数学上是相等的，但 30.50mm 是 4 位有效数字，30.5mm 是 3 位有效数字，二者的物理意义却是不同的。

非"十进制"单位换算的原则是不能改变原有数据的存疑数字的"量级"。例如，$30.\underline{5}°$的存疑数字的"量级"为 $(10^{-1})°$，即"6′"，故而，$30.\underline{5}° = 183\underline{0}'$。

4. "科学计数法"的说明

对于数值很大或很小的数据通常采用"科学计数法"来表示，即把数据写成小数乘以 10 的 n 次幂的形式（n 可以是正数，也可以是负数），且小数的小数点前只有一位整数。也可采用 G(吉)、M(兆)、k(千)、d(分)、c(厘)、m(毫)、μ(微)、n(纳)等常用的"十进位"表示，例如：

$$\lambda = 632.8\text{nm} = 0.6328\mu\text{m} = 6.328 \times 10^{-7}\text{m}$$

$$m_e = 9.109 \times 10^{-31}\text{kg} = 9.109 \times 10^{-28}\text{g}$$

1.3.4 有效数字的舍入和运算规则

间接测量值是由直接测量值经过一定的函数关系计算得到的，所以间接测量值也应该用有效数字表示，但一般来说，各个直接测量值的大小和有效数字位数都是不同的，这就使得计算结果可能会出现冗长的不合理的数字位数。下面讨论有效数字的舍入和运算规则。

1. 有效数字尾数的舍入规则

通常的数据舍入规则是"四舍五入"，即见"5"就"入"。这一规则有不完善之处：导致从 1 到 9 的 9 个数字中，"入"的机会总是大于"舍"的机会，这是不合理的，这将不可避免地带来舍入误差，无形之中增大了最后结果的不确定度。为此，现在通用的规则是**"四舍六入五凑偶"**，即对保留数字末位以后部分的第一个数，小于"5"则舍，大于"5"则入，等于"5"则把保留数字末位凑为偶数。例如：

9.8065→9.806　　　3.1415→3.142　　　2.7182→2.718

2. 有效数字的运算规则

有效数字运算的总原则：首先，可靠数字与可靠数字进行四则运算，其结果仍为可靠数字；存疑数字与任何数字进行四则运算，其结果均为存疑数字。其次，在最后结果中，只保留一位存疑数字，其余的存疑数字按照有效数字尾数的舍入原则处理。

在通常情况下，为了简化运算，在进行四则运算前，可将参与运算的原始数据分别按照加减和乘除的不同情况进行数值取舍。在加减运算前，首先找出参与运算的各项中存疑数字所占数位最高的项，以此项为标准，其余各项一律按有效数字尾数舍入原则使其存疑数字占得数位比标准项存疑数位低一位。在乘除运算前，首先找出参与运算的各项中有效数字个数最少的项，以此项为标准，其余各项一律按有效数字尾数舍入原则使其有效数字个数比标准项多一个。

（1）加减法

运算结果的存疑数字的数位与参与运算的有效数字中存疑数字数位最高的相同。例如，在下式中，123.4 的尾数的"4"的数位为 10^{-1}，而 5.678 中尾数的"8"的数位为 10^{-3}，因此，计算结果的尾数的数位保留至 10^{-1}。

$$\begin{array}{r} 123.\underline{4} \\ +\quad 5.67\underline{8} \\ \hline 129.\underline{078} \end{array} \Rightarrow 129.\underline{078} \Rightarrow 129.\underline{1} \qquad \begin{array}{r} 123.\underline{4} \\ -\quad 5.67\underline{8} \\ \hline 117.\underline{722} \end{array} \Rightarrow 117.\underline{722} \Rightarrow 117.\underline{7}$$

（2）乘除法

运算结果的有效数字的位数与参与运算中有效数字位数最少的相同。例如，在下式中，123.4 为 4 位有效数字，而 7.65 为 3 位有效数字，因此，计算结果为 3 位有效数字。

$$\begin{array}{r} 123.\ \underline{4} \\ \times \quad 7.6\underline{5} \\ \hline \underline{6170} \\ 740\underline{4}\ \ \\ 863\underline{8}\ \ \ \ \\ \hline 94\underline{4}.\ \underline{010} \end{array} \Rightarrow 94\underline{4}.\ \underline{010} \Rightarrow 94\underline{4}$$

（3）乘方、开方

乘方、开方的运算结果的有效数字位数与其底的有效数字位数相同。例如，123.4 为 4 位有效数字，则其乘方、开方的结果的有效数字位数均为 4 位。

$$123.4^2 = 1.523 \times 10^4 \qquad \sqrt{123.4} = 11.08$$

（4）对数函数

运算结果的首位数不计，其余部分的有效数字位数与真数的有效数字位数相同。例如：$\ln 123456 = 11.72364$。真数 123456 为 6 位有效数字，结果 11.72364 去掉首位数“1”后，也为 6 位有效数字。

（5）指数函数

指数函数的运算结果用科学计数法表示，小数点前保留一位，小数点后面保留的位数与“幂”在小数点后的位数相同，包括紧接小数点后的“0”。例如

$$10^{0.45} = 2.82$$

$$e^{12.34} = 2.29 \times 10^5$$

（6）特殊函数

对于三角函数、反三角函数等特殊函数的运算结果的有效数字位数，一般有两种方法来确定。

方法 1：微分法

如求 $y = f(x)$ 的函数值，应先求出 $\mathrm{d}y = y' \cdot \mathrm{d}x$，将它保留一位有效数字，函数 y 的计算结果最终应保留与该位一致。在此，$\mathrm{d}x$ 为自变量的最小变化量（即有效数字尾数的分度值）。

例如：求 $y = \sin 35°59'$。

解　$\mathrm{d}y = \cos 35°59' \cdot 1' = \cos 35°59' \cdot \dfrac{\pi}{180 \times 60} \approx 0.0002$

所以，$\sin 35°59'$应保留到万分位，则

$$y = \sin 35°59' = 0.5875$$

方法 2：经验法

分别计算函数以及增加和减小自变量 1 个单位变化的函数结果，三者进行比较、取到数

值变化的第一位：

$$\sin 35°58' = 0.587314485\cdots$$
$$\sin 35°59' = 0.587549893\cdots$$
$$\sin 36°00' = 0.587785252\cdots$$

通过比较，发现三者的结果必须保留至万分位时，才能将彼此区别开，因此，$\sin 35°59'$应保留到万分位，则 $\sin 35°59' = 0.5875$。

（7）常数

常数 e、π 等的有效数字位数应比参与运算的各个物理量中有效数字位数最少的项多取 1 位。例如，$L = 2\pi R$，若 $R = 1.23 \times 10^{-2}$m，则 $\pi = 3.142$，即

$$L = 2\pi R = 2 \times 3.142 \times 1.23 \times 10^{-2}\text{m} = 7.73 \times 10^{-2}\text{m}$$

3. 计算不确定度时的有效数字运算规则

在物理测量过程中，通常还要对间接测量值进行不确定度评价，因而间接测量值的有效数字位数最终应由不确定度来决定。

（1）加减法

设 $N = x + y + z$，运算过程如下：

① 计算间接被测量的不确定度，不确定度在计算过程中取 1 位或 2 位有效数字。

② 计算间接被测量，各分量的有效数字位数要比间接被测量的不确定度所在位数低一位。

③ 用不确定度的位数决定最终结果的有效数字位数，并写出结果表达式。

例 1.6　已知 $N = A + 2B - 4C$；其中 $A = (71.32 \pm 0.15)$cm，$B = (0.262 \pm 0.011)$cm，$C = (7.53 \pm 0.13)$cm。求：$N = \overline{N} \pm u(\overline{N})$。

解　① 先计算不确定度 $u(\overline{N})$。

$$u(\overline{N}) = \sqrt{[u(A)]^2 + [2u(B)]^2 + [4u(C)]^2}$$
$$= \sqrt{0.15^2 + (2 \times 0.011)^2 + (4 \times 0.13)^2} = 0.54 \approx 0.5\text{cm}$$

② 计算间接测量值$\overline{N}$。因为 $u(\overline{N}) = 0.5$cm 在十分位上，因此运算时，各分量的有效数字位数只需比它所在的位数低一位，即

$$\overline{N} = \overline{A} + 2\overline{B} - 4\overline{C} = (71.32 + 2 \times 0.26 - 4 \times 7.53)\text{cm} = 41.72\text{cm}$$

③ 用不确定度决定最终结果的有效数字位数。所以，最终结果表达式为

$$N = \overline{N} \pm u(\overline{N}) = (41.72 \pm 0.54)\text{cm}\ （不确定度保留 2 位有效数字）$$

或

$$N = \overline{N} \pm u(\overline{N}) = (41.7 \pm 0.5)\text{cm}\ （不确定度保留 1 位有效数字）$$

$$E(\overline{N}) = \frac{u(\overline{N})}{\overline{N}} \times 100\% = 1.3\%$$

（2）乘除法

设 $N = \dfrac{AB}{C}$，运算过程如下：

① 计算间接被测量。以有效数字位数最少的分量为标准，其他分量（包括常数）的有效数字位数都比它多保留 1 位，计算结果也多保留 1 位。

② 计算间接被测量的不确定度。在计算过程中，间接被测量的相对不确定度可以保留 2 位有效数字，然后再计算其不确定度。

③ 用不确定度的位数决定最终结果的有效数字位数，并写出结果表达式。

例 1.7　已知 $N=\frac{g}{4\pi^2}\frac{AB}{C^2}$；其中 $A=(101.32\pm0.96)\mathrm{cm}$，$B=(1.358\pm0.011)\mathrm{cm}$，$C=(9.57\pm0.10)\mathrm{cm}$。求：$N=\overline{N}\pm u(\overline{N})$。

解　① 先计算$\overline{N}$。因为在 A、B、C 三个物理量中，C 的有效数字位数最少，为 3 位，因而其他各量以及结果都比它多保留 1 位，其中 $g=980.1\mathrm{cm\cdot s^{-2}}$，$\pi=3.142$，故

$$\overline{N}=\frac{g}{4\pi^2}\frac{\overline{A}\ \overline{B}}{\overline{C}^2}=\frac{980.1}{4\times3.142^2}\times\frac{101.3\times1.358}{9.57^2}\mathrm{cm\cdot s^{-2}}=372.8\mathrm{cm\cdot s^{-2}}$$

② 计算不确定度 $u(\overline{N})$。

$$\frac{u(\overline{N})}{\overline{N}}=\sqrt{\left[\frac{u(\overline{A})}{\overline{A}}\right]^2+\left[\frac{u(\overline{B})}{\overline{B}}\right]^2+\left[2\times\frac{u(\overline{C})}{\overline{C}}\right]^2}$$

$$=\sqrt{\left(\frac{0.96}{101.32}\right)^2+\left(\frac{0.011}{1.358}\right)^2+\left(2\times\frac{0.10}{9.57}\right)^2}=0.024$$

$$u(\overline{N})=\frac{u(\overline{N})}{\overline{N}}\times\overline{N}=0.024\times372.8\mathrm{cm\cdot s^{-2}}=8.9\mathrm{cm\cdot s^{-2}}$$

③ 用不确定度决定最终结果的有效数字位数。所以，最终结果表达式为

$$N=\overline{N}\pm u(\overline{N})=(372.8\pm8.9)\mathrm{cm\cdot s^{-2}}\text{（不确定度保留 2 位有效数字）}$$

或

$$N=\overline{N}\pm u(\overline{N})=(373\pm9)\mathrm{cm\cdot s^{-2}}\text{（不确定度保留 1 位有效数字）}$$

$$u(\overline{N})=\frac{u(\overline{N})}{\overline{N}}\times100\%=2.4\%$$

1.4　实验数据处理的方法

物理实验的目的和任务是要从一系列数据中找出各个物理量之间的变化关系及其服从的物理规律，以便确定它们的内在联系和函数关系。对实验数据进行科学的分析和处理是实现上述目的和任务的重要手段。所谓数据处理方法，就是对实验数据通过必要的整理、分析、归纳和计算，得到实验的结论。常用的实验数据处理方法有列表法、逐差法、作图法和最小二乘法。

1.4.1　列表法

列表法是一种最基本和最常用的数据处理方法。所谓列表法，就是在记录和处理数据时，将测量结果和相关的计算结果，按照一定的规律分类、分行、分列地列成表格来表示的方法。这种方法可以使数据表达简单、清晰、有条理，便于对数据进行检查、对比、分析和计算。同时，这种方法也有助于分析各个物理量的变化规律、找出各个物理量之间的相互关系，为图解法奠定一个良好的基础。

数据表格没有统一的格式，但在设计表格时，应满足以下基本要求：

1）在表格的上方必须有表头，即注明表格的名称、实验日期、实验室环境等。

2）根据实验内容合理设计表格的形式，以便发现相关物理量之间的对应关系，便于分

析实验数据之间的函数关系和数据处理。同时，各个物理量的排列的顺序应与测量的先后和计算的顺序相对应。

3）标题栏中必须标明各个物理量的符号、单位、量值的数量级。

4）除原始测量数据外，数据处理过程中的一些重要中间运算结果和最终结果也可以列入表。

5）记录要整齐、清晰，并且不能涂改。要正确表示测量结果的有效数字。

6）实验室所给出的数据或查阅资料所得到的单项数据应列在表格的上部。

例1.8 表1.4.1为测量某圆柱体体积的实验结果，其中D为直径，h为高度，请计算此圆柱体的体积及不确定度，并写出结果表达式。（测量工具为50分度游标卡尺，$\Delta_{\text{ins}}=0.02\text{mm}$）

表1.4.1 测量圆柱体体积的实验数据记录表格

测量次数	h/cm	$v_{hi}/10^{-4}$cm	$v_{hi}^2/10^{-8}\text{cm}^2$	D/cm	$v_{Di}/10^{-4}$cm	$v_{Di}^2/10^{-8}\text{cm}^2$
1	8.110	-10	100	2.082	-4	16
2	8.112	10	100	2.080	-24	576
3	8.114	30	900	2.084	16	256
4	8.108	-30	900	2.084	16	256
5	8.111	0	0	2.082	-4	16
平均	8.1110	——	——	2.0824	——	——

解 $s(h)=\sqrt{\dfrac{1}{n-1}\sum_{i=1}^{n}v_{hi}^2}=\sqrt{\dfrac{1}{n-1}\sum_{i=1}^{n}(h_i-\bar{h})^2}=0.0022\text{cm}$

$$s(D)=\sqrt{\frac{1}{n-1}\sum_{i=1}^{n}v_{Di}^2}=\sqrt{\frac{1}{n-1}\sum_{i=1}^{n}(D_i-\bar{D})^2}=0.0017\text{cm}$$

由$\bar{h}$和$s(h)$以及$\bar{D}$和$s(D)$的计算结果可知，h和D的测量列中数据没有“坏值”。由于$n=5$，$P=0.683$对应的$t_{\text{p}}=1.14$，则h和D的A类不确定度分别是

$$u_{\text{A}}(\bar{h})=t_{\text{p}}s(\bar{h})=t_{\text{p}}\frac{s(h)}{\sqrt{n}}=1.14\times\frac{0.0022}{\sqrt{5}}\text{cm}=0.0011\text{cm}\quad(P=0.683)$$

$$u_{\text{A}}(\bar{D})=t_{\text{p}}s(\bar{D})=t_{\text{p}}\frac{s(D)}{\sqrt{n}}=1.14\times\frac{0.0017}{\sqrt{5}}\text{cm}=0.00087\text{cm}\quad(P=0.683)$$

h和D的B类不确定度都为

$$u_{\text{B}}=\frac{\Delta_{\text{ins}}}{C}=\frac{\Delta_{\text{ins}}}{\sqrt{3}}=\frac{0.02}{\sqrt{3}}\text{mm}=0.012\text{mm}=0.0012\text{cm}$$

h和D的总不确定度

$$u_{P(2\sigma)}(\bar{h})=2u_{0.683}=2\sqrt{u_{\text{A}}^2+u_{\text{B}}^2}=2\sqrt{[t_{\text{p}}s(\bar{h})]^2+\left(\frac{\Delta_{\text{ins}}}{C}\right)^2}$$

$$=2\times\sqrt{(0.0011)^2+(0.0012)^2}\text{cm}=2\times0.0032\text{cm}=0.0064\text{cm}\quad(P_{2\sigma}=0.950)$$

$$u_{P(2\sigma)}(\overline{D})=2u_{0.683}=2\sqrt{u_{\mathrm{A}}^2+u_{\mathrm{B}}^2}=2\sqrt{[t_{\mathrm{p}}s(\overline{D})]^2+\left(\frac{\Delta_{\mathrm{ins}}}{C}\right)^2}$$

$$=2\times\sqrt{(0.00087)^2+(0.0012)^2}\mathrm{cm}=2\times0.0015\mathrm{cm}=0.0030\mathrm{cm}\quad(P_{2\sigma}=0.950)$$

所以

$$h=(8.1110\pm0.0064)\mathrm{cm}\quad(P_{2\sigma}=0.950)$$

$$D=(2.0824\pm0.0030)\mathrm{cm}\quad(P_{2\sigma}=0.950)$$

则圆柱体体积为

$$\overline{V}=\frac{1}{4}\pi\overline{D}^2\overline{h}=\frac{1}{4}\times3.14159\times2.0824^2\times8.1110\mathrm{cm}^3=27.6244\mathrm{cm}^3$$

圆柱体的不确定度为

$$\frac{u(\overline{V})}{\overline{V}}=\sqrt{\left[2\times\frac{u(\overline{D})}{\overline{D}}\right]^2+\left[\frac{u(\overline{h})}{\overline{h}}\right]^2}=\sqrt{\left(2\times\frac{0.0030}{2.0824}\right)^2+\left(\frac{0.0064}{8.1110}\right)^2}=0.0030$$

$$u(\overline{V})=\frac{u(\overline{V})}{\overline{V}}\times\overline{V}=0.0030\times27.6244\mathrm{cm}^3=0.083\mathrm{cm}^3$$

所以

$$V=\overline{V}\pm u(\overline{V})=(27.624\pm0.083)\mathrm{cm}^3\quad(P_{2\sigma}=0.950)$$

$$E(\overline{V})=\frac{u(\overline{V})}{\overline{V}}\times100\%=0.30\%$$

1.4.2　逐差法

逐差法就是把测量数据分成高低两组，将一定的对应项相减的方法。凡是自变量作等量变化，因变量也做等量变化，便可以采用逐差法求出应变量的平均值。逐差法的优点在于：

1）计算简便，特别是在检查数据时，可随测随检，及时发现差错和数据规律。

2）可以充分地利用已测得的所有数据，并具有对数据取平均值的效果。

3）可以方便地证明两个变量之间是否存在着多项式关系，进而避开一些具有定值的未知量，较容易地得到实验结果。

4）可以减小系统误差和扩大测量范围。

1. 逐差法的适用条件

1）函数 y 与自变量 x 的关系可以写成一元函数多项式的形式，即

$$y=a_0+a_1x+a_2x^2+a_3x^3+\cdots\tag{1.4.1}$$

2）自变量 x 做连续、等间距变化。

2. 逐差法的使用方法

1）逐项逐差法：自变量等值变化，测得一组数据为 y_1，y_2，y_3，…用数据项的后项减前项，来验证多项式。首先，进行第一次逐项逐差，若 $y_{i+1}-y_i=(\Delta y)_i$ 为常数，则函数 y 与自变量 x 的关系是一次函数；如果（Δy）$_i$ 不为常数，可再进行第二次逐项逐差，若 $(\Delta y)_{i+1}-(\Delta y)_i=[\Delta(\Delta y)]_i$ 为常数，则函数 y 与自变量 x 的关系是二次函数；……

2）隔项逐差法（又称组差法）：自变量 x 等间距变化，测得偶数个因变量 y 值，如 y_1，y_2，…，y_8。将所测因变量的数据项从中间一分为二，然后两组的对应项相减 $y_{i+4}-y_i=$

$(\Delta y)_i$，再求出平均值。这种方法仅限于函数 y 与自变量 x 呈线性关系。

例 1.9　表 1.4.2 为拉伸法测钢丝的弹性模量的实验数据，其中 F 为在钢丝上所加外力，n 为利用光杠杆测得的钢丝的伸长后的标尺读数（$\Delta_{ins}=0.10\text{mm}$）。试计算钢丝受 1N 外力时，光杠杆测得的钢丝的伸长量 K。

表 1.4.2　测量钢丝的弹性模量的实验数据

序号	F/N	$n/10^{-3}$m	$\Delta L_i=(n_{i+1}-n_i)/10^{-3}$m	$\Delta L_i=(n_{i+4}-n_i)/10^{-3}$m
1	0.0	4.2	—	—
2	10.0	7.6	3.4	—
3	20.0	11.2	3.6	—
4	30.0	14.4	3.2	—
5	40.0	17.9	3.5	13.7
6	50.0	21.5	3.6	13.9
7	60.0	24.8	3.3	13.6
8	70.0	28.5	3.7	14.1
平均	—	—	—	13.82

表 1.4.2 中第 4 列为逐项逐差的结果，它表示每增加 10.0N 外力时钢丝的伸长量，其平均值为

$$\overline{\Delta L_i}=\overline{(n_{i+1}-n_i)}=\frac{1}{7}[(n_2-n_1)+(n_3-n_2)+\cdots+(n_8-n_7)]=\frac{1}{7}(n_8-n_1)$$

可见，中间项的测量数据全部加减抵消，只剩下首尾两项，这种方法显然是不合理的。但由此可知，伸长量与外力的关系是一次函数，即

$$\Delta L=a_0+\frac{\Delta n}{\Delta F}F=a_0+KF$$

表 1.4.2 中的第 5 列为采用隔项逐差法（组差法）得到的结果，它表示每增加 40.0N 外力时钢丝的伸长量，其平均值为

$$\overline{\Delta L}=\overline{(n_{i+4}-n_i)}=\frac{1}{4}[(n_5-n_1)+(n_6-n_2)+(n_7-n_3)+(n_8-n_4)]=13.82\text{mm}$$

可见，组差法能够充分利用所有的测量数据，是比较合理的方法。

解　$\overline{\Delta L}=\overline{(n_{i+4}-n_i)}=13.82\text{mm}$

$$s(\Delta L)=\sqrt{\frac{1}{n-1}\sum_{i=1}^{n}v_{\Delta L_i}{}^2}=\sqrt{\frac{1}{n-1}\sum_{i=1}^{n}(\Delta L_i-\overline{\Delta L})^2}=0.22\text{mm}$$

由 $\overline{\Delta L}$ 和 $s(\Delta L)$ 的计算结果可知，$\overline{\Delta L}$ 的测量列中数据没有“坏值”。由于 $n=4$，$P=0.683$ 对应的 $t_p=1.20$，则 $\overline{\Delta L}$ 的 A 类不确定度为

$$u_A(\overline{\Delta L})=t_p s(\overline{\Delta L})=t_p\frac{s(\Delta L)}{\sqrt{n}}=1.20\times\frac{0.22}{\sqrt{4}}=0.13\text{mm}\quad(P=0.683)$$

$\overline{\Delta L}$ 的 B 类不确定度为

$$u_B(\Delta L)=\frac{\Delta_{ins}}{C}=\frac{\Delta_{ins}}{\sqrt{3}}=\frac{0.10}{\sqrt{3}}=0.058\text{mm}$$

所以，$\overline{\Delta L}$的总不确定度为

$$u_{P(2\sigma)}(\overline{\Delta L}) = 2u_{0.683} = 2\sqrt{u_A^2 + u_B^2} = 2\sqrt{[t_p s(\overline{\Delta L})]^2 + \left(\frac{\Delta_{ins}}{C}\right)^2}$$

$$= 2 \times \sqrt{(0.13)^2 + (0.058)^2}\text{mm} = 2 \times 0.14\text{mm} = 0.28\text{mm} \quad (P_{2\sigma} = 0.950)$$

则

$$\overline{K} = \frac{\overline{\Delta L}}{40.0} = \frac{13.82}{40.0}\text{mm} \cdot \text{N}^{-1} = 0.3455\text{mm} \cdot \text{N}^{-1}$$

$$u(\overline{K}) = \frac{u(\overline{\Delta L})}{40.0} = \frac{0.28}{40.0}\text{mm} \cdot \text{N}^{-1} = 0.0070\text{mm} \cdot \text{N}^{-1}$$

因此

$$K = (0.3455 \pm 0.0070)\text{mm} \cdot \text{N}^{-1} \quad (P_{2\sigma} = 0.950)$$

$$E(\overline{K}) = \frac{u(\overline{K})}{\overline{K}} \times 100\% = 2.0\%$$

1.4.3　作图法

作图法是把实验数据按其对应关系在坐标纸上描点并绘制曲线的方法，它是一种最常用的数据处理方法。若绘制的是直线，则该直线起到了对数据取平均的效果、还可以从图中求出相应物理量；若要将非线性测量公式绘制成直线，可在变量代换之后作图，即曲线改直。常用的作图用纸有直角坐标纸、对数坐标纸、半对数坐标纸、极坐标纸、指数坐标纸，物理实验中大多采用直角坐标纸。作图法的优点在于：

1）将一系列数据之间的关系或变化情况用图线直观地表示出来，例如数据变量的极大值、极小值、转折点、周期性等。

2）在一定条件下，采用“内插法”和“外延法”可以从图中读取没有进行观测的对应点的数据。

3）如果图线为光滑曲线，则作图法有多次测量取平均的效果。

4）根据图线的形状可以研究物理量之间的变化规律，找出对应的函数关系，并求出相应的经验公式。

5）可以帮助发现实验中个别的测量错误，并可通过图线进行系统误差分析。

1. 作图规则

实验作图不是示意图，它既要表达物理量之间的关系，又要能反映测量的精确程度，因此，必须按照一定的要求进行。作图规则如下：

（1）坐标纸的选择

作图一定要用坐标纸，常用的坐标纸有直角坐标纸、单对数或双对数坐标纸等。坐标纸的大小以不损失实验数据的有效数字和能够包括全部数据为原则，也可适当选大些。图纸上的最小分格一般对应有效数字最后一位可靠数位，即坐标分度值（图纸上的最小格）的选取应与实验数据有效数字的最小准确数字位对应。作图时不要增、减有效数字位数。

（2）坐标轴的选定

合理地选择坐标轴、正确标明坐标分度是作图效果的关键。通常以横轴代表自变量，纵轴代表因变量。用粗实线画出两个坐标轴，用箭头标明轴的“正”方向，同时注明每个坐

标轴代表的物理量的名称（或符号）和单位，物理量和单位之间用“/”分开。

选取适当的比例和坐标轴的起点，使图线比较对称地充满整个图纸，不要偏在一边或一角。坐标轴的起点不一定要从零开始，可选小于数据中最小值的某一整数作为起点。横轴与纵轴的比例和标度可以不同。

为了便于读数和描点，最小分格代表的数字应取 1、2、5、10 等，而不用 3、6、7、9 等。坐标轴上要每隔一定的相等间距标上整齐的数字（不应遗漏）。

（3）标点和连线

根据所测数据，用削尖的铅笔，以标志符号“ × ”在坐标纸上准确标出数据点的坐标位置。若在一张图上同时要画出几条曲线时，各条曲线必须用不同的标志符号进行标记，常用的标志符号有⊙、×、+、△、☆、◇等。

除校正图线要连成折线外，一般应根据数据点的分布和趋势将其连接成细而光滑的直线或曲线。连线时要用直尺或曲线板等作图工具。图线的走向，应尽可能多地通过或靠近各实验数据点，即不是一定要通过每一个数据点，而是应使处于图线两侧的点数相近，并使未通过的数据点均匀分布在图线两侧。

（4）写上图名和图注

在图线的上部（或下部）空旷处写出图名及图注（包括实验时间、实验条件、标志符号说明等）。

2. 图解法

根据画出的实验图线，再用解析方法求出有关参量或物理量之间的经验公式的方法称为图解法。当图线为直线时尤为方便，即数据点近似可以拟合成一条直线时，则可以通过求直线的截距或斜率，进而得到反映该实验的物理规律的解析方程——线性方程。线性方程的一般形式为

$$y = a_0 + a_1 x \tag{1.4.2}$$

式中，y 为因变量；x 为自变量；参数 a_1 为直线的斜率；参数 a_0 为直线在 y 轴上的截距。

图解法（即线性关系数据的处理）的步骤如下：

1）在图线上选取两个相距较远的非数据点 $P_1(x_1,\ y_1)$ 和 $P_2(x_2,\ y_2)$，则由此两点可求出该直线的斜率，即

$$a_1 = \frac{y_2 - y_1}{x_2 - x_1} \tag{1.4.3}$$

一般来说，物理实验中的斜率是有一定的物理意义的，因此，在计算时，一定要注意坐标轴所代表的物理量及其单位。

2）如果横轴的原点是 0，则截距 a_0 就是 $x=0$ 时的 y 值，即 $a_0 = y|_{x=0}$，可以从图中直接读取。若横轴的原点不是 0，则必须在图线上再取第三个非数据点 $P_3(x_3,\ y_3)$，利用点斜式求得直线的截距为

$$a_0 = y_3 - \frac{y_2 - y_1}{x_2 - x_1} x_3 \tag{1.4.4}$$

3. 曲线改直

在实际工作中，多数物理量之间的关系不一定是线性关系，但在许多情况下，通过适当的数学变换，可以使其变为线性关系，即把曲线改为直线。常用的可以线性化的函数有

如下：

1）二次函数：$y=a_1x+a_2x^2$，a_1、a_2为常数，两边同除以x，则得$\frac{y}{x}=a_1+a_2x$，作$\frac{y}{x}$-x图，即可得截距a_1和斜率a_2。

2）幂函数：$y=ax^b$，a、b为常数，两边取对数，则得$\lg y=\lg|a|+b\lg x$，$\lg y$与$\lg x$为线性关系。作$\lg y$-$\lg x$图，即可得截距$\lg|a|$和斜率b。

3）指数函数：$y=ae^{bx}$，a、b为常数，两边取自然对数，则得$\ln y=\ln|a|+bx$，$\ln y$与x为线性关系。作$\ln y$-x图，即可得截距$\ln|a|$和斜率b。

4）$xy=c$，c为常数，则$y=\frac{c}{x}$，作y-$\frac{1}{x}$图，即可得斜率c。

5）$y=ab^x$，a、b为常数，两边取对数，则得$\lg y=\lg|a|+x\lg|b|$，$\ln y$与x为线性关系。作$\lg y$-x图，即可得截距$\lg|a|$和斜率$\lg|b|$。

6）$x^2+y^2=a$，a为常数，则$y^2=a-x^2$，作y^2-x^2图，即可得斜率为-1，截距为a。

例1.10　表1.4.3是测量弹簧劲度系数的实验结果，其中F为在弹簧上所施加的外力，n为弹簧伸长后的标尺读数。请用图解法推导出n与F的关系。

表1.4.3　测量弹簧劲度系数的实验数据

测量次数	1	2	3	4	5	6
F_i/N	1.00	2.00	3.00	4.00	5.00	6.00
n_i/cm	3.12	3.24	3.37	3.49	3.61	3.73

解　由表1.4.3可知，F_i为自变量，n_i为因变量，故以F为横轴，以n为纵轴，作图如下（见图1.4.1）。

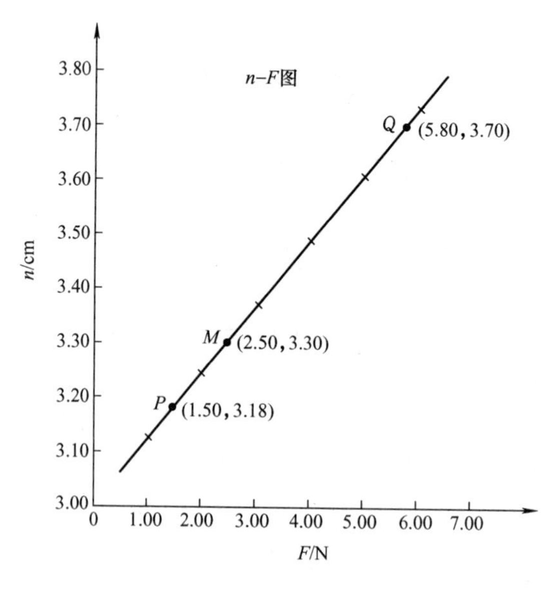

图　1.4.1

从图中分别选取P(1.50，3.18)、Q(5.80，3.70)和M(2.50，3.30)等三个非数据点

进行计算，有

$$a_1=\frac{3.70-3.18}{5.80-1.50}\mathrm{cm}\cdot\mathrm{N}^{-1}=0.121\mathrm{cm}\cdot\mathrm{N}^{-1}$$

$$a_0=(3.30-0.121\times2.50)\mathrm{cm}=3.00\mathrm{cm}$$

故

$$n=(3.00+0.121F)\ (\mathrm{cm})$$

1.4.4　最小二乘法

作图法在数据处理中虽然是一种直观而便利的方法，但在图线的绘制过程中存在一定的人为因素，会引起附加的误差，因此，它不如数学解析方法准确。最常用的数学解析方法是最小二乘法，它能够从一组等精度的测量值中确定最佳值，或使估计曲线最好地拟合观测点。最小二乘法是基于误差理论基础之上的、最科学、最准确的数据处理方法，是从事科学研究的人员应该具备的知识。

最小二乘法拟合曲线的原理：若能找到最佳的拟合曲线，那么这一拟合曲线与各个测量值之间的偏差的平方和，在所有拟合曲线中应该是最小的。

最小二乘法处理数据的具体过程：首先，根据理论或实验中数据的变化趋势推断出方程的形式，然后根据最小二乘法确定有关参数（如斜率、截距），最后检验方程的合理性，并求出相关系数。如推测变量 y 和 x 之间是线性关系，则可把数学表达式写成

$$y=a_0+a_1x$$

如果推断为指数关系，则可写成

$$y=a_1\mathrm{e}^{a_2x}+a_3$$

若函数关系不清楚，则往往采用多项式形式，写成

$$y=a_0+a_1x+a_2x^2+a_3x^3+\cdots+a_nx^n$$

式中，a_0，a_1，a_2，a_3，…，a_n均为常数，称为回归系数。因此，回归系数一旦确定，准确的数学解析函数就能够确定下来了。

如上所述，如果只有一个自变量，那么确定因变量与自变量之间解析函数的过程称为一元回归，若自变量超过一个，则称为多元回归。如果变量之间的关系为线性关系，则称为线性回归，否则，称为非线性回归。非线性回归一般比较复杂，但有时很多非线性问题可以转化成线性问题加以研究和解决。鉴于本课程的教学要求，下面只讨论用最小二乘法进行最基本的一元线性拟合。有关多元线性拟合与非线性拟合，读者可在需要时参阅相关资料。

1. 一元线性回归方程的最小二乘法原理

假设两个物理量 x 和 y 之间满足线性关系，其函数形式为一元线性回归方程，即

$$y=a_0+a_1x$$

设实验测量过程中，分别得到相应的 n 组数据（x_1，y_1），（x_2，y_2），…，（x_n，y_n）。如果没有误差存在，则当 a_0和 a_1确定时，将这 n 组数据代入上式，则方程的左右两边都应相等。但由于误差的存在，则实测值与理论值之间将出现偏差。为了便于讨论，现假设误差只与 y_i 有关，即

$$v_i=y_i-(a_0+a_1x_i)\quad(i=1,2,\cdots,n)$$

此方程组给出了每一个 y_i值与回归直线的偏离程度。

根据最小二乘法的原理，确定一元线性回归方程的回归系数 a_0和 a_1的标准是使所有偏

差 v_i 都很小，而总偏差 S 最小。但由于 v_i 有正有负，为避免彼此抵消，总偏差 S 应用 v_i 的平方和来表示。换言之，最小二乘法就是按照使所有 v_i 的平方和（即 $S = \sum_{i=1}^{n} v_i^2$）最小的原则，确定回归系数 a_0 和 a_1 的取值方法。由于

$$S = \sum_{i=1}^{n} v_i^2 = \sum_{i=1}^{n} [y_i - (a_0 + a_1 x_i)]^2$$

根据求极值的方法，令 S 对 a_0 和 a_1 的一阶偏导数为 0，可得

$$\frac{\partial S}{\partial a_0} = \frac{\partial\left(\sum_{i=1}^{n} v_i^2\right)}{\partial a_0} = \frac{\partial\left[\sum_{i=1}^{n} (y_i - a_0 - a_1 x_i)^2\right]}{\partial a_0} = -2\sum_{i=1}^{n} (y_i - a_0 - a_1 x_i) = 0$$

$$\frac{\partial S}{\partial a_1} = \frac{\partial\left(\sum_{i=1}^{n} v_i^2\right)}{\partial a_1} = \frac{\partial\left[\sum_{i=1}^{n} (y_i - a_0 - a_1 x_i)^2\right]}{\partial a_1} = -2\sum_{i=1}^{n} [(y_i - a_0 - a_1 x_i) \cdot x_i] = 0$$

即

$$\sum_{i=1}^{n} y_i = n a_0 + a_1 \sum_{i=1}^{n} x_i \tag{1.4.5}$$

$$\sum_{i=1}^{n} x_i y_i = a_0 \sum_{i=1}^{n} x_i + a_1 \sum_{i=1}^{n} x_i^2 \tag{1.4.6}$$

将式（1.4.5）和式（1.4.6）两边同除以 n，并引入算术平均值符号：

$\bar{x} = \frac{1}{n}\sum_{i=1}^{n} x_i$，$\bar{y} = \frac{1}{n}\sum_{i=1}^{n} y_i$，$\overline{x^2} = \frac{1}{n}\sum_{i=1}^{n} x_i^2$，$\overline{y^2} = \frac{1}{n}\sum_{i=1}^{n} y_i^2$，$\overline{xy} = \frac{1}{n}\sum_{i=1}^{n} x_i y_i$，可得

$$\begin{cases} \bar{y} = a_0 + a_1 \bar{x} \\ \overline{xy} = a_0 \bar{x} + a_1 \overline{x^2} \end{cases} \tag{1.4.7}$$

联立求解，可得

$$\begin{cases} a_1 = \dfrac{\overline{xy} - \bar{x}\ \bar{y}}{\overline{x^2} - (\bar{x})^2} \\ a_0 = \bar{y} - a_1 \bar{x} \end{cases} \tag{1.4.8}$$

由式（1.4.8）计算出的 a_0 和 a_1，即为假设 x 的误差可以忽略的情况下一元线性回归方程中的回归系数的 a_0 和 a_1 的最佳估计值。但在实际测量过程中，测量得到的数据都是含有误差的，因此在处理实际问题时，可以把两组数据中相对来说误差小的那组数据作为变量 x，误差大的另一组则作为变量 y。

2. 一元线性回归的相关系数

一般情况下，函数形式的选取要依靠理论分析，但在理论还不清楚的时候，只能依靠实验数据画出的图线的趋势来推测，因此，对于同一组实验数据，不同的人可能会选择不同的函数形式，也就会得出不同的实验结果。为了判断回归方程是否正确，应该有一个判别依据，通常采用相关系数 γ 作为这种依据。对于一元线性回归，相关系数 γ 的定义为

$$\gamma = \frac{\overline{xy} - \bar{x}\ \bar{y}}{\sqrt{[\overline{x^2} - (\bar{x})^2][\overline{y^2} - (\bar{y})^2]}} \tag{1.4.9}$$

相关系数 γ 反映了数据的线性相关程度，即表示两个变量之间的关系与线性函数符合的

程度。$\gamma>0$ 时，拟合直线的斜率为正，称为正相关；$\gamma<0$ 时，拟合直线的斜率为负，称为负相关；$\gamma=0$，称为不相关。可以证明，$|\gamma|\leqslant 1$，即 γ 总是在 0 和 ±1 之间。如果 $\gamma=\pm 1$，表示 x、y 完全线性相关，拟合直线通过全部实验数据点；$|\gamma|$值越接近于 1，表示实验数据点越能聚集在拟合直线附近，即 x、y 之间存在线性关系，用最小二乘法做线性回归分析比较合理。反之，$|\gamma|$值远小于 1，而接近于 0，则表示实验数据点相对于拟合直线而言非常分散，即 x、y 之间的相关性很差或根本不相关，不能用线性函数拟合，需要重新选取其他形式的函数关系。对于实际问题，只有当$|\gamma|$的值大到一定程度时，才可用一元回归方程近似地表示变量 x 与 y 之间的关系。在一般的物理实验中，只要$|\gamma|\geqslant 0.9$，就认为两物理量之间存在着密切的线性关系。

例 1.11　表 1.4.4 为测量钢丝的弹性模量的实验结果，其中 F 为在钢丝上所施加的外力，n 为利用光杠杆测得的钢丝伸长后的标尺读数。请用最小二乘法推导出 n 与 F 的关系。

表 1.4.4　测量钢丝的弹性模量的实验数据

测量次数	1	2	3	4	5	6
F_i/N	0.0	20.0	40.0	60.0	80.0	100.0
n_i/cm	14.21	14.84	15.43	16.02	16.66	17.23

解　由表 1.4.4 可知，F_i为自变量，n_i为因变量，故令 $x=F$，$y=n$。根据有效数字运算规则，可得表 1.4.5。

表 1.4.5　根据有效数字运算规则计算出的数据

序号	$x_i=F_i$/N	$y_i=n_i$/cm	$x_i^2/10^2\mathrm{N}^2$	y_i^2/cm^2	$x_i\cdot y_i/10^2\mathrm{N}\cdot\mathrm{cm}$
1	0.0	14.21	0.00	201.9	0.0
2	20.0	14.84	4.00	220.2	2.97
3	40.0	15.43	16.0	238.1	6.17
4	60.0	16.02	36.0	256.6	9.61
5	80.0	16.66	64.0	277.6	13.3
6	100.0	17.23	100.0	296.9	17.23
求和	300.0	94.39	220.0	1491.3	49.28
平均	50.00	15.73	36.67	248.55	8.213

则

$$a_1=\frac{\overline{xy}-\bar{x}\ \bar{y}}{\overline{x^2}-(\bar{x})^2}=\frac{8.213\times10^2-50.00\times15.73}{36.67\times10^2-50.00^2}\mathrm{cm}\cdot\mathrm{N}^{-1}=0.02982\mathrm{cm}\cdot\mathrm{N}^{-1}$$

$$a_0=\bar{y}-a_1\bar{x}=(15.73-0.02982\times50.00)\mathrm{cm}=14.24\mathrm{cm}$$

所以直线方程为　$y=(14.24+0.02982x)\quad(\mathrm{cm})$

又因为相关系数 γ 为

$$\gamma=\frac{\overline{xy}-\bar{x}\ \bar{y}}{\sqrt{[\overline{x^2}-(\bar{x})^2][\overline{y^2}-(\bar{y})^2]}}=\frac{8.213\times10^2-50.00\times15.73}{\sqrt{(36.67\times10^2-50.00^2)(248.55-15.73^2)}}=0.9405$$

数值接近于 1，所以可以认为变量 x 和 y 两者线性相关，即 n 与 F 的函数关系为

$$n=(14.24+0.02982F)\ \mathrm{cm}$$

3. 使用 Excel 自动拟合曲线的方法

在实际应用时，由于实验数据较多，计算工作量较大，且不适合进行非线性函数的拟合等因素的影响，人们常采用 Excel、Matlab 等软件进行数据的拟合工作。下面对使用 Excel 自动拟合曲线的方法做简略的介绍。

1）在 Excel 中选中需要拟合的实验数据，依次点击 Excel 程序菜单“插入”——“图表”——“散点图”——“带平滑线和数据标记的散点图”，如图 1.4.2 所示。

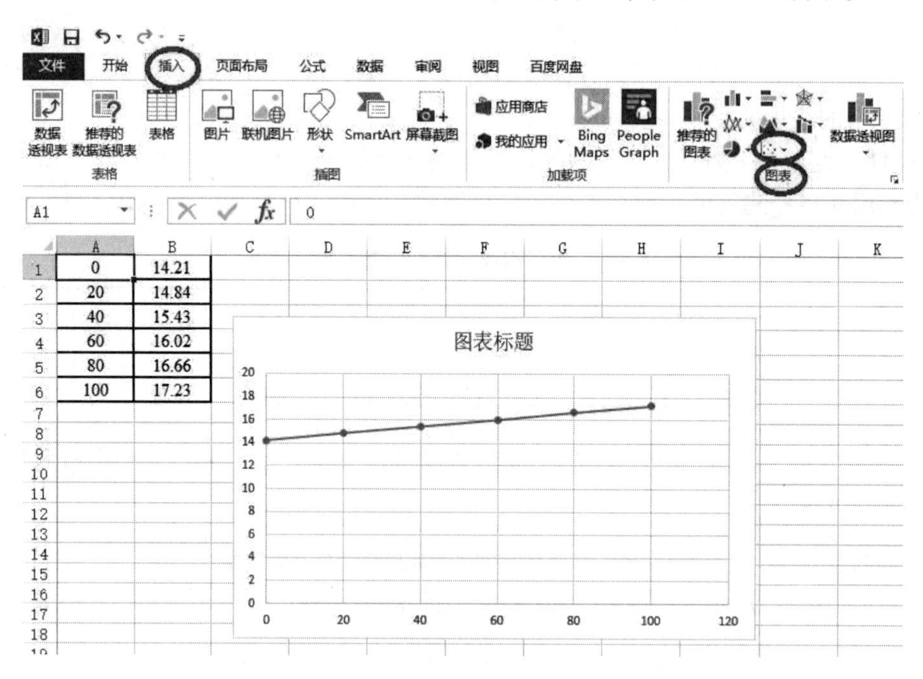

图 1.4.2 拟合曲线的设定示意图

2）点击“图表元素”，完成“图表标题”“坐标轴标题”等内容的标注，如图 1.4.3 所示。

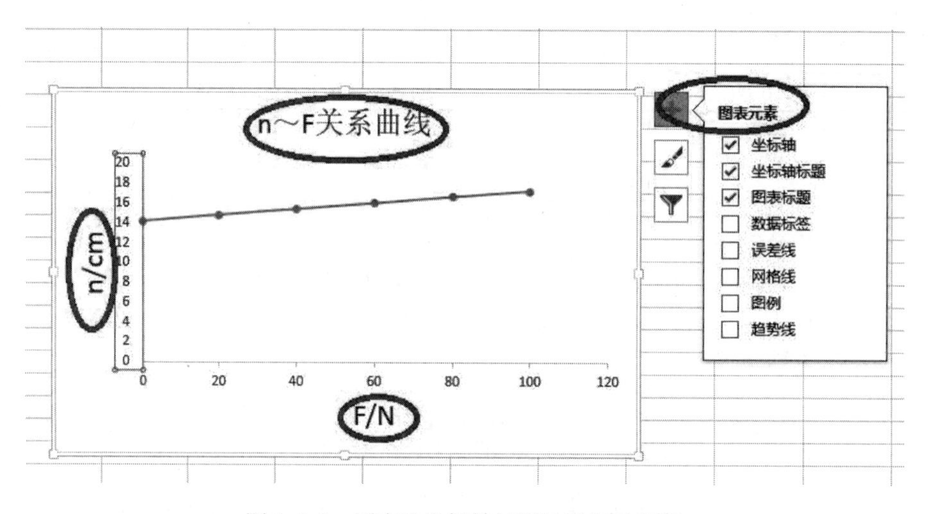

图 1.4.3 图表和坐标轴标题的设定示意图

3）点击坐标轴的数字，选择“设置坐标轴格式”，根据实验所得数据，合理地设置横、纵坐标轴的最小值、最大值和坐标分度值，如图 1.4.4 所示。

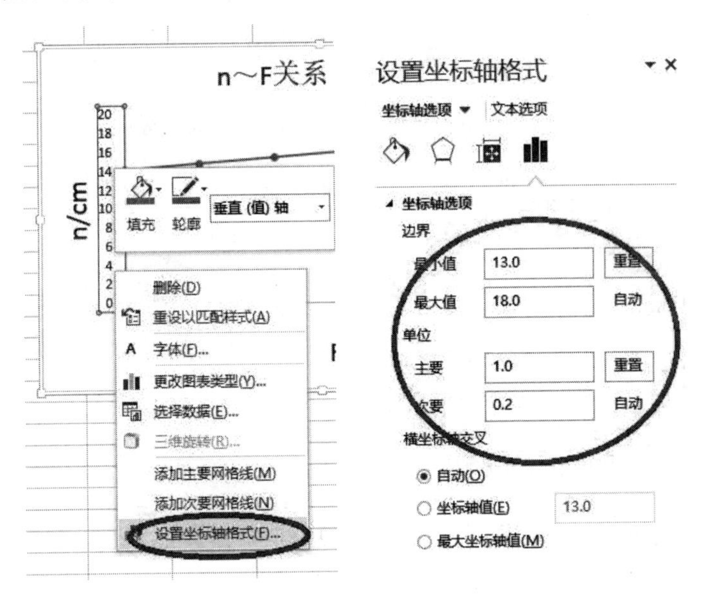

图 1.4.4　坐标轴格式的设定示意图

4）右击图线，选择“添加趋势线”，根据图线的情况，选择合适的趋势线选项，例如本实验的数据图线为直线，因此，选择“线性”。同时在“趋势预测”部分，选择“显示公式”和“显示 R 平方值”，如图 1.4.5 所示。

图 1.4.5　图线趋势线的设定示意图

5）右击公式框，选择“设置趋势线标签格式”，选择合适的“类别”及相应的“小数位数”，如图 1.4.6 所示。

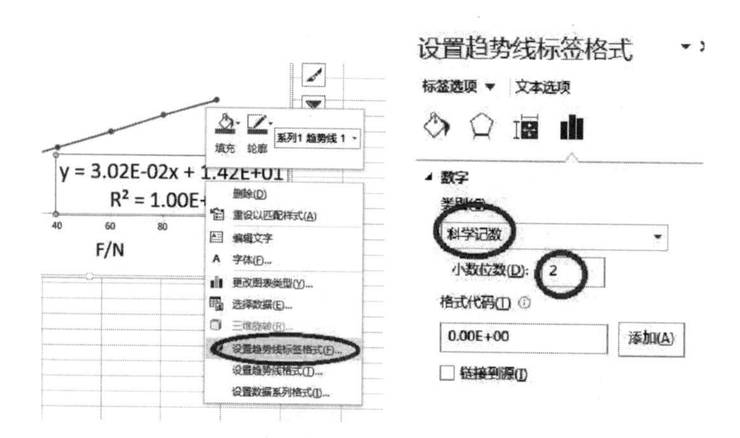

图 1.4.6　趋势线标签格式的设定示意图

6）选择合适的字体及字号，即可完成图表并得拟合函数关系式，如图 1.4.7 所示。

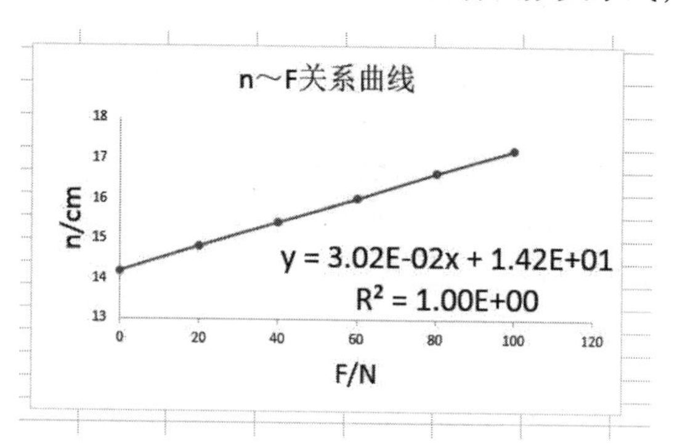

图 1.4.7　拟合曲线及其函数关系示意图

例如，在本次的实验数据处理中，选择的是“科学计数”，“小数位数”设置为“2”，则由 Excel 拟合曲线及函数关系可知，n 与 F 的函数关系为

$$n = 3.02\times10^{-2}F + 1.42\times10^{1} = 0.0302F + 14.2(\text{cm})$$

拟合曲线与实验的相关系数为

$$\gamma = \sqrt{R^2} = \sqrt{1.00} = 1.00$$

第 2 章　基础性实验

实验 2.1　力学基本测量——长度、质量和固体密度的测定

测定有规则形状的固体的密度需要进行长度和质量的测量。这两个量是基本物理量，它们的测量原理和方法在其他测量仪器中也常常有所体现。

测量长度的仪器和量具不仅在生产过程和科学实验中被广泛使用，而且有关长度测量的方法、原理和技术在其他物理量的测量中也具有普遍的意义。许多其他的物理量也常常化为长度量进行测量，如用温度计测量温度就是确定水银柱面在温度标尺上的位置，测量电流或电压就是确定指针在电流表或电压表标尺上的位置等。因此，长度测量是一切测量的基础。

质量是物体的一个基本属性，物体的质量与物体的形状、物态及其所处的空间位置无关，同一物体的质量通常是一个常量，不会因高度或纬度而改变。但根据爱因斯坦相对论所阐述，同一物体的质量会随速度的变化而变化。

【实验目的】

(1) 掌握游标卡尺、外径千分尺、物理天平的测量原理和使用方法。

(2) 学习正确读取和记录测量数据。

(3) 掌握数据处理中有效数字的运算法则及表示测量结果的方法。

(4) 熟悉直接和间接测量中的不确定度的计算。

【实验仪器】

游标卡尺、外径千分尺、物理天平及砝码、圆柱筒、小钢球。

【实验原理】

1. 长度的测量

物理实验中常用的测量长度的仪器包括米尺、游标卡尺、外径千分尺（也叫螺旋测微器）等，表征这些仪器主要规格的量有量程和分度值等。量程表示仪器的测量范围；分度值表示仪器所能准确读到的最小数值（即仪器的最小刻度）。分度值的大小反映了仪器的精密程度，一般来说，分度值越小，仪器也就越精密。在工程技术和科学研究中经常需要测量不同精度要求的长度，应针对不同要求选择不同的长度测量仪器。因此，对常用的几种仪器进行研究和操作训练是十分必要的。

(1) 米尺

米尺是以厘米和毫米为测量单位的尺子，是测量长度最简单的仪器。实验室常用的米尺一般是选用温度系数较小的不锈钢或某些合金制成的，它的最小分度为 1mm。用米尺测量时，可准确读到 mm 这一位。按照读数规则，mm 的下一位应该估读，估读的这一位可疑数字虽然存在误差，但它能够反映出这位数的可靠程度，因此必须保留。米尺的量程有不同的规格，实验室中常用的米尺有直尺和钢卷尺。

使用米尺时应注意以下几点：

1）测量时，应使米尺刻线的一面与待测物体平面贴紧、对齐。读数时，视线应垂直于

所读刻线，如图 2. 1. 1a 所示。若待测物体与米尺刻度线之间有间隙或视线不垂直于刻度线，将会产生视差而引进读数误差，如图 2. 1. 1b 所示。

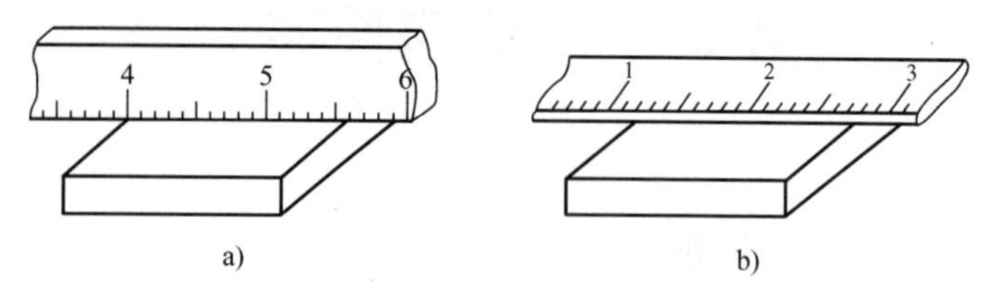

图 2. 1. 1　米尺读数

2）由于米尺两端容易磨损，所以测量时常用米尺的中间部分。选择某一刻度线作为起点，读取该物体两端所对应的刻度值，两个读数之差就是待测物体的长度，如图 2. 1. 1a 所示。若需多次测量，应选择不同的起点，以避免刻度不均匀所引起的误差。

3）应保持仪器的清洁和刻度线及读数的清晰。卷尺不要折。

（2）游标卡尺

使用米尺测量长度时，虽然可以读到 1/10 毫米位，但这一位是估读的。为了提高测量的精度，在尺身（毫米分度尺）上装一个可沿尺身滑动的游标（又称为副尺），构成游标卡尺。使用游标卡尺测量长度时，不用估读就可以准确地读出尺身的最小分度的 1/10、1/20 和 1/50 等。

1）游标卡尺的结构和使用方法：游标卡尺的结构如图 2. 1. 2 所示。一对外测量爪用来测量物体的长度、外径，一对内测量爪用来测量内径、槽宽等，深度尺可测量孔或槽的深度。

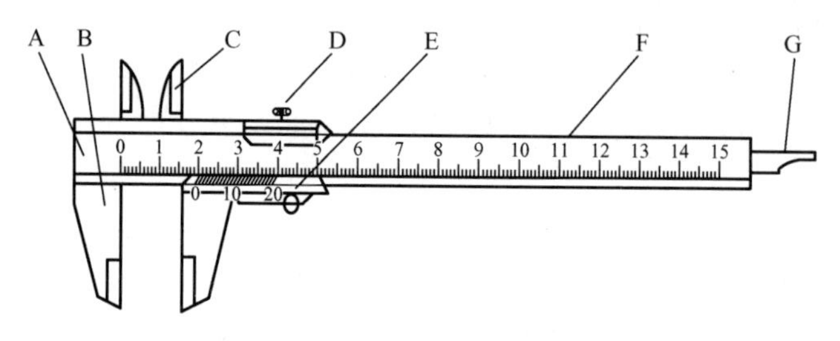

图 2. 1. 2　游标卡尺构造图

A—尺身　B—外测量爪　C—内测量爪　D—紧固螺钉　E—游标　F—主刻度尺　G—深度尺

游标卡尺是最常用的精密量具，使用时应注意爱护，推游标时不要用力过大。使用游标卡尺时，应左手拿待测物体，右手握尺，用拇指按着游标上凸起部位，或推或拉，把物体轻轻卡在量爪间即可读数，如图 2. 1. 3 所示。不要把被夹紧的物体在量爪间扭动，以免磨损量爪。

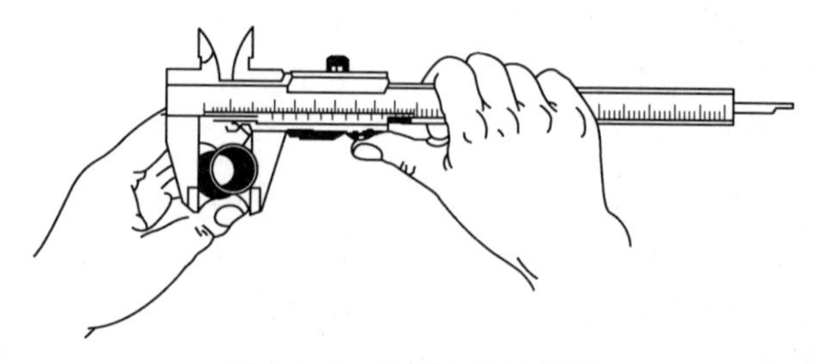

图 2. 1. 3　游标卡尺使用图

2）游标原理和读数方法：常用的游标卡尺的尺身最小分度均为 1mm。规格不同的游标卡尺的区别，主要是游标的分格数不同，常用的游标卡尺的游标有 10 分度、20 分度和 50

分度等几种类型，它们的原理和读数方法都是一样的。

① 读数原理：游标卡尺在构造上的主要特点是，游标刻度尺上 m 个分格的总长度和尺身上的（$m-1$）个分格的总长度相等。设尺身上每个等分格的长度为 y，游标刻度尺上每个等分格的长度为 x，则有

$$mx=(m-1)y \tag{2.1.1}$$

尺身与游标刻度尺每个分格的差值是

$$\delta x=y-x=\frac{1}{m}y=\frac{\text{尺身上最小分度}}{\text{游标上分度格数}} \tag{2.1.2}$$

式中，δx 为游标卡尺所能准确读到的最小数值，即分度值（或称游标精度）。若把游标等分为 10 个分格（即 $m=10$），这种游标卡尺叫作“10 分度游标卡尺”。“10 分度游标卡尺”的 $\delta x=\frac{1}{10}\text{mm}=0.1\text{mm}$，这是由尺身的刻度值与游标刻度值之差给出的，因此，δx 不是估读的，它是游标卡尺所能准确读到的最小数值，即游标卡尺的分度值。若 $m=20$，则游标卡尺的最小分度为$\frac{1}{20}\text{mm}=0.05\text{mm}$，称为 20 分度游标卡尺；此外，还有常用的 50 分度的游标卡尺，其分度值为$\frac{1}{50}\text{mm}=0.02\text{mm}$。

② 读数方法：游标卡尺的读数表示的是尺身的 0 刻度线与游标刻度尺的 0 刻度线之间的距离。读数可分为两部分：首先，从尺身上与游标刻度尺上 0 线对齐的位置读出整数部分 L_1（整毫米位）；然后，根据游标刻度尺上与尺身对齐的刻度线读出不足毫米分格的小数部分 L_2，则两者相加就是测量值，即 $L=L_1+L_2$。

以 10 分度的游标卡尺为例，如图 2.1.4 所示。第一步，从尺身上可读出的准确数是 2.2cm，即 $L_1=22\text{mm}$；第二步，找到游标上的第 2 根刻线（不含 0 刻线）与尺身上的某一刻度线重合，则游标刻度尺的读数为 $L_2=2\times0.1\text{mm}=0.2\text{mm}$，所以根据 10 分度游标类量具的读数方法（见第 1 章的 1.3.2），图 2.1.4 所示的游标卡尺的读数为 $L=L_1+L_2=22.20\text{mm}$。如果不能判定游标上相邻的两条刻线哪一条与尺身的某条刻度线重合或更接近一些，则最后一位可以估读为“5”。

同理，如图 2.1.5 所示，50 分度游标的读数方法是：第一步，从尺身上可读出的准确数是 6.2cm，即 $L_1=62\text{mm}$；第二步，找到游标上的第 18 根刻线（不含 0 刻线）与尺身上的某一刻度线对齐，则该位数为 $L_2=18\times0.02\text{mm}=0.36\text{mm}$，所以图 2.1.5 所示的游标卡尺的读数为 $L=L_1+L_2=62.36\text{mm}$。如果不能判定游标上相邻的两条刻线哪一条与尺身的某条刻度线重合或更接近一些，则最后一位可以估读为“5”或“7”。

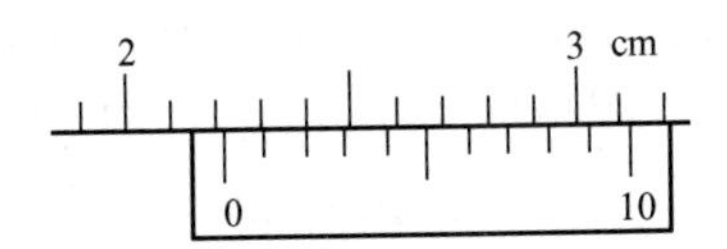

图 2.1.4　10 分度游标卡尺读数

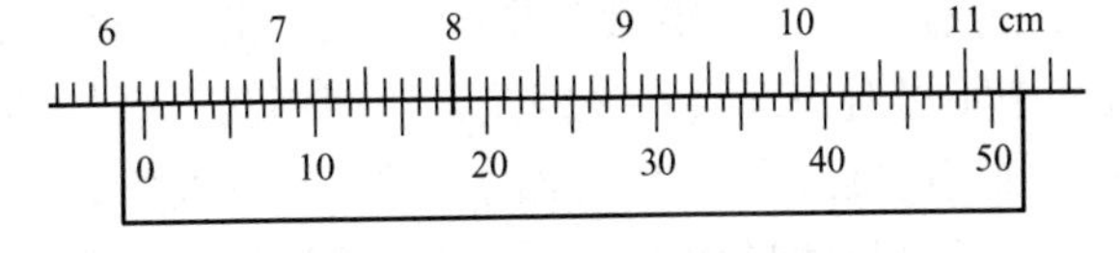

图 2.1.5　50 分度游标卡尺读数

如上所述，使用 10 分度游标卡尺测量时，若游标上某条刻线与尺身上某条刻线重合，则读数的最末一位应为“0”，如果不能判定游标上相邻的两条刻线中哪一条与尺身的某条

刻度线重合或更接近一些，则读数的最末一位应为“5”；使用20分度游标卡尺测量时，若游标上某条刻线与尺身上某条刻线重合，则读数的最末一位应为“0”或“5”，如果不能判定游标上相邻的两条刻线中哪一条与尺身的某条刻度线重合或更接近一些，则读数的最末一位应为“2”或“8”；使用50分度游标卡尺测量时，若游标上某条刻线与尺身上某条刻线重合，则读数的最末一位应为偶数，如果不能判定游标上相邻的两条刻线中哪一条与尺身的某条刻度线重合或更接近一些，则读数的最末一位应为“奇数”。

（3）外径千分尺

外径千分尺又称螺旋测微器，是比游标卡尺更精密的测量长度的工具，它常用来测量准确度要求较高的物体的长度，其量程一般为15mm，其分度值比游标卡尺小，为0.01mm。

1）外径千分尺的结构及机械放大原理：实验室常用的外径千分尺的结构如图2.1.6所示，外径千分尺的尺架成弓形，一端装有测砧A，测砧很硬，以保持基面不受磨损。测微螺杆B（露出的部分无螺纹，螺纹在固定刻度D的固定套管内）和可动刻度E、旋钮F和微调旋钮G相连。

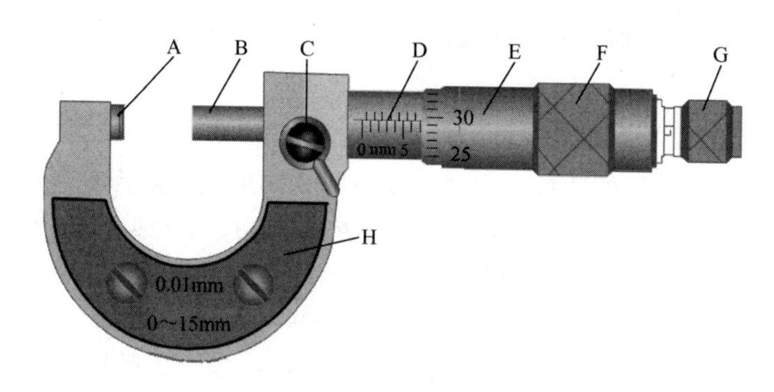

图2.1.6　外径千分尺的结构

A—测砧　B—测微螺杆　C—制动旋钮　D—固定刻度

E—可动刻度　F—旋钮　G—微调旋钮　H—尺架

测微螺杆B的一部分被加工成螺距为0.5mm的螺纹，当它在固定刻度D的螺纹套管中转动时，测微螺杆B将前进或后退。测微螺杆B前进或后退一个螺距，测微螺杆端面和测砧之间的距离也改变一个螺距长。可动刻度E的一周被等分成了50个分格，它与测微螺杆B、旋钮F和微调旋钮G连成一体，当可动刻度E转过1分格时，测微螺杆沿轴线前进或后退$\frac{0.5}{50}=0.01\text{mm}$，该值就是外径千分尺的分度值。在读数时可估计到最小分度的1/10，即0.001mm，这就是外径千分尺的机械放大原理。

2）外径千分尺的零点误差与读数：测微螺杆上的螺纹间距均应为0.5mm，但仪器在制造过程中不可避免地会产生偏差，致使当测微螺杆和测砧刚好接触时，可动刻度上的0刻线与固定刻度的准线会产生一定的偏差，即存在零点误差，零点误差属于系统误差。所以，在使用外径千分尺测量物体长度前必须读取零点读数，即转动微调旋钮G，当测微螺杆和测砧刚好接触时，记录固定刻度D上的准线在可动刻度上的示值，即为仪器的零点读数。长度的测量结果应是：测量值=读数值-零点读数。记录零点读数时应特别注意零点读数的正、负。如图2.1.7所示，图2.1.7a中可动刻度上的0刻线恰好与固定刻度的准线对齐，故此时的零点读数为 0.000mm；图 2.1.7b 中可动刻度上的 0 刻线位于固定刻度的准线下方，故此时的零点读数应为正值，为 +0.022mm，图 2.1.7c 中可动刻度上的 0 刻线位于固定刻度的准线上方，故此时的零点读数应为负值，为 -0.014mm。

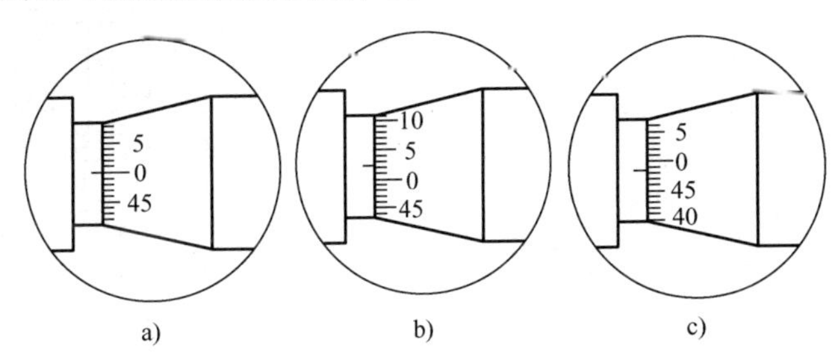

图 2.1.7　外径千分尺的零点读数

外径千分尺的读数过程可分两步：旋钮 F 转动的整圈数由固定刻度 D 上间隔 0.5mm 的刻线去测量，不足一圈的部分由可动刻度 E 周边的刻线去测量，最终测量结果需要估读一位小数。具体而言，即先观察固定刻度的读数准线所在的位置，可以从固定刻度上读出整数部分，每格 0.5mm，即可读到半毫米；然后以固定刻度的刻度线为读数准线，读出 0.5mm 以下的数值，估计读数到最小分度的 1/10，最后两者相加。

如图 2.1.8a 所示，固定刻度尺的读数为 5mm，可动刻度尺上的刻线介于 18 和 19 之间，可估计为 18.6，则可动刻度尺的读数为 18.6 ×0.01mm =0.186mm，因此其读数值为（5 + 0.186）mm =5.186mm。而在图 2.1.8b 中，因固定刻度的读数准线已经超过了 0.5mm 刻度线，所以是 5.5mm，故其读数值为（5.5 +0.186）mm =5.686mm。

3）外径千分尺的使用注意事项：外径千分尺能否保持测量结果的准确，关键是能否保护好测微螺杆的螺纹。因此，用外径千分尺测量物体的长度时，将待测物放在测砧和测微螺杆之间后，不得直接拧转微分筒，而应先轻轻转动微调旋钮 G，使测微螺杆前进，当它们以一定的力使待测物夹紧时，即会发出“嗒、嗒”的响声。此时，应立即停止转动！这样操作，不至于把待测物夹得过紧或过松，影响测量结果，也不会压坏测微螺杆的螺纹。此外，外径千分尺使用完毕后，应将测微螺杆退回几转，使测微螺杆与测砧之间留有一定的空隙，以免在受热膨胀时两者过分压紧而损坏测微螺杆。

2. 质量的测量

常用的质量测量器具是天平。天平大致可分为电子天平和机械天平。常见的机械天平按精度递增有物理天平、分析天平和精密分析天平。物理实验室常用的是物理天平。

（1）电子天平

1）电子天平的工作原理：电子天平采用了现代电子控制技术，利用电磁力平衡原理实现称重，即在测量被测物体的质量时不用测量砝码的重力，而是采用电磁力与被测物体的重力相平衡的原理来测量的。

如图 2.1.9 所示，托盘通过支架、横梁与线圈连接，线圈置于磁场内。在称量范围内时，被测物体的重力 $\boldsymbol{G}$ 通过支架横梁作用于线圈上，这时在磁场中若有电流通过，线圈将产生一个电磁力 $\boldsymbol{F}$，其大小可用下式表示：

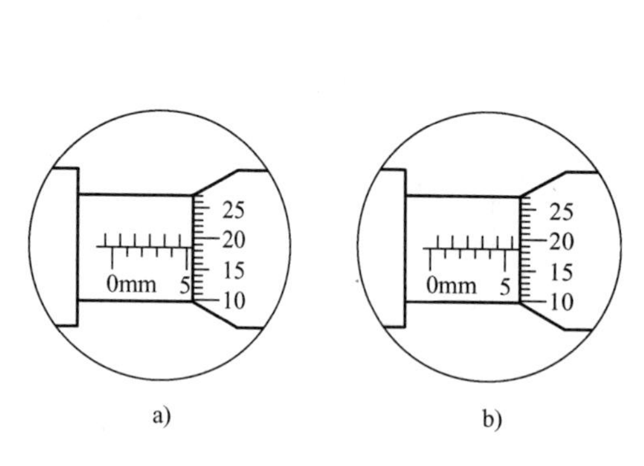

图 2.1.8　外径千分尺的读数

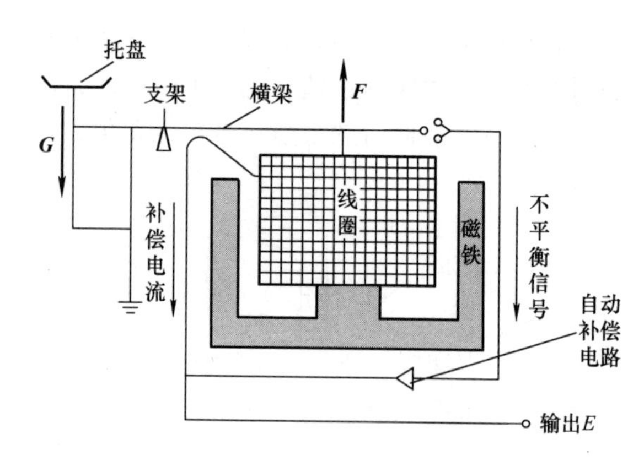

图 2.1.9　电子天平工作原理

$$F = K \cdot B \cdot L \cdot I \tag{2.1.3}$$

式中，K 为常数（与称量的显示单位有关）；B 为磁感应强度；L 为线圈导线的长度；I 为通过线圈导线的电流。电磁力 $\boldsymbol{F}$ 和秤盘上被测物体重力 $\boldsymbol{G}$ 大小相等、方向相反而达到平衡，同时在弹性簧片的作用下使托盘支架回复到原来的位置。若向托盘上添加或除去被称物，则天平产生不平衡状态，通过位置传感器检测到线圈在磁场中的瞬态位移，经自动补偿电路产生一个变化量输出，经过一系列处理使流经线圈的电流发生变化，这样使电磁力也随之变化并与被测物相抵消，从而使线圈回到原来的位置，达到新的平衡状态。即处在磁场中的通电线圈，流经其内部的电流 I 与被测物体的质量 m 成正比，因此，只要测出电流 I 就可以知道物体的质量 m。

常用的电子天平的精度（分度值）为 1mg，电子分析天平的精度可达 0.1mg。

2）电子天平的使用：

① 调水平：天平开机前，应观察天平后部水准仪内的水泡是否位于圆环的中央，若不是则通过天平的底脚螺钉调节，左旋升高，右旋下降。

② 预热：天平在初次接通电源或长时间断电后开机时，至少需要 30min 的预热时间。因此，实验室电子天平在通常情况下，不要经常切断电源。

③ 称量：按下 ON/OFF 键，接通显示器，等待仪器自检。当显示器显示“0”时，自检过程结束，天平可进行称量。称量完毕，按 ON/OFF 键，关闭显示器。

（2）物理天平

1）物理天平的构造：物理天平依据杠杆原理制成，在杠杆的两端各有一小盘，一端放砝码，另一端放要称的物体，杠杆中央装有指针，当杠杆的两端的质量（重量）相等时，杠杆就平衡了，指针就指向标尺的中央。物理天平的构造如图 2.1.10 所示，在横梁的中点和两端共有三

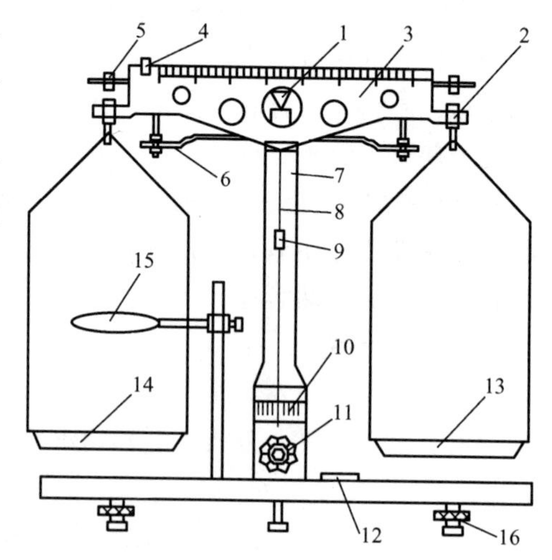

图 2.1.10　物理天平

1—主刀口　2—边刀　3—横梁　4—游码　5—平衡螺母　6—制动架　7—支柱　8—指针　9—重心调节螺钉　10—标尺　11—制动旋钮　12—水准仪　13—砝码托盘　14—载物托盘　15—托盘　16—底脚螺钉

个刀口。中间的主刀口安置在支柱顶端的玛瑙刀垫上，作为衡量的支点。在两端的刀口上各悬挂有一个托盘，其中左侧的为载物托盘，右侧的为砝码托盘。

横梁下方装有一个指针，当横梁摆动时，指针尖端就在支架下方的标尺刻度盘前左右摆动。标尺刻度盘下方有一个制动旋钮，可使横梁上升或下降。横梁下降时，制动架就会把它托住，以免磨损刀口。横梁左右两侧的平衡螺母是调节天平空载时横梁平衡的。横梁上的游码用于 1g 以下的称量，当游码在横梁上向右移动一个最小分度，就相当于在砝码盘中加了一个 0.05g 的砝码。

通常，物理天平的规格可用最大称量和感量来表示。最大称量是指天平允许测量的最大质量。常用的物理天平的最大称量为 500g。感量是指天平平衡时，指针从平衡位置偏转一个分格时在砝码盘上所加的质量。感量越小，天平的灵敏度就越高。

2）物理天平的误差：主要来自三个方面，一是砝码的误差；二是感量误差，即平衡调节误差；三是不等臂误差。

砝码误差与砝码的级别有关，同一等级不同质量的砝码有不同的允许误差。砝码有五个精度等级。物理实验中多采用九级或十级的物理天平，配用四级或五级的砝码。砝码误差见表 2.1.1。

表 2.1.1　砝码误差

称量质量/g	500	200	100	50	20	10	5	2	1	<1
允许误差/mg（五级）	125	50	25	15	10	10	10	10	10	5

由于天平的调节灵敏度是有限的，由此引起的误差称为平衡调节误差。这种误差来源于对平衡的判断，即当指针在平衡位置时，就认为天平已达到平衡状态。但在实际过程中，由于标尺刻度盘的分格较小，所以即使在指针偏移平衡位置 0.2 格到 0.5 格的情况下，都认为平衡已经实现。这种判断上的误差是不可避免的。

由天平感量的定义知，在平衡位置附近，使指针偏移 1 格所需增减的砝码为 $m_{感}$，则指针偏移 C 格需要增减的砝码应为 $Cm_{感}$，这就是平衡调节误差（亦称感量误差），用 $\Delta m_{感}$ 表示，即

$$\Delta m_{感} = Cm_{感} \tag{2.1.4}$$

式中，C 是判断不准的最大偏移量，为常数，一般由实验室根据实验仪器的状况直接给出。在实验室中，一般取 $C=0.2$。

在不等臂误差被消除的情况下，天平的称量误差为砝码误差 $\Delta m_{码}$ 和感量误差 $\Delta m_{感}$ 之和，即

$$\Delta m = \Delta m_{码} + \Delta m_{感} \tag{2.1.5}$$

3）物理天平的使用：

① 调节水平：使用天平时，首先调节天平底座下方的两个底脚螺钉，使水准仪中的气泡位于圆圈线的中央位置。

② 调节平衡（或调零）：天平空载时，将游动砝码拨到左端点，与 0 刻度线对齐。两端秤盘悬挂在刀口上顺时针方向旋转制动旋钮，起动天平，观察天平是否平衡。当指针在刻度尺上来回摆动，左右摆幅近似相等或指在标尺中间“10”刻度处时，便可认为天平达到了平衡。如果不平衡，可逆时针方向旋转制动旋钮，使天平制动，调节横梁两端的平衡螺母，

再用前面的方法判断天平是否处于平衡状态，直至达到空载平衡为止。

③ 称量：把待测物体放在左盘中，右砝码盘中放置砝码，轻轻顺时针旋转制动旋钮使天平起动，观察天平向哪边倾斜，然后立即逆时针旋转制动旋钮，使天平制动，酌情增减砝码和游码，再起动，观察天平倾斜情况。如此反复，直到天平能够左右对称摆动，天平达到平衡。

4）物理天平的使用注意事项：

① 天平的负载量不得超过其最大称量，以免损坏刀口或横梁。

② 为了避免刀口受冲击而损坏，在取放物体、取放砝码、调节平衡螺母以及不使用天平时，都必须使天平制动。只有在判断天平是否平衡时才能将天平起动。天平起动或制动时，旋转制动旋钮动作要轻。

③ 砝码不能用手直接取拿，只能用镊子间接夹取。从秤盘上取下后应立即放入砝码盒中。

④ 天平的各部分以及砝码都要防锈、防腐蚀，高温物体以及有腐蚀性的化学药品不得直接放在盘内称量。

⑤ 称量完毕，应将横梁及时放下，以保护刀口。

3. 密度的测定

密度是物质的基本属性之一，在科研生产中常常通过物质密度的测定而做出成分、纯度等的鉴定。密度的定义为

$$\rho = \frac{m}{V}$$

测出物体的质量 m 和体积 V 后，即可间接得到物体的密度 ρ。利用天平可以得到物体的质量 m，对于有规则形状的物体，可以通过测量它的外形尺寸，间接得到它的体积 V。

（1）测小钢球的密度

用外径千分尺测出小钢球的直径，则其体积为 $V = \frac{1}{6}\pi D^3$。若用天平称出它的质量 m，则其密度为

$$\rho = \frac{6m}{\pi D^3} \tag{2.1.6}$$

（2）测圆柱筒的密度

分别用游标卡尺测出圆柱筒的外径 D、内径 d、高 H 和深 h，则其体积为 $V = \frac{1}{4}\pi \cdot (D^2H - d^2h)$，若用天平称出它的质量 m，则其密度为

$$\rho = \frac{4m}{\pi(D^2H - d^2h)} \tag{2.1.7}$$

【实验内容】

1. 用游标卡尺测量圆柱筒的体积

1）练习正确使用游标卡尺。移动游标，练习正确读数。

2）测量圆柱筒的外径 D、内径 d、高度 H 和中心孔深度 h（各 5 次）。**注意：**测量时，应该在圆柱筒圆周的不同位置上测量高度和中心孔深度；沿轴线的不同位置上测量内径和外径，且每两次测量都应在互相垂直的位置上进行。

2. 用外径千分尺测量小钢球的体积

1）练习正确使用外径千分尺。首先记录零点读数，然后移动测微螺杆，练习正确读数。

2）测量小钢球的直径 D'（在不同位置上测 5 次）。

3）测量物理天平在平衡位置附近，使指针偏移一格所需增减的砝码为 $m_{感}$。

4）为消除可能存在的天平的不等臂误差，采用交换抵消法测量圆柱筒和小钢球的质量。

先将物体放在左秤盘上，砝码放在右秤盘上，称出物体质量 $m_{左}$；再将物体放在右秤盘上，砝码放在左秤盘上，称出物体质量 $m_{右}$，则在消除不等臂误差后，物体的质量为

$$m = \sqrt{m_{左} m_{右}} \tag{2.1.8}$$

【数据记录及处理】

1. 测定圆柱筒的密度

先用游标卡尺测量圆柱筒体积的数据见表 2.1.2。

表 2.1.2　用游标卡尺测量圆柱筒体积的数据

游标卡尺的分度值：________

次　数	1	2	3	4	5	平均值
外径 D/mm						
内径 d/mm						
高 H/mm						
深 h/mm						

1）计算各个直接测量值的总不确定度 $u_{P(2\sigma)}$，并写出结果表达式。

2）计算圆柱筒的体积，导出圆柱筒体积的不确定度传递公式，代入各量计算体积的总不确定度 $u_{P(2\sigma)}$，并写出结果表达式

$$\frac{u(V)}{V} = \sqrt{\left[\frac{2DHu(D)}{(\overline{D})^2\overline{H} - (\overline{d})^2\overline{h}}\right]^2 + \left[\frac{2dhu(d)}{(\overline{D})^2\overline{H} - (\overline{d})^2\overline{h}}\right]^2 + \left[\frac{D^2u(H)}{(\overline{D})^2\overline{H} - (\overline{d})^2\overline{h}}\right]^2 + \left[\frac{d^2u(h)}{(\overline{D})^2\overline{H} - (\overline{d})^2\overline{h}}\right]^2}$$

3）计算圆柱筒的质量和不确定度，并写出结果表达式，其中

$$u(m) = u_{B}(m) = \Delta m = \Delta m_{码} + \Delta m_{感}$$

4）计算圆柱筒的密度和总不确定度 $u_{P(2\sigma)}$，并写出结果表达式。

2. 测定小钢球的密度

先用外径千分尺测量小钢球的直径数据见表 2.1.3。

表 2.1.3　用外径千分尺测量小钢球的直径

外径千分尺零点读数 D_0 = ________

次　数	1	2	3	4	5	平均值
直径 D'/mm						

所以小钢球的直径$\overline{D}=\overline{D'}-D_0=$________

1）计算小钢球直径的总不确定度 $u_{P(2\sigma)}$，并写出结果表达式。

2）计算小钢球的体积及其总不确定度 $u_{P(2\sigma)}$，并写出结果表达式。

3）计算小钢球的质量和不确定度，并写出结果表达式。

4）计算小钢球的密度和总不确定度 $u_{P(2\sigma)}$，并写出结果表达式。

实验 2.2　拉伸法测金属的弹性模量

当固体受外力作用时，它的体积和形状将要发生变化，这种变化称为形变。当外力不太大时，物体的形变与外力成正比，且外力停止作用物体立即恢复原来的形状和体积，这种形变称为弹性形变。当外力较大时，物体的形变与外力不成比例，且外力停止作用，物体形变不能恢复原来的形状和体积，这种形变称为范性形变。范性形变的产生，是由于物体形变而产生的内应力超过了物体的弹性限度的缘故。如果再继续增大外力，当物体内产生的内应力将会超过物体的强度极限时，物体便被破坏了。

固体材料的弹性形变可以分为纵向、切变、扭转、弯曲等，对于纵向弹性形变可以引入弹性模量来描述材料抵抗形变的能力。弹性模量是反映材料形变与内应力关系的一个重要的物理量，又称杨氏模量。弹性模量越大，越不易发生形变。弹性模量一般只与材料的性质和温度有关，与其几何形状无关。材料弹性模量的测量方法很多，有静态法和动态法之分。对于静态法来说，又可分为拉伸法和弯曲法。本实验采用静态法的拉伸法测量金属弹性模量。

【实验目的】

（1）学会用拉伸法测定钢丝的弹性模量。

（2）掌握几种长度测量工具的使用方法及其不确定度的分析和计算。

（3）进一步掌握逐差法、作图法和最小二乘法的数据处理方法。

【实验仪器】

弹性模量测量仪、外径千分尺、钢卷尺、读数显微镜装置等。

【实验原理】

1. 拉伸法测金属丝的弹性模量

本实验中仅研究固体弹性形变下的伸长形变。设有一根粗细均匀的金属丝，长度为 L，截面积为 S，将其上端紧固，下端悬挂质量为 m 的砝码。当金属丝受外力 $F=mg$ 作用而发生形变 ΔL 时，产生的内应力为 F/S，其应变为 $\Delta L/L$，根据胡克定律有：在弹性限度内，物体的应力 F/S 与产生的应变 $\Delta L/L$ 成正比，即

$$\frac{F}{S}=E\frac{\Delta L}{L} \tag{2.2.1}$$

式中，E 为比例恒量，将式（2.2.1）改写为

$$E=\frac{L}{S}\frac{F}{\Delta L} \tag{2.2.2}$$

式中，E 即为该材料的弹性模量，在数值上等于产生单位应变的应力。实验证明，弹性模量 E 与外力 F、金属丝的长度 L、横截面积 S 的大小无关，它只与制成金属丝的材料有关。

若金属丝的直径为 d，则 $S=\frac{1}{4}\pi d^2$，将其代入式（2.2.2）中可得

$$E = \frac{4FL}{\pi d^2 \Delta L} \tag{2.2.3}$$

式（2.2.3）表明，在长度、直径和所加外力相同的情况下，弹性模量大的金属丝伸长量较小，弹性模量小的金属丝伸长量较大。因此，弹性模量反映了材料抵抗外力引起的拉伸（或压缩）形变的能力。实验中，测量出 F、L、d 和 ΔL 值就可以计算出金属丝的弹性模量 E。其中 F、L、d 都可用一般方法测得，唯有 ΔL 是一个微小的变化量，约 10^{-1}mm 数量级，用普通量具如钢尺或游标卡尺是难以测准的。因此，实验的核心问题是对微小变化量 ΔL 的测量。在本实验中用读数显微镜测量，也可利用光杠杆法或其他方法测量。

2. 弹性模量测量仪

弹性模量测量仪的基本结构如图 2.2.1 所示。在一个较重的三脚底座上固定有两根立柱，立柱上端有横梁，中部紧固一个平台，构成一个刚度极好的支架。整个支架受力后变形极小，可以忽略。通过调节三脚底座的水平调节螺母 13 使整个支架铅直。待测样品是一根粗细均匀的金属丝（长约 90cm）。金属丝上端用上端紧固座 2 夹紧并固定在上横梁上，钢丝下端也用一个钳形平台 5 夹紧并穿过平台的中心孔，使金属丝自由悬挂。钢丝的总长度 L 就是从上端紧固座 2 的下端面至钳形平台 5 的上端面之间的长度。钳形平台 5 下方的挂钩上挂一个砝码盘，当盘上逐次加上一定质量的砝码后，钢丝就被拉伸，读数标尺 9 也跟着下降。读数标尺 9 相对钳形平台 5 的下降量，即是钢丝的伸长量 ΔL。

读数显微镜装置由测微目镜（详见附件）、带有物镜的镜筒以及可以在导轨上前后移动的底座组成。

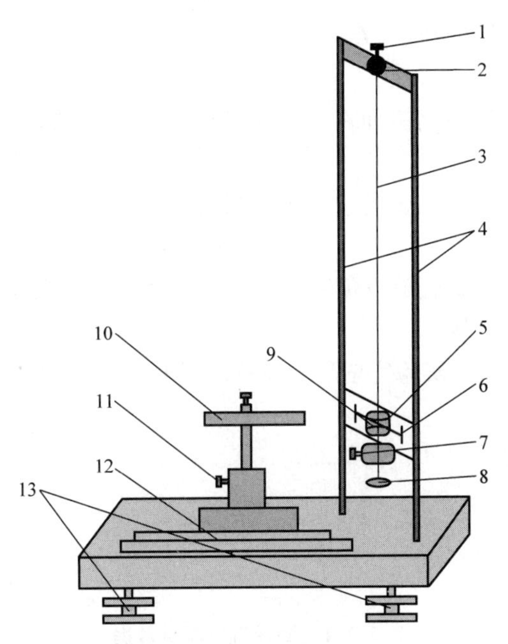

图 2.2.1　弹性模量测量仪

1—金属丝上端锁紧螺母　2—上端紧固座　3—待测金属丝　4—测量仪立柱　5—钳形平台　6—限位螺钉　7—金属丝下端锁紧螺母　8—砝码盘　9—读数标尺　10—读数显微镜　11—测微目镜支架锁紧螺钉　12—导轨　13—测量仪水平调节螺母

【实验内容】

1. 仪器的调整

1）调节底脚螺母，使仪器底座水平（可用水准器），测试仪立柱铅直，使金属丝下端的小圆柱与钳形平台无摩擦地上下自由移动，旋紧金属丝上端的紧固座，使圆柱两侧刻槽对准钳形平台两侧的限位螺钉，两侧同时对称地将限位螺钉旋入刻槽中部，在减小摩擦的同时，又能避免发生扭转和摆动现象。

2）在砝码盘上加200g砝码，使金属丝被拉直（这些重量不计算在外力内，此时钢丝为原长 L）；

3）调节测微目镜，使眼睛能够看到清晰的读数标尺线（即叉丝）。再将物镜对准小圆柱平面中部刻线，调节显微镜前后距离，直到看清小圆柱平面中部刻线的像。同时，稍微旋转显微镜，确保分划板中读数标尺线与刻线像完全平行，并消除视差（详见实验3.15附件），最后锁定显微镜底座。

注意：因读数显微镜成倒像，所以待测金属丝受力伸长时，视场内的十字叉丝像向上移动，金属丝回缩时，十字叉丝向下移动。

2. 测量

1）先记下未加砝码时水平叉丝对准的标尺刻度 n_0；然后逐次加质量为100g的砝码，直到900g。每加一个砝码后，要等系统稳定下来再记录显微镜中的读数 n_i；然后逐次取下砝码，直至取完所加砝码，每取下一个砝码时等稳定后记下望远镜中每次相应的读数 n'_i。

2）用外径千分尺测量钢丝直径 d，在不同部位测量五次。

3）用钢卷尺分别测量钢丝原长 L，测量一次。

【注意事项】

（1）不能用手触摸显微镜的镜面。调节显微镜时一定要消除视差，否则会影响读数的正确性。

（2）实验系统调节好后，在实验过程中绝对不能对系统的任一部分进行任何调整。否则，所有数据将得重新测量。

（3）加减砝码时，要轻拿轻放以免钢丝摆动；同时，应注意砝码的各槽口应相互错开，防止因受力不均而使砝码掉落。

（4）待测钢丝不能扭折。实验完毕后，应将砝码取下，以防止钢丝疲劳。

【数据记录及处理】

1. 数据测量记录（表2.2.1、表2.2.2）

单次测量量 L 的记录：

钢丝的原长 $L=$

注：$(\Delta L)_{\text{ins}}=0.50\text{mm}$。

表2.2.1　钢丝直径测量数据

外径千分尺零点读数＝________

序号	1	2	3	4	5	平均
d/mm						

注：$(\Delta d)_{\text{ins}}=0.004\text{mm}$。

表 2.2.2 增减砝码后，标尺的读数记录表

序号	1	2	3	4	5	6	7	8	9	10
m/g	0	100	200	300	400	500	600	700	800	900
n_i/mm										
n'_i/mm										
$\overline{n_i}$/mm										

注：表中，$\overline{n_i}=\frac{1}{2}(n_i+n'_i)$，$n_i$是每次增加100g砝码时标尺的读数，$n'_i$是每次减少100g砝码时标尺的读数。

2. 数据处理

1）用隔项逐差法（组差法）处理数据，求$\overline{C}$及其不确定度。

$$\overline{C}=\frac{1}{5}\sum C_i\text{，而 }C_i=\overline{n_{i+5}}-\overline{n_i}$$

注：$(\Delta C)_{\text{ins}}=0.004\text{mm}$。

2）由公式 $E=\frac{4FL}{\pi d^2\overline{C}}$ 和 $F=\Delta M\cdot g$，计算钢丝的弹性模量及其不确定度，并写出结果表达式。

注意：由于采用了逐差法，此处 $\Delta M=500\text{g}$。

由式（2.2.3）可推导出弹性模量的相对不确定度的公式为

$$\frac{u(\overline{E})}{\overline{E}}=\sqrt{\left(\frac{u(\overline{L})}{\overline{L}}\right)^2+\left(2\frac{u(\overline{d})}{\overline{d}}\right)^2+\left(\frac{u(\overline{C})}{\overline{C}}\right)^2} \tag{2.2.4}$$

3）将实验测得的$\overline{E}$与公认值 $E_0=2.00\times10^{11}\text{N}\cdot\text{m}^{-2}$进行比较，求其百分差。

4）用图解法和最小二乘法对数据进行处理，并与逐差法进行比较。

【附件】

测微目镜可用来测量微小长度，其结构如图 2.2.2a 所示。目镜焦平面的内侧装有一块量程为9mm的刻线玻璃标尺，其分度值为1mm，在该尺下方0.1mm处平行地放置一块由薄玻璃片制成的活动分划板，上面刻有斜十字准线和一平行双线，其移动方向垂直于目镜的光轴。旋转鼓轮推动分划板左右移动，同时读数鼓轮的示数发生相应的改变。

测微目镜的读数方法与外径千分尺类似。测量精度为0.01mm，可估读到0.001mm。例如在图2.2.2b中，分划板平面的读数叉丝线位于4和5之间，即主尺的读数为4mm；同时鼓轮上的读数0.823mm，因此，此时的读数是4.823mm。

在使用时，应先调节目镜看清楚叉丝，使叉丝与像无视差。然后转动鼓轮，推动分划板，使叉丝的交点与被测物像一端重合，读出读数，转动鼓轮，使叉丝交点移到被测物像的另一端，再读出一个读数，这两次读数之差即待测物体的像的大小。

注意：

1）测量时，应缓慢转动鼓轮。由于是螺纹推动，阴阳螺纹间有空隙，因此推拉开始时将有空程存在。为避免因空程产生的误差，在单次测量过程中，鼓轮只能沿一个方向转动，中途不能反转。

2）移动活动分划板时，要注意观察鼓轮的位置，不能移出毫米刻度线所示的范围（通常为1～9mm）。

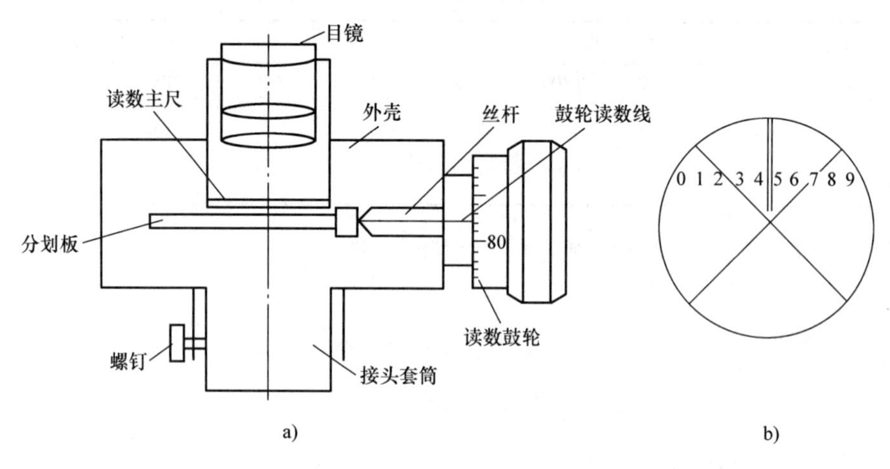

图 2.2.2　测微目镜结构示意图

实验 2.3　测定冰的熔解热

量热学的基本概念和方法在许多领域中有广泛的应用。量热实验的精度往往比较低，常常需要分析产生各种误差的因素，考虑减少误差的措施。

【实验目的】

(1) 学会使用量热器和温度计。

(2) 了解相变的热过程。

(3) 学习用混合法测定冰的熔解热。

【实验仪器】

(1) 天平、温度计、冰等。

(2) 量热器：为了使实验系统接近于孤立系统，量热器采取了多项隔热措施。实验装置如图 2.3.1 所示。铜制的量热内筒放在一个较大的外筒内部的绝热架上，外筒用绝热盖盖住。因此筒内的空气与外界对流很小，又因空气是不良传热体，所以内外筒间传导的热量很小。另外内筒的外壁和外筒壁都电镀得十分光亮，使得它们发射或吸收辐射热的能力小。这样量热器内的实验系统接近于孤立系统。

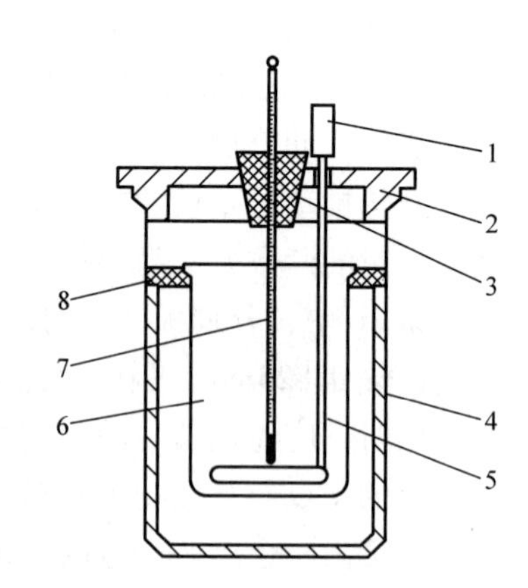

图 2.3.1　量热器结构图

1—绝热套　2—绝热盖　3—温度计护套　4—金属外筒　5—搅拌器　6—内筒　7—温度计　8—绝热支架

【实验原理】

物质以固态、液态或气态形式存在。三种状态称为三个相。压强不变时，在一定温度下不同状态之间的转变叫相变。相变时一般要吸收（或放出）热量，称为相变潜热。

单位质量的物质，在熔点时，由固体状态完全熔解为同温度的液体状态所需要吸收的热量，称为该物质的熔解热，这就是一种相变潜热。

混合法测定冰的熔解热的基本方法是：将质量为 m、温度为 0℃的冰块投入质量为 m_1、温度为 t_1 的水中，假设冰块全部熔解为水后，达到热平衡的温度为 t_2。水的比热容 $c_1 = 4.18 \times 10^3$ J/(kg·K)。量热器内筒和搅拌器总质量为 m_2，铜的比热容 $c_2 = 3.85 \times 10^2$ J/(kg·K)。如果实验系统为孤立系统，并忽略温度计的热容量，设 λ 为冰的熔热解，则有

$$(c_1 m_1 + c_2 m_2)(t_1 - t_2) = m\lambda + c_1 m t_2 \tag{2.3.1}$$

$$\lambda = \frac{(c_1 m_1 + c_2 m_2)(t_1 - t_2)}{m} - c_1 t_2 \tag{2.3.2}$$

所以，实验中尽可能地减少系统与外界的热交换。为此，除了采用量热器外，在实验过程中还必须注意绝热问题。例如，不能用手直接接触量热器的外筒，不在阳光的直接照射下或空气流通太快的地方进行实验。在实验进行过程中，量热器中水温随时间的变化关系如图 2.3.2 所示。当系统温度高于环境温度 t_θ 时，系统向外界散热。而当系统温度低于环境温度 t_θ 时，系统从外界吸热。系统向外界放出的热量与从外界吸收的热量的多少，决定于系统和外界的温差以及热交换的时间。那么，既然不能完全避免系统与外界之间存在热交换，就应注意尽量使系统向外界放出的热量与从外界吸收的热量相平衡。为此，在实验中要适当选取实验参数，使 $t_1 - t_\theta > t_\theta - t_2$，基本上满足 $S_A \approx S_B$，让系统从外界的吸热和对外界的散热互相抵消。

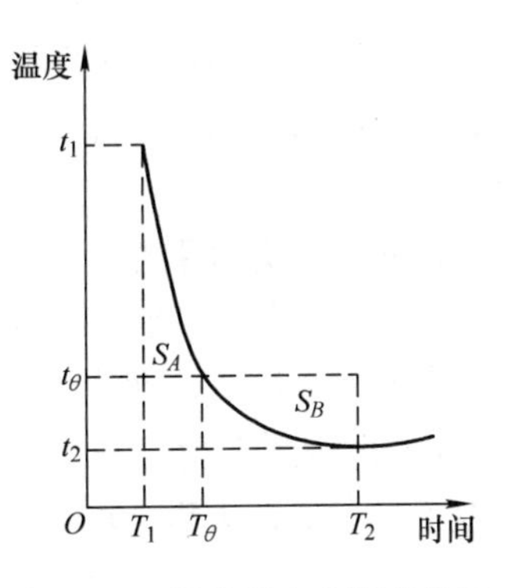

图 2.3.2　量热器中水温变化图

【实验内容】

（1）用天平称出量热器内筒和搅拌器的总质量 m_2。

（2）把比室温高 10～15℃的水倒入量热器内筒，内筒水面高度控制在 1/2 左右为宜。用天平称量出内筒、搅拌器和水的总质量 m_3。

（3）准备好冰块，在投放冰的前夕测出水温 t_1。迅速将冰块投入热水中，注意不要将水溅出，并迅速盖好绝热盖。

（4）不断轻轻地搅拌量热器中的水，注意观察温度的变化，记下冰水混合后的最低温度，即平衡温度 t_2。

（5）用天平测出量热器内筒、搅拌器及其中水（包含冰熔解后的水）的总质量 m_4。

【数据处理要求】

计算冰的溶解热及其不确定度，写成结果表达式。

实验 2.4　用惠斯通电桥测电阻

电桥线路在科技和生产中的应用非常广泛。电桥的种类也非常多，例如，平衡电桥、非平衡电桥、交流电桥、直流电桥、惠斯通电桥（旧称单臂电桥）、开尔文电桥（旧称双臂电桥）等。惠斯通电桥是测量电阻的常用仪器。用惠斯通电桥测电阻既准确又灵敏、方便，它一般用来测量 $10 \sim 10^5\,\Omega$ 范围内的电阻。

【实验目的】

（1）掌握用惠斯通电桥测电阻的原理和方法。

（2）了解电桥灵敏度的含义和电桥测电阻的不确定度计算。

（3）掌握箱式电桥测电阻的使用方法。

【实验仪器】

直流稳压电源、QJ23 型箱式电桥、检流计、滑线变阻器、电阻箱（三个）、保护电阻（附短路开关）、待测电阻、导线。

【实验原理】

把标准电阻 R_1、R_2、R_S和待测电阻 R_X连成图 2.4.1 所示的电路，在 DB 之间连上检流计 G，在 AC 之间连有开关 S_1 及电源 E，这就是惠斯通电桥的基本电路。一般将电阻 R_1、R_2、R_S 和 R_X叫作电桥的臂（简称桥臂），接入检流计的对角线 BD 称为桥。

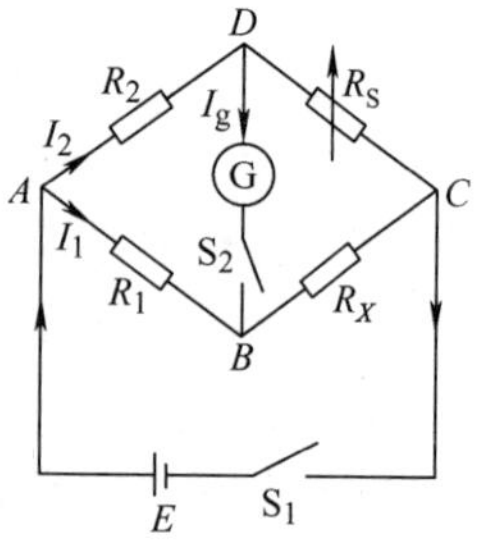

图 2.4.1　惠斯通电桥的基本电路

1. 电桥平衡的条件

接通开关 S，检流计一般会有偏转，表示 DB 间有电位差，如果调节 R_1、R_2、R_S使检流计 G 无偏转，这时 BD 两点等电位，即电桥达到平衡。平衡时 $I_g=0$，则 $I_1=I_X$，$I_2=I_S$，又因 B、D 等电位，即 $I_1R_1=I_2R_2$，$I_XR_X=I_SR_S$，得

$$\frac{R_1}{R_2}=\frac{R_X}{R_S}$$

所以

$$R_X=\frac{R_1}{R_2}R_S=MR_S \tag{2.4.1}$$

式（2.4.1）被称为电桥的平衡条件。用惠斯通电桥测电阻采用的是电压比较法，在电桥平衡时，即两个相应的桥臂分压相等时，四个电阻成比例。利用三个已知标准电阻，即可测出未知电阻。实际测量时，一般都是先选定$\frac{R_1}{R_2}=M$ 为某一定值（为计算方便，取 $M=10^n$，$n=0$，±1，±3，…），称 M 为比率常数（简称比率），R_1、R_2叫作比率臂，电桥的平衡靠调节 R_S 来实现，R_S 又称为调节臂或比较臂。

2. 电桥的灵敏度

式（2.4.1）是在电桥平衡时推导出来的。在实际中，测试者是依据检流计 G 的指针有无偏转来判断电桥是否平衡的。然而，检流计的灵敏度是有限的，例如选用电流灵敏度为 1 格/μA 的检流计作为指零仪。当通过检流计的电流小于 10^{-7}A 时，指针偏转不到 0.1 格，观察者难于觉察，就认为电桥已达平衡，因而带来了测量误差。对此，引入电桥灵敏度的概念。

在已平衡的电桥内，假如比较臂电阻 R_S 变动某值 ΔR_S（相当于待测电阻改变 MR_S），检流计指针偏离平衡时的读数为 Δd 格，则定义电桥灵敏度 S 为

$$S=\frac{\Delta d}{M\Delta R_S}=\frac{\Delta d}{\Delta R_X}\ （格/\Omega） \tag{2.4.2}$$

S 在数值上等于待测电阻从平衡值变化单位值时，检流计指针偏移的格数。显然，检流计指针偏移越大，电桥的灵敏度 S 也越大，对电桥平衡的判断就越容易准确。因此，测量的结果也更准确些。S 的表达式还可变换为 S_i与 S_X的乘积，即

$$S=\frac{\Delta d}{\Delta R_X}=\frac{\Delta d}{\Delta I_g}\frac{\Delta I_g}{\Delta R_X}=S_iS_X$$

式中，S_i为检流计的灵敏度；S_X为改变待测电阻 ΔR_X 产生的不平衡电流 ΔI_g 与 ΔR_X 的比值，称为电桥线路的调节灵敏度。从上式可知，电桥的灵敏度是由两部分决定的，一是检流计的灵敏度，二是线路的参数（如线路中电流、待测电阻的大小等）。

惠斯通电桥主要是由标准电阻和灵敏电流计（检流计）构成的，用电桥法测电阻与用伏安法测电阻相比，前者不需要准确度等级高的电压表和电流表，而且还避免了电表内阻带来的系统误差。由于标准电阻较易制造，所以电桥测电阻可达到很高的精度。实用中常把标准电阻、检流计和电池装在一个仪器箱内，称为箱式电桥。箱式电桥使用和携带都很方便，故用电桥测电阻的优点是很明显的。

3. 误差分析

用电桥法测电阻也存在测量误差，主要为两部分。

（1）累积性误差 $\Delta R'_X$（由仪器的准确度所决定，可由公式 $\Delta X = X \cdot \alpha\%$ 来估算）

自组电桥的误差：该误差是由电阻箱的准确度所决定的。实验中所用的 ZX21 型电阻箱的等级为 0.1 级，即 $\alpha = 0.1$，因为线路中用了三个电阻箱，所以近似地有

$$\Delta R_X = 3 \cdot \alpha\% \cdot R_X \tag{2.4.3}$$

箱式电桥的误差：我们所用电桥的型号为 QJ23，当测量值在 10 ~ 9999Ω 范围内时，电桥的准确度等级 $\alpha = 0.2$，当比较臂的千位盘数值不为零时，电桥的误差可用下式表示：

$$\Delta R_X = \alpha\% \cdot R_X \tag{2.4.4}$$

（2）平衡调节误差 $\Delta R''_X$（电桥灵敏度不够而引起的误差，可用公式 $\Delta X = \dfrac{C}{S}$估算）

对于电桥来说，由于检流计指针偏转 0.1 格时我们已经无法看出，可以认为，如果比较臂改变某一电阻值，引起检流计指针的偏转角小于 0.2 格时实验者已经无法觉察出来，即可以认为 $C = 0.2$，则（S 为电桥的灵敏度）

$$\Delta R_X = 0.2\,\frac{1}{S}\left(S = \frac{\Delta d}{M\Delta R_S}\right) \tag{2.4.5}$$

一般地，在电桥的有效量程范围内，$\Delta R''_X$ 比 $\Delta R'_X$ 小很多。前者可忽略，可以就用 $\Delta R'_X$ 来估算电桥的测量误差。若不能忽略时，总误差 ΔR_X 应为两项的和，即

$$\Delta R_X = \Delta R''_X + \Delta R'_X \tag{2.4.6}$$

【实验装置】

1. 自组电桥

为了使初学者对电桥的结构和原理有清晰的了解，我们先用自组电桥测电阻。实际线路如图 2.4.2 所示，R_1、R_2、R_S 分别为三个旋钮式电阻箱，G 为灵敏电流计。使用前必须先把锁钮沿与箭头相反方向慢慢推下，使指针可以自由摆动，然后再缓慢地旋转零点调节旋钮，使指针在电流计无电流通过时指向零点。此过程称为零点调节。由于电流计十分灵敏，如果有大于 50μA 的电流流过，就易造成损坏，所以设计了一个保护电键盒。测量时，先断开粗调开关 S_2，使电流计和 $R_保$ 串联后接入电路中（$R_保 \approx 50\text{k}\Omega$，起保护电流计作用）。观察电流计指针有无偏转，若有偏转，调节 R_S，直到检流计指针无偏转，粗调完毕。再合

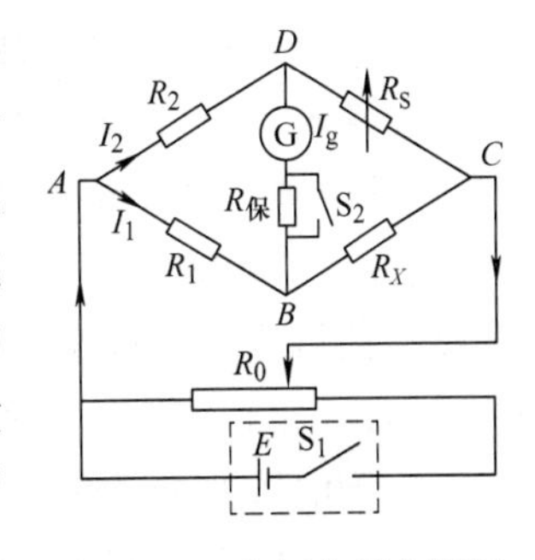

图 2.4.2　自组电桥电路图

上开关 S_2 使电流计直接接入电路，用同样的方法，再次调节电桥平衡，这就是细调。只有细调时，电桥达到平衡才是真正的平衡。R_0 为滑线变阻器，用于调节线路中的电流，从而改变电桥的灵敏度。E 为稳压直流电源（约 6V）。S_1 为电源开关，R_X 为待测电阻。

2. 箱式电桥

本实验用的 QJ23 型箱式惠斯通电桥，其实际面板如图 2.4.3 所示。下面分别介绍各旋钮、按键及接线柱的使用方法。待测电阻接线柱 R_X 接待测电阻；“+”“-”接外接电源；G 外接检流计。（本实验中，箱式电桥的内部已接有干电池及检流计，所以应把外接接线柱短路好。）比例臂（为了操作方便，易于直接读数，将$\frac{R_1}{R_2}=M$ 做成比率简单的比率旋钮）共有 0.001、0.01、0.1、1、10、100、1000 等 7 个比率。比较臂由个位、十位、百位、千位 4 个旋钮组成，可调到 9999Ω。灵敏电流计顶部有调零旋钮，通电前应先调好机械零点。B 和 G 是按键开关（按下可以接通电源和检流计。接键可锁住长期接通，但一般不要锁住）。为了充分发挥电桥测电阻应达到的准确度，不管待测电阻值的大小，一定要使比较臂的千位旋钮不为零，即保证比较臂的阻值有 4 位有效数字。这一点，可以通过选择合适的比例来完成。

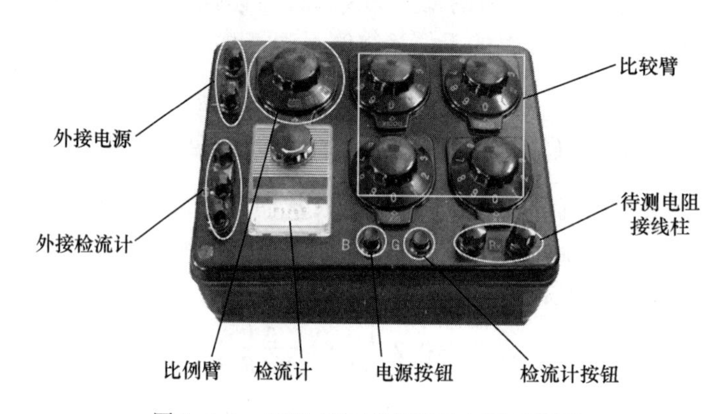

图 2.4.3　QJ23 型箱式惠斯通电桥面板图

【实验内容】

1. 用自组电桥测电阻

1）安排好仪器。按照线路图找出相应的仪器，并把它们安排好。原则上是将要经常调节和观测的仪器放在实验者的近旁，不需要调节或调节不多的仪器可以放在远处。

2）连接好线路。连线时，一般是从电源的一个极开始，一个回路、一个回路连接。切忌东拉西接。先不要接通电源，即电源的另一极不要连接。放松检流计锁钮，调节好零点。按测量的要求，调节 R_1、R_2，使 $M=1$，放在合适的位置。请教师检查线路，经同意后才能接上电源，打开电源开关通电做实验。

3）测量待测电阻 R_X的电阻值。先断开开关 S_2进行粗调，增减 R_S 的电阻值，使粗调平衡。然后再合上开关 S_2 进行细调，使电桥平衡，记下 R_S 的值。

4）测电桥的灵敏度。合上开关 S_2，改变 R_S 使检流计指针偏转 2 小格，记下 R_S'值。

5）改变比率使 $M=0.1$，重新测量 R_{X1}，记下相应的 R_S、R_S'的值。

6）仿照上述步骤，测量待测电阻 R_{X2}。

2. 用箱式电桥测电阻

1）首先检查外接电流计和外接电源接线柱是否短路好，并调好电流计零点。

2）将待测电阻 R_{X1} 接到待测电阻接线柱上，根据待测电阻值，选择合适的比率 M，使 R_S 的千位旋钮不为零。

3）按下 B、G 按键，观察电流计指针的偏转方向，若偏向“ + ”，应增加 R_S 值，反之减小。直至电流计无偏转，记下 R_S 和 M 的大小。

4）改变 R_S 值，使电流计偏转 2 小格，记下相应的 R'_S。

5）仿照上述步骤，测量待测电阻 R_{X2}。

6）电桥用毕，检查 B、G 按键，不要锁住，以免损坏电流计，或耗尽电桥电源。

【数据记录及处理】

（1）将自组电桥的数据记录于表 2.4.1 中。

表 2.4.1　用自组电桥测电阻得到的数据

	R_{X1}（大电阻）		R_{X2}（小电阻）	
粗测值/Ω				
R_0	最小		最大	
R_1/Ω	495.0	90.0	495.0	90.0
R_2/Ω	495.0	900.0	495.0	900.0
R_S/Ω				
Δd/格				
R'_S/Ω				

计算出 R_X 和 ΔR_X，要写出计算过程，最后以不同比率分别表示出测量的结果。

（2）对于箱式电桥，自拟数据表格，计算出测量结果。

实验 2.5　示波器的原理与使用

示波器（阴极射线示波器，简称电子示波器）是一种能显示各种电信号波形的仪器，可以用它来测定各种电压信号的周期、频率、幅度和相位等。凡是可转换为电压（或电流）的电学量（如电动势、阻抗等）和非电学量（如温度、位移、速度、压力、声强、磁场等）都能直接用示波器观察。因此，示波器是一种应用广泛的电子仪器。目前大量使用的示波器有两种：模拟示波器和数字示波器。模拟示波器发展较早，技术已经非常成熟。随着数字技术的飞速发展，数字示波器拥有了许多模拟示波器不具备的优点：能长时间保存信号；测量精度高；具有很强的信号处理能力；具有输入输出功能，可以与计算机或其他外设相连实现更复杂的数据运算或分析；具有先进的触发功能，等等。而且随着相关技术的进一步发展，其使用范围将更加广泛。因此，学习示波器，尤其是数字示波器的使用十分重要。本实验介绍模拟示波器的主要结构和基本原理，重点学习数字示波器的使用。

【实验目的】

（1）了解模拟示波器的主要结构和基本原理。

（2）熟悉数字示波器的特点，学会使用数字示波器观察波形以及测量未知信号的信息。

（3）学会使用信号发生器。

（4）学会利用李萨如图形测量正弦波的频率。

【实验仪器】

模拟示波器、数字示波器、信号发生器、信号线。

【实验原理】

1. 模拟示波器

模拟示波器的结构和工作原理：

模拟示波器主要是由示波管及其显示电路、垂直偏转系统（Y 轴信号通道）、水平偏转系统（X 轴信号通道）和标准信号发生器、稳压电源等几大部分组成，示波器电路示意图如图 2.5.1 所示。其中，示波管是模拟示波器的核心部件。

（1）示波管

普通示波管的结构主要由电子枪、偏转系统和荧光屏等组成，如图 2.5.2 所示，它是把电信号变成光信号的转换器。

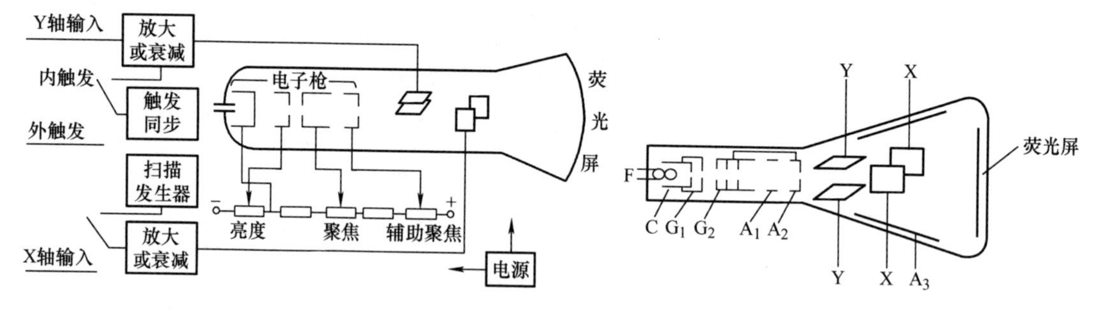

图 2.5.1　示波器电路示意图

图 2.5.2　示波管结构示意图

1）电子枪：它的作用是用来发射电子并形成很细的高速电子束。电子枪由灯丝 F、阴极 C、栅极 G_1、前加速极 G_2、第一阳极 A_1 和第二阳极 A_2 组成。示波管的灯丝用于加热阴极。阴极是一个表面涂有氧化物的金属圆筒，在灯丝加热下发射电子。栅极是一个顶端有小孔的圆筒，套在阴极外边，其电位比阴极低，对阴极发射出来的电子起控制作用；只有初速较大的电子才能穿过栅极顶端小孔射向荧光屏，初速较小的电子则折回阴极，如果栅极电位足够低，就会使电子全部返回阴极。因此，调节栅极电位可以控制射向荧光屏的电子流密度，从而改变亮点的辉度（即示波器面板上“辉度”旋钮的作用）。如果用外加信号控制栅极和阴极间的电压，则可使亮点辉度随信号强弱而变化。第一阳极是一个与阴极同轴的比较短的金属圆筒，其电位远高于阴极。第二阳极也是与阴极同轴的圆筒，其电位高于第一阳极。前加速极位于栅极与第一阳极之间，与第二阳极相连，对电子束起加速作用。由栅极、前加速极、第一阳极及第二阳极构成一个对电子束的控制系统，它对电子束有聚焦作用。改变第一阳极的电位（利用面板上的“聚焦”旋钮）及第二阳极电位（利用面板上的“辅助聚焦”旋钮），使电子束在荧光屏上会聚成细小的亮点，以保证显示波形的清晰度。

2）偏转系统：在第二阳极的后面，有两对相互垂直的金属板构成示波器 Y 轴和 X 轴的偏转系统。Y 轴偏转板在前，X 轴偏转板在后，每对板间各自形成静电场。示波器的被测信号电压作用在 Y 轴偏转板上，X 轴偏转板上作用有锯齿波扫描电压。通过作用在这两个偏转板上的电压控制从阴极发射过来的电子束在垂直方向和水平方向的偏转。

光点在荧光屏上偏移的距离 y（或 x）与偏转板上所加的电压 U_y（或 U_x）成正比，即 $y \propto U_y$（或 $x \propto U_x$），如图 2.5.3 所示。因而，可将对电压的测量转化为对屏上光点偏移距离的测量。

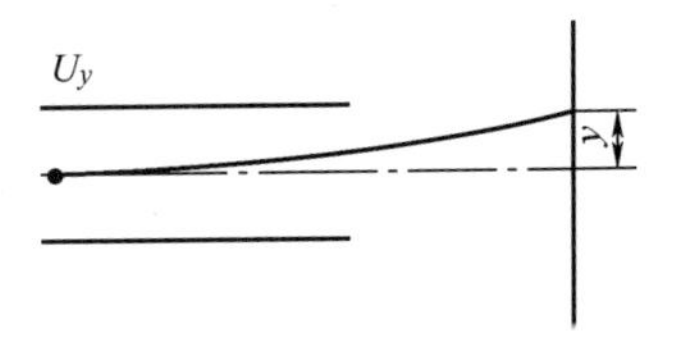

图 2.5.3 偏转电压 U_y 与偏转位移 y

3）荧光屏：示波器的荧光屏一般为圆形或矩形平面，在其内壁沉积有荧光物质，形成荧光膜。荧光膜受到电子冲击后能将电子的动能转化为光能，形成亮点。当电子束随信号电压偏转时，这个亮点的移动轨迹就形成了信号的波形并显示在荧光屏上。当电子束停止作用后，一段时间内荧光膜仍保留一段发光过程，这种激励过后辉度所延续的时间称为余辉。余辉时间的长短与所使用的荧光物质有关。余辉时间在 0.1 ~ 1s 的称长余辉，1 ~ 100ms 的称中余辉，0.01 ~ 1ms 的称短余辉。一般低频示波器用于观察缓慢信号，多用长余辉；观察高频信号宜用短余辉；一般用途则多用中余辉。为了测量波形的高度或宽度，在荧光屏玻璃内侧刻有垂直和水平方向的分刻度线，使测量准确度较高。

（2）信号放大器和衰减器

通常示波管的偏转极板所需电压很高，有时待观察信号的电压或扫描发生器所产生的扫描电压不高，所以示波器内还装有放大器，垂直偏转板前的放大器称为垂直放大器，水平偏转板前的放大器称为水平放大器。

有时待观察信号的电压很高，直接输入会使放大后的信号发生畸变，甚至使仪器受损，所以示波器内还装有衰减器。它利用分压的方法将输入电压降低后再输入放大器。

（3）扫描系统

如果只在竖直偏转板（Y 轴）上加一正弦波电压，水平偏转板（X 轴）上不加电压，则电子束将随电压的变化只在竖直方向上往复运动，在荧光屏上看到的是一条竖直亮线，如图 2.5.4a 所示。若在水平偏转板上加一个随时间线性变化的电压，而竖直偏转板不加电压，则光点在水平方向做匀速直线运动，在荧光屏上看到的是一条水平亮线，如图 2.5.4b 所示。如果两个电压同时加上去，则光点在荧光屏的运动轨迹就反映了垂直方向所加的电压随时间变化的规律。

示波器中还装有一种叫锯齿扫描电压发生器的装置，它能产生一种锯齿形电压，其特点是，电压从 $-U_0$ 开始（$t=t_0$）随时间成正比地增加。在 $t=t_1$ 时增加到 $+U_0$。然后又迅速返回到 $-U_0$（速度很快，可以看作仍在时刻 t_1），然后再开始做与时间成正比增加的变化，不断重复前述过程。这时电子束在荧光屏上做相应运动，即亮点由左（$t=t_0$）匀速地向右运动（$t_0<t<t_1$），在 $t=t_1$ 时快速回到左端，然后再重复前述过程。如图 2.5.4b 所示。

如果在垂直偏转极板（Y 轴）上加一个正弦电压，又在水平极板（X 轴）上加锯齿形电压，则荧光屏上的亮点同时参与两种运动，它的运动轨迹为正弦图形。这种由于在水平方向加锯齿形电压后，使垂直方向上电压随时间的变化情况得到展示的过程称为扫描。$T=t_1-t_0$ 称为扫描周期，$f=\frac{1}{T}$ 称为扫描频率。为了使纵向变化电压能够被如实且稳定地描绘出来，一定要满足两个条件，即①扫描电压的变化一定要与时间成正比，即一定要加锯齿形电压。②扫描频率 f_z 一定要与垂直方向电压的变化频率 f_y 相同或互为整数倍时图形才会稳定，此时称为两者同步。这样在荧光屏上就显示了由 X 轴与 Y 轴合成的完整的波形，如图 2. 5. 5 所示。

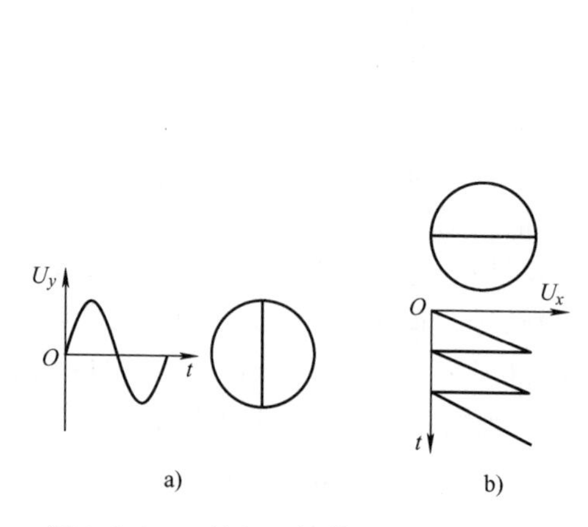

图 2. 5. 4　Y 轴和 X 轴单独加电压的图形

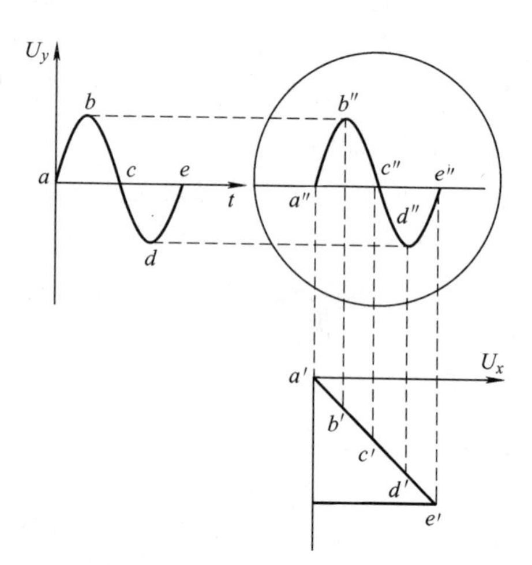

图 2. 5. 5　Y 轴和 X 轴同时加电压

为此，示波器的锯齿形扫描电压的频率必须可以调整。改变扫描电压频率使之与被观察电压频率成整数倍关系，叫作同步调节。示波器上设有两个旋钮：扫描范围（扫描频率）旋钮和扫描微调旋钮，前者用来粗调，后者用来精细调节。仔细调节它们，就可以大体上满足要求，但有时这种人工调节的方法仍难使图形静止不动，待测电压的频率越高时，问题就越突出。为此，示波器内还装有自动频率跟踪装置，称为“整步”。在人工调节接近满足同步的条件下，再加入“整步”的作用，就能获得稳定的波形。

2. 数字存储示波器

数字存储示波器是新一代的示波器，它把输入的模拟信号转换成数字信号，采用液晶显示屏，像计算机一样，它的内部编有很多程序和命令，所以它不仅能显示信号，而且能对信号进行各种各样的处理，如存储比较、数学运算等。数字示波器比模拟示波器更先进，功能更强大，使用更方便。数字示波器由信号放大电路、高速的模-数转换器、中央处理器、存储器和液晶显示器（包括驱动电路）组成。

图 2. 5. 6 为数字存储示波器的面板图，它包括几大功能区和若干常用功能键，每个功能区都在一个方框内，每个功能区又包括几个按键和旋钮，每个按键都有自己的菜单，菜单里有各种选择。下面就其中的主要功能分别给以介绍。

（1）垂直系统（VERTICAL）

垂直系统的功能为调节信号（波形）在垂直方向的幅度和位置。如图 2. 5. 7 所示，在垂直控制区有一系列的按键、旋钮。按“CH1”“CH2”“数学”“参考波形”按键，屏幕上会显示对应通道的操作菜单、标志、波形和档位状态信息。按“关闭”按键关闭当前选择的通道。旋动“垂直位置”旋钮，可以改变信号在垂直方向的位置。旋动“垂直标度”旋钮，可以改变垂直档位，档位为 2mV/格～10V/格，以 1-2-5 方式步进。

（2）水平系统（HORIZONTAL）

水平系统的功能为调节波形在水平方向的幅度和位置。如图 2. 5. 8 所示，在水平控制区有一个按键、两个旋钮。

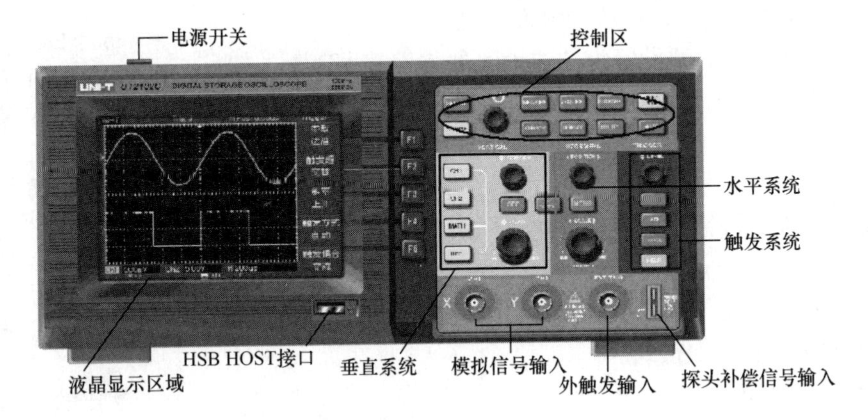

图2.5.6　数字存储示波器面板图

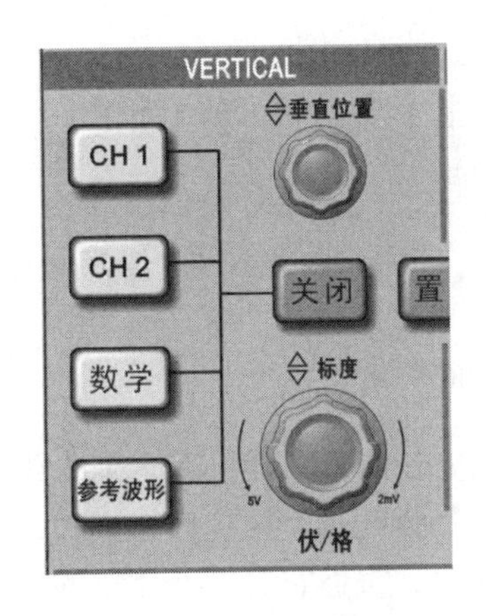

图2.5.7　垂直控制区

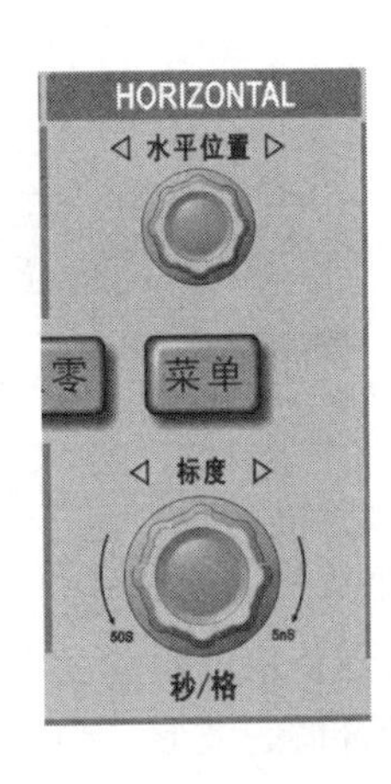

图2.5.8　水平控制区

1）旋动“水平位置”旋钮调整信号在波形窗口的水平位置。当转动“水平位置”旋钮时，可以观察到波形随旋钮而水平移动。

2）旋动“水平标度”旋钮，可以改变信号的水平时基档位，水平扫描速率为5ns/格～50s/格，以1-2-5方式步进。

3）按“菜单”按钮，显示Zoom菜单。在此菜单下，按F3键可以开启视窗扩展，再按F1键可以关闭视窗扩展而回到主时基。在这个菜单下，还可以设置触发释抑时间。

在垂直系统和水平系统之间有零点快捷键“置零”：通过快捷键“置零”可以将垂直移位、水平移位、触发释抑的位置回到零点（中点）。

（3）触发系统（TRIGGER）

触发系统的作用是确定示波器开始采集数据和显示波形的时间。正确设置触发系统，示波器就能将不稳定的显示结果或空白显示屏转换为有意义的波形。在触发控制区有一个旋钮、四个按键，如图2.5.9所示。

1）使用“触发电平”旋钮改变触发电平，可以在屏幕上看到触发标志来指示触发电平线，随旋钮转动而上下移动。在移动触发电平的同时，可以观察到在屏幕下部触发电平数值的相应变化。

2）使用“触发菜单”，以改变触发设置。

按F1键，将触发类型设置为“边沿”触发；按F2键，选择“触发源”为CH1；按F3键，设置“斜率”为上升；按F4键，设置“触发方式”为自动；按F5键，设置“触发耦合”为直流。

3）按“50%”按钮，设定触发电平为待测信号幅值的垂直中点。

4）按“强制触发”按钮：强制产生触发信号，主要应用于触发方式中的正常和单次模式。

（4）常用功能键

功能控制区在示波器面板右侧上部，对应的是各个功能键，如图2.5.10所示。

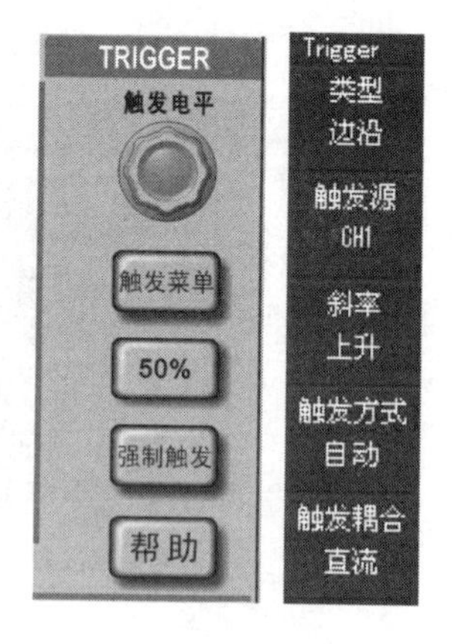

图2.5.9　触发菜单

图2.5.10　功能控制区

“自动”（AUTO）按键的功能是捕捉信号和更新信号。开机后，先按它，会把所有的信号捕捉进来，示波器将自动设置垂直偏转系数、扫描时基，以及触发方式，并且自动在屏幕上显示一个大小最合适的波形。当信号发生变化时，按下它会把变化后的信号捕捉进来，所以它是一个最重要也是最常用的功能键。如果需要进一步仔细观察，在自动设置完成后可再进行手工调整，直至使波形显示达到需要的最佳效果。

“显示”（DISPLAY）为系统显示功能键，使用“显示”按钮弹出设置菜单，通过菜单控制按钮调整显示方式。在这些格式中，选择“YT”格式时，横轴为时间，纵轴为电压；选择“XY”格式时，横轴为X方向电压，纵轴为Y方向电压，在观察李萨如图形时，即用“XY”格式。

“光标”（CURORS）为光标测量功能键。使用光标测量功能可以通过移动成对出现的光标，并从显示读数中读取它们的数值，从而测量波形上任何一部分的电压或时间。

电压光标：电压光标在显示屏上以水平线出现，可测量垂直参数。

时间光标：时间光标在显示屏上以竖直线出现，可测量水平参数。

光标移动：使用“万能”旋钮（↻）来移动光标1和光标2。只有光标菜单显示时才能移动光标。

“测量”（MEASURE）为自动测量功能键。测量种类选择菜单分为电压类和时间类两种，可分别选择进入电压或时间类的测量种类选择菜单，可测量20种波形参数。

“获取”（ACQUIRE）为信号获取系统功能键。此系统功能可以选择示波器采集数据的三种不同方式，即“采样”“峰值检测”和“平均值”。

采样：以均匀时间间隔对信号进行取样以建立波形，此模式多数情况下可以精确表示信号，但不能采集取样之间可能发生的快速信号变化，有可能导致“假波现象”并可能漏掉窄脉冲，这些情况下应使用“峰值检测”模式。

峰值检测：示波器在每个取样间隔中找到输入信号的最大值和最小值并使用这些值显示波形。此模式可以获取并显示可能丢失的窄脉冲，并可避免信号的混淆。但显示的噪声比较大。

平均值：示波器采集几个波形，将他们平均，然后显示最终波形。此模式可减少所显示信号中的随机或无关噪声。

“存储”（SAVE/RECALL）为存储系统功能键。利用它实现信号的存储和调出，使用“存储”按键显示存储设置菜单，通过该菜单对示波器内部存储区和USB存储设备上的波形和设置文件进行保存和调出操作，也可以对USB存储设备上的波形文件、设置文件进行保存和调出操作。

3. 信号发生器

函数信号发生器可产生正弦波、三角波、方波等基本波形，也可产生各种连续的扫频信号、函数信号、脉冲信号等，另外它还具有测频功能，是电子工程、电子实验室、电子产品生产线以及科研所需要的理想设备。如图2.5.11所示，仪器的前面板划分为几大功能区，下面介绍其主要功能。

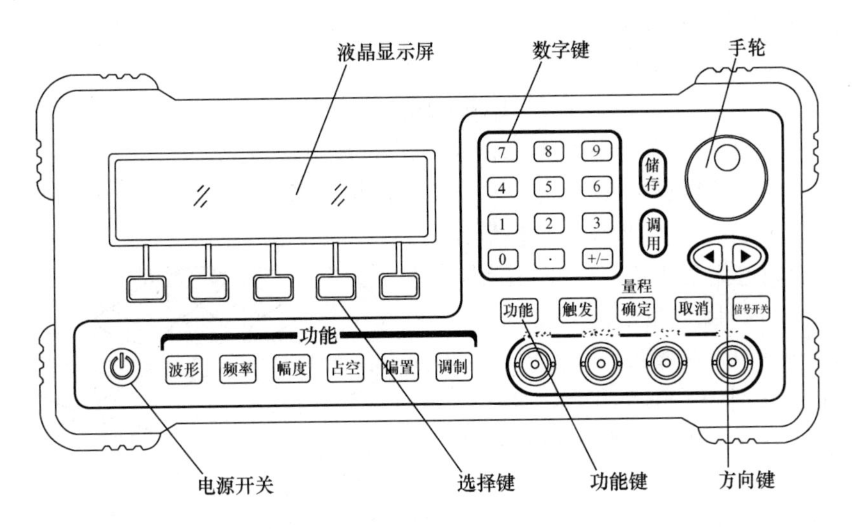

图2.5.11　函数信号发生器面板图

仪器的参数及功能设置采用数字按键与旋钮（手轮）联合操作。例如，当前菜单为“幅度”时，旋转旋钮则调节幅度值，若当前菜单为“频率”，则调节频率值，一轮多用，因此，旋钮又称作多重定义旋钮。操作旋钮时，菜单中的参数有一个数位始终在闪烁，表示旋钮调节的是该位对应的数值，每顺时针旋转一格，数值加“1”，逆时针旋转一格，数值减“1”，超过十进位，小于零借位。

输出电压调节区包括电压显示窗口和它右下方的“函数信号输出”功能区，该区域包括波形选择、频率选择、电压幅值选择等功能。

（1）输出波形的调节

按“波形”键，顺时针或逆时针旋转旋钮，选择“正弦”函数波形。

（2）输出频率调节

按“频率”键，数值部分的单个数位在闪烁，用方向键可左右移动闪烁的位置，从而实现频率值的粗调或微调。单位部分，可用方向键移动到“kHz”使之闪烁或直接按“量程”键使之闪烁，旋转旋钮可以改变频率单位。

快速设置参数的方法是用数字键直接输入：按数字键，依次输入数字，同时屏幕下半区出现“MHz”“kHz”“Hz”“mHz”和“μHz”5个单位，与下方的5个按键一一对应。输入的数字整体闪烁，表示正处在键盘输入过程中，按方向键的左向箭头，可自右向左删除最新输入的数字。当输入完数字和选择好新的单位后，频率值变成单个数位闪烁。此时，仪器输出新的频率；或者只是输入新的数字，而单位不变，再按“确定”键，频率值变成单个数位闪烁，仪器也输出新的频率。若新的设置超过频率的上、下限，则按“确定”键后，参数返回设置前的数值。在键盘输入过程中，按“取消”键退出键盘输入过程，恢复显示设置前的参数。

（3）输出电压幅度调节

按“幅度”键，旋转旋钮，可调节窗口的输出电压值。

4. 利用李萨如图形测频率

设两个互相垂直的简谐振动为

$$x = A_1\cos(2\pi f_1 t + \varphi_1) \tag{2.5.1}$$

$$y = A_2\cos(2\pi f_2 t + \varphi_2) \tag{2.5.2}$$

式中，f_1、f_2为两振动的频率；φ_1、φ_2为两振动的初相。当$f_1 \neq f_2$时，以上两个振动的合成的轨迹比较复杂，但当f_1与f_2成简单的整数比时，两个振动的合成轨迹为封闭稳定的几何图形，这些图形称为李萨如图形，如图2.5.12所示。

李萨如图形有如下规律：设x方向和y方向简谐振动的频率分别为f_x和f_y，李萨如图形在x方向和y方向切点的个数分别为n_x和n_y，则

$$f_x : f_y = n_y : n_x \tag{2.5.3}$$

因此，若已知其中一个信号的频率，从李萨如图形上数得切点个数n_x和n_y，就可以求出另一待测信号的频率，图中右侧为频率比$f_x : f_y$。

图2.5.12　李萨如图形

5. 同方向、相近频率的简谐振动的合成拍

“拍”是指两个传播方向相同、频率相近的简谐振动合成时，因周期微小差别而造成合振幅时而加强、时而减弱的现象，如图2.5.13所示。合振动的单位时间内合振动加强或减弱次数称为拍频，表示为$f_b = |f_2 - f_1|$或$\omega_b = |\omega_2 - \omega_1|$，$f_b$即$A^2(t)$或$|A(t)|$的变化频率。

两个分振动

$$x_1 = A_0\cos\omega_1 t$$

$$x_2 = A_0\cos\omega_2 t$$

其中，$\omega_1 \approx \omega_2$。

两式线性相加，有

$$x = x_1 + x_2 = 2A_0\cos\frac{\omega_1 - \omega_2}{2}t\cos\frac{\omega_1 + \omega_2}{2}t \tag{2.5.4}$$

将合成式写成谐振动形式：

$$x = A(t)\cos\overline{\omega}t$$

其中，
$$A(t) = 2A_0\cos\frac{\omega_1 - \omega_2}{2}t \tag{2.5.5}$$

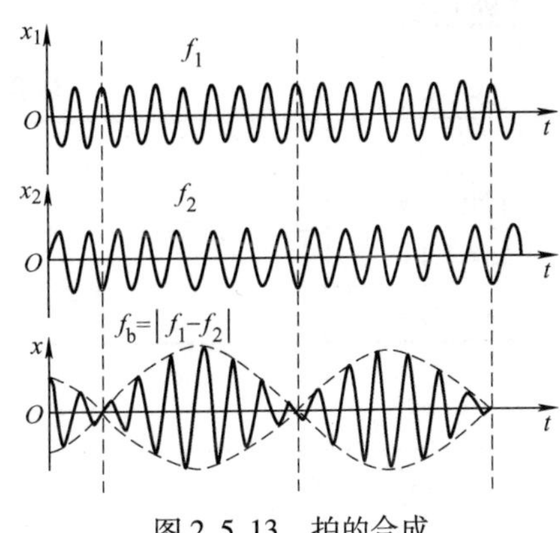

图 2.5.13　拍的合成

【实验内容】

1. 熟悉仪器和操作原理

根据数字示波器使用和操作原理（可查阅说明表），熟悉面板上各主要功能键及菜单按钮的作用，为后面的测量做准备。

1）打开示波器和信号源的开关。

2）设置信号源：“波形”选择正弦波，输出频率为 500 ~ 600Hz，输出电压为 3 ~ 6V。

3）根据输入信号的信息，分别练习示波器各功能键、旋钮的功能和各菜单键的用法。

2. 测量未知信号的参数

1）分别将实验桌上的待测信号 a、b、c 接入 CH2 通道。

2）按“测量”按钮及菜单键，显示自动测量菜单。

3）分别适当选择相应的功能键，计算信号的峰谷比 U_{pp}、频率 f、周期 T、方均根值，记入表 2.5.1 中。

3. 光标测量

1）将桌上待测信号 c 接入 CH2 波道，按“光标”（CURSORS）按钮，显示光标测量菜单。

2）按“光标 1”，旋动“万能”旋钮，移动光标 1，适当选择“类型”，则屏幕上显示光标 1 位置的电压、时间信息。

3）按“光标 2”，重复步骤 2）。

4. 利用李萨如图形测频率

1）将实验桌上待测信号 c 接入 CH2 通道，将信号源的信号接入 CH1 通道。

2）按“显示”（DISPLAY）键，格式选择“XY”。

3）分别调 CH1 和 CH2 的垂直衰减钮，使李萨如图形大小适中，适当调节水平控制区最左侧的时基钮，使图形完整，适当微调信号源频率，使图形稳定。

4）根据要求调信号源的频率，与待测信号 c 成几种倍数关系，作出几种对应的李萨如图形，并将结果填入表 2.5.2 中。

5. 两路信号的数学运算

同时输入两路信号并且显示格式均为“YT”，按下“数学”（MATH）键，通过操作菜单选择两路信号的加、减、乘、除等运算。如果两路信号频率接近，在相加时可以看到周期性变化的振幅，即所谓“拍”，观察记录波形。

【数据记录】

表 2.5.1　未知信号的测量

	峰峰值	方均根值	周期	频率
待测信号 a				
待测信号 b				
待测信号 c				

表 2.5.2　利用李萨如图形测频率

$f_1:f_2$	图形	f_1/Hz	f_2/Hz
1:1			
1:2			
1:3			
2:3			
3:2			

实验 2.6　薄透镜焦距的测定

【实验目的】

（1）学会测量薄透镜焦距的几种基本方法。

（2）进一步掌握薄透镜的成像规律。

【实验仪器】

光源（白炽灯）、狭缝（物屏）、毛玻璃屏（像屏）、凸透镜一块、凹透镜一块、平面镜一块。

【实验原理】

1. 薄透镜成像公式

透镜可分为凸透镜和凹透镜两类，它们对光线的作用分别是会聚和发散。中间厚边缘薄的透镜称为凸透镜，中间薄边缘厚的透镜称为凹透镜。凸透镜对光线有会聚作用，凹透镜对光线有发散作用。一束平行于透镜主光轴的平行光束，通过凸透镜后会聚于主光轴上的一点 F，称为焦点。过焦点且垂直主光轴的平面称为焦平面。焦点到透镜光心 O 的距离称为焦距 f，如图 2.6.1a 所示。沿主光轴射来的平行光束，经凹透镜后发散开来，它们的反向延长线也交于主光轴上的一点 F，此点称为凹透镜的焦点，它到透镜的光心 O 的距离称为凹透镜的焦距 f，如图 2.6.1b 所示。一个透镜焦距的大小，反映了它的屈光本领。

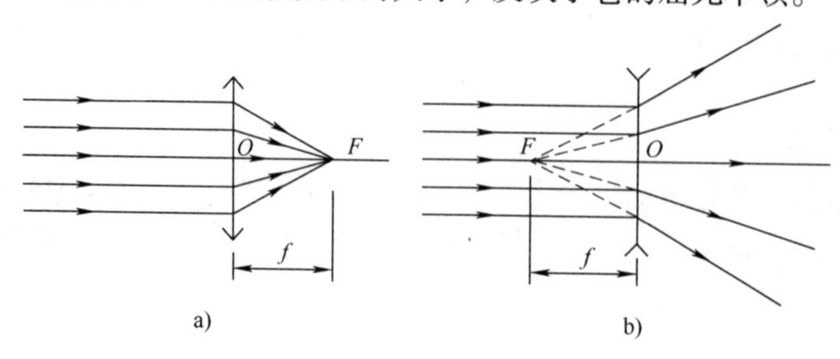

图 2.6.1　凸透镜和凹透镜成像原理示意图

当透镜厚度远远小于其焦距时，这种透镜称为薄透镜。在近轴光线的条件下，薄透镜成像的规律可表示为

$$\frac{1}{u}+\frac{1}{v}=\frac{1}{f} \tag{2.6.1}$$

式中，u 为物距；v 为像距；f 为透镜的焦距。u、v 和 f 均从透镜的光心 O 算起。物距 u 恒取正值，像距 v 的正负由像的实虚来确定。实像时，v 为正；虚像时，v 为负。凸透镜的焦距 f 恒取正值。凹透镜的焦距 f 恒取负值。

2. 凸透镜焦距的测量原理

测量凸透镜焦距可使用三种方法：

（1）自准法（平面镜法）

如图 2.6.2 所示，若物体 AB 处于凸透镜的前焦平面，物体上各点发出的光线通过凸透镜将变为平行光。此时，物距 u 即等于透镜焦距 f。若用与主光轴垂直的平面镜将平行光反射回去，再经透镜会聚后将成为一个大小与物体相同的倒立实像 $A'B'$，$A'B'$ 也必定位于原物所处的前焦平面上。测出物体与透镜的距离，即为该透镜的焦距。

（2）物距像距法

如图 2.6.3 所示，当物体 AB 在有限距离时，物体发出的光线经过凸透镜折射后，将成像在透镜的另一侧，测出物距 u 和像距 v 后，代入公式 $\frac{1}{u}+\frac{1}{v}=\frac{1}{f}$ 即可算出透镜的焦距

$$f=\frac{uv}{u+v} \tag{2.6.2}$$

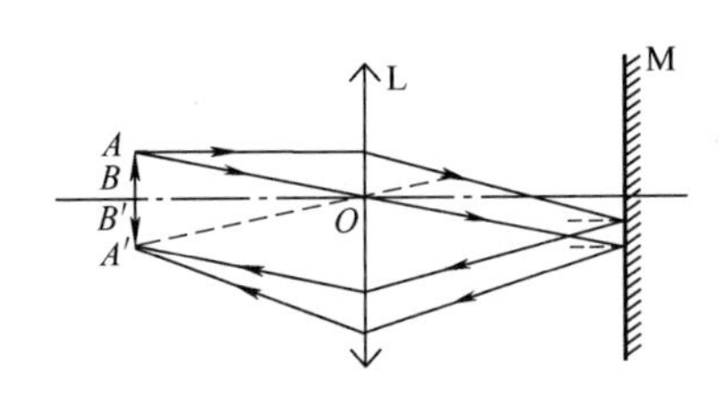

图 2.6.2　自准法测量凸透镜焦距

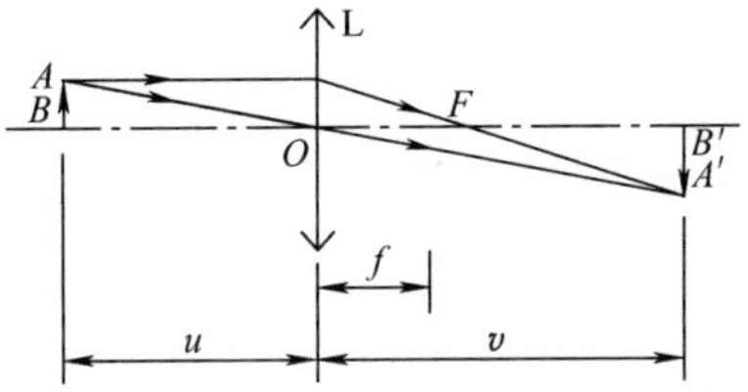

图 2.6.3　物距像距法测量凸透镜焦距

（3）共轭法（二次成像法）

如图 2.6.4 所示，设物和屏之间的距离为 S（要求 $S<4f$）。在保持 S 不变的条件下，移动透镜，则必能在屏上两次成像。当透镜在 O_1 处时屏上出现一个放大的像（物距 u_1 和像距 v_1）；当它移到靠近屏的 O_2 处时，屏上得到一个缩小的像（物距 u_2 和像距 v_2），设 O_1 和 O_2 之间的距离为 d。

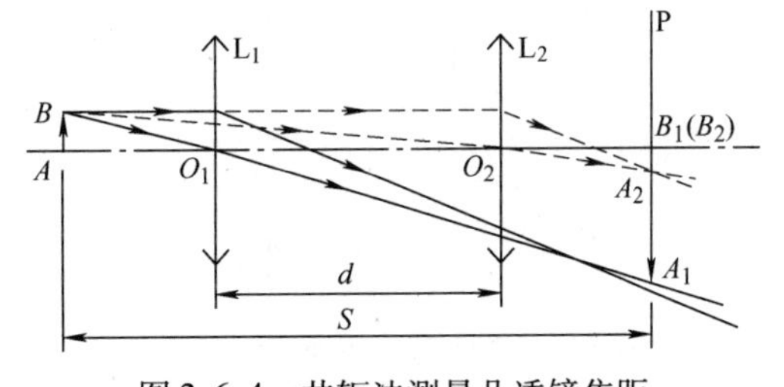

图 2.6.4　共轭法测量凸透镜焦距

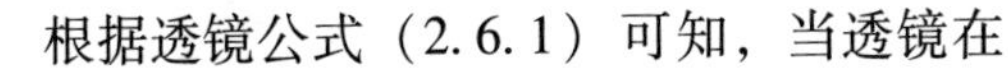

根据透镜公式（2.6.1）可知，当透镜在 O_1 和 O_2 位置时，物距与像距共扼，即 $u_1=v_2$；$u_2=v_1$。又由图 2.6.4 可以看出

$$S-d=u_1+v_2=2u_1$$

所以

$$u_1=\frac{S-d}{2}$$

又
$$v_1 = S - u_1 = S - \frac{S-d}{2} = \frac{S+d}{2}$$

将 u_1 及 v_1 同时代入式（2.6.1），则焦距为

$$f = \frac{S^2 - d^2}{4S} \tag{2.6.3}$$

只要测出 S 和 d，即可算出焦距 f。

3. 凹透镜焦距的测量原理

凹透镜是发散透镜，它形成的像是虚像，不能在像屏上成像，因此，测量凹透镜的焦距时，需要借助凸透镜。

（1）自准法（平面镜法）

如图 2.6.5 所示，将物点 A 放在凸透镜 L_1 的主光轴上，成像于 A' 点。若在 L_1 和 A' 之间插入待测的凹透镜 L_2 和平面反射镜 M，使 L_2 的光心 O_2 与 L_1 的光心 O_1 在同一轴线上，调节 L_2，使由平面镜 M 反射回去的光线经 L_2、L_1 折射后，仍成像在 A 点，根据光的可逆性可知，经凹透镜后，射到平面镜上的光线是一束平行光。A' 点就成为由平面镜 M 反射回去的平行光束的虚焦点，即为凹透镜 L_2 的焦点。

（2）物距像距法

如图 2.6.6 所示，从物体 AB 发出的光线经凸透镜 L_1 折射后成像于 A_1B_1，若在凸透镜和像 A_1B_1 之间插入一个焦距为 f 的凹透镜 L_2，且 O_2B_1 小于凹透镜的焦距 f，则凸透镜所成的像 A_1B_1 可视为凹透镜的虚物。由凹透镜的光路图可知，在凹透镜焦距内的虚物 A_1B_1 将形成实像 A_2B_2。根据光路的可逆性，如果将物置于 A_2B_2，经凹透镜 L_2 折射后，必定在 A_1B_1 处成虚像，此时物距 $u = O_2B_2$，像距 $v = O_2B_1$，如前所述，虚物成实像时物距 u 为负值，由公式 $\frac{1}{u} + \frac{1}{v} = \frac{1}{f}$ 可以导出该透镜的焦距为

$$f = \frac{uv}{u-v} \tag{2.6.4}$$

由式（2.6.4）知，凹透镜的焦距 f 为负值。

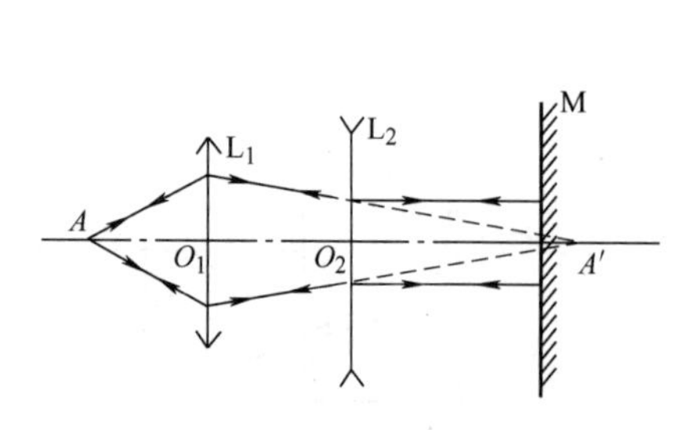

图 2.6.5　自准法测量凹透镜焦距

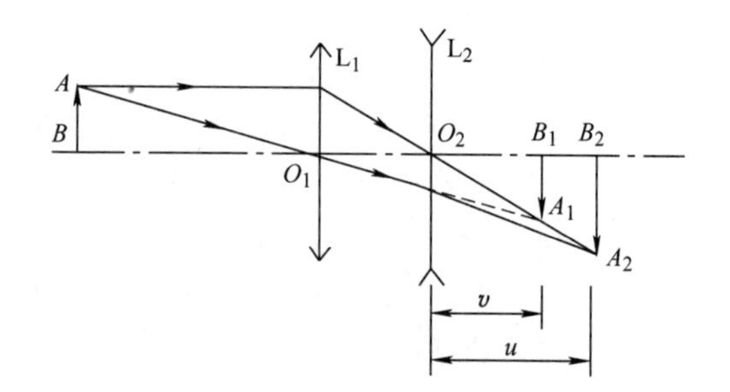

图 2.6.6　物距像距法测量凹透镜焦距

【实验内容】

1. 调节各光学元件共轴

为了准确测量，减小误差，透镜的光轴应该与光具座的导轨平行，如果用多个透镜做实验，各个透镜应调节到有共同的光轴，且光轴与导轨平行，这些调节的步骤统称为共轴调节。调节方法如下：

（1）粗调

将透镜、物、屏等用光具夹夹好后，先将它们靠拢在一起，调节高低和左右位置，使光源、物的中心、透镜中心、屏的中央大致在一条和导轨平行的直线上，各平面互相平行且垂直于导轨。这一步骤靠肉眼来判断，比较粗略。

（2）细调

按图2.6.4放置物屏、透镜和像屏，使$S<4f$，固定物屏和像屏。如果物的中心在透镜的主轴上，则在移动透镜的过程中，像屏上得到的第一次所成的放大的像的中心与第二次所成的缩小像的中心应在同一位置上。如果物的中心偏离透镜的主轴，例如放大像的中心高于缩小像的中心，则可以判断物偏上了，应该将物屏向下移动一些。或是说透镜偏下了，应将透镜向上移动一些。偏左或偏右的调整与此类似。

2. 凸透镜焦距的测量

（1）自准法

在调好的光学系统中，用平面镜替换在共轴调节时使用的像屏（见图2.6.2），然后改变凸透镜至狭缝（物屏）的距离，直至在狭缝旁出现明亮、清晰的狭缝像时停止。测出狭缝到透镜的距离，即为凸透镜的焦距，重复测量5次。

（2）物距像距法

取三种不同的物距：$u>2f$，$2f>u>f$及$u=2f$（凸透镜的焦距已由自准法测出），分别测出相应的像距v，根据式（2.6.2）计算出透镜的焦距f，并求出平均值。测量时，应注意观察像的特点（大小、取向等），分别画出光路图，并做出说明。

（3）共轭法

如图2.6.4所示，使狭缝与像屏间距$S>4f$。移动透镜L，获得放大和缩小的两次清晰的像，记下两次成像时透镜的位置，测出O_1和O_2之间的距离d，改变狭缝与像屏的距离S，取5个不同的S值，得到相应的d值，分别由式（2.6.3）求出f值。

注意：间距S不要取得太大，否则将使缩小像成像太小，以致难以判断凸透镜的成像是否最清晰。

3. 凹透镜焦距的测量

（1）自准法

1）将物屏上的狭缝A调整在透镜L_1的主光轴上，如图2.6.5所示。移动L_1直到在像屏上获得清晰的像为止。固定L_1并记下像屏的位置A'。

2）用平面镜替换像屏，并在L_1和平面镜之间插入凹透镜L_2。移动L_2和平面镜，直至物屏上得到清晰的像为止。记下L_2的位置O_2，则凹透镜的焦距$f=O_2A'$。

3）改变L_1位置，重复测量5次。

（2）物距像距法

1）在光具座上按图2.6.6放置物屏、凸透镜L_1、凹透镜L_2和像屏。照亮物屏并调整各器件至同轴等高。

2）移去凹透镜，调节凸透镜和像屏的位置，使像屏上得到一个清晰的、缩小倒立的实像，固定L_1，记下像屏的位置B_1。

3）在像屏和L_1之间插入凹透镜L_2，移动像屏直至重新获得清晰的像为止，记下L_2的位置O_2和此时像屏的位置B_2。

4）用 $u=O_2B_2$、$v=O_2B_1$ 代入式（2.6.4），计算凹透镜的焦距 f_2。

5）改变 L_1 的位置，重复测量 5 次。

【数据记录及处理】

1. 自准法测凸透镜焦距

次数	1	2	3	4	5	平均值
物屏位置 Ⅰ/cm						—
透镜位置 Ⅱ/cm						—
$f=\|Ⅰ-Ⅱ\|$/cm						

2. 物距像距法测凸透镜焦距

次数	$f<u<2f$	$u=2f$	$u>2f$	平均值
物屏位置 x_1/cm				—
像屏位置 x_2/cm				—
透镜位置 x/cm				—
$u=\|x-x_1\|$/cm				—
$v=\|x-x_2\|$/cm				—
$f=\frac{uv}{u+v}$/cm				

3. 共轭法测凸透镜焦距

次数	1	2	3	4	5	平均值
物屏位置 Ⅰ/cm						—
第一次成像位置 Ⅱ/cm						—
第二次成像位置 Ⅲ/cm						—
像屏位置 Ⅳ/cm						—
$S=\|Ⅳ-Ⅰ\|$/cm						—
$d=\|Ⅲ-Ⅱ\|$/cm						—
$f=\frac{S^2-d^2}{4S}$/cm						

4. 自准法测凹透镜焦距

次数	1	2	3	4	5	平均值
虚物位置 x_1/cm						—
透镜位置 x_2/cm						—
$f=\|x_1-x_2\|$/cm						

5. 物距像距法测凹透镜焦距

次数	1	2	3	4	5	平均值
虚物位置 x_1/cm						—
实像位置 x_2/cm						—

（续）

次数	1	2	3	4	5	平均值
凹透镜位置 x/cm						—
$u=\|x-x_1\|$/cm						—
$v=\|x-x_2\|$/cm						—
$f=\frac{uv}{u-v}$/cm						

分别计算 5 次实验内容的测量结果及不确定度，并写出结果表达式。

【注意事项】

（1）注意尽量调节各光具中心使其等高共轴，以使像尽可能清晰可见。

（2）取放光具时要轻拿轻放，并放回到光具座的后面，避免碰倒或掉到桌下。

（3）在光具座上读数时，注意刻度的表示，有进位时需要进位，不能机械照读。

（4）当凹透镜焦距为负值，虚物成实像时，物距是负值，计算时应该加以注意。

第3章　基本实验

实验3.1　金属弹性模量的测量

在实验2.2中介绍过，弹性模量是反映材料形变与内应力关系的一个重要的物理量。弹性模量越大，越不易发生形变。弹性模量一般只与材料的性质和温度有关，与其几何形状无关。对于金属材料而言，材料的弹性模量较大，因此材料受力后的形变量是一个微小的变化量，约为10^{-1}mm数量级，因此，实验的核心问题是对微小变化量的测量。在本实验中用光学放大法来进行测量。

【实验目的】

（1）掌握用光杠杆测量微小长度变化的原理和方法。

（2）掌握几种长度测量的方法及其不确定度的分析和计算。

（3）学会用逐差法处理数据。

【实验仪器】

弹性模量实验仪、光杠杆、望远镜、标尺、钢卷尺、外径千分尺、砝码等。

【实验原理】

1. 钢丝的弹性模量

由实验2.2知，钢丝的弹性模量

$$E=\frac{L}{S}\frac{F}{\Delta L} \tag{3.1.1}$$

式中，E为钢丝的弹性模量。实验的核心问题是对微小变化量ΔL的测量。本实验采用光杠杆法测量就是为了解决这个微小长度改变量的精确测量。

2. 弹性模量实验仪

弹性模量实验仪如图3.1.1所示。在一较重的三脚底座上固定有两根立柱，支柱上端有横梁，中部紧固一个平台，构成一个刚度极好的支架。整个支架受力后变形极小，可以忽略。通过调节三脚底座的水平调节螺钉C使整个支架铅直。待测样品是一根粗细均匀的钢丝。钢丝上端用上夹具A夹紧并固定在上横梁上，钢丝下端也用一个活动夹具G夹紧并穿过平台D的中心孔，使钢丝自由悬挂。钢丝的总长度L就是从上夹具A的下端面至活动夹具G的上端面之间的长度。如图3.1.2所示，光杠杆的尖足C_3立于活动夹具G的上端面上。活动夹具G下方的挂钩上挂一个砝

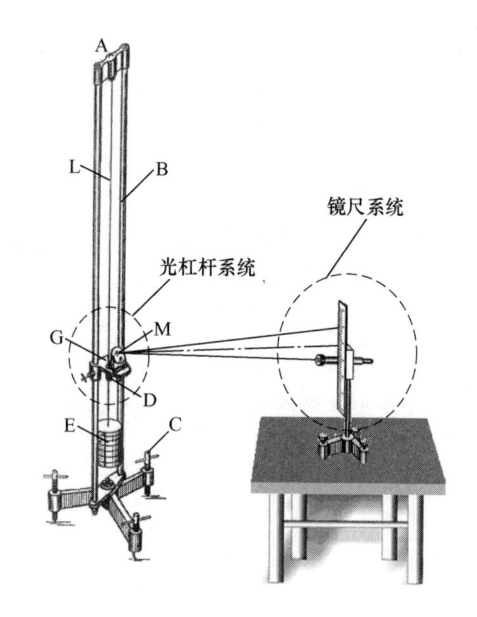

图3.1.1　弹性模量实验仪

A—上夹具　B—立柱

C—水平调节螺钉　D—平台　E—砝码

G—活动夹具　L—钢丝　M—平面镜

码盘，当盘上逐次加上一定质量的砝码后，钢丝就被拉伸，活动夹具 G 跟着下降，光杠杆的尖足 C_3 也跟着下降。活动夹具 G 的上端面相对平台 D 的下降量，即是钢丝的伸长量 ΔL。

（1）光杠杆系统

光杠杆对微小伸长或微小转角的反应很灵敏，测量也很精确。光杠杆系统如图 3.1.2 所示，它实际上是附有三个尖足（C_1、C_2 和 C_3）的平面镜 M。三个尖足构成一等腰三角形，两个前尖足 C_1、C_2 放在平台 D 的槽中，一个后尖足 C_3（称为测量足）立于活动夹具 G 的上端面上。后足在两个前尖足连线的中垂线上，C_3 到 C_1、C_2 的垂线长度 b 称为光杠杆常数。平面镜 M 俯仰可调。

（2）镜尺系统

镜尺系统由一把竖立的标尺和在尺旁的一个望远镜组成，如图 3.1.3 所示。镜尺系统和光杠杆系统组成如图 3.1.1 所示的弹性模量测量系统。

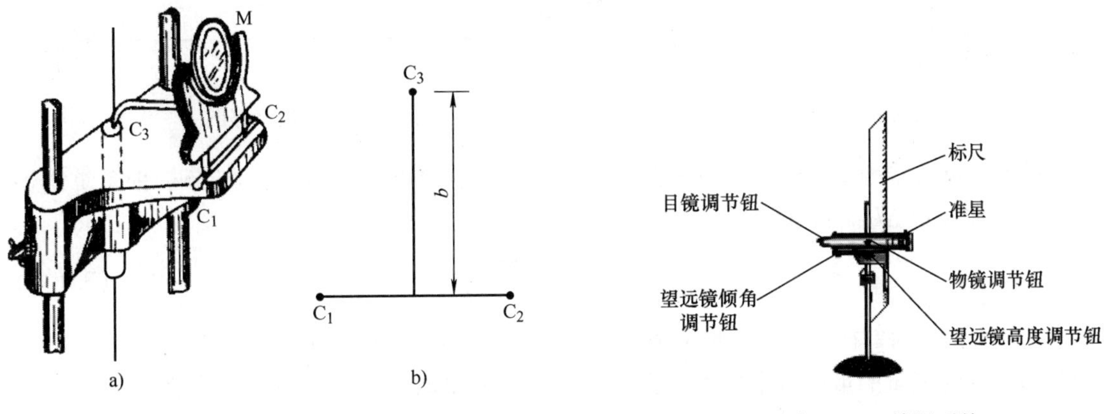

图 3.1.2 光杠杆系统

图 3.1.3 镜尺系统

3. 光杠杆放大原理

将光杠杆系统和镜尺系统按图 3.1.1 安装好，并按仪器调节步骤调节好装置（详见实验内容），此时会在望远镜中看到由镜面 M 反射的标尺的像，如图 3.1.4 所示。系统光路如图 3.1.5 所示，图中 M 表示钢丝处于原长情况下，光杠杆小镜的位置，从望远镜的目镜中可以看见水平叉丝对准了标尺的某一刻度线 x_0。当在砝码盘上增加砝码时，因钢丝伸长致使置于钢丝下端附着在平台上的光杠杆后足 C_3 跟随下降了 ΔL，即钢丝的伸长为 ΔL，平面镜也将以两个前尖足连线为轴转过一个角度 θ，而处于位置 M′。此时在固定不动的望远镜中会看到水平叉丝对准标尺上的另一刻度线 x_i，设 $x_i - x_0 = \Delta x$。保持由光杠杆反射而进入望远镜的光线方向不变，当平面镜转一个角度 θ 时，入射到光杠杆镜面的光线方向要偏转 2θ，因 θ 很小，故有

$$\tan 2\theta \approx 2\theta = \frac{\Delta x}{D} \tag{3.1.2}$$

$$\tan\theta \approx \theta = \frac{\Delta L_i}{b} \tag{3.1.3}$$

式中，D 为平面镜到标尺的距离；b 为光杠杆常数。

由式（3.1.2）和式（3.1.3）可得

$$\Delta L_i = \frac{b\Delta x}{2D} = W\Delta x \tag{3.1.4}$$

式中，$W = \frac{b}{2D}$。将$\frac{1}{W} = \frac{2D}{b}$称为光杠杆的“放大率”。适当地增大 D 或减小 b，即可增加光杠杆的放大率。

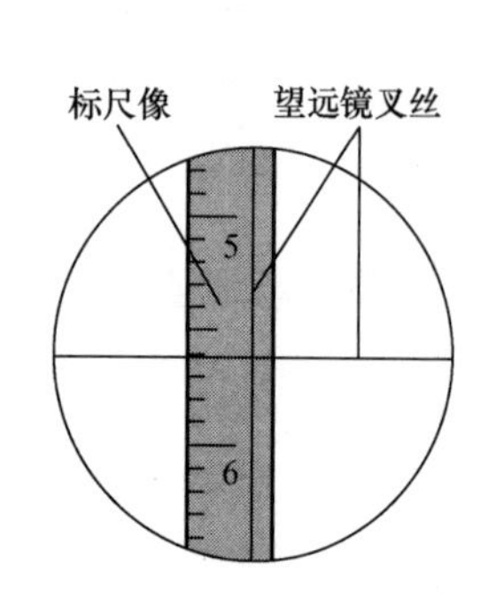

图 3.1.4　望远镜视场中的图像

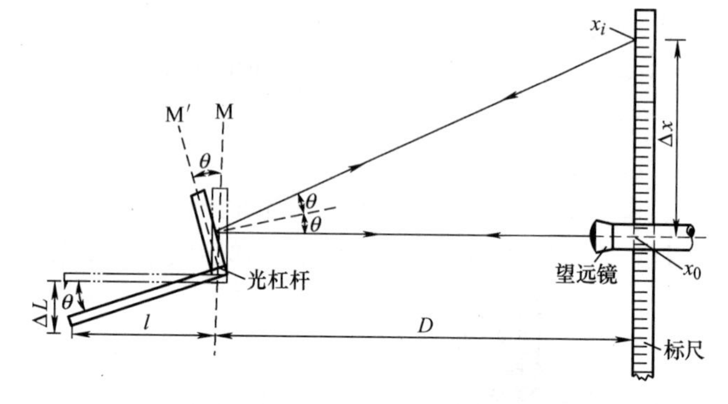

图 3.1.5　系统光路图

b 和 D 可直接测量，因此，只要在望远镜中测得标尺刻线移过的距离 Δx，即可算出钢丝的相应伸长量 ΔL_i。将 ΔL_i值代入式（3.1.1），并令 $\Delta x = C_i$，得

$$E = \frac{2LDF}{SbC_i} = \frac{8FLD}{\pi d^2 bC_i} \tag{3.1.5}$$

式中，d 为钢丝的直径。弹性模量 E 常用单位是：$\mathrm{N \cdot m^{-2}}$或 Pa，但是通常在工程的使用中，因各材料弹性模量的量值都十分大，所以常以兆帕（MPa）或吉帕（GPa）作为其单位。

【实验内容】

1. 仪器的调整

1）在钢丝的下端悬一钩码和适量的砝码，使钢丝伸直（这些重量不计算在外力内，此时钢丝为原长 L）。

2）将光杠杆放在平台上，两前足放在平台前面的横槽中，后足放在钢丝下端的活动夹具的上端面上，注意尖足不能与钢丝接触，也不要放在夹缝中。

3）调整平面镜，使镜面与平台大致垂直。

4）安放镜尺系统架。标尺要竖直，并且保证标尺的中部与望远镜镜筒处于同一高度；望远镜应水平对准平面镜中部。

5）望远镜读数装置的调节。

① 调节望远镜目镜，直至在镜筒中能看清叉丝的像。

② 左右移动镜尺系统架，直至沿着望远镜筒外边缘用肉眼能够目测到平面镜中标尺的像。

③ 微微移动镜尺系统架并微调望远镜高度，使肉眼通过望远镜筒上的缺口由准星可以瞄准到平面镜中标尺的像。

④ 调节望远镜右侧物镜调焦旋钮，直到能在望远镜中看到清晰的标尺像。

⑤ 消除视差。眼睛在目镜处稍微做上下移动时，标尺刻度线的像与叉丝的像应无相对位移。若有相对位移，应重新微调目镜旋钮和物镜旋钮，直至视差消除为止。

2. 测量

1）先记下未加砝码时水平叉丝对准的标尺刻度 n_0，然后逐次加质量为 0.5kg 砝码，直到 4.5kg。每加一个砝码后，要等系统稳定下来再记录望远镜中的读数 n_i；然后逐次取下砝码，直至取完所加砝码，每取下一个砝码时等稳定后记下望远镜中每次相应的读数 n_i'，填入表 3.1.1 中。

2）用外径千分尺测量钢丝直径 d，在不同部位测量 5 次，并将数据填入表 3.1.2 中。

3）用钢卷尺分别测量钢丝原长 L 和平面镜到标尺的距离 D，各测量一次。

4）取下光杠杆放在一张事先准备好的白纸上轻轻压一下，然后用钢卷尺在纸上测量出后尖足到两前尖足连线的垂线距离 b，测量一次。

【注意事项】

(1) 调节望远镜时一定要消除视差，否则会影响读数的正确性。

(2) 实验系统调节好后，在实验过程中绝对不能再对系统的任一部分进行任何调整。否则，所有数据将要重新测量。

(3) 加减砝码时要轻拿轻放，以免钢丝摆动造成光杠杆移动，并注意砝码的各槽口应相互错开，防止因钢丝倾斜而使砝码掉落。

(4) 注意保护平面镜和望远镜，不能用手触摸镜面。

(5) 待测钢丝不能扭折。实验完毕后，应将砝码取下，以防止钢丝疲劳。

【数据记录及处理】

1. 数据测量记录

单次测量 L、D、b 的记录：

钢丝的原长 $L=$ ________

平面镜与标尺之间的距离 $D=$ ________

光杠杆常数 $b=$ ________

注：$(\Delta L)_{\text{ins}}=(\Delta D)_{\text{ins}}=(\Delta b)_{\text{ins}}=0.50\text{mm}$。

表 3.1.1 加外力后标尺的读数

序号	1	2	3	4	5	6	7	8	9	10
m/kg	0.00	0.50	1.00	1.50	2.00	2.50	3.00	3.50	4.00	4.50
n_i/mm										
n_i'/mm										
$\overline{n_i}$/mm										

注：表中，$\overline{n_i}=\frac{1}{2}(n_i+n_i')$，$n_i$是每次增加 0.50kg 砝码时标尺的读数，$n_i'$是每次减少 0.50kg 砝码时标尺的读数。

表 3.1.2 钢丝直径测量数据

外径千分尺零点读数 = ________

序号	1	2	3	4	5	平均
d/mm						

注：$(\Delta d)_{\text{ins}}=0.004\text{mm}$。

2. 数据处理

1）用隔项逐差法（组差法）处理数据，求$\overline{C}$及其不确定度。

$$\overline{C}=\frac{1}{5}\sum_{i=1}^{5}C_i$$

而 $C_i=\overline{n_{i+5}}-\overline{n_i}$。

注：$(\Delta C)_{\text{ins}}=0.20\text{mm}$。

2）计算钢丝的弹性模量及其不确定度，并写出结果表达式。

由公式 $E=\dfrac{8FLD}{\pi d^2 b\overline{C}}$可推导出弹性模量的相对不确定度的公式为

$$\frac{u(\overline{E})}{E}=\sqrt{\left[\frac{u(L)}{L}\right]^2+\left[\frac{u(D)}{D}\right]^2+\left[\frac{2u(\overline{d})}{\overline{d}}\right]^2+\left[\frac{u(b)}{b}\right]^2+\left[\frac{u(\overline{C})}{\overline{C}}\right]^2} \tag{3.1.6}$$

3）将实验测得的$\overline{E}$值与公认值 $E_0=2.00\times10^{11}\text{N}\cdot\text{m}^{-2}$进行比较，求其百分差。

实验 3.2　用扭摆法测定物体的转动惯量

转动惯量是刚体绕轴转动时惯性的量度，是表明刚体特性的一个物理量。转动惯量的量值取决于物体的形状、质量分布和转轴的位置，而与刚体绕轴的转动状态无关。对于形状规则的匀质刚体，其转动惯量可以直接用公式计算得到。而对于不规则刚体或非匀质刚体的转动惯量，一般通过实验的方法来进行测定。常用的方法是使刚体以一定的形式运动，通过表征这种运动的物理量和转动惯量的关系来进行转换测量，例如三线摆、扭摆、复摆等。本实验采用的就是扭摆法，即使物体做扭摆摆动，由摆动周期及其他参数的测定计算出物体的转动惯量。

【实验目的】

（1）用扭摆测定物体的转动惯量和弹簧的扭转常数，并与理论值进行比较。

（2）学习不确定度的计算方法和正确表示测量结果。

【实验仪器】

扭摆、实心塑料圆柱体、细金属杆（杆上有两块可自由移动的金属滑块）、数字式定数毫秒计时装置、数字式电子天平。

扭摆的构造如图 3.2.1 所示，在垂直轴 4 上装有一根薄片状的螺旋弹簧 5，用于产生恢复力矩。可以在轴上方的金属托盘 2 中装上各种待测物体 3。垂直轴与支座间装有轴承，以降低摩擦力矩。扭摆支架上还有水平仪，用来调整系统平衡。

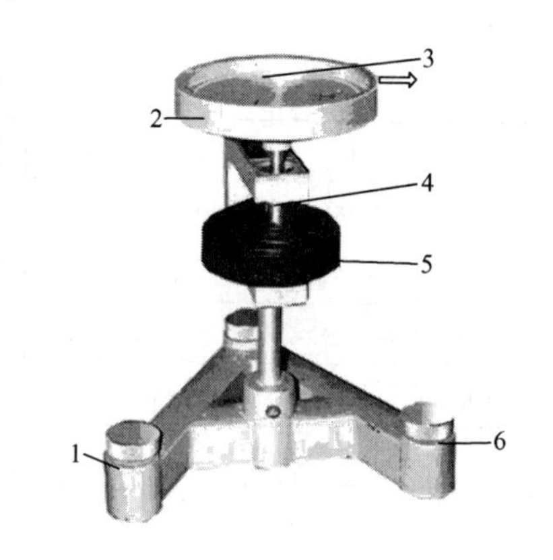

图 3.2.1　扭摆

1—支架底座　2—金属托盘　3—待测物体
4—垂直轴　5—螺旋弹簧　6—底脚螺钉

数字式定数毫秒计时装置由主机和光电传感器两部分组成。主机采用新型的单片机作控制系统，用于测量物体转动或摆动的周期。光电传感器主要由红外发射管和红外接收管组成，将光信号转换为脉冲电信号，送入主机工作。检验仪器是否正常工作时，可用遮光物体遮挡光电传感器的探头发射光束通路，检查计时器是否开始计时。本实验用光电探头来检测挡光杆是否挡光，根据挡光次数自动判断是否已达到所设定的周期数。周期数可设定为5次或10次。为防止过强光线对光电探头的影响，光电探头不能置放在强光下，实验时采用窗帘遮光，确保计时准确。数字式定数毫秒计时装置的测量精度为0.01s。

数字式电子天平是利用数字电路和压力传感器组成的一种台秤。本实验所用的数字天平的最大称量为3200g，分度值为0.1g，使用前应检查零读数是否为“0”。物体放在秤盘上即可从显示窗直接读出该物体的质量，最后一位出现±1的跳动属于正常现象。

【实验原理】

1. 弹簧的扭转常数 K 及物体的转动惯量

将物体在水平面内转过一个角度 θ 后，在弹簧的恢复力矩作用下，物体就开始绕垂直轴做往返扭转运动。根据胡克定律，弹簧受扭转而产生的恢复力矩 M 与所转过的角度 θ 成正比，即

$$M = -K\theta \tag{3.2.1}$$

式中，K 为弹簧的扭转常数。根据转动定律

$$M = I\beta \tag{3.2.2}$$

其中，I 为物体绕转轴的转动惯量；β 为角加速度。令 $\omega^2 = K/I$，忽略轴承的摩擦阻力矩，则由式（3.2.1）和式（3.2.2）可得

$$\beta = \frac{d^2\theta}{dt^2} = -\frac{K}{I}\theta = -\omega^2\theta \tag{3.2.3}$$

式（3.2.3）表明，扭摆运动具有角简谐振动的特性，角加速度 β 与角位移 θ 成正比，且方向相反。此方程的解为

$$\theta = A\cos(\omega t + \varphi) \tag{3.2.4}$$

式中，A 为谐振动的角振幅；φ 为初相位角；ω 为角频率。谐振动的周期为

$$T = \frac{2\pi}{\omega} = 2\pi\sqrt{\frac{I}{K}} \tag{3.2.5}$$

由式（3.2.5）可知，只要测得物体扭摆的摆动周期 T，并在 I 和 K 中任何一个量为已知时，即可计算出另一个量。

本实验利用一个几何形状规则的物体（其转动惯量根据质量和几何尺寸，由理论公式求得）测定弹簧的扭转常数 K，然后利用已知扭转常数的扭摆测量其他任意形状物体的转动惯量。具体方法如下。

假设扭摆上只放置转动惯量为 I_0 的金属托盘时的转动周期为 T_0，则

$$T_0^2 = \frac{4\pi^2}{K}I_0 \tag{3.2.6}$$

若在金属托盘上放置已知转动惯量为 I_1 的塑料圆柱后，转动周期为 T_1，此时，系统的总的转动惯量为 $I_0 + I_1$，则

$$T_1^2 = \frac{4\pi^2}{K}(I_0 + I_1) = T_0^2 + \frac{4\pi^2}{K}I_1 \tag{3.2.7}$$

从而解得

$$K = 4\pi^2\frac{I_1}{T_1^2 - T_0^2} \tag{3.2.8}$$

对于质量为 m、直径为 D 的圆柱体，其转动惯量为

$$I_1 = \frac{1}{8}mD^2 \tag{3.2.9}$$

把式（3.2.9）代入式（3.2.8），即可得弹簧扭转常数 K。

测量出 K 值后，只需将任意形状的待测物体放置在金属托盘上，利用扭摆测出系统的摆动周期 T，就可算出待测物体的转动惯量 I 为

$$I = \frac{K}{4\pi^2}T^2 - I_0 \tag{3.2.10}$$

2. 转动惯量与质量分布的关系

设金属细杆和滑块对自身质心轴的转动惯量分别为 I_2 和 I_3，现将完全相同的质量为 m 的两个滑块对称放置在细杆两边凹槽内，滑块中心到金属细杆的质心距离均为 x，则细杆滑块系统对质心轴转动惯量 I_4 的理论计算公式应为

$$I_4 = I_2 + 2I_3 + 2mx^2 \tag{3.2.11}$$

【实验内容】

（1）调整扭摆基座底角螺钉，使水准仪中的气泡居中。

（2）测定扭摆的扭转常数 K。

1）用 50 分度游标卡尺测出塑料圆柱体的直径（选取不同位置，重复测量 5 次），用电子天平测量塑料圆柱体及滑块的质量（各测 1 次）。

2）装上金属载物盘，并调整光电探头的位置，使载物盘上的挡光杆处于其缺口中央且能遮住发射、接收红外光线的小孔。测定其摆动周期 T_0，重复测量 5 次。

注：在安装载物盘时，载物盘的支架要全部套入扭摆主轴，并使固定螺钉对准主轴上的平面部分并锁紧。若发现摆动时有比较大的响声或摆动数次后摆角明显减小或摆动停下，应重新将固定螺钉旋紧。

3）将塑料圆柱体垂直放在载物盘上，测定摆动周期 T_1，重复测量 5 次。

（3）确定转动惯量与质量分布的关系。

1）取下载物盘，装上金属细杆（金属细杆中心必须与转轴重合），测定其摆动周期 T_2，重复测量 5 次。

2）将滑块对称地放置在细杆两边的凹槽内，此时滑块质心离转轴的距离分别为 5.00cm、10.00cm、15.00cm、20.00cm 和 25.00cm。分别测定细杆滑块系统的摆动周期，计算滑块在不同位置时细杆滑块系统的转动惯量。每个位置重复测量 5 次。

【数据记录及处理】

1. 扭摆的扭转常数 K 的测定

电子天平的分度值：________

塑料圆柱的质量 m =________

用游标卡尺测出塑料圆柱的直径（重复测量 5 次），将数据填入表 3.2.1 中。

表 3.2.1　塑料圆柱的直径

游标卡尺的分度值：________

次　数	1	2	3	4	5	平均
直径 D/mm						

用数字毫秒计测定周期并将数据填入表 3.2.2 中。

表 3.2.2 周期的测定

数字毫秒计的精度：________

次 数	1	2	3	4	5	平均
金属托盘的周期 T_0/s						
金属托盘加圆柱体的周期 T_1/s						
细杆的周期 T_2/s						

2. 转动惯量与质量分布的关系

滑块质量 $m=$________

分别测定细杆滑块系统的摆动周期，计算滑块在不同位置时细杆滑块系统的转动惯量，并将数据填入表 3.2.3 中。

表 3.2.3 滑块对称地放置在细杆不同位置的摆动周期

x/cm	5.00	10.00	15.00	20.00	25.00
摆动周期 T_x/s					
平均周期 $\overline{T_x}$/s					
转动惯量 $I_{4x}/(\mathrm{kg \cdot m^2})$					

【数据处理要求】

（1）根据式（3.2.9），计算塑料圆柱体的转动惯量及其不确定度，并写出结果表达式 $I_1=\overline{I_1}\pm u(\overline{I_1})$。

（2）根据式（3.2.8）和式（3.2.9），计算扭摆的扭转常数 K 及其不确定度，写出结果表达式 $K=\overline{K}\pm u(\overline{K})$。

（3）由式（3.2.10）计算滑块在细杆上不同位置时金属细杆滑块系统的转动惯量，作 I_4-x^2 图，由式（3.2.11）求出滑块的质量，并与电子天平的测量值做比较，求百分差。

【注意事项】

（1）由于扭摆的扭转常数 K 值不是固定常数，它与摆动角度略有关系，因此实验中摆角以 90°左右为宜。

（2）光电探头宜放置在挡光杆的平衡位置处，挡光杆不能与之相接触，以免增大摩擦力矩。

（3）不能随意玩弄扭摆上的弹簧片以免影响其使用寿命。

实验 3.3 表面张力系数的测定

液体内部由于分子的无规则热运动，各个方向的物理性质都是相同的；而在液体表面，如液体与气体分界的表面，液体与周围的接触面，以及两种不易混合的液体之间的界面都可以观察到一些特殊的表面现象，表现出液体表面和液体内部不同的性质。产生这种现象的根本原因在于液体表层附近分子的相互作用。

表面张力描述了液体表层附近分子力的宏观表现，测量液体的表面张力系数有多种方法，如最大泡压法、平板法（亦称拉普拉斯法）、毛细管法、拉脱法（焦利氏秤法）、扭力天平法等。在本实验中要着重学习焦利氏秤和开管压力计独特的设计原理，并用它测量液体的表面张力系数。

Ⅰ 拉脱法测量液体的表面张力系数

【实验目的】

（1）了解焦利氏秤的结构及其测微小力的原理和使用方法。

（2）用拉脱法测量室温下液体的表面张力系数。

（3）掌握用逐差法处理数据。

【实验仪器】

焦利氏秤、“ ┌┐ ”形金属丝框、游标卡尺、温度计、烧杯、砝码、镊子、酒精、蒸馏水等。

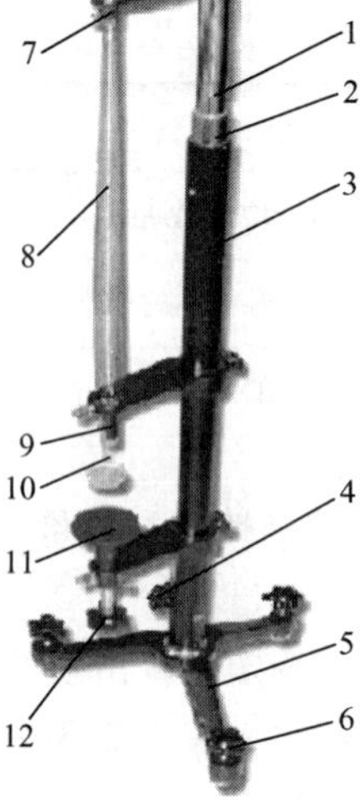

图 3.3.1　焦利氏秤
1—升降金属杆　2—游标尺　3—立柱　4—升降钮　5—底座　6—底脚螺钉　7—固定螺钉　8—锥形弹簧　9—平衡指示玻璃管　10—带小镜子的挂钩　11—平台　12—平台调节螺钉

焦利氏秤和普通的弹簧秤有所不同：普通的弹簧秤是固定上端，通过下端移动的距离来称衡，而焦利氏秤则是在测量过程中保持下端固定在某一位置，靠上端的位移大小来称衡。其次，为了克服因弹簧自重而引起的劲度系数的变化，焦利氏秤把弹簧做成了锥形。

焦利氏秤由固定在底座上的立柱、可升降的金属杆和锥形弹簧秤等部分组成，如图 3.3.1 所示。在立柱上固定有下部可调节的载物平台、作为平衡参考点用的玻璃管和作弹簧伸长量读数用的游标尺；升降杆位于立柱内部，其上部有毫米刻度尺，用以读出高度；立柱顶端带有固定螺钉，用以固定锥形弹簧秤，升降杆的上升和下降由位于立柱下端的升降钮控制；锥形弹簧秤由锥形弹簧、带小镜子的金属挂钩及砝码盘组成。带小镜子的挂钩从平衡指示玻璃管内穿过，且不与玻璃管相碰。升降金属杆的高度读数由毫米刻度尺和游标尺两部分组成。

在测量时，应使挂钩上的小镜中的水平刻线、平衡指示玻璃管上的水平刻线及其在小镜中的像三者对齐，简称“三线对齐”，以此作为弹簧下端的固定起点。用“三线对齐”方法可以保证弹簧下端的位置始终是固定的，而弹簧的伸长量 Δx 就可以用毫米刻度尺和游标尺测量出来，即将弹簧伸长前、后两次的读数差值测量出来。

【实验原理】

液体的表面，由于表面层（其厚度等于分子的作用半径，约 10^{-8} cm）内分子的作用，存在着一定的张力，称为表面张力。表面张力使得液体具有尽可能缩小其表面的趋势。

当液体和固体接触时，若固体和液体分子间的吸引力大于液体分子间的吸引力，液体就会沿固体表面扩展，形成薄膜附着在固体上，这种现象叫浸润。若固体和液体分子间的吸引力小于液体分子间的吸引力，液体就不会在固体表面扩展，这种现象叫不浸润。浸润与否取决于液体和固体的性质，如纯水能完全浸润干净的玻璃，但不能浸润石蜡；水银不能浸润玻璃，却能浸润干净的铜、铁等。浸润性质与液体中杂质的含量、温度以及固体表面的清洁度密切相关。

在图 3.3.2 中，直线 MN 是液面上假想的一条分界线，它把液面分成Ⅰ、Ⅱ两部分，F_1 是表面Ⅰ对表面Ⅱ的拉力，F_2 是表面Ⅱ对表面Ⅰ的拉力。这两个力大小相等，方向相反且都与液面相切，与 MN 垂直，这就是液面上相接触的两部分表示相互作用的表面张力。显然，表面张力的大小 F_T 应正比于 MN 的长度 b，即

$$F_T = \sigma b \tag{3.3.1}$$

式中，σ 称为表面张力系数，它等于沿液面作用在分界线单位长度上的表面张力，其单位为 $N \cdot m^{-1}$。它的大小与液体的成分、纯度、浓度以及温度有关。实验表明，液体温度越高，σ 的值就越小；所含杂质越多，σ 值也越小。

设想将一表面洁净的矩形金属丝框竖直地浸入液体中，使其底边保持水平，缓缓提起丝框时，丝框就会拉出一层与液体相连的液膜，则其附近的液面将呈现出如图 3.3.3 所示的形状，即丝框上挂有一层液膜。液膜的两个表面沿着切线方向有作用力 $\boldsymbol{F}_T$，φ 为接触角，当金属丝框逐渐提升时，接触角 φ 逐渐减少进而趋向于零。由于表面张力的作用，当提拉力达到最大值 F 时，膜即会破裂。当液膜刚被拉断的瞬间，此时，表面张力 $\boldsymbol{F}_T$ 垂直向下，如图 3.3.4 所示。由静力平衡方程，得

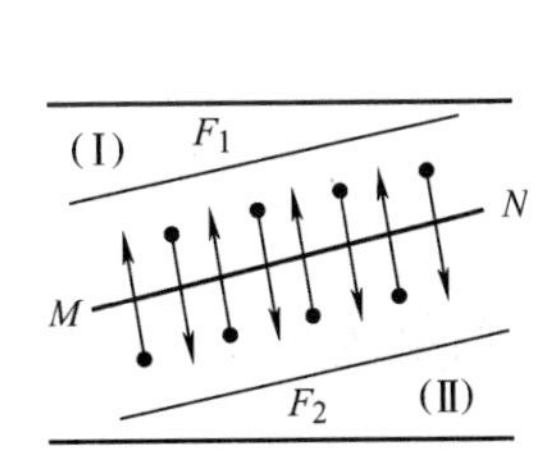

图 3.3.2 表面张力

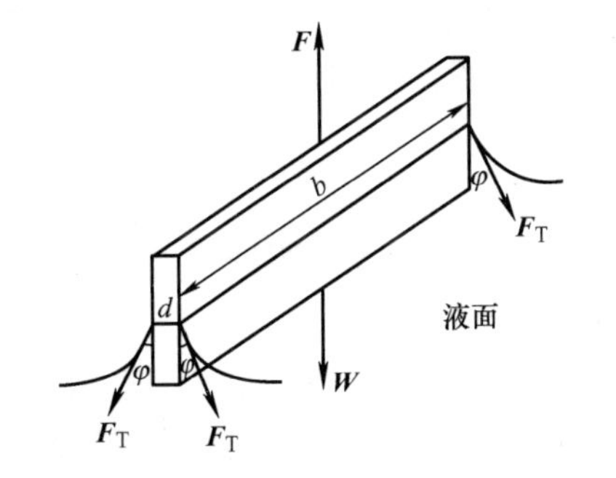

图 3.3.3 提拉丝框的表面张力

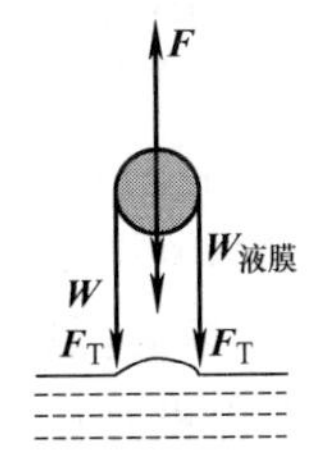

图 3.3.4 液膜被拉断的瞬间

$$F = W + W_{液膜} + 2F_T$$

式中，F 为弹簧向上的拉力；W 为丝框的重力；$W_{液膜}$ 为液膜的重力。

于是，表面张力为

$$F_T = \frac{1}{2}(F - W - W_{液膜}) \tag{3.3.2}$$

设丝框长度为 b，厚度为 d，液面被拉起的高度为 h，则由式（3.3.1）和式（3.3.2），可得表面张力系数 σ 为

$$\sigma = \frac{F_T - W - \rho g h b d}{2(b+d)} \tag{3.3.3}$$

式中，ρ 为液体的密度。

测定表面张力系数的关键就是测量表面张力 F_T。用普通的弹簧是很难迅速测出液膜即将破裂时的表面张力 F_T 的，应用焦利氏秤则克服了这一困难，可以方便地测量表面张力 F_T。

首先，测定弹簧的劲度系数 k，在弹簧下加质量为 m 的砝码，弹簧伸长 $l-l_0$，劲度系数 $k = \dfrac{mg}{l-l_0}$。

然后，记录当丝框稳定地与液面平齐时，焦利氏秤上的读数 S_0。

最后，提拉丝框，液膜随之被拉起。当液膜拉破的瞬间，记录焦利氏秤上读数 S。若此时液面被拉起的高度为 h，则

$$F - W - \rho ghbd = k(S - S_0) \tag{3.3.4}$$

将式（3.3.4）代入式（3.3.3），得

$$\sigma = \frac{k(S - S_0)}{2(b + d)} \tag{3.3.5}$$

【实验内容】

1. 确定焦利氏秤上锥形弹簧的劲度系数 k

1）把锥形弹簧、带小镜子的挂钩和小砝码盘依次安装到秤框内的金属杆上。调节支架底座的底脚螺钉，使秤框竖直，小镜子应正好位于玻璃管中间，挂钩上下运动时不致与管摩擦。

2）缓慢调节升降钮，使“三线对齐”，记录此时升降金属杆的读数 L_0。

3）依次将质量为 1.0g，2.0g，…，9.0g 的砝码放在小砝码盘内。调整金属杆的高度，每次都重新使三线对齐，分别此时的读数 L_1，L_2，…，L_9；再逐次减少 1.0g 砝码，并调整金属杆的高度，每次都重新使三线对齐，分别此时的读数 L_1'，L_2'，…，L_9'；取二者平均值，用逐差法求出弹簧的劲度系数。

2. 测定水的表面张力系数 σ

1）用酒精将“ ㄇ ”形金属丝框擦干净，擦洗中不得使“ ㄇ ”形金属丝框变形，然后用蒸馏水清洗干净，再将其挂在砝码盘下。

2）将装有蒸馏水的烧杯放在平台上，调节升降钮，使“ ㄇ ”形金属丝框浸入水中时，其水平部分正好在水平面下，并使“三线对齐”，记下标尺读数 S_0。

3）缓慢旋转升降钮，提拉锥形弹簧，使浸在水中的“ ㄇ ”形金属丝框提起，在“ ㄇ ”形金属丝框受到液膜张力的作用时，必须用左手缓慢旋转平台调节螺钉，使平台下降，用右手转动升降钮，使弹簧上升。在整个过程中，应始终保持“三线对齐”，直到“ ㄇ ”形金属丝框拉起的水膜破裂为止。记录水膜拉破瞬间标尺的读数 S。

4）重复提拉 5 次，记下相应的 S_0、S。计算 $\overline{\Delta S}$。

5）用游标卡尺分别测量“ ㄇ ”形金属丝框的长度 b 和厚度 d。重复测量 5 次。

6）计算水的表面张力系数 σ 及其不确定度。

7）记录室温 t，并根据 $\sigma_{H_2O} =$（75.6 − 0.14t）$\times 10^{-3}$（$N \cdot m^{-1}$）计算出此温度下蒸馏水的表面张力的标准值。将测量结果与之进行比较，算出百分差。

3. 测量肥皂水的表面张力系数

参照水的表面张力系数的确定。

Ⅱ　毛细管法测量液体的表面张力系数

【实验目的】

学习毛细管法测量液体的表面张力系数的方法。

【实验仪器】

开管压力计、毛细管、读数显微镜、温度计。

3）如图3.3.8所示，转动鼓轮，平移镜筒，当叉丝的竖丝与物像的始端相切时，记下初数x_1。继续沿同一方向平移镜筒，当竖丝与物像的末端相切时，记下末读数x_2，则待测长度$d=|x_2-x_1|$。

注意：注意在两次读数的过程中，鼓轮必须向同一个方向旋转，以避免产生空程误差。

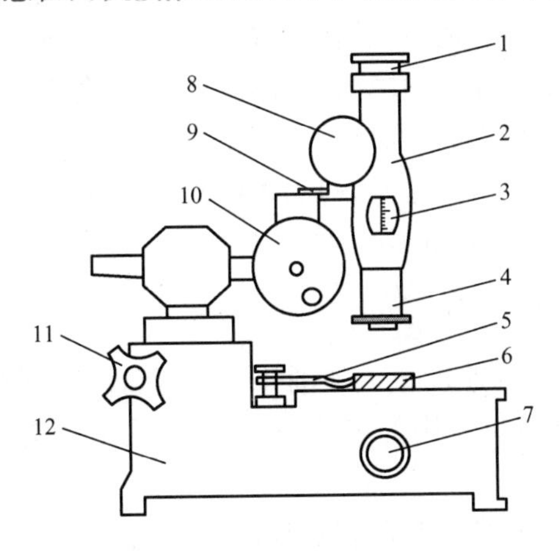

图3.3.7　读数显微镜的构造

1—目镜　2—镜筒　3—高度标尺　4—物镜　5—样品夹　6—样品　7—反光镜调钮　8—高度调节组　9—横向标尺（主尺）　10—横向移动鼓轮（测微鼓轮）　11—支架紧固螺钉　12—底座

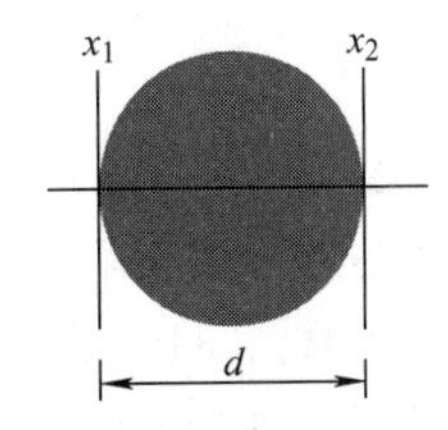

图3.3.8　读数显微镜测量示意图

实验3.4　用落球法测量液体的黏度

当液体流动时，平行于流动方向的各层流体速度都不相同，即存在着相对滑动，于是在各层之间就有摩擦力产生，这一摩擦力称为黏性力，它的方向平行于两层液体的接触面，其大小与速度梯度及接触面积成正比，比例系数η称为黏度（又称黏性系数），它是表征液体黏滞性强弱的重要参数。对液体黏滞性的研究在物理学、化学化工、生物工程、医疗、航空航天、水利、机械润滑和液压传动等领域有广泛的应用。例如，许多心血管疾病都与血液黏度的变化有关，血液黏度的增大会使血液流速减缓，造成流入人体器官和组织的血流量减少，使人体处于供血和供氧不足的状态，这可能引起诸如心脑血管疾病在内的诸多身体不适的症状。因此，测量血液黏度的大小是检查人体血液健康的重要标志之一。又如，石油在进行管道输运时，其输运特性与黏滞性密切相关，因此，在设计管道前，必须对被输运的石油的黏度进行测量。

测量液体黏度常用的方法有毛细管法、落球法、转筒法、阻尼法等。本实验所采用的是落球法。

【实验目的】

（1）用落球法测液体的黏度。

（2）研究液体黏度对温度的依赖关系。

（3）熟悉读数显微镜的基本构造，并掌握其使用方法。

【实验仪器】

盛有蓖麻油的玻璃筒、小钢球、读数显微镜、游标卡尺、米尺、数字毫秒计、物理天平等。

【实验原理】

1. 黏度

19 世纪物理学家斯托克斯建立了著名的流体力学方程组——斯托克斯方程组，它较为系统地反映了流体在运动过程中质量、动量和能量之间的关系：一个在液体中运动的物体所受力的大小与物体的几何形状、速度以及液体的内摩擦力有关。当液体在流动时，可看作各液层以不同的速度做相对运动，快的一层给慢的一层拉力，慢的一层给快的一层阻力，这一对切向力称为内摩擦力。由实验知：内摩擦力 F 与流层的面积 ΔS 和该处的速度梯度 $\Delta v/\Delta z$（沿垂直于速度方向每单位长度的速度变化）成正比，即

$$F=\eta\Delta S\frac{\Delta v}{\Delta z} \tag{3.4.1}$$

式中，$\Delta v=v_1-v_2$，表示相差 Δz 的两液层的速度差，如图 3.4.1 所示；比例系数 η 即为该液体的黏度（又称黏性系数）。η 在国际单位制中的单位为 Pa · s；在 CGS 制中，η 的单位叫作 P（泊），1P = 0.1Pa · s。

黏度取决于液体的性质和温度。温度升高，黏度将迅速减小。因此，要准确测量液体的黏度，必须精确控制液体的温度。

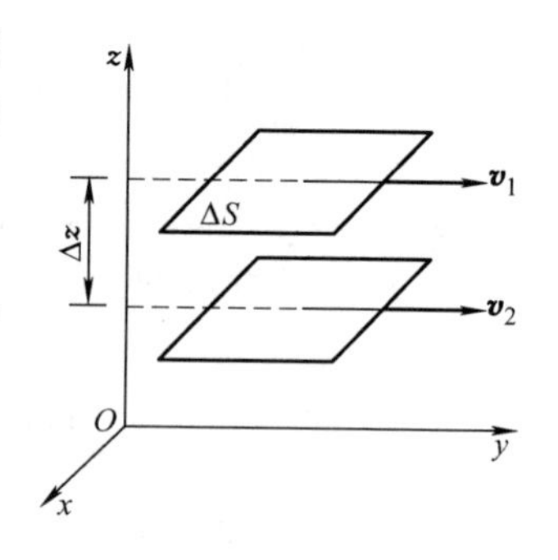

图 3.4.1　黏度原理图

2. 用落球法测量液体的黏度

当一个金属小球在黏性液体中运动时，它将受到与其运动相反的摩擦阻力的作用。这种摩擦阻力即是黏滞阻力，它是由附在小球上并随小球一起运动的一层液体与相邻液体层之间摩擦引起的。如果半径为 r 的小球在液体中以速度 v 下落，且下落的速度很小。假设小球半径很小，那么相对于小球而言，液体在各个方向上都是无限宽广的，因而小球在运动过程中不会产生漩涡。根据斯托克斯定律，小球受到的黏滞阻力为

$$F=6\pi\eta vr \tag{3.4.2}$$

式中，η 为黏度；v 为小球的运动速度；r 为小球半径。

当小球在液体中下落运动时，它将受到三个力的作用，即重力 $\boldsymbol{G}$、浮力 $\boldsymbol{F}_\rho$ 和黏滞阻力 $\boldsymbol{F}$，如图 3.4.2 所示。开始下落时，小球速度较小，因而黏滞阻力也较小，小球做加速运动。随着小球速度的增加，黏滞阻力也将增加。当小球速度达到一定大小后，作用在小球上各力达到平衡，小球将做匀速运动。平衡时，有

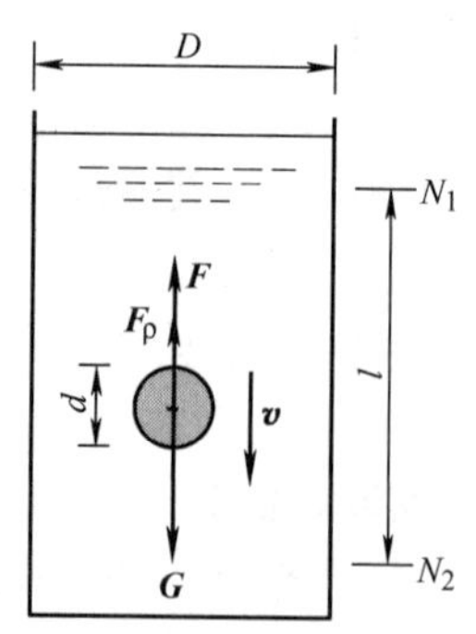

图 3.4.2　测液体黏度示意图

$$G=F+F_\rho$$

$$mg=6\pi\eta vr+\rho gV \tag{3.4.3}$$

$$\eta=\frac{(\rho_0-\rho)Vg}{6\pi rv} \tag{3.4.4}$$

式中，ρ_0 为小球密度；ρ 为液体密度。

令小球的直径为 d，则小球体积 $V=\frac{1}{6}\pi d^3$，若小球在液体中匀速下落 l 距离所用时间为 t，则由式（3.4.4）可得

$$\eta=\frac{1}{18}\frac{(\rho_0-\rho)gd^2}{l}t \tag{3.4.5}$$

式（3.4.5）只有在无限宽广的液体中才适用，而液体放在容器内总不是无限宽广的，如果小球在内径为 D 的圆筒中做下落运动，考虑到筒壁的影响，则应将斯托克斯定律修正为

$$F=6\pi\eta vr\left(1+K\frac{d}{D}\right)$$

从而得到

$$\eta=\frac{1}{18}\frac{(\rho_0-\rho)gd^2}{l}\frac{t}{1+K\frac{d}{D}} \tag{3.4.6}$$

式中，K 为修正系数，通常取2.4。式（3.4.6）即是用落球法测黏度的实验公式。

【实验内容】

（1）调节盛有蓖麻油的玻璃筒的底脚螺钉，使底座保持水平。

（2）用游标卡尺测量玻璃筒的内径 D，在不同方向上共测 5 次，取其平均值。

（3）用米尺测量玻璃筒上两根刻度线之间的距离 l，在不同方向上共测 5 次，取其平均值。

（4）取 5 颗小钢球，用读数显微镜测量其直径 d。每颗小球至少测取 3 次数据，然后分别算出平均值（编号分别为 d_1、d_2、d_3、d_4、d_5）待用。

（5）记录此时玻璃筒内蓖麻油的油温 t_1。

（6）用镊子夹住小钢球先在油中浸润，然后在量筒轴线并靠近液面处释放小球，用数字毫秒计测出小球匀速下落经过两根刻度线间的距离 l 所需要的时间 t，则小球的下落速度为 $\frac{l}{t}$。

（7）按以上方法分别测量其余 4 个小球的下落速度，并计算 5 次测量的平均值。

（8）在全部小球下落完后再测量一次油温 t_2，则实际油温为 $t=\frac{t_1+t_2}{2}$。

（9）将以上各测量的平均值代入式（3.4.6），计算蓖麻油的黏度。

（10）对玻璃筒内的蓖麻油进行加热，在 30℃，35℃，…，70℃ 下重复进行步骤5～8，并分别计算出相应温度下的黏度，绘制 η t 曲线。

（11）在实验结束后，用磁铁一次性将钢球全部吸出，然后擦干净放回小盒中。

【注意事项】

（1）玻璃筒调水平后，在整个实验中要保持不变，以保证小球沿筒的轴线下落。

（2）在实验过程中要保持液体处于静止状态，且每下落一个小球要隔一段时间，不能连续放小球。

（3）测量过程中不能用手触碰钢球和量筒壁，小球必须用镊子夹，否则会导致实验结果产生很大误差。

实验3.5　声速的测量

声波是一种在弹性介质中传播的机械波，其中，频率低于20Hz的声波称为次声波；频率高于20kHz的声波称为超声波；次声波和超声波都不能被人听到，频率在20Hz～20kHz的声波可以被人听到，因此称为可闻声波。

超声波具有波长短，能定向传播等优点。在实际应用中，可以用来测距、定位、探伤、测流体流速、测量气体温度瞬间变化等。

超声波的发射和接收一般通过电磁振动与机械振动的相互转换来实现，最常用的方法是利用压电效应和磁致伸缩效应来实现的。本实验采用的就是用压电陶瓷制成的换能器，这种材料可以在机械振动与交变电压之间实现双向换能。

【实验目的】

（1）加深对声波的产生、传播和相干等知识的理解。

（2）学习测量空气中声速的方法。

（3）了解压电换能器的功能和示波器的基本结构及使用方法。

【实验仪器】

超声声速测量仪、函数信号发生器、数字示波器。

【实验原理】

声波在空气中的传播速度与声波的频率是无关的，而只取决于空气本身的性质。声速的理论值由下式决定：

$$v=\sqrt{\frac{\gamma RT}{\mu}} \tag{3.5.1}$$

式中，γ 为空气的比热容之比；R 为摩尔气体常数；μ 为气体的摩尔质量；T 为热力学温度。在0℃时，声速 $v_0=331.45\text{m/s}$，则在温度为 t（℃）时的声速应为

$$v_t=v_0\sqrt{\frac{T}{273.15}}=v_0\sqrt{1+\frac{t}{273.15}} \tag{3.5.2}$$

声速测量的常用方法有两类，一是测量声波传播距离 L 和时间间隔 t，即可根据 $v=L/t$ 计算出声速 v；二是测出频率 f 和波长 λ，利用关系式

$$v=f\lambda \tag{3.5.3}$$

计算声速 v。本实验采用第二种方法。

实验中超声波是由交流电信号产生的，式（3.5.1）中声波的频率 f 就是交流电信号的频率，由信号发生器中的频率显示可直接读出。因此，本实验的主要任务就是测量声波的波长。常用方法有驻波法、相位比较法两种，现分别介绍如下。

1. 驻波法

实验装置如图3.5.1所示，超声发射器 S_1 作为超声波源。信号发生器发出的信号接入 S_1 后，S_1 即发射出一平面超声波。超声接收器 S_2 将接收到的部分超声波转换为电信号，同时反射剩余部分的超声波。因此，由 S_1 发出的超声波和由 S_2 反射的超声波在 S_1、S_2 之间叠加相干而出现驻波。

设声源在 x 坐标轴原点，由声源发出的平面简谐波沿 x 轴正向传播，为入射波，经一个理想平面反射后沿 x 轴负方向传播，为反射波。

入射波方程为 $x_1 = A\cos 2\pi\left(t - \frac{x}{v}\right)$

反射波方程为 $x_2 = A\cos 2\pi\left(t + \frac{x}{v}\right)$

在两波相遇处，合成的声波为

$$x = \left(2A\cos 2\pi\frac{x}{\lambda}\right)\cos 2\pi ft$$

上式表明，在两波相遇处各点都在做同频率的振动，而各点的振幅$\left(2A\cos 2\pi\frac{x}{\lambda}\right)$是位置 x 的余弦函数。对应于$\left|\cos 2\pi\frac{x}{\lambda}\right| = 1$，

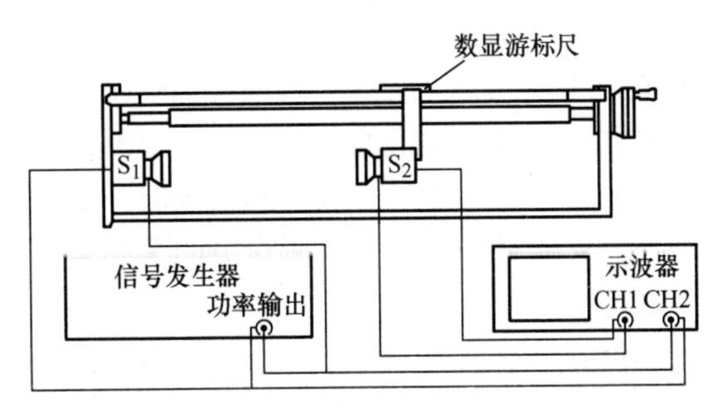

图 3.5.1 实验装置图

即 $x = \pm k\frac{\lambda}{2}(k = 0,1,2,\cdots)$处，振幅最大为 $2A$，称为波腹；对应于$\left|\cos 2\pi\frac{x}{\lambda}\right| = 0$，即 $x = \pm(2k+1)\frac{\lambda}{4}(k = 0,1,2,3,\cdots)$处，振幅最小为零，称为波节。其余各点的振幅在 0 和最大值之间，两相邻波腹（或波节）间的距离均为$\frac{\lambda}{2}$，如图 3.5.2 所示。

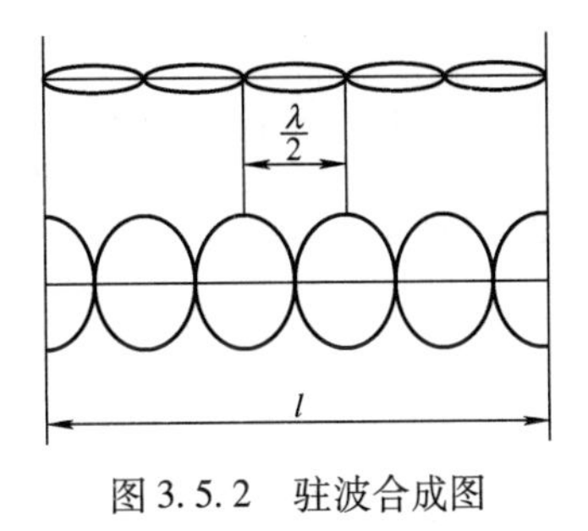

图 3.5.2 驻波合成图

当移动 S_2，使 S_1 与 S_2 之间的距离 l 为半波长的整数倍，即

$$l = n\frac{\lambda}{2} \quad (n = 1,2,3,\cdots) \tag{3.5.4}$$

时，示波器上可观察到信号幅度的极大值（或极小值）。相邻两极值点之间的距离为$\frac{\lambda}{2}$。

2. 相位比较法

从发射器 S_1 发出的超声波近似于平面波，沿着此波传播方向上，相位相同或相位差为 2π 的整数倍的任意两点位置之间的距离 l 等于波长的整数倍，即 $l = n\lambda$（n 为正整数）。

当接收器端面垂直于波的传播方向时，其端面上各点都具有相同的位相。沿传播方向移动接收器 S_2 时，总可找到一个位置使得接收到的信号与函数信号发生器发出的激励信号同相。继续移动 S_2，直到接收到的信号再一次和激励信号同相时，移过的这段距离必然等于超声波的波长。

为了判断位相差并测量波长，可用如下两种方法：

（1）行波法

此方法利用双踪示波器直接比较函数信号发生器发出的信号和接收器 S_2 接收到的信号，若从信号发生器直接引出的信号同 S_1 发射的信号频率相同，则示波器的通道 1（CH1）接收到从信号发生器输入的信号和示波器的通道 2（CH2）接收到从接收器 S_2 输入的信号的频率也是相同的。此时，示波器的屏幕上会同时出现两个波形，当移动 S_2 时，CH2 信号的波形将发生水平移动，而 CH1 信号的波形则稳定不动。因此，在移动时，总可找出一系列同相点，即波峰对齐波峰，波谷对齐波谷。两个相邻的同相点之间的间隔为 λ。

由于声波在传输过程中的衍射和其他损耗，声压（p）极大值会随S_2与S_1的距离l的增大而逐渐减小，因此，由示波器观察到的各极大值的幅度是逐渐衰减的，如图 3. 5. 3 所示。但是，声压幅度的衰减并不影响波长的测定，因为我们只需找到各周期中的极大值所对应的S_2位置即可。

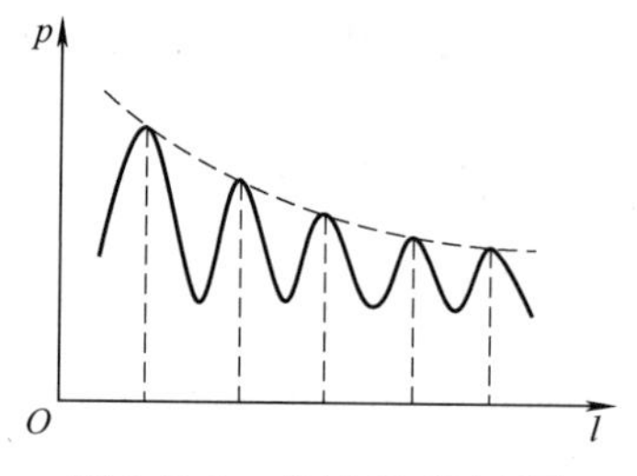

图 3. 5. 3　声压衰减示意图

（2）李萨如图形法

相位差可根据两个互相垂直的简谐振动的合成所得到的李萨如图形来测定。将信号发生器发出的信号接入示波器的通道 1（CH1）输入端，将S_2接收到的电信号接到示波器的通道2（CH2）输入端，并使两路信号叠加一起，由于两端电信号频率相同，因而叠加合成如图 3. 5. 4 所示的李萨如图形，图的形状由两信号的相位差 Φ 决定。若初始时图形为图 3. 5. 4a，S_2移动距离为$\frac{\lambda}{4}$时图形变化为图 3. 5. 4c；S_2移动距离为$\frac{\lambda}{2}$时图形变为图 3. 5. 4e，则通过对李萨如图形的观测就能确定声波的波长。

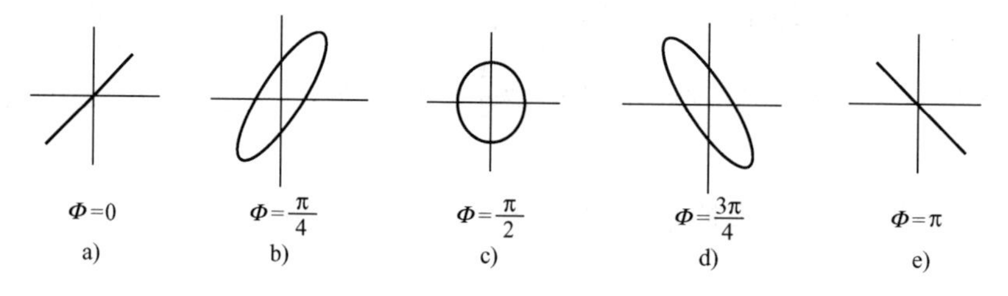

图 3. 5. 4　同频率互相垂直的谐振动合成的李萨如图形

【实验内容】

1. 仪器调节

1）将信号发生器输出端与示波器的 CH1 通道相接，将超声波接收器与示波器的 CH2 通道相接。

2）按下“自动”按钮。示波器将自动设置垂直偏转系数、扫描时基，以及触发方式。

3）根据情况，进行手工调整，直至波形符合要求：

① 按下触发（TRIGGER）控制区域菜单按钮，显示触发设置菜单。

② 在此菜单下分别应用菜单操作键 F1 ~ F5，设置触发类型为边沿；触发源选择为 CH1；斜率为上升；触发方式为正常；触发耦合为交流。尽量使波形显示稳定。

③ 按下水平“菜单”按键，显示水平菜单。

④ 调整面板上部的多用途旋钮，触发释抑时间将随之改变，直至波形显示稳定。

⑤ 按下垂直系统的 CH1 按钮，选择 CH1，调节垂直标度和水平标度使垂直、水平幅度适中；旋转水平位置和垂直位置以调整 CH1 波形的位置。

⑥ 旋转触发电平旋钮，调整适合的触发电平。

4）调节 CH2 通道。

① 按下垂直系统的 CH2 按钮，选择 CH2。

② 在 40kHz 附近调节信号源频率，直至示波器显示的 CH2 信号振幅最大。此时的信号

源频率即是谐频。记录最大振幅时对应的频率，即为超声波频率f_0。此过程中根据信号幅度的大小随时调节垂直标度以使通道 CH2 的信号显示合适的幅度。

③ 旋转水平位置和垂直位置以调整 CH2 波形的位置，使通道 1、2 的波形不重叠在一起，利于观察比较。

2. 测量

（1）用驻波法测量超声波波长

移动接收器S_2的位置，增大S_2与信号发生器S_1之间的距离，观察示波器上 CH2 的信号幅度的周期性变化。选择波形幅度最大值的某个位置l_0作为测量的起点。移动S_2，使S_2接近或远离S_1都可，逐一顺序记录每个波形幅度最大值的位置l_i，直到记下 10 个波形幅度最大值为止。

（2）用相位比较法测量超声波波长

1）用行波法测量超声波波长。

① 按下垂直系统的 CH1 按钮和 CH2 按钮，同时选择 CH1 和 CH2，使荧光屏上同时出现两个信号的正弦波形。

② 按下触发（TRIGGER）控制区域菜单按钮，显示触发设置菜单。在此菜单下用菜单操作键 F2 选择触发源为 CH1。

③ 由于发射器S_1发射出的信号幅度大小和相位都不会发生变化，所以当接收器S_2移动时，接收器S_2接收的信号的幅度大小和相位都将发生变化。移动接收器S_2，观察两列波之间的相位关系，并按顺序记下 10 个同相点的位置。

2）用李萨如图形法测量超声波波长。

① 按下垂直系统的 CH1 和 CH2 按钮。

② 按下“自动”按钮。

③ 调整垂直标度旋钮使两路信号显示的幅值大约相等。

④ 按下控制区的“显示”按键，以调出水平控制菜单。

⑤ 按菜单操作键 F2，并选择 X-Y。示波器显示李萨如图形。

⑥ 调整垂直标度和垂直位置旋钮使波形达到最佳效果。改变S_2和S_1之间的距离，观察示波器上李萨如图形的变化情况，并按顺序记下 10 个图形为同一斜直线的位置l_i。

3. 记录室温 t

【数据记录及处理】

1. 驻波法

1）用逐差法计算出超声波的波长λ。数据表格自拟，表格的设计要便于求相应位置的差值和计算λ。波长的平均值的计算公式为$\bar{\lambda}=\dfrac{1}{2.5}\left|\overline{l_i-l_{i+5}}\right|$。

2）计算波长的不确定度，并写出其测量结果$\lambda=\bar{\lambda}\pm u(\bar{\lambda})$。

3）求出声速$\bar{v}=\bar{f}\bar{\lambda}$，再由声速计算公式推导出声速的不确定度$u(\bar{v})$的表达式，把各量代入公式求出$u(\bar{v})$的值，最后给出$\bar{v}$的测量结果$v=\bar{v}\pm u(\bar{v})$。（频率的相对不确定度$E(\bar{f})=\dfrac{u(\bar{f})}{\bar{f}}\times100\%=0.1\%$。）

4）计算室温为 t 时声速的理论值，并计算测量值与理论值之间的相对误差。

理论值计算式为 $v_t = 331.45\sqrt{\dfrac{273.15+t}{273.15}}$，记录实验时的室温 t，算出 v_t。求百分误差 $E = \dfrac{\bar{v}_{测} - v_{理}}{v_{理}} \times 100\%$。

2. 相位比较法

（1）行波法

数据处理要求与驻波法相同，只是波长的平均值的计算公式为 $\bar{\lambda} = \dfrac{1}{5}|\overline{l_i - l_{i+5}}|$。

（2）李萨如图形法

数据处理要求与驻波法相同，只是波长的平均值的计算公式为 $\bar{\lambda} = \dfrac{1}{5}|\overline{l_i - l_{i+5}}|$。

实验 3.6　不良导体导热系数的测定

热传导是热交换的三种（热传导、对流和辐射）的基本形式之一，是工程热物理、材料科学、固体物理及能源、环保等各个研究领域的课题。导热系数（又称热导率）是反映材料热性能的重要物理量。材料结构的变化与所含杂质的不同对材料导热系数数值都有明显的影响。

目前测量导热系数的方法都是建立在傅里叶导热定律基础上的。从测量的方法来说可分为两类：一类是稳态法，另一类是动态法。在稳态法中，先利用热源在待测样品内部形成稳定的温度分布，然后进行测量。在动态法中，待测样品中的温度分布是随时间变化的（例如呈周期性的变化等）。本实验采用稳态法进行测量。

【实验目的】

（1）学习用稳态法测定材料的导热系数。

（2）学习如何运用实验观测的手段，尽快找到最佳的实验条件和参数，正确测出所需的实验结果的方法。

（3）学习用物体散热速率求热传导速率的实验方法。

（4）学习温度传感器的测温原理和方法。

【实验仪器】

导热系数测定仪、天平、游标卡尺、待测样品等。

【实验原理】

1. 傅里叶热传导方程

热导体的一个基本公式——傅里叶导热方程式由法国科学家傅里叶于 1882 年给出。该方程式指出，当物体内部有温度梯度存在时，就有热量从高温处传递到低温处，在物体内部，取两个垂直于热传导方向、彼此相距为 h、温度分别为 T_1、T_2 的平行面（设 $T_1 > T_2$），若平面面积均为 S，在 $\mathrm{d}t$ 时间内通过面积 S 的热量 $\mathrm{d}Q$ 满足下述表达式：

$$\frac{\mathrm{d}Q}{\mathrm{d}t} = \lambda S\frac{T_1 - T_2}{h} \tag{3.6.1}$$

式中，$\mathrm{d}Q/\mathrm{d}t$ 为热流量；λ 为该物质的导热系数（又称热导率），表明物质导热的能力。λ

在数值上等于相距单位长度的两平面的温度相差1个单位时，在单位时间内通过单位面积的热量，其单位为W/(m·K)。

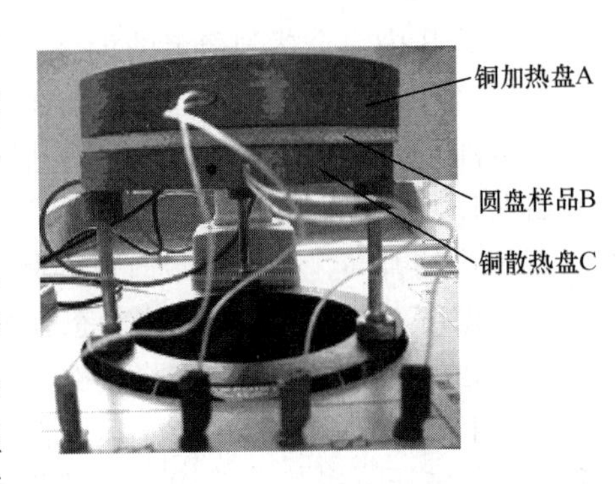

图3.6.1 导热系数测定仪

2. 稳态法测量原理

导热系数测定仪可用于稳态法测量不良导体、金属和气体的导热系数，采用电热板加热和温度传感器测温。它由电加热板、铜加热盘A、圆盘样品B、铜散热盘C、样品支架及调节螺钉、风扇、温度传感器以及控温与测温器组成，如图3.6.1所示。固定于底座上的三个调节螺钉，支撑着一个铜散热盘C，铜散热盘C可以借助底座内的风扇，达到稳定有效的散热。散热盘上安放面积相同的圆盘样品B，样品B上放置一个圆盘状铜加热盘A，加热盘A由电加热板提供热量。

实验时电热板发出的热量直接通过加热盘A由样品上表面传入样品，同时散热盘C借助电扇有效稳定地散热，使传入样品的热量不断往样品下表面散出。当传入的热量等于散出的热量时样品处于稳定导热状态，这时加热盘和散热盘各维持稳定的温度T_1、T_2，它们的数值分别用安插在A、C侧面深孔中的温度传感器B_1、B_2来测量。

由式（3.6.1）可知，单位时间内通过待测样品B任一圆截面的热流量为

$$\frac{dQ}{dt}=\lambda\frac{T_1-T_2}{h_B}\pi R_B^2 \tag{3.6.2}$$

式中，R_B为圆盘样品的半径；h_B为样品厚度。当样品达到稳定的导热状态时，T_1和T_2的数值不变，即此时通过样品B上表面的热流量与由铜散热盘C向周围环境散热的速率相等。因此，可通过计算铜散热盘C在稳定温度T_2时的散热速率来求出热流量dQ/dt。实验中，在读得稳定时的T_1、T_2后，即可将样品B移去，而使加热盘A的底面与散热盘C直接接触。当散热盘C的温度上升到高于稳定时温度T_2若干摄氏度后，再将电热板移去，让散热盘C自然冷却。观测其温度T随时间t的变化情况，然后由此求出散热盘C在T_2的冷却速率$\left.\frac{dT}{dt}\right|_{T=T_2}$，根据比热容的定义，对温度均匀的物体，其散热速率$\frac{dQ}{dt}$与冷却速率的关系为

$$\frac{dQ}{dt}=mc\left.\frac{dT}{dt}\right|_{T=T_2} \tag{3.6.3}$$

这就是散热盘在温度为T_2时的散热速率。式中，m为散热盘C的质量；c为其比热容。但须注意，这样求出的$\frac{dQ}{dt}$是散热盘的全部表面暴露于空气的散热速率，其散热表面积为$2\pi R_C^2+2\pi R_C h_C$（其中R_C与h_C分别为散热盘的半径与厚度）。然而，在观测样品稳态传热时，C盘的上表面（面积为πR_C^2）是被样品覆盖着的。考虑到物体的散热速率与它的表面积成正比，则稳态时C盘散热速率的表达式应修正如下：

$$\frac{dQ}{dt}=mc\frac{dT}{dt}\frac{(\pi R_C^2+2\pi R_C h_C)}{(2\pi R_C^2+2\pi R_C h_C)} \tag{3.6.4}$$

将式（3.6.4）代入式（3.6.2），得

$$\lambda=mc\frac{dT}{dt}\frac{(R_C+2h_C)}{(2R_C+2h_C)}\frac{h_B}{(T_1-T_2)}\frac{1}{\pi R_B^2} \tag{3.6.5}$$

在样品 B 内完全达到稳定的温度分布，一般需要等待较长时间，且与 T_1、T_2、加热的快慢、室温等环境条件有关。因此，本实验的完成和实验结果的成败，关键是如何有效地控制实验条件与参数，尽快判定最终达到样品内部温度分布的稳定状态。开始加热后，A 盘温度开始上升，上升的快慢与加热板的工作电压有关，电压高，加热快，A 盘温度上升快；随着 A 盘温度的升高，热量开始通过样品 B 传到 C 盘，C 盘的温度开始上升，而上升的速度与 C 盘的温度、C 盘本身的散热状态有关。所以为了提高实验效率，缩短达到温度平衡状态的时间，必须有目的地控制实验条件。通用的方法是先加大电加热板的工作电压，使 A 盘温度尽快上升至某一定值 T_1，然后降低工作电压（应根据 A 盘温度的时时变化情况，降低或升高工作电压，以使 A 盘温度维持为定值 T_1），观察 A 盘和 C 盘的温度变化情况以确定加热电压的数值和持续时间，从而尽快地使样品内部的温度分布达到稳定状态。

【实验内容】

（1）用游标卡尺分别测量圆盘样品 B 和铜散热盘 C 的半径 R_B、R_C 及厚度 h_B、h_C，各测量一次。用电子秤称量散热盘 C 的质量 m，测量一次。

（2）安装、调整、熟悉整个实验装置：在支架上先后放上铜散热盘、待测橡胶样品和铜加热盘，并用固定螺母固定在支架上，调节三个调节螺钉，使样品盘的上、下表面与加热盘和散热盘充分接触，但注意不宜过紧或过松。

（3）接通电源，用“升温”键设置加热盘温度为 65.0℃，按“确定”键开始加热。

（4）当加热盘温度到达（65.0 ±0.3）℃时，每隔 1min 读一下加热盘和散热盘的电压显示 V_1、V_2（见表 3.6.1），如在 10min 内样品上、下两盘的电压显示 V_1、V_2 示值都不变，即所记录的 10 组 V_1、V_2 数据都不变，即可认为系统已经达到稳定状态，记录稳态时 V_1、V_2 值。

（5）移去样品，用加热盘直接对散热盘进行加热。使散热盘电压示值 V_3 比稳态时的 V_2 高出 0.4mV 左右时，关闭加热盘电源，移去加热盘，让散热盘自然冷却。冷却过程每隔 30s 读一次散热盘的电压示值 V_3（见表 3.6.2），直至散热盘电压示值 V_3 比稳态时的 V_2 低 0.4mV 左右为止。

【数据记录及处理】

表 3.6.1　每隔 1min 读取的 V_1、V_2 示值

序　号	1	2	3	4	5	6	7	…
t/min								…
V_1/mV								…
V_2/mV								…

表 3.6.2　散热盘在稳态值附近的 V_3 示值

序　号	1	2	3	4	5	…
t/s	30	60	90	120	150	…
V_3/mV						…

1. 用作图法求出散热盘的冷却速率

以散热时间 t 为横轴、电压示值 V_3 为纵轴，用表 3.6.2 的数据绘制散热盘的冷却曲线。

然后画出曲线上稳态时的 V_2 点的切线，求出此切线的斜率 K，K 的数值即为稳态时散热盘的冷却速率。

2. 把各数值代入式（3.6.4）求出橡胶的导热系数 λ

【注意事项】

（1）将温度传感器插入小孔时，注意应将其插到洞孔底部，使测温端与铜盘接触良好。

（2）将样品抽出时，先断开加热电源，为防止高温烫伤要戴上手套，小心地升、降加热盘。

在测定散热盘的冷却过程时，加热盘（圆筒）移开后必须将它固定在基架上，并旋紧固定螺母，防止实验过程中下滑造成事故。

（3）当散热盘离开加热盘自然冷却时，冷却电扇应仍处于工作状态，以形成一个稳定的散热环境。

（4）实验过程中若发现读数呈不规则变化，请向教师及时报告。

（5）实验结束后，务必记得关闭电源，以免温度过高，造成危险。

实验3.7　用开尔文电桥测量低电阻

用惠斯通电桥测量中等电阻时，忽略了导线电阻和接触电阻的影响，但在测量1Ω以下的低电阻时，各引线的电阻和端点的接触电阻相对被测电阻来说不可忽略，一般情况下，附加电阻约为 $10^{-5} \sim 10^{-2}\Omega$。为避免附加电阻的影响，本实验引入了四端引线法，组成了开尔文电桥（旧称为双臂电桥）。这是一种常用的测量低电阻的方法，已广泛地应用于科技测量中。

【实验目的】

（1）了解四端引线法的意义及双臂电桥的结构。

（2）学习使用开尔文电桥测量低电阻。

（3）学习测量导体的电阻率。

【实验仪器】

电流源、电流换向开关、检流计开关、检流计、待测电阻、可调低值标准电阻各1个，桥臂电阻4个，导线若干。

【实验原理】

1. 四端引线法

电阻的阻值范围一般很大，可以分为三大类型进行测量。对于高值电阻（大于 $10^7\Omega$）的测量一般用兆欧表。测量中值电阻（$10 \sim 10^6\Omega$），伏安法是比较容易的方法，惠斯通电桥法是一种精密的测量方法。对于低值电阻（10Ω以下），若用惠斯通电桥或伏安法测量，由于连接导线的电阻和线柱的接触电阻的影响（数量级为 $10^{-5} \sim 10^{-2}\Omega$），结果会产生很大误差，而接触电阻是产生误差的关键。实际上要减少接触电阻和导线电阻的数值是不容易的，要解决问题只能从线路本身去着手。

图3.7.1为伏安法测电阻的线路图，待测电阻 R_x 两侧的接触电阻和导线电阻分别用等效电阻 r_1、r_2、r_3、r_4 表示。由于电压表的内阻较大，所以 r_1 和 r_4 对测量的影响不大，而 r_2 和 r_3 与 R_x 串联在一起，因此，实际上被测电阻应为 $r_2 + R_x + r_3$。如果 r_2 和 r_3 阻值与 R_x 为同一数量级，甚至超过 R_x，那么就不能用该电路来测量 R_x 了。

若在测量电路的设计上改为如图 3.7.2 所示的电路，将待测低电阻 R_x 两侧的接点分为两个电流接点 C_1-C_2 和两个电压接点 P_1-P_2，C_1-C_2 在 P_1-P_2 的外侧。显然电压表测量的是 P_1-P_2 之间电阻两端的电压，消除了 r_2 和 r_3 对 R_x 测量的影响。这种测量低电阻或低电阻两端电压的方法叫作四端引线法，它被广泛应用于各种测量领域中。例如为了研究高温超导体在发生正常超导转变时的零电阻现象和迈斯纳效应，必须测定临界温度 T_c，而其也正是用通常的四端引线法，通过测量超导样品电阻 R 随温度 T 的变化而确定的。因此为了减小接触电阻和接线电阻对测量结果的影响，在本实验中使用的低值标准电阻设有 4 个端钮 C_1、C_2、P_1 和 P_2。

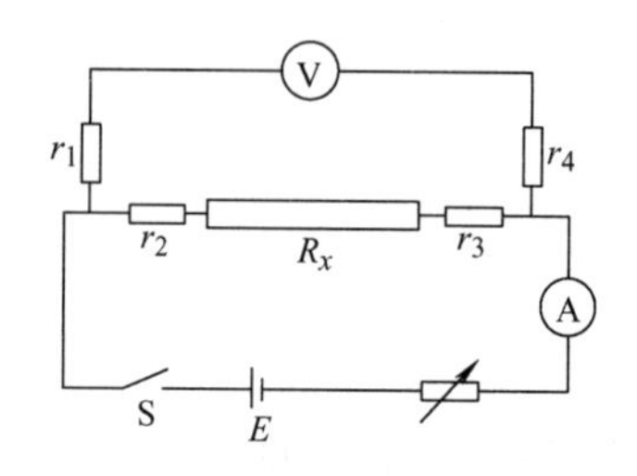

图 3.7.1　伏安法测电阻

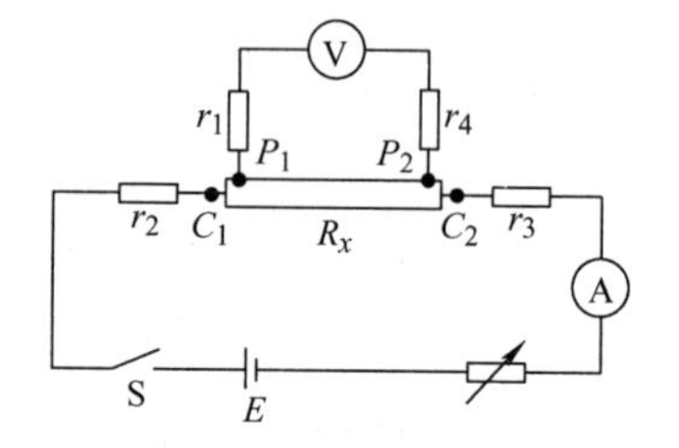

图 3.7.2　四端引线法测电阻

2. 开尔文电桥的原理

如图 3.7.3 所示，在惠斯通电桥中有 12 根导线和 A、B、C、D 四个接点，其中 A、C 点到电源和 B、D 点到检流计的导线电阻可分别并入电源和检流计的内阻里，对测量结果无影响，但桥臂的 8 根导线和 4 个结点会影响测量结果。

在电桥中由于比较臂 R_1、R_2 可用阻值较高的电阻，所以与这两个电阻相连的 4 根导线的电阻不会对测量结果带来多大误差，可以略去不计。由于待测电阻 R_x 是一个低值电阻，比较臂 R_0 也应是低值电阻，于是与 R_x、R_0 相连的导线和接点电阻就会影响测量结果。

为了消除上述电阻的影响，我们采用图 3.7.4 的电路，电路中 R_x 为待测电阻，R_N 为标准电阻，R_1、R_2、R_3、R_4 组成电桥双臂电阻。它与图 3.7.2 的惠斯通电桥相比，不同点在于：

1）桥的一端 B 接到附加电路 $C_2R_2BR_4F$ 上，R_1、R_3 和 R_2、R_4 并列，故称双臂电桥（即开尔文电桥）。

2）C_1、C_2 间为待测的低值电阻。连接时要用 4 个接头，C_1、C_2 称为电流接头，位于电桥外。P_1、P_2 称为电压接头，位于电桥内。

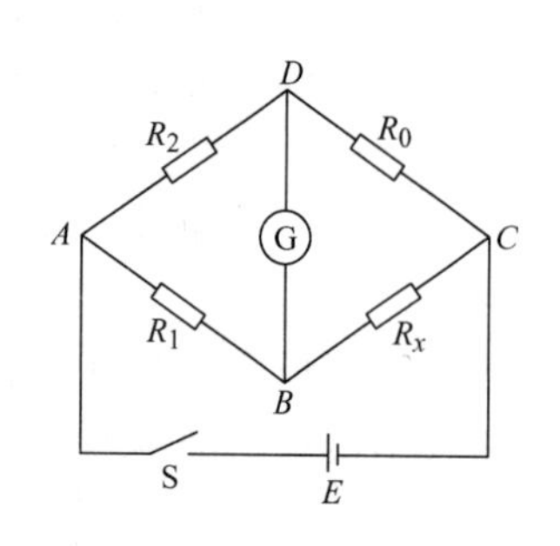

图 3.7.3　惠斯通电桥原理图

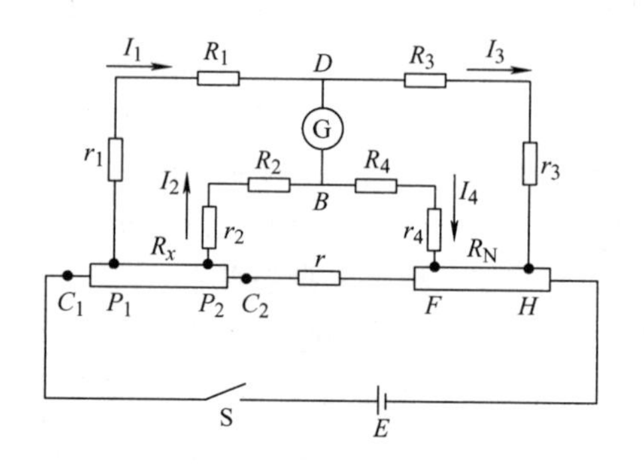

图 3.7.4　开尔文电桥原理图

这种电路用电阻测量补偿法消除接触电阻的影响，P_1、P_2 两点间的电阻即为需要测量的待测电阻 R_x。

假设 P_1、P_2、H、F 等处的接线接触电阻分别为 r_1、r_2、r_3、r_4，它们附加入 R_1、R_2、R_3、R_4。一般来说，接线电阻 r 远远小于桥臂电阻 R（$r/R \approx 10^{-3} \sim 10^{-4}$），因而这几处的接线电阻对测量结果的影响可忽略不计，而 C_1、C_2 处接线接触电阻在电桥的外路上，显然与电桥平衡无关，因而也不用考虑其对结果的影响。

当电桥上的检流计指示为零时，电桥处于平衡状态。此时电桥双臂电阻 R_1 与 R_3 内流过电流相等，即 $I_1 = I_3$；R_2 与 R_4 内流过的电流也相等，即 $I_2 = I_4$；R_x 与 R_N 内流过电流亦相等，即 $I_x = I_N$。设 R_x 与 R_N 之间的连线电阻为 r，则由基尔霍夫定律可得

$$I_x R_x + I_2(R_2 + r_2) = I_1(R_1 + r_1)$$
$$I_x R_N + I_2(R_4 + r_4) = I_1(R_3 + r_3)$$
$$(I_x - I_2)\ r = I_2(R_2 + r_2 + R_4 + r_4)$$

由于 $R_{1\sim4} \gg r_{1\sim4}$，所以近似地可得

$$I_x R_x + I_2 R_2 = I_1 R_1$$
$$I_x R_N + I_2 R_4 = I_1 R_3$$
$$(I_x - I_2)\ r = I_2(R_2 + R_4)$$

将上述三个方程联立求解，可得下式：

$$R_x = \frac{R_1}{R_3}R_N + \frac{rR_4}{R_2 + R_3 + r}\left(\frac{R_1}{R_3} - \frac{R_2}{R_4}\right) \tag{3.7.1}$$

由此可见，用开尔文电桥测电阻，R_x 的结果由等式右边的两项来决定，其中第一项与惠斯通电桥相同，第二项称为更正项。为了更方便测量和计算，使开尔文电桥求 R_x 的公式与惠斯通电桥相同，所以实验中可设法使更正项尽可能做到为零。在使用开尔文电桥测量时，通常可采用同步调节法，令 $R_1/R_3 = R_2/R_4$，使得更正项能接近零。在实际的使用中，通常使 $R_1 = R_2$，$R_3 = R_4$，则式（3.7.1）变为

$$R_x = \frac{R_1}{R_3}R_N \tag{3.7.2}$$

在这里必须指出，在实际的开尔文电桥中，很难做到 R_1/R_3 与 R_2/R_4 完全相等，所以 R_x 和 R_N 之间的电流接点间的导线应使用较粗的、导电性良好的导线，以使 r 值尽可能小，这样，即使 R_1/R_3 与 R_2/R_4 两项不严格相等，但由于 r 值很小，更正项仍能趋近于零。为了更好地验证这个结论，可以人为地改变 R_1、R_2、R_3、R_4 的值，使 $R_1 \neq R_2$，$R_3 \neq R_4$，并与 $R_1 = R_2$、$R_3 = R_4$ 时的测量结果相比较。

用开尔文电桥之所以能测量低电阻，总结为以下关键两点：

1）惠斯通电桥测量小电阻之所以误差大，是因为用惠斯通电桥测出的值，包含有桥臂间的引线电阻和接触电阻，当接触电阻与 R_x 相比不能忽略时，测量结果就会有很大的误差。而开尔文电桥电位接点的接线电阻与接触电阻位于 R_1、R_2、R_3 和 R_4 的支路中，实验中只需设法令 R_1、R_2、R_3 和 R_4 都不小于 100Ω，那么接触电阻的影响就可以略去不计。

2）开尔文电桥电流接点的接线电阻与接触电阻，一端包含在电阻 r 里面，而 r 是存在于更正项中的，对电桥平衡不发生影响；另一端则包含在电源电路中，对测量结果也不会产

生影响。当满足 $R_1/R_3=R_2/R_4$ 的条件时，基本上消除了 r 的影响。

3. 金属棒的电阻率

根据欧姆定律，对于粗细均匀的圆金属导体，其电阻值与长度 l 成正比，与横截面积 S 成反比，$R=\rho\dfrac{l}{S}$，其中 ρ 为电阻率。若已知导体的直径 d，l 为金属棒的长度，则

$$\rho=R\frac{\pi d^2}{4l} \tag{3.7.3}$$

【实验内容】

1. 测量金属棒的电阻率

1）将待测金属棒的长度 l 设定为40.00cm，只测一次，并计算 l 的合成不确定度 $u_C(l)$；

2）用外径千分尺测出金属棒的直径 d，在不同地方测5次求平均，并计算 d 的标准偏差 $S(\bar{d})$ 和 d 的合成不确定度 $u_C(\bar{d})$；

3）如图3.7.5所示接线。将可调标准电阻、被测电阻按四端连接法，与 R_1、R_2、R_3 和 R_4 连接，注意 C_{N1}、C_{x2} 之间要用粗短连线。

4）打开电流源和检流计的开关。预热5min后，将检流计档位键置于“调零”处，调节调零旋钮使检流计指针指在零位置上。然后，将检流计档位键置于“补偿”处，调节补偿旋钮使检流计指针指在零位置上。

5）估计被测电阻值大小，选择适当 R_1、R_2、R_3 和 R_4 的阻值（**注意：**$R_1=R_2$，$R_3=R_4$）。使得 R_1/R_3 为0.1。

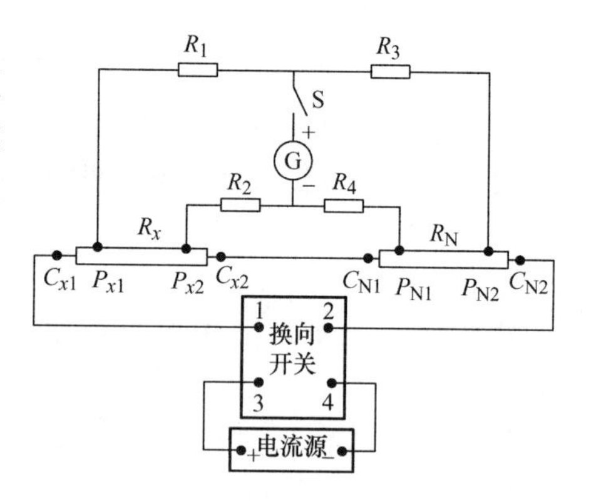

图3.7.5　开尔文电桥实验线路图

6）先闭合开关S，再正向接通换向开关，接通电桥的电源，将检流计档位键置于“非线性”处，进行粗测。调节 R_N 的调节步进盘和划线读数盘，使检流计指示为零。（**注意：**测量低阻时，工作电流较大，由于存在热效应，会引起被测电阻的变化，所以电源开关不应长时间接通，应该间歇使用。）

7）然后将检流计档位键分别放置在10mV，3mV，…逐级进行精确测量，直至30μV，记录此时 R_1、R_2、R_3、R_4 和 R_N 的数值。为了消减接触电势和热电势对测量的影响，保持测量线路不变，再反向接通换向开关，重新微调画线读数盘，使电桥重新达到平衡，检流计指针重新指在零位上，再次记录 R_1、R_2、R_3、R_4 和 R_N 的数值。重复测量5次。（**注意：**在测量未知电阻时，为保护检流计指针不被打坏，检流计的灵敏度调节旋钮应放在最低位置，使电桥初步平衡后再提高检流计灵敏度。在改变检流计灵敏度或环境等因素变化时，有时会引起检流计指针偏离零位，在测量之前，随时都应调节检流计指零。）

8）关闭电源，整理仪器。

2. 测量金属棒的电阻值

1）在 R_1/R_3 为0.1的情况下，分别测量金属棒为20.00cm，25.00cm，…，40.00cm时的电阻值，各测一次。（**注意：**每次测量都应进行正向和反向测量。）

2）关闭电源，整理仪器。

3. 研究 r 对结果的影响

1）在 R_1/R_3 为 0.1 的情况下，测量棒长为 40.00cm 时，调节 R_2 或 R_4，使 $R_1 \neq R_2$ 或 $R_3 \neq R_4$，测量 40.00cm 金属棒的 R_x 值。重复测量 5 次，并与 $R_1 = R_2$、$R_3 = R_4$ 时的测量结果比较。

2）关闭电源，整理仪器。

【数据处理】

1. 实验内容一

计算在 R_1/R_3 为 0.1 的情况下，棒长为 40.00cm 金属棒的电阻率及不确定度，写出结果表达式，并与标准值计算百分差。（$\rho_{黄铜} = 7.10 \times 10^{-8}\Omega \cdot m$）

2. 实验内容二

利用图解法计算金属棒的电阻率，并与标准值计算百分差。

3. 实验内容三

比较 $R_1 \neq R_2$（或 $R_3 \neq R_4$）与 $R_1 = R_2$ 和 $R_3 = R_4$ 时的测量结果，并写出相应结论。

实验 3.8 *RLC* 电路特性的研究

电容、电感元件在交流电路中的阻抗是随着电源频率的改变而变化的。将正弦交流电压加到电阻、电容和电感组成的电路中时，各元件上的电压及相位会随着变化，这称作电路的稳态特性；将一个阶跃电压加到 *RLC* 元件组成的电路中时，电路的状态会由一个平衡态转变到另一个平衡态，各元件上的电压会出现有规律的变化，这称为电路的暂态特性。

Ⅰ *RLC* 稳态电路特性研究

【实验目的】

（1）观测 *RC* 和 *RL* 串联电路的幅频特性和相频特性。

（2）了解 *RLC* 串联、并联电路的相频特性和幅频特性，理解品质因数 Q 的意义。

（3）观察和研究 *RLC* 电路的串联谐振和并联谐振现象。

（4）了解和熟悉 *RC* 低通滤波以及高通滤波的特性。

【实验仪器】

RLC 电路实验仪、数字存储示波器、4 位半数显万用表。

【实验原理】

1. 交流电路

正弦交流电电压和电流的表达式如下，其曲线如图 3.8.1 所示。

$$U(t) = U_p \sin(\omega t + \varphi_2)$$

$$I(t) = I_p \sin(\omega t + \varphi_1)$$

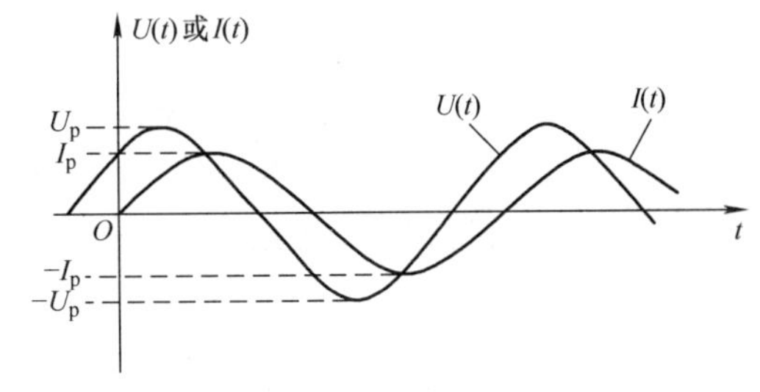

图 3.8.1 正弦交流电电压和电流曲线

由此可见，正弦交流电的特性表现为正弦交流电的大小、变化的快慢和初始状态等三方面，而这三方面分别由幅值（或有效值）、频率（或周期）和初相位来表征。因此。幅值、频率和初相位被称为正弦交流电的三要素。

(1) 幅值、平均值和有效值

Ⅰ. 幅值

幅值又称为峰值或最大值，记为U_p或I_p。相邻两峰之间的差值称为“峰-峰值”，显然，$U_{p-p}=2U_p$，$I_{p-p}=2I_p$。

Ⅱ. 平均值

令$U(t)$、$I(t)$分别表示随时间变化的交流电压和交流电流，则它们的平均值分别为

$$\overline{U}=\frac{1}{T}\int_0^T U(t)\,\mathrm{d}t,\quad \overline{I}=\frac{1}{T}\int_0^T I(t)\,\mathrm{d}t$$

式中，T为周期。平均值实际上就是交流信号中直流平均值，又称直流分量，所以图3.8.1所示的正弦交流电的平均值为0。

Ⅲ. 有效值

在实际应用中，交流电路中的交流电压或电流常用有效值而非幅值来表示。许多交流电压或电流的测量设备的读数均为有效值。有效值的定义为

$$U=\left[\frac{1}{T}\int_0^T U^2(t)\,\mathrm{d}t\right]^{\frac{1}{2}},\quad I=\left[\frac{1}{T}\int_0^T I^2(t)\,\mathrm{d}t\right]^{\frac{1}{2}}$$

对于纯正弦波交流电而言，$U=\frac{U_p}{\sqrt{2}}$，$I=\frac{I_p}{\sqrt{2}}$。在我国，通常使用的市电为220V，即电压的有效值为$U=220\mathrm{V}$，则它的幅值$U_p=\sqrt{2}U\approx311\mathrm{V}$。

表3.8.1　常见交流电的幅值、平均值和有效值

名　称	波　形	幅　值	平均值	总有效值①
正弦波	u, O, t	U_p	0	$\frac{U_p}{\sqrt{2}}$
半波正弦	u, O, t	U_p	$\frac{U_p}{\pi}$	$\frac{U_p}{2}$
全波正弦	u, O, t	U_p	$\frac{2U_p}{\pi}$	$\frac{U_p}{\sqrt{2}}$
方波	u, O, t	U_p	$\frac{U_p}{2}$	$\frac{U_p}{\sqrt{2}}$

（续）

名 称	波 形	幅 值	平均值	总有效值[①]
锯齿波	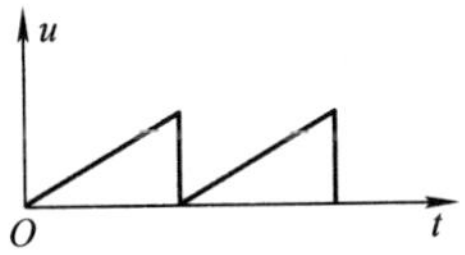	U_p	$\frac{U_p}{2}$	$\frac{U_p}{\sqrt{3}}$

① 总有效值包括交流成分和直流成分。

（2）周期与频率

正弦交流电通常用周期或频率来表征交变的快慢，也常常用角频率来表征，这三者有如下关系：

$$f=\frac{1}{T},\ \omega=\frac{2\pi}{T}=2\pi f$$

（3）初相位

正弦交流电在 $t=0$ 时的相位 φ 称为交流电的初相位。它反映了正弦交流电的初始值。在实际电路中，由于电压、电流之间的相位不同，电器的平均功率 $P=UI\cos\varphi$ 也不同（$\cos\varphi$ 称为功率因数）。$\cos\varphi$ 越大，电路能量的损耗就越低，利用率就越高。

2. 阻抗与导纳

在电路中，物体对电流阻碍的作用叫作电阻。除了超导体外，世界上所有的物质都有电阻，只是电阻值的大小有差异而已。在具有电阻、电感和电容的电路里，对电路中的电流所起的阻碍作用叫作阻抗。阻抗是一个复数，实部称为电阻，虚部称为电抗，其中电容在电路中对交流电所起的阻碍作用称为容抗，电感在电路中对交流电所起的阻碍作用称为感抗，电容和电感在电路中对交流电引起的阻碍作用总称为电抗，用 X 表示。因此，阻抗 $Z=R+\mathrm{j}X$。因此，相量形式的欧姆定律为 $\dot{U}=Z\dot{I}$，其中电压相量与电流相量的参考方向一致。阻抗的单位是欧姆（Ω）。

阻抗的倒数定义为导纳，记为 Y，即

$$Y=\frac{1}{Z}=\frac{1}{R+\mathrm{j}X}=\frac{R}{R^2+X^2}+\mathrm{j}\left(\frac{-X}{R^2+X^2}\right)=G+\mathrm{j}B \tag{3.8.1}$$

式（3.8.1）表明，一个由电阻 R 和电抗 X 相串联的阻抗可等效成一个由电导 G 和电纳 B（按性质可分为容纳和感纳。）相并联的导纳。该式也常称为欧姆定律的相量形式。导纳的单位是西门子（S）。

3. 交流电路中的电阻、电容和电感

交流电路中决定一个元件上的电压 $u(t)$ 和其中电流 $i(t)$ 的关系，需要两个物理量，一个是电压的有效值（或峰值）与电流的有效值（或峰值）之比，称为该元件的交流阻抗 $Z=\frac{U}{I}=\frac{U_0}{I_0}$；另一个是电压的相位与电流的相位之差 $\varphi=\varphi_u-\varphi_i$。因此，交流电路中的元件的特性可以由交流阻抗 Z 和相位差 φ 来表示。

（1）电阻

如图3.8.2所示，交流电路中的电阻元件 R 上的电压瞬时值和电流瞬时值之间仍然服从

欧姆定律，设 $u(t)=U_0\cos\omega t$，则

$$i(t)=\frac{u(t)}{R}=\frac{U_0\cos\omega t}{R}=I_0\cos\omega t$$

由此可见，电阻元件的交流阻抗Z_R就是它的电阻 R；电压与电流的相位相同，即相位差φ_R为 0，即

$$Z_R=R,\ Y_R=\frac{1}{R}=G,\ \varphi_R=0$$

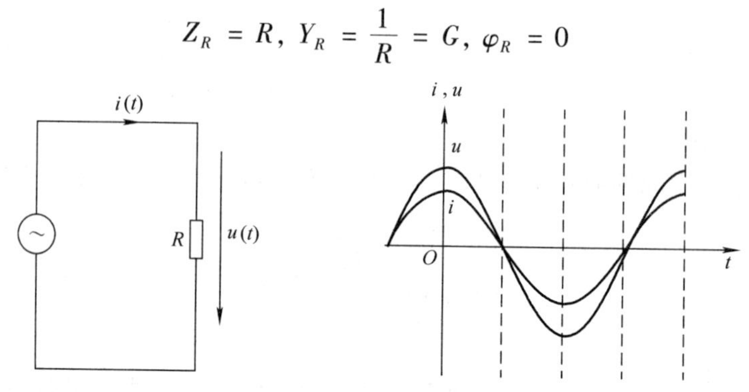

图 3.8.2　交流电路中的电阻

（2）电容

如图3.8.3 所示，当一交变电压加在电容器 C 两极板时，电容器不断地进行充放电，从而在电路中形成交变电流。设电容器两极板上的外加电压为 $u(t)=U_0\cos\omega t$，则电容器的电量为 $q(t)=Cu(t)=CU_0\cos\omega t$，因此，电路中的电流为

$$i(t)=\frac{\mathrm{d}q(t)}{\mathrm{d}t}=-\omega CU_0\sin\omega t=\omega CU_0\cos\left(\omega t+\frac{\pi}{2}\right)$$

由此可见，电容元件的交流阻抗Z_C和导纳Y_C及相位差φ_C分别为

$$Z_C=\frac{1}{\omega C},\ Y_C=\omega C,\ \varphi_C=-\frac{\pi}{2}$$

即，电容元件上的电压相位滞后电流相位$\frac{\pi}{2}$。

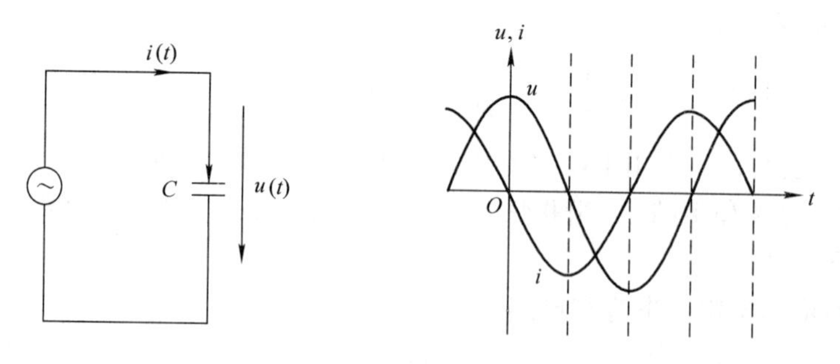

图 3.8.3　交流电路中的电容

（3）电感

如图 3.8.4 所示，当有交变电流通过电感元件 L 时，线圈内将产生自感电动势 $\varepsilon_L=-L\frac{\mathrm{d}i}{\mathrm{d}t}$。若不考虑线圈内阻的影响，并采用电流与自感电动势的正方向相同的约定，则有$u=-\varepsilon_L$。

设电流 $i(t)=I_0\cos\omega t$，则

$$u(t)=L\frac{\mathrm{d}i(t)}{\mathrm{d}t}=-\omega LI_0\sin\omega t=\omega LI_0\cos\left(\omega t+\frac{\pi}{2}\right)=U_0\cos\left(\omega t+\frac{\pi}{2}\right)$$

由此可见，电感元件的交流阻抗Z_L和导纳Y_L及相位差φ_L分别为

$$Z_L=\omega L, Y_L=\frac{1}{\omega L}, \varphi_L=\frac{\pi}{2}$$

即，电感元件上的电压相位超前电流相位$\frac{\pi}{2}$。

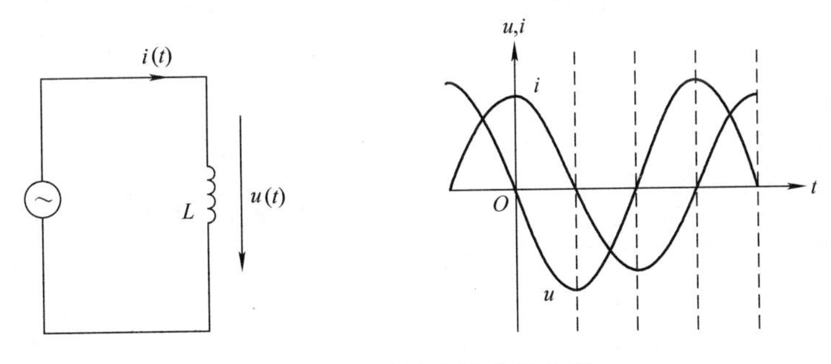

图3.8.4 交流电路中的电感

总之，交流电路中元件的性质可以用阻抗 Z 和相位差 φ 等两个参量来表示，三种基本元件的阻抗 Z 和相位差 φ 见表3.8.2。

表3.8.2 交流电路中的元件

元件种类	阻抗 Z 与导纳 Y	相位差 φ	相量式	相量图
电容 C	$Z_C=\frac{1}{\omega C}=\frac{1}{2\pi fC}$ $Y_C=\omega C=2\pi fC$	$-\frac{\pi}{2}$	$\dot{U}=-\mathrm{j}\frac{1}{\omega C}\dot{I}=-\frac{\mathrm{j}}{2\pi fC}\dot{I}$	$\dot{I}$ $\dot{U}$ $\dot{U}$比$\dot{I}$滞后$\frac{\pi}{2}$
电阻 R	$Z_R=R$ $Y_R=\frac{1}{R}=G$	0	$\dot{U}=\dot{I}R$	$\dot{I}$ $\dot{U}$ $\dot{U}$和$\dot{I}$同相位
电感 L	$Z_L=\omega L=2\pi fL$ $Y_L=\frac{1}{\omega L}=\frac{1}{2\pi fL}$	$\frac{\pi}{2}$	$\dot{U}=\mathrm{j}\omega L\dot{I}=\mathrm{j}2\pi fL\dot{I}$	$\dot{U}$ $\dot{I}$ $\dot{U}$比$\dot{I}$超前$\frac{\pi}{2}$

4. *RLC* 串联电路

由于电容元件和电感元件在交流电路中的容抗和感抗与频率有关，因此，在有电容和电感存在的交流电路中，各个电学元件上的电压及电路中的电流都会随着频率的变化而发生变化，并且回路中的总电流和总电压的相位差也与频率有关。电流、电压的幅值与频率间的关系称为幅频特性；电流和电源电压之间、各个元件上的电压和电源电压之间的相位差与电源频率间的关系，称为相频特性。

（1）*RC* 串联电路介绍

如图 3.8.5 所示，*RC* 串联电路的电压关系为

$$\dot{U}_S = \dot{U}_R + \dot{U}_C$$

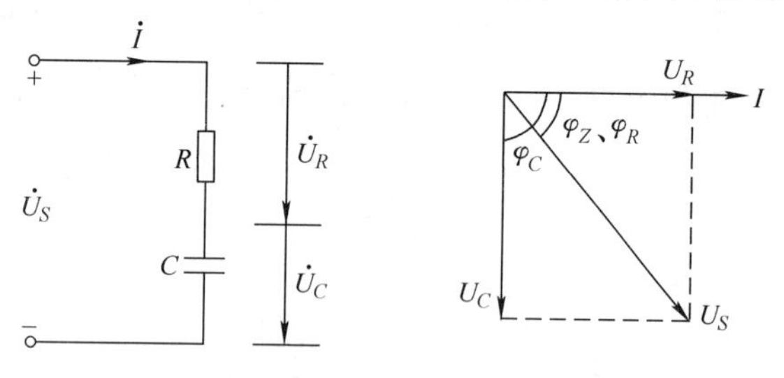

图 3.8.5　*RC* 串联电路及相量图

总电压及 *R* 和 *C* 两端的电压值的有效值分别为

$$U_S = \sqrt{U_R^2 + U_C^2} = I\sqrt{R^2 + \left(-\frac{1}{\omega C}\right)^2} \tag{3.8.2}$$

$$U_R = \frac{U_S}{\sqrt{1 + \left(\dfrac{1}{\omega RC}\right)^2}}$$

$$U_C = \frac{U_S}{\sqrt{1 + (\omega RC)^2}}$$

阻抗

$$Z = R + \mathrm{j}\left(-\frac{1}{\omega C}\right) = |Z| \angle \varphi_Z \tag{3.8.3}$$

阻抗模

$$|Z| = \sqrt{R^2 + \left(-\frac{1}{\omega C}\right)^2} \tag{3.8.4}$$

阻抗角

$$\varphi_Z = -\arctan\frac{1}{\omega RC} \tag{3.8.5}$$

φ_Z的数值大小等于U_S和 I（即U_R）之间的相位差φ_R，$\varphi_R = -\varphi_Z$。

由上面的公式可以得到以下几点结论：

Ⅰ. 幅频特性

a. 当 $\omega\to 0$ 时，$U_R\to 0$，$U_C\to U_S$；

b. 当 ω 逐渐增大时，U_R逐渐增大，而U_C逐渐减小；

c. 当 $\omega\to\infty$时，$U_R\to U_S$，$U_C\to 0$。

图 3.8.6 为 *RC* 串联电路的幅频特性曲线，其中$U_R-\omega$ 为高通滤波器的幅频特性，$U_C-\omega$ 为低通滤波器的幅频特性。

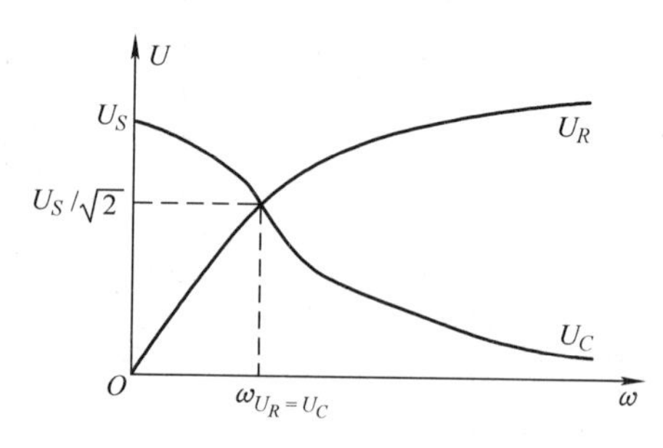

图 3.8.6　*RC* 串联电路的幅频特性曲线

Ⅱ. 相频特性

相频特性研究的是输入电压U_S与回路中电流 I 的相位及频率的关系，由于电阻 *R* 两端的电压U_R与电流 I 是同相位的，因而，可以用U_R代替 I 去与U_S比较相位。输出电压U_R与输入

电压 U_S 之间的相位差 φ_R 与 ω 有关，并且 $\varphi_C = -\left(\frac{\pi}{2} - |\varphi_R|\right)$。当 ω 很低时，$\varphi_Z \to +\frac{\pi}{2}$；当 ω 很高时，$\varphi_Z \to 0$，两者之间的关系如图 3.8.7 所示。

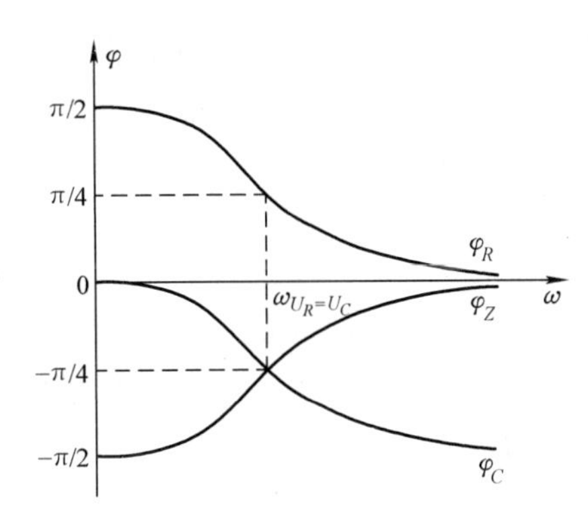

图 3.8.7　RC 串联电路的相频特性曲线

相位差的测量可以应用相位比较法来进行，相位比较法分为行波法和李萨如图形法。

1）行波法。调节两波形的水平位置一致，则同频率的两正弦波的相位差为

$$\varphi = \frac{\Delta t}{T} \cdot 2\pi \tag{3.8.6}$$

式中，Δt 为两正弦波的同相位点的时间间隔；T 为正弦波的周期，如图 3.8.8 所示。

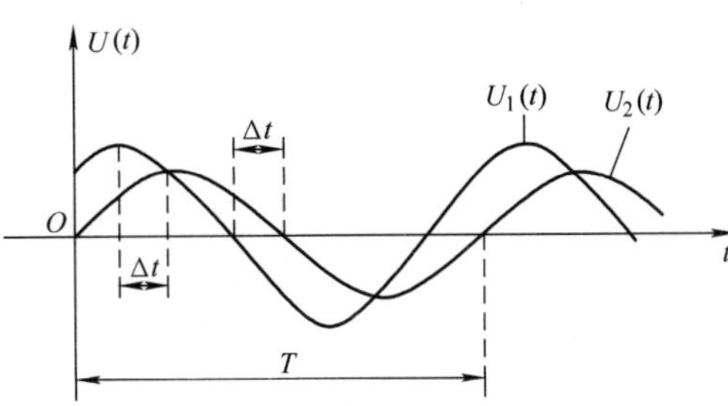

图 3.8.8　行波法测量相位差的示意图

2）李萨如图形法。用李萨如图形法测量两个正弦信号的相位差时，将两个正弦波电压分别输入示波器的 x 和 y 轴，则李萨如图线的解析式为

$$\begin{cases} x = x_0 \cos(\omega t - \varphi) \\ y = y_0 \cos\omega t \end{cases}$$

式中，x_0 和 y_0 分别为两个正弦信号的振幅。

当 $x=0$ 时，$\omega t - \varphi = \pm\frac{\pi}{2}$，即 $\omega t = \varphi \pm \frac{\pi}{2}$，由此可得，李萨如图线在 y 轴上的两个交点之间的距离为

$$B = y_0\left[\cos\left(\varphi - \frac{\pi}{2}\right) - \cos\left(\varphi + \frac{\pi}{2}\right)\right] = 2y_0\sin\varphi$$

当 $\cos\omega t = \pm 1$ 时，可得李萨如图线在 y 轴上的最大投影值为

$$A = 2y_0$$

由此可得

$$\varphi = \arcsin\frac{B}{A} \tag{3.8.7}$$

因此，通过测量李萨如图线的 A 和 B 值就可以计算出两个正弦信号的相位差 φ，如图 3.8.9 所示。

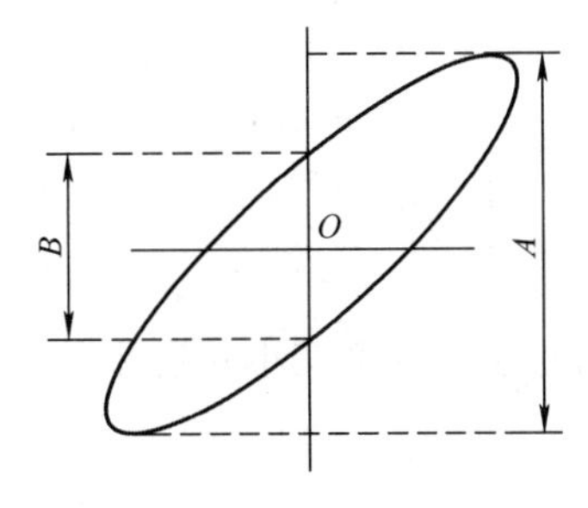

图 3.8.9　李萨如图形法测量相位差示意图

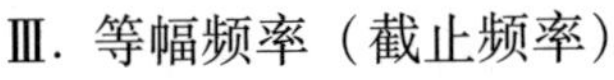

Ⅲ. 等幅频率（截止频率）

当 $R = \frac{1}{\omega C}$ 时，$U_R = U_C$，则此时的频率 $f_{U_R=U_C} = \frac{\omega_{U_R=U_C}}{2\pi} = \frac{1}{2\pi RC}$，称为等幅频率（又称截止频率）。在此频率时，有

$$\varphi_R \to +\frac{\pi}{4}, \varphi_C \to -\frac{\pi}{4}, U_R = U_C = \frac{U_S}{\sqrt{2}} = 0.707U_S$$

因此，通常将 $0.707U_S$ 作为能通过滤波器的电压的最低值，即高通滤波器的等幅频率是

能通过的高频信号的下界频，低通滤波器的等幅频率是能通过的低频信号的上界频。

（2）*RL* 串联电路介绍

如图 3. 8. 10 所示，*RC* 串联电路的电压关系为

$$\dot{U}_S = \dot{U}_R + \dot{U}_L$$

总电压及 *R* 和 *C* 两端的电压值的有效值分别为

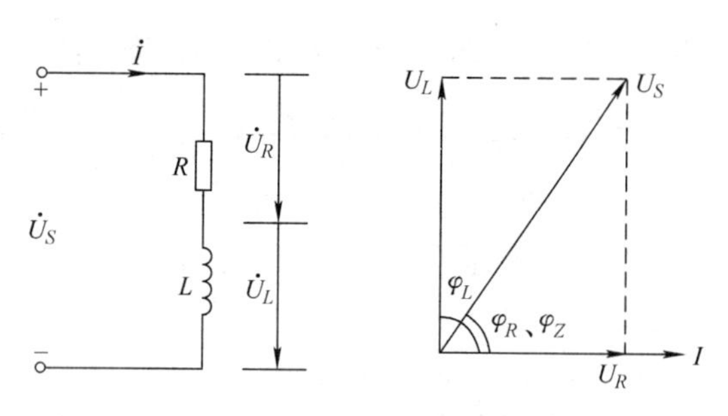

图 3. 8. 10　*RL* 串联电路及相量图

$$U_S = \sqrt{U_R^2 + U_L^2} = I\sqrt{R^2 + (\omega L)^2} \tag{3.8.8}$$

$$U_R = \frac{U_S}{\sqrt{1 + \left(\frac{\omega L}{R}\right)^2}}$$

$$U_L = \frac{U_S}{\sqrt{1 + \left(\frac{R}{\omega L}\right)^2}}$$

阻抗
$$Z = R + \mathrm{j}\omega L = |Z| \angle \varphi_Z \tag{3.8.9}$$

阻抗模
$$|Z| = \sqrt{R^2 + (\omega L)^2} \tag{3.8.10}$$

阻抗角
$$\varphi_Z = \arctan\frac{\omega L}{R} \tag{3.8.11}$$

φ_Z的数值大小等于U_S和 I（即U_R）之间的相位差φ_R，$\varphi_R = -\varphi_Z$。

由上面的公式可以得到以下几点结论：

Ⅰ. 幅频特性

如图 3. 8. 11 所示，*RL* 串联电路的幅频特性有以下特点：

a. 当 $\omega \to 0$ 时，$U_R \to U_S$，$U_L \to 0$；

b. 当 ω 逐渐增大时，U_R逐渐减小，而U_L逐渐增大；

c. 当 $\omega \to \infty$时，$U_R \to 0$，$U_L \to U_S$。

Ⅱ. 相频特性

如图 3. 8. 12 所示，*RL* 串联电路的相频特性：当 ω 从 0 逐渐增大并趋近于∞时，相应的φ_R也从 0 逐渐减小并趋近于 $-\frac{\pi}{2}$。

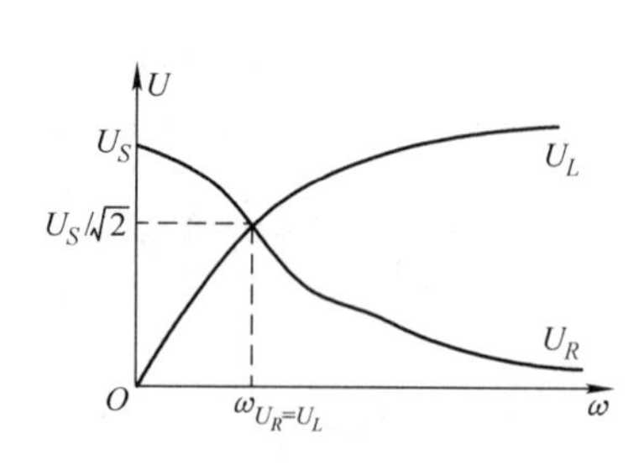

图 3. 8. 11　*RL* 串联电路的幅频特性曲线

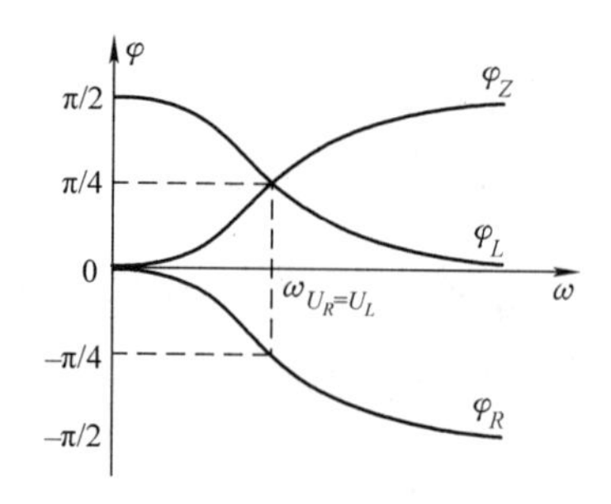

图 3. 8. 12　*RL* 串联电路的相频特性曲线

Ⅲ. 等幅频率（截止频率）

RL 串联电路的等幅频率 $f_{U_R=U_L}=\dfrac{\omega_{U_R=U_L}}{2\pi}=\dfrac{R}{2\pi L}$，称为等幅频率（又称截止频率）。在此频率时，有

$$\varphi_R \to -\frac{\pi}{4},\quad \varphi_L \to +\frac{\pi}{4},\quad U_R=U_L=\frac{U_S}{\sqrt{2}}=0.707U_S$$

（3）RLC 串联电路介绍

RLC 串联电路如图 3.8.13 所示，改变电路参数 L、C 或电源频率时，都有可能使电路发生谐振。该电路的电压关系为

$$\dot{U}_S=\dot{U}_R+\dot{U}_C+\dot{U}_L$$

总电压的有效值

$$\begin{aligned}U_S&=\sqrt{U_R^2+(U_L-U_C)^2}\\&=I_S\sqrt{R^2+\left(\omega L-\frac{1}{\omega C}\right)^2}\end{aligned}\tag{3.8.12}$$

阻抗 $$Z=R+\mathrm{j}\left(\omega L-\frac{1}{\omega C}\right)=|Z|\angle\varphi_Z\tag{3.8.13}$$

阻抗模 $$|Z|=\sqrt{R^2+\left(\omega L-\frac{1}{\omega C}\right)^2}\tag{3.8.14}$$

阻抗角 $$\varphi_Z=\arctan\frac{\omega L-\dfrac{1}{\omega C}}{R}\tag{3.8.15}$$

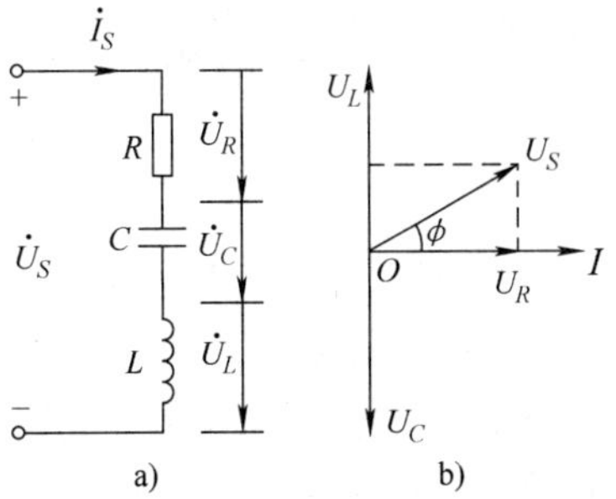

图 3.8.13 RLC 串联电路和相量图

a）电路图 b）相量图

当激励电压的角频率 $\omega_0=\dfrac{1}{\sqrt{LC}}$时，则有 $\omega_0 L-\dfrac{1}{\omega_0 C}=0$，此时电路中的电流与激励电压同相位，电路处于谐振状态，谐振频率$f_0=\dfrac{1}{2\pi\sqrt{LC}}$。谐振频率仅与电路元件 L、C 的数值有关，而与电阻 R 和电源的角频率 ω 无关。

当 $\omega<\omega_0$时，阻抗角$\varphi_Z<0$，电压相位滞后于电流，电路呈容性；

当 $\omega=\omega_0$时，阻抗角$\varphi_Z=0$，电压与电流同相位，电路呈电阻性；

当 $\omega>\omega_0$时，阻抗角$\varphi_Z>0$，电压相位超前于电流，电路呈感性。

RLC 串联电路的特性曲线如图 3.8.14 所示。

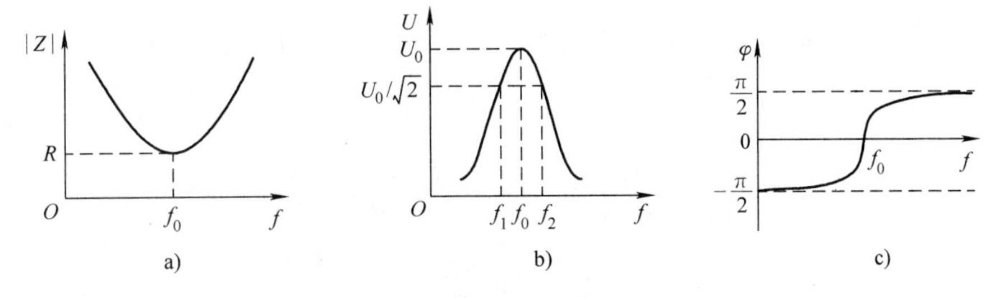

图 3.8.14 RLC 串联电路的特性曲线

a）阻抗特性 b）幅频特性 c）相频特性

Ⅰ. 谐振电路特性

a. 回路的阻抗$Z_0=R$，$|Z_0|$为最小值，整个回路相当于纯电阻电路；

b. 回路中电流I_0数值最大，$I_0=U_S/R$；

c. 电阻 R 上的电压U_R的数值最大，$U_R=U_S$；

d. 电感 L 上的电压U_L的数值与电容 C 上的电压U_C的数值相等，两者相位相差 π。

$$\dot{U}_{L0}=\mathrm{j}\omega_0L\dot{I}_0=\mathrm{j}\,\omega_0L\frac{\dot{U}_S}{R}=\mathrm{j}Q\dot{U}_S$$

$$\dot{U}_{C0}=\frac{1}{\mathrm{j}\omega_0C}\dot{I}_0=-\mathrm{j}\frac{1}{\omega_0C}\frac{\dot{U}_S}{R}=-\mathrm{j}Q\dot{U}_S$$

其中，Q 称为谐振电路的品质因数。若 $Q>>1$，则$U_{L0}=U_{C0}>>U_R=U_S$，此种电路的谐振称为电压谐振。Q 的定义为

$$Q=\frac{U_C}{U_S}=\frac{U_L}{U_S}=\frac{\omega_0L}{R}=\frac{1}{\omega_0RC}=\frac{1}{R}\sqrt{\frac{L}{C}} \tag{3.8.16}$$

由此可知，在电路元件 L、C 给定时，品质因数 Q 仅与电阻 R 有关。R 大，则 Q 小；反之，R 小，Q 则大。如图 3.8.15 所示。

当发生谐振时，U_R的数值最大，而U_L和U_C都不是最大，它们最大值对应的频率分别为

$$\omega_L=\sqrt{\frac{2}{2LC-(RC)^2}}=\frac{1}{\sqrt{1-\frac{1}{2Q^2}}}\omega_0 \tag{3.8.17}$$

$$\omega_C=\sqrt{\frac{1}{LC}-\frac{R^2}{2L^2}}=\sqrt{1-\frac{1}{2Q^2}}\omega_0 \tag{3.8.18}$$

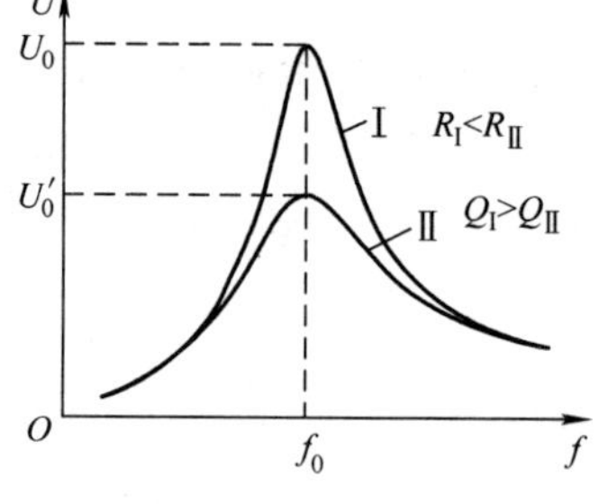

图 3.8.15　Q 与 R 的关系

U_L和U_C最大值均为

$$U_{LM}=U_{CM}=\frac{2Q^2}{\sqrt{4Q^2-1}}U_S \tag{3.8.19}$$

Ⅱ. 谐振电路的品质因数 Q 的三种意义

1）储能与耗能　Q 值的大小还反映了谐振电路的储能效率的大小。在交流电的一个周期 T 内，电阻 R 上损耗的能量为$W_R=R^2IT$，而电容和电感是储能元件，它们时而把电能储存起来，时而把电能释放出来。在谐振状态时，电容和电感所储存的总能量W_{LC}是稳定的，即

$$W_{LC}=\frac{1}{2}LI^2+\frac{1}{2}CU_C^2=CU_C^2=LI^2=L\left(\frac{U_S}{R}\right)^2 \tag{3.8.20}$$

则

$$\frac{W_{LC}}{W_R}=\frac{LI^2}{R^2IT}=\frac{LI}{R^2T}=\frac{1}{2\pi}\frac{\omega_0L}{R}=\frac{Q}{2\pi}$$

$$Q=2\pi\frac{W_{LC}}{W_R} \tag{3.8.21}$$

由此可见，Q 值等于谐振电路中储存的能量与每个周期内消耗能量之比的 2π 倍。Q 值越高，就意味着相对于存储的能量来说所需要付出的能量耗散越少，即谐振电路储能的效率

越高。这就是谐振电路 Q 值的第一种意义。

2）频率的选择性　Q 值的大小反映了电路对输入信号频率的选择能力，通常规定 I 值为最大值I_0的 $1/\sqrt{2}$的两点f_1 和f_2 的频率之差为通频带宽度，如图3.8.14b 所示，即

$$\Delta f = f_1 - f_2 = \frac{R}{2\pi L} = \frac{f_0}{Q} \tag{3.8.22}$$

由此可见，谐振电路的通频带宽度 Δf 反比于谐振电路的 Q 值，Q 值越大（即能量损耗越小），谐振电路的频率选择性越强，相对应的谐振电路的幅频特性曲线越陡峭。这就是 Q 值的第二种意义。

3）电压分配　由上面的讨论可知，电感 L 上的电压U_L的数值与电容 C 上的电压U_C的数值是电阻 R 上的电压U_R或电源电压U_S数值的 Q 倍，即

$$Q = \frac{\omega_0 L}{R} = \frac{1}{\omega_0 RC} = \frac{U_C}{U_S} = \frac{U_L}{U_S} \tag{3.8.23}$$

即谐振时电容或电感元件上的电压是总电压的 Q 倍。例如当一个谐振电路的 Q 值等于100时，在电路两端只加6V 的总电压，谐振时的电容或电感元件上的电压就达到了600V。在实际操作中不注意这一点，就会有危险。这就是 Q 值的第三种意义。

5. *RLC* 并联电路

RLC 并联电路如图3.8.16 所示，改变电路参数 L、C 或电源频率时，都有可能使电路发生谐振。该电路的电流关系为

$$\dot{I}_S = \dot{I}_R + \dot{I}_C + \dot{I}_L$$

导纳

$$Y = G + \mathrm{j}\left(\omega C - \frac{1}{\omega L}\right) = |Y| \angle \varphi_Y \tag{3.8.24}$$

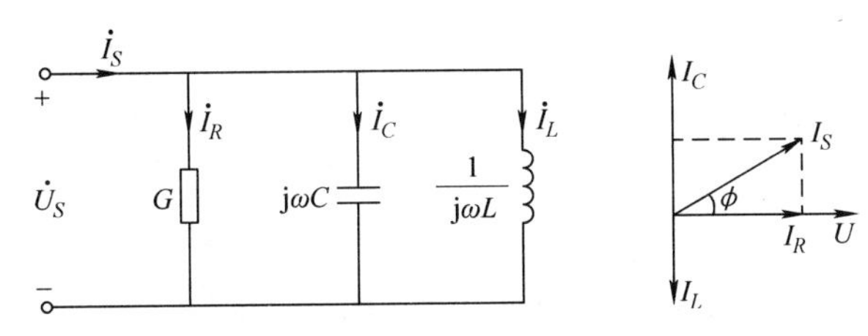

图3.8.16　*RLC* 并联电路及其相量图

导纳模

$$|Y| = \sqrt{G^2 + \left(\omega C - \frac{1}{\omega L}\right)^2} \tag{3.8.25}$$

导纳角

$$\varphi_Y = \arctan\frac{\omega C - \frac{1}{\omega L}}{R} \tag{3.8.26}$$

与 *RLC* 串联电路相同，当激励电压的角频率$\omega_0 = \frac{1}{\sqrt{LC}}$时，则有$\omega_0 C - \frac{1}{\omega_0 L} = 0$，此时电路中的电流与激励电压同相位，电路处于谐振状态，谐振频率$f_0 = \frac{1}{2\pi\sqrt{LC}}$。谐振频率也仅与电路元件 L、C 的数值有关，而与电阻 R 和电源的角频率 ω 无关。

当 $\omega < \omega_0$时，导纳角$\varphi_Y < 0$，电压相位滞后于电流，电路呈容性；

当 $\omega = \omega_0$时，导纳角$\varphi_Y = 0$，电压与电流同相位，电路呈电阻性；

当 $\omega>\omega_0$ 时，导纳角 $\varphi_Y>0$，电压相位超前于电流，电路呈感性。

RLC 并联电路在谐振情况下，有以下特点：

1）电路中输入的导纳最小，即

$$Y(\mathrm{j}\omega_0)=G+\mathrm{j}\left(\omega_0 C-\frac{1}{\omega_0 L}\right)=G$$

整个回路相当于纯电阻电路。

2）若外加电流 $\dot{I}_S$ 一定时，电阻 R 上的电压 $\dot{U}_R$ 的数值最大且与 $\dot{I}_S$ 同相；同时，电阻中的电流也达到最大，即 $\dot{I}_R=\dot{I}_S$。

3）电感 L 电流 $\dot{I}_L$ 与电容 C 电流 $\dot{I}_C$ 的数值相等，两者相位相差 π。

$$\dot{I}_C=\mathrm{j}\omega_0 C\,\dot{U}_S=\mathrm{j}\omega_0 RC\,\dot{I}_S=\mathrm{j}Q\,\dot{I}_S$$

$$\dot{I}_L=\frac{1}{\mathrm{j}\,\omega_0 L}\dot{U}_S=-\mathrm{j}\frac{1}{\omega_0 L}\dot{I}_S=-\mathrm{j}Q\,\dot{I}_S$$

同理，可得到 *RLC* 并联电路在谐振情况的品质因数为

$$Q=\frac{I_L}{I}=\frac{I_C}{I}=\frac{R}{\omega_0 L}=\omega_0 CR=R\sqrt{\frac{C}{L}} \tag{3.8.27}$$

由此可知，电感 L 电流 I_L 或电容 C 电流 I_C 是电阻 R 电流 I_R 的 Q 倍，即

$$I_L=I_C=Q\,I_R=Q\,I_S \tag{3.8.28}$$

若 $Q\gg1$，则 $I_L=I_C\gg I_R=I_S$，此种电路的谐振称为电流谐振。

RLC 并联电路的特性曲线如图 3.8.17 所示。

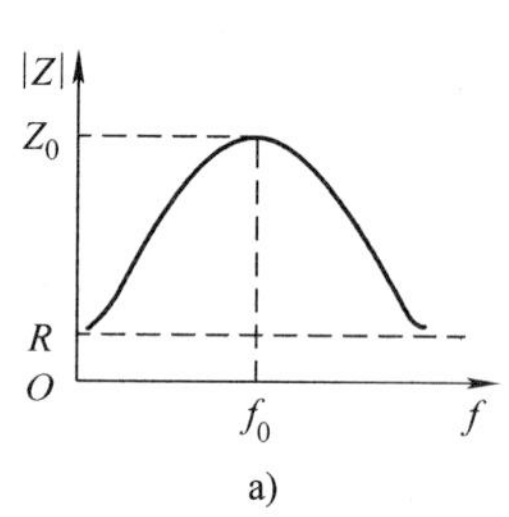

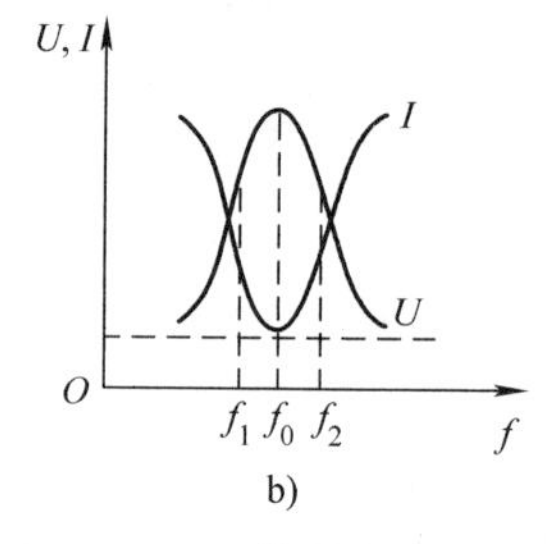

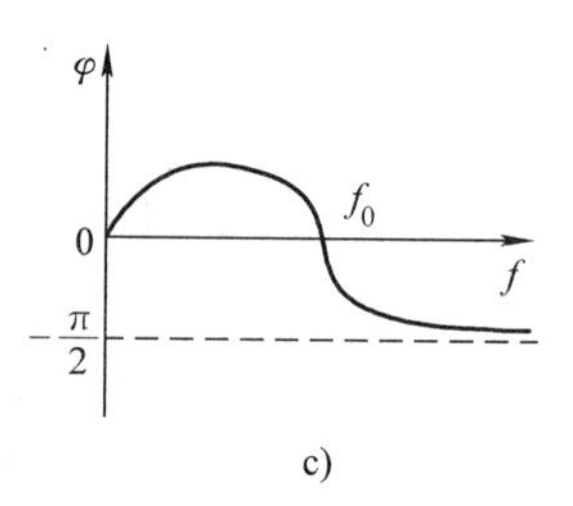

图 3.8.17 *RLC* 并联电路的特性曲线

a）阻抗特性 b）幅频特性 c）相频特性

但由于电感存在内阻，并且电感的取值不同，它的内阻的阻值也不同，因而本实验的电路图如图 3.8.18 所示。在此 *RLC* 串并联混电路（虚线框部分）中有

$$Y=\frac{1}{Z}=\frac{1}{R+\mathrm{j}\omega L}+\mathrm{j}\omega C=\frac{1-\omega^2 LC+\mathrm{j}\omega CR}{R+\mathrm{j}\omega L}=|Y|\angle\varphi_Y \tag{3.8.29}$$

导纳模 $$|Y|=\sqrt{\frac{(1-\omega^2 LC)^2+(\omega CR)^2}{R^2+(\omega L)^2}} \tag{3.8.30}$$

导纳角 $$\varphi_Y=\arctan\frac{\omega L-\omega C[R^2+(\omega L)^2]}{R} \tag{3.8.31}$$

谐振频率 $$\omega_0=\sqrt{\frac{1}{LC}-\left(\frac{R}{L}\right)^2} \tag{3.8.32}$$

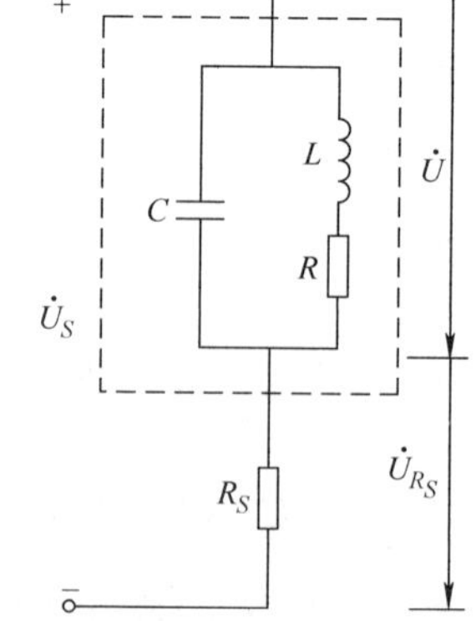

图 3.8.18 *RLC* 串并联实验电路

实验中，只要找到主回路电流最小时对应的频率，即测出R_S上的压降U_{R_S}最小时的频率，就是此串并联回路的谐振频率。

6. *RC* 滤波电路

滤波电路的作用是尽可能减小脉动的直流电压中的交流成分，保留其直流成分，使输出电压纹波系数降低，波形变得比较平滑，一般由电抗元件组成，如在负载电阻两端并联电容器，或与负载串联电感器，以及由电容、电感组合而成的各种复式滤波电路。而 *RC* 滤波电路的电路简单，抗干扰性强，有较好的低频性能，并且所选用标准的阻容元件也容易获得，所以在工程测试等领域，最常用的滤波电路是 *RC* 滤波电路。

（1）低通滤波

所谓的低通滤波就是它使较低频率的信号容易通过，而阻止较高频率的信号通过。*RC* 低通滤波电路如图 3.8.19a 所示。

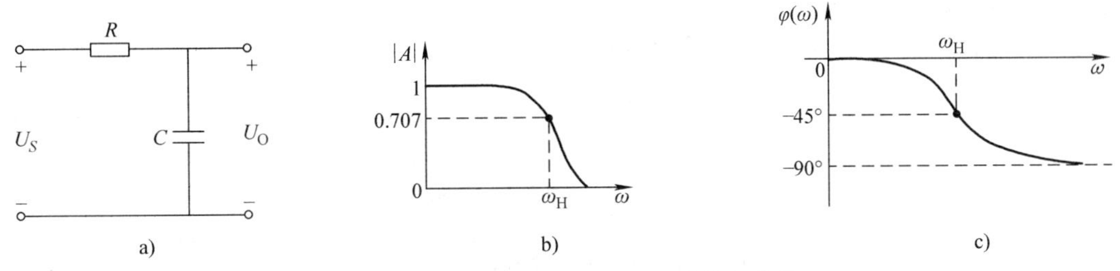

图 3.8.19　*RC* 低通滤波电路及其特性曲线

a）电路图　b）幅频特性曲线　c）相频特性曲线

在电子技术中，将电路输出电压与输入电压之比定义为电路的电压放大倍数，或称为传递函数，用符号 *A* 来表示。因而，*RC* 低通滤波电路的 *A* 为

$$A=\frac{\dot{U}_O}{\dot{U}_S}=\frac{\frac{1}{j\omega C}}{R+\frac{1}{j\omega C}}=\frac{1}{1+j\omega RC}=\frac{1}{1+j\frac{\omega}{\omega_H}}\tag{3.8.33}$$

式中，$\omega_H=\frac{1}{RC}$称为 *RC* 低通滤波电路的截止频率。则由式（3.8.33）可得

$$|A|=\left|\frac{\dot{U}_O}{\dot{U}_S}\right|=\frac{1}{\sqrt{1+\left(\frac{\omega}{\omega_H}\right)^2}}\tag{3.8.34}$$

$$\varphi(\omega)=-\arctan\frac{\omega}{\omega_H}\tag{3.8.35}$$

如图3.8.19b 所示，$|A|$随着ω的变化而变化，并且当$\omega<\omega_H$时，$|A|$的变化较小，$\omega>\omega_H$时，$|A|$明显下降，这就是低通滤波器的工作原理。

（2）高通滤波

高通滤波的规则为高频信号能正常通过，而低于设定临界值的低频信号则被阻隔、减弱。但是阻隔、减弱的幅度则会依据不同的频率以及不同的滤波程序（目的）而改变。它有的时候也叫作低频去除过滤。高通滤波是低通滤波的对立。*RC* 高通滤波电路如图 3.8.20a所示。

RC 高通滤波电路的 *A* 为

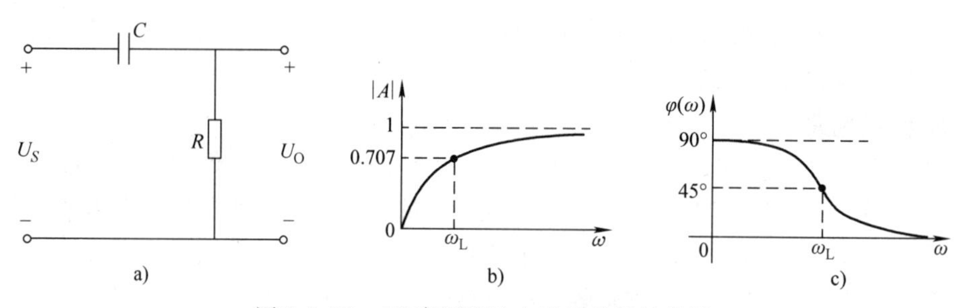

图 3.8.20　*RC* 高通滤波电路及其特性曲线

a）电路图　b）幅频特性曲线　c）相频特性曲线

$$A = \frac{\dot{U}_O}{\dot{U}_S} = \frac{R}{R + \frac{1}{j\omega C}} = \frac{j\omega RC}{1 + j\omega RC} = \frac{1}{1 - j\frac{\omega_L}{\omega}} \tag{3.8.36}$$

式中，$\omega_L = \frac{1}{RC}$称为 *RC* 高通滤波电路的截止频率。则由式（3.8.26）可得

$$|A| = \left|\frac{\dot{U}_O}{\dot{U}_S}\right| = \frac{1}{\sqrt{1 + \left(\frac{\omega_L}{\omega}\right)^2}} \tag{3.8.37}$$

$$\varphi(\omega) = \arctan\frac{\omega_L}{\omega} \tag{3.8.38}$$

可见，该电路的特性与低通滤波器电路相反，它对低频信号的衰减较大，而高频信号容易通过，衰减很小。

Ⅱ *RLC* 暂态电路特性研究

【实验目的】

（1）观测 *RC* 和 *RL* 电路的暂态过程，理解时间常数 τ 的意义。

（2）观测 *RLC* 串联电路的暂态过程及其阻尼振荡规律。

（3）了解和熟悉半波整流滤波和桥式整流滤波电路的特性。

【实验仪器】

RLC 电路实验仪、数字存储示波器、4 位半数显万用表。

【实验原理】

1. *RLC* 串联电路的暂态过程

R、*L*、*C* 元件的不同组合，可以构成 *RL*、*RC*、*LC* 和 *RLC* 电路，这些不同的电路对于阶跃电压的响应是不同的，从而有从一种平衡态到另一种平衡态的转变，这种转变过程就是暂态过程。

（1）*RC* 电路

在由电阻 *R* 和电容 *C* 组成的直流串联电路中，暂态过程就是电容器的充放电过程。如图 3.8.21 所示，当电路中的开关 S 闭合向“1”时，电源 *E* 通过电阻 *R* 向电容 *C* 充电，直至电容器 *C* 两端的电压等于电源 *E*，其充电方程为

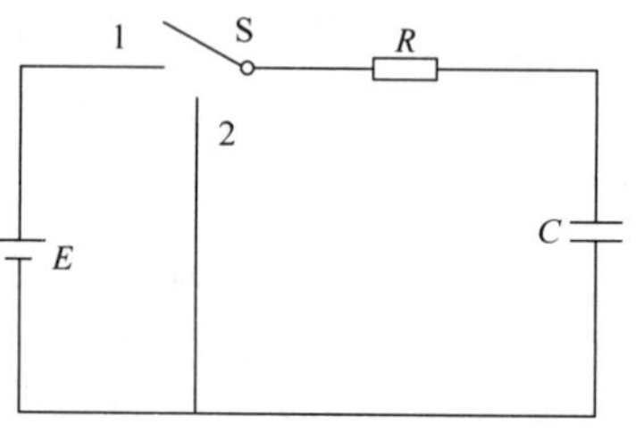

图 3.8.21　*RC* 电路

$$\frac{\mathrm{d}U_C}{\mathrm{d}t}+\frac{1}{RC}U_C=\frac{E}{RC}$$

由初始条件，$t=0$ 时，$U_C=0$，则可得

$$U_C=E(1-\mathrm{e}^{-\frac{t}{RC}})=E(1-\mathrm{e}^{-\frac{t}{\tau}}) \tag{3.8.39}$$

式（3.8.39）表明，电容器在充电过程中，U_C按指数规律增大，直至$U_C=E$，如图3.8.22a所示。式中，$\tau=RC$ 称为电路的时间常数，它是表征暂态过程进行的快慢的一个重要物理量。当U_C增大到0.63E 时，所对应的时间即为τ。图3.8.23 给出了不同τ值的U_C变化情况，其中$\tau_1<\tau_2<\tau_3$。

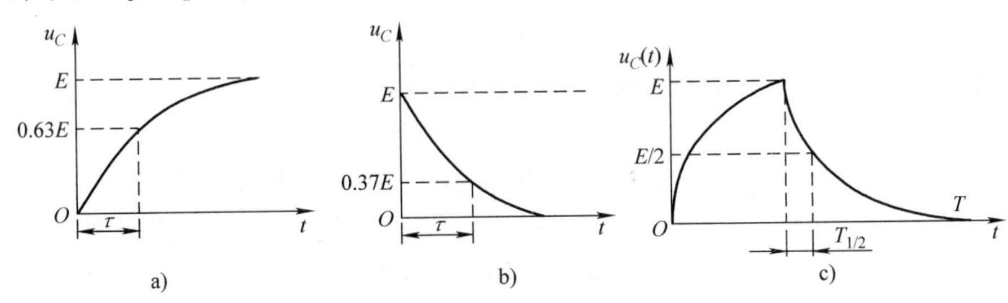

图3.8.22　RC 电路的充放电曲线

a）电容器充电过程　b）电容器放电过程　c）电容器放电的半衰期

当电路中的开关闭合向“2”时，电容 C 通过电阻 R 放电，此过程的方程为

$$\frac{\mathrm{d}U_C}{\mathrm{d}t}+\frac{1}{RC}U_C=0$$

由初始条件，$t=0$ 时，$U_C=E$，则可得

$$U_C=E\mathrm{e}^{-\frac{t}{RC}}=E\mathrm{e}^{-\frac{t}{\tau}} \tag{3.8.40}$$

式（3.8.40）表明，电容器在放电过程中，U_C按指数规律衰减，直至$U_C=0$。当U_C衰减到0.50E 时，所对应的时间$T_{1/2}(=\tau\ln2)$称为半衰期，如图3.8.22c 所示；当U_C衰减到0.37E 时，所对应的时间即为τ，如图3.8.22b 所示。

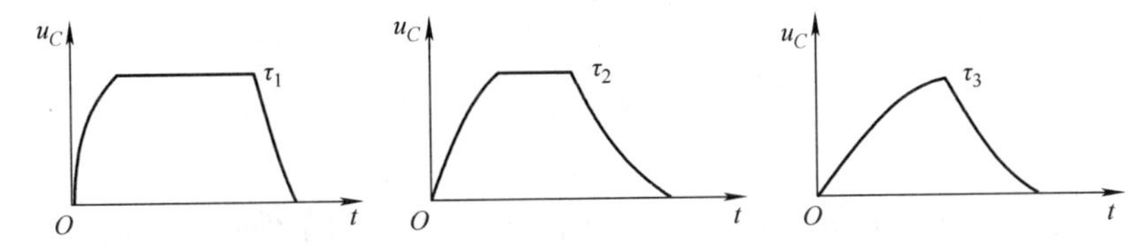

图3.8.23　不同τ值的U_C变化示意图

（2）RL 电路

如图3.8.24 所示，在由电阻 R 和电感 L 组成的直流串联电路中，当电路中的开关 S 闭合向“1”时，由于电感中线圈的自感作用，电感中的电流不能突变，而是逐渐增大到 E/R，其充电方程为

$$L\frac{\mathrm{d}i}{\mathrm{d}t}+iR=E$$

由初始条件，$t=0$ 时，$i_L=0$，则可得

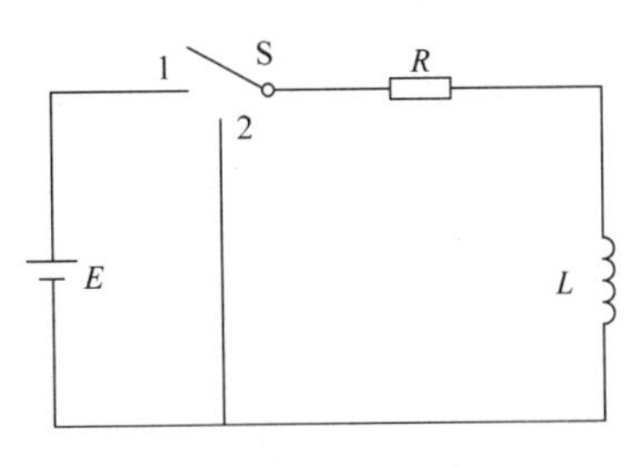

图3.8.24　RL 电路

$$i = \frac{E}{R}(1 - e^{-\frac{Rt}{L}}) = \frac{E}{R}(1 - e^{-\frac{t}{\tau}}) \tag{3.8.41}$$

式（3.8.41）表明，回路中的 i 是按照指数变化规律，逐渐增大到 E/R 的。i 增长的快慢由时间常数 $\tau = L/R$ 决定。

当电路中的开关 S 闭合向“2”时，电流也不能突变为 0，在这个过程中，回路方程为

$$L\frac{di}{dt} + iR = 0$$

由初始条件，$t = 0$ 时，$i_L = E/R$，则可得

$$i = \frac{E}{R}e^{-\frac{t}{\tau}} \tag{3.8.42}$$

即，回路中的电流将按指数变化规律逐渐衰减到 0。

（3）RLC 电路

上述讨论都是理想化的情况，即不考虑电容与电感的内阻影响，而实际上，不仅电容与电感存在电阻，而且回路中也存在着回路电阻，这些电阻都会对电路产生影响。而电阻作为耗能元件，将使电能转化为热能，即电阻的作用是将阻尼项引入到方程的解中。

在图 3.8.25 所示的电路中，当电路中的开关 S 闭合向“1”时，电源 E 向电容 C 充电，其充电方程为

$$L\frac{di}{dt} + iR + \frac{q}{C} = E$$

因 $i = \frac{dq}{dt} = C\frac{dU_C}{dt}$，则可得

$$LC\frac{d^2U_C}{dt^2} + RC\frac{dU_C}{dt} + U_C = E$$

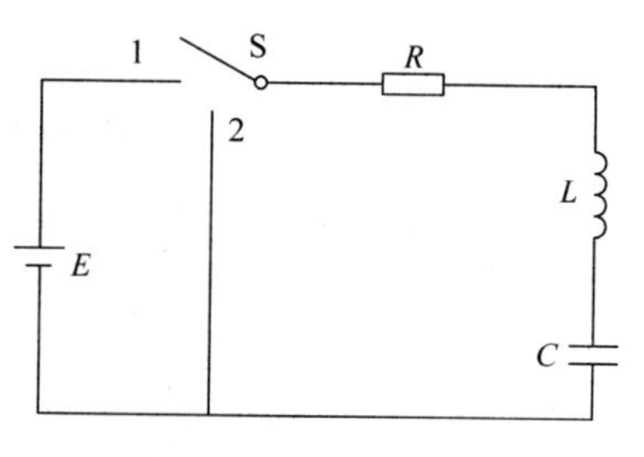

图 3.8.25　RLC 电路

同理，当电容器被充电到 E，将电路中的开关 S 闭合向“2”时，电容 C 在闭合的 RLC 的回路中放电，此过程的方程为

$$L\frac{di}{dt} + iR + \frac{q}{C} = 0$$

$$LC\frac{d^2U_C}{dt^2} + RC\frac{dU_C}{dt} + U_C = 0$$

令 $\lambda = \frac{R}{2}\sqrt{\frac{C}{L}}$，$\lambda$ 称为电路的阻尼系数，则由充电的初始条件：$t = 0$ 时，$U_C = 0$，$i_L = 0$ 和放电的初始条件：$t = 0$ 时，$i_L = 0$，$U_C = E$，可得方程的解有三种情况。

Ⅰ. 欠阻尼状态（$\lambda < 1$）

即 $R < 2\sqrt{\frac{L}{C}}$，则

充电过程：

$$i = \frac{\omega_0}{\omega}Ee^{-\frac{t}{\tau}}\sin\omega t$$

$$U_L = \frac{\omega_0}{\omega}Ee^{-\frac{t}{\tau}}\cos(\omega t + \varphi)$$

$$U_C = (1 - \frac{\omega_0}{\omega} e^{-\frac{t}{\tau}}) E\cos(\omega t + \varphi)$$

放电过程：

$$i = -\frac{\omega_0}{\omega} E e^{-\frac{t}{\tau}} \sin\omega t$$

$$U_L = -\frac{\omega_0}{\omega} E e^{-\frac{t}{\tau}} \cos(\omega t + \varphi)$$

$$U_C = \frac{\omega_0}{\omega} E e^{-\frac{t}{\tau}} \cos(\omega t + \varphi)$$

式中，ω_0为 $R=0$ 时，LC 电路的固有频率，$\omega_0 = \frac{1}{\sqrt{LC}}$；$\omega = \frac{1}{\sqrt{LC}}\sqrt{1 - \frac{R^2 C}{4L}}$为振荡角频率；$\tau = \frac{2L}{R}$为时间常数。由上述各式可知，在欠阻尼状态时，电路中的电压与电流均按正弦规律做衰减振荡，振幅是按$e^{-\frac{t}{\tau}}$指数衰减的，如图 3.8.26 和图 3.8.27 中的曲线Ⅰ。τ 代表了振幅减少到初始值的$\frac{1}{e}$所需的时间。因为 $Q = \frac{\omega_0 L}{R}$，所以

$$\tau = \frac{2Q}{\omega_0} = \frac{QT}{\pi} \tag{3.8.43}$$

式中，$T = \frac{2\pi}{\omega_0}$为振荡周期。式（3.8.43）表明，$\tau$ 等于周期 T 的$\frac{Q}{\pi}$倍，Q 值越大，振幅衰减得越慢。这个结论可以看作是 Q 值的第四种意义。$\lambda \ll 1$ 时，曲线Ⅰ的振幅衰减很慢，能量的损耗较小，能量能够在 L 和 C 之间不断交换，可以近似为 LC 电路的自由振荡，此时 $\omega \approx \frac{1}{\sqrt{LC}} = \omega_0$。

Ⅱ. 临界阻尼状态（$\lambda = 1$）

即 $R = 2\sqrt{\frac{L}{C}}$，则

充电过程：

$$i = \frac{E}{L} t e^{-\frac{t}{\tau}}$$

$$U_L = E\left(1 - \frac{t}{\tau}\right) e^{-\frac{t}{\tau}}$$

$$U_C = E\left[1 - \left(1 + \frac{t}{\tau}\right) e^{-\frac{t}{\tau}}\right]$$

放电过程：

$$i = -\frac{E}{L} t e^{-\frac{t}{\tau}}$$

$$U_L = -E\left(1 - \frac{t}{\tau}\right) e^{-\frac{t}{\tau}}$$

$$U_C = E\left(1 + \frac{t}{\tau}\right) e^{-\frac{t}{\tau}}$$

由上述各式可知，在临界阻尼状态时，电路中的电压与电流的变化过程不再具有周期性，如图 3. 8. 26 和图 3. 8. 27 中的曲线Ⅱ。

Ⅲ. 过阻尼状态（$\lambda>1$）

即 $R>2\sqrt{\dfrac{L}{C}}$，则

充电过程：

$$i=\frac{\omega_0}{\beta}E\mathrm{e}^{-\frac{t}{\tau}}\sinh\beta t$$

$$U_L=\frac{\omega_0}{\beta}E\mathrm{e}^{-\frac{t}{\tau}}\sinh(-\beta t+\varphi)$$

$$U_C=E\left[1-\frac{\omega_0}{\beta}\mathrm{e}^{-\frac{t}{\tau}}\sinh(\beta t+\varphi)\right]$$

放电过程：

$$i=-\frac{\omega_0}{\beta}E\mathrm{e}^{-\frac{t}{\tau}}\sinh\beta t$$

$$U_L=-\frac{\omega_0}{\beta}E\mathrm{e}^{-\frac{t}{\tau}}\sinh(-\beta t+\varphi)$$

$$U_C=\frac{\omega_0}{\beta}E\mathrm{e}^{-\frac{t}{\tau}}\sinh(\beta t+\varphi)$$

式中，$\beta=\dfrac{1}{\sqrt{LC}}\sqrt{\dfrac{R^2C}{4L}-1}$。由上述各式可知，在过阻尼状态时，电路中的电压与电流的变化过程不再具有周期性，而是缓慢地趋向平衡值，且变化率比临界阻尼状态的变化率要小，如图 3. 8. 26 和图 3. 8. 27 中的曲线Ⅲ。

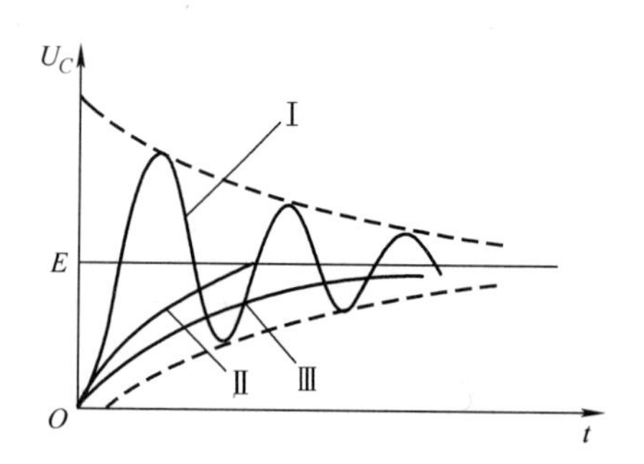

图 3. 8. 26　RLC 电路充电时的 U_C 曲线

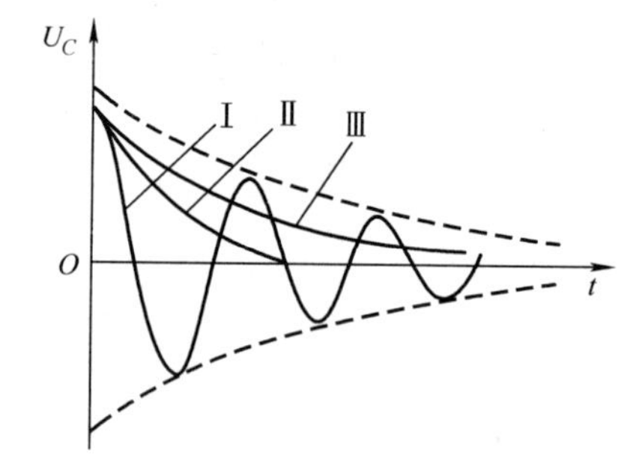

图 3. 8. 27　RLC 电路放电时的 U_C 曲线

2. 整流滤波电路

整流电路就是利用二极管的导通性将交流电压变成单项的脉动电压。常见的整流电路有半波整流、全波整流和桥式整流电路等。这里介绍半波整流电路和桥式整流电路。滤波电路则是利用电容、电感来减小整流输出时的脉动成分，如图 3. 8. 28 所示。

（1）整流

整流的原理就是利用二极管的单向导通性将交流电压变成单向的脉动电压。为了便于分析整流电路的特性，通常把整流二极管当作理想元件，即认为它的正向导通电阻为零，而反

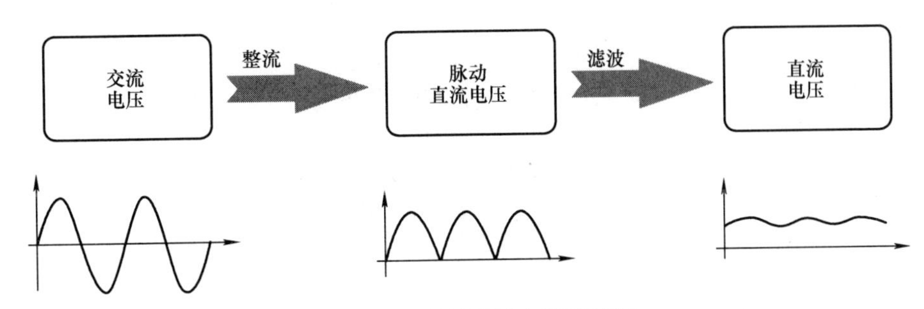

图 3.8.28　整流滤波电路流程图

向电阻为无穷大。但在实际应用时，由于二极管的内阻的影响，整流后的电压幅值会减小0.6~1.0V。

常见的整流电路有半波整流、全波整流和桥式整流电路等。这里介绍单相半波整流电路和全波桥式整流电路。

Ⅰ. 单相半波整流

如图 3.8.29 所示为单相半波整流电路，交流电压U_S经二极管 VD 后，由于二极管的单向导电性，在输入电压U_S为正的半个周期内，二极管正向偏置，处于导通状态，R_L上得到半个周期的直流脉动电压和电流；而在U_S为负的半个周期内，二极管反向偏置，处于截止状态，R_L的电流为0。若输入的交流电为

$$U_S(t) = U_p \sin\omega t$$

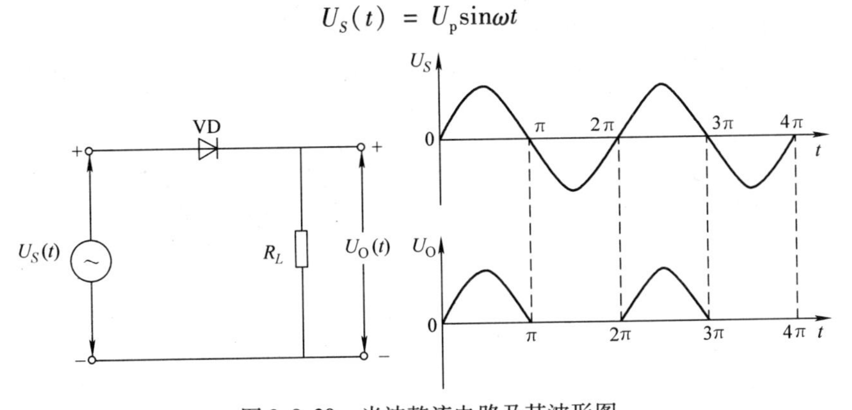

图 3.8.29　半波整流电路及其波形图

经整流后，在一个周期内的输出电压 $U_O(t)$ 为

$$\begin{cases} U_O(t) = U_p \sin\omega t & 0 \leqslant \omega t \leqslant \pi \\ U_O(t) = 0 & \pi \leqslant \omega t \leqslant 2\pi \end{cases}$$

相应的输出电压的平均值为

$$\overline{U}_O = \frac{1}{T}\int_0^T U_O(t)\,\mathrm{d}t = \frac{1}{\pi} U_p \approx 0.318\, U_p$$

定义输出电压的脉动系数为 $S = \dfrac{U_{OM1}}{\overline{U}_O}$，其中$U_{OM1}$为输出电压中基波或最低级次谐波的幅值。输出电压的脉动系数 S 是用来描述输出电压中交流分量与直流分量的比例关系的，以此来对整流输出电压进行评价。

用傅里叶级数对单相半波整流电路输出电压U_O的波形进行分析，可得U_O的傅里叶级数

表示为

$$U_O = \overline{U_O} + \sum_{n=1}^{\infty} \alpha_n \cos n\omega t$$

其中

$$\alpha_n = \frac{2}{T}\int_{-\frac{T}{2}}^{\frac{T}{2}} U_O \cos n\omega t \mathrm{d}t$$

则

$$U_{OM1} = \alpha_1 = \frac{1}{\pi}\int_{-\frac{\pi}{2}}^{\frac{\pi}{2}} U_p \cos^2\omega t \mathrm{d}\omega t = \frac{1}{2} U_p$$

所以，单相整流电路的脉动系数为

$$S = \frac{U_{OM1}}{\overline{U_O}} = \frac{\frac{1}{2} U_p}{\frac{1}{\pi} U_p} = \frac{\pi}{2} \approx 1.57 \qquad (3.8.44)$$

Ⅱ. 全波桥式整流

单相半波整流电路只利用了交流电单个周期的正弦信号，因此为了提高整流效率，使交流电的正负半周信号都被利用，则应采用全波整流。现以全波桥式整流为例，其电路及其波形图如图 3.8.30 所示。在交流信号的正半周，VD_1、VD_3导通，VD_2、VD_4截止；负半周VD_2、VD_4导通，VD_1、VD_3截止，所以在电阻R_L上的压降始终为上“+”下“-”，与半波整流相比，信号的另半周也有效地利用了起来，减小了输出的脉动电压。若输入的交流电也为

$$U_S(t) = U_p \sin\omega t$$

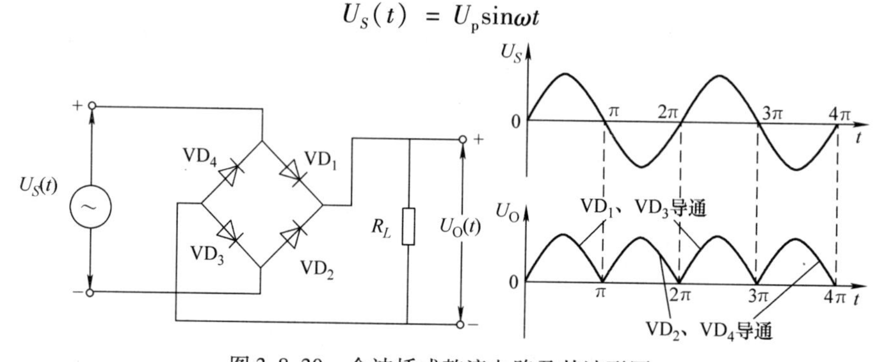

图 3.8.30　全波桥式整流电路及其波形图

经桥式整流后，在一个周期内的输出电压 $U_O(t)$ 为

$$\begin{cases} U_O(t) = U_p \sin\omega t & 0 \leqslant \omega t \leqslant \pi \\ U_O(t) = -U_p \sin\omega t & \pi \leqslant \omega t \leqslant 2\pi \end{cases}$$

相应的平均值（即直流平均值，又称直流分量）为

$$\overline{U_O} = \frac{1}{T}\int_0^T U_O(t)\mathrm{d}t = \frac{2}{\pi} U_p \approx 0.637 U_p$$

用傅里叶级数对全波桥式整流电路输出电压U_O的波形进行分析，可得U_O的傅里叶级数表示为

$$U_O = \frac{U_p}{\pi}\left(2 - \frac{4}{3}\cos 2\omega t - \frac{4}{15}\cos 4\omega t + \cdots\right)$$

所以，全波桥式整流电路的脉动系数为

$$S = \frac{U_{\text{OM1}}}{\overline{U}_{\text{O}}} = \frac{\frac{4}{3\pi}U_{\text{p}}}{\frac{2}{\pi}U_{\text{p}}} = \frac{2}{3} \approx 0.67 \tag{3.8.45}$$

由此可见，桥式整流后的输出电压的平均值比半波整流时提高了一倍（忽略整流电路内阻）。同时，直流电压的脉动也大大地减小了。

（2）滤波

经过整流后的电压（电流）依然是有“脉动”的直流电，为了减小脉动，通常要在电路中增加滤波器。滤波器就是利用电容、电感来减小整流输出时的脉动成分的。

Ⅰ．电容滤波电路

电容滤波器是利用电容充电和放电来使脉动的直流电变成平稳的直流电。图3.8.31是电容滤波器在带负载电阻后的工作情况。设在 $t=0$ 时接通电源，此时输入的交流电 $U_S(t)=U_{\text{p}}\sin\omega t$ 从0开始逐渐增大，二极管处于导通状态，电源 $U_S(t)$ 在向负载R_L通电的同时，也向电容C充电。如果忽略二极管的正向压降，电容电压U_C也随着输入电压 $U_S(t)$ 按正弦规律上升至电压最大值U_{p}。而后，随着输入电压由最大值U_{p}逐渐减小，$U_S(t)<U_C=U_{\text{p}}$，二极管处于截止状态，电容C开始向负载R_L按指数规律放电。当U_C下降至 $U_S(t)>U_C$ 时，二极管再次导通，电源 $U_S(t)$ 也重新向电容C充电……循环往复，$U_S(t)$ 做周期性变化，电容C也周而复始地进行充电和放电，从而使输出电压U_{O}的脉动减小。

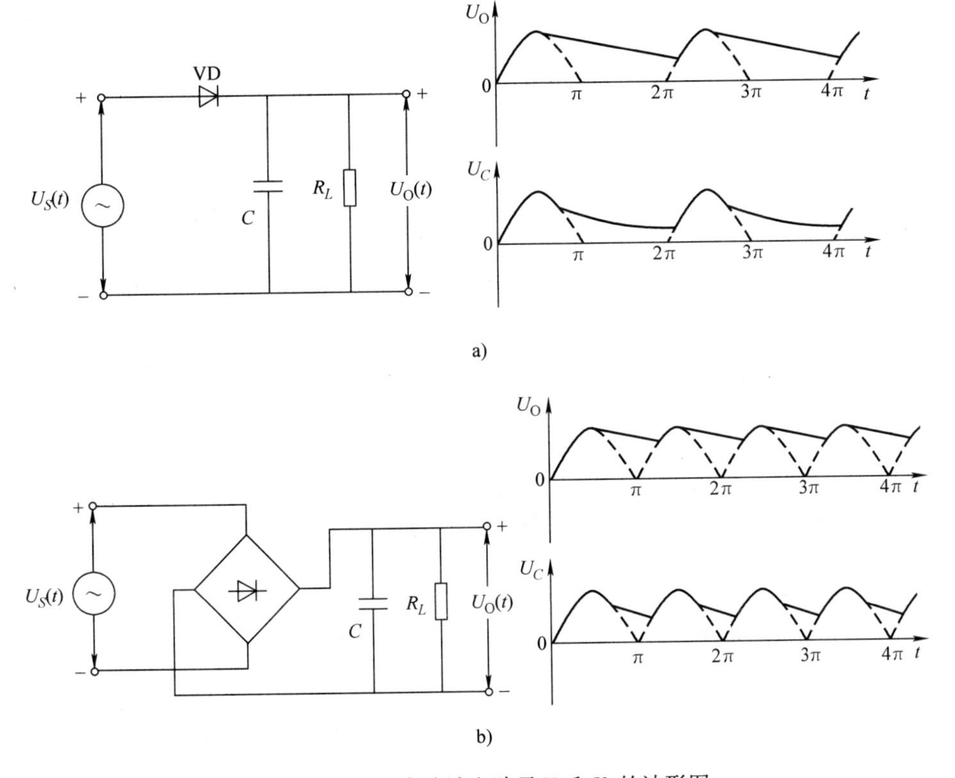

图3.8.31 电容滤波电路及U_{O}和U_C的波形图

a）单相整流滤波 b）全波桥式整流滤波

电容滤波的计算比较麻烦，因为决定输出电压的因素较多，所以一般采用以下估算法：

$$U_{\mathrm{O}} = U_{\mathrm{p}}\left(1 - \frac{T}{4R_LC}\right) = U_{\mathrm{p}}\left(1 - \frac{T}{4\tau}\right) \tag{3.8.46}$$

式中，T 为交流电压的周期。因此，为了获得较平滑的输出电压，通常要求 $R_L \geqslant (10 \sim 15)\dfrac{1}{\omega C}$，即 $\tau = R_LC \geqslant (3 \sim 5)\dfrac{T}{2}$。

Ⅱ. π 型 *RC* 滤波电路

电容滤波的输出波形的脉动系数依旧较大，尤其是负载R_L较小时，除非将电容量增大，而这在实际应用中是难以实现的。在这种情况下，要减小脉动系数，可以考虑多级滤波，即再增加几级 *RC* 滤波电路。π 型 *RC* 滤波电路就是再增加了一级 *RC* 滤波电路，如图 3.8.32 所示。

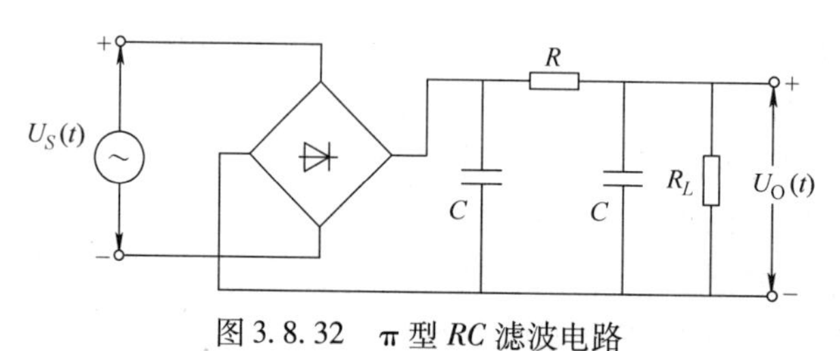

图 3.8.32　π 型 *RC* 滤波电路

【实验装置】

本实验仪器由功率信号发生器、频率计、电阻箱、电感箱、电容箱和整流滤波电路等组成。

实验仪器面板如图 3.8.33 所示。“频率表”为 5 位数显频率表，它的工作范围为 0 ~ 99.999kHz；“波形选择”有“方波（50Hz ~ 1kHz）”“正弦波（50Hz ~ 1kHz）、（1kHz ~ 10kHz）、（10kHz ~ 100kHz）”和“直流”等 5 个档位，“方波”和“正弦波”的信号幅度均为 0 ~ 10V_{pp}，“直流”为 2 ~ 12V 可调；电阻箱、电容箱及电感箱均为十进式。

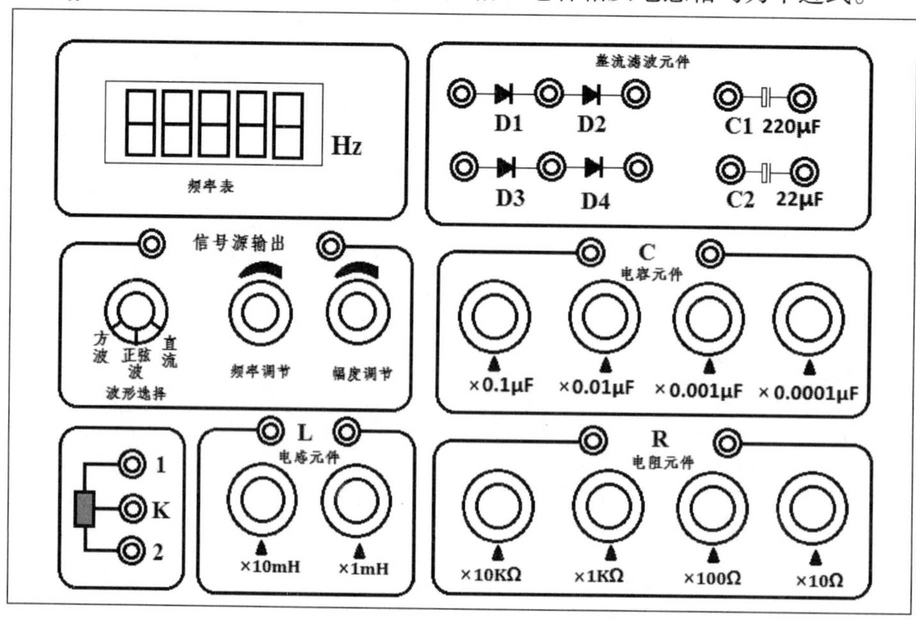

图 3.8.33　*RLC* 电路实验仪面板图

【实验内容】

1. *RC* 串联电路的稳态特性

设定 $R=200\Omega$、$C=1\mu F$，按照图3.8.5连接电路。

（1）*RC* 串联电路的幅频特性

1）将示波器的“CH1”（或“CH2”）接在电阻 *R* 的两端。

2）选择正弦波信号，调节幅度至 $V_{pp}=6.00V$。

3）间隔200Hz，用示波器测量频率从 $f=200Hz\sim3kHz$ 时的 U_R。

4）将示波器的“CH1”（或“CH2”）接在电容 *C* 的两端，重复步骤2）3），将 U_C 的测量结果，并记录在表3.8.3中。

表3.8.3　*RC* 串联电路的幅频特性

序　号	1	2	3	…	14	15
f/kHz	0.20	0.40	0.60	…	2.80	3.00
U_R/V				…		
U_C/V				…		
U_S/V						

（2）*RC* 串联电路的相频特性

1）将示波器的“CH1”接在电阻两端，“CH2”接在信号源两端。

2）选择正弦波信号，调节幅度至 $V_{pp}=6.00V$。

3）间隔200Hz，用李萨如图形测量频率从 $f=200Hz\sim3kHz$ 时的 U_S 与 U_R 之间的相位差 φ，并记录在表3.8.4中。

表3.8.4　*RC* 串联电路的相频特性

序　号	1	2	3	…	14	15
f/kHz	0.20	0.40	0.60	…	2.80	3.00
B/V				…		
A/V				…		
$\varphi=\arcsin\left(\frac{B}{A}\right)$						

2. *RL* 串联电路的稳态特性

设定 $R=200\Omega$、$L=40mH$，按图3.8.10连接电路。测量过程与 *RC* 串联电路时的方法类似。

3. *RLC* 串联电路的稳态特性

（1）谐振电路特性

设定 $R=200\Omega$、$L=40mH$、$C=1\mu F$，计算电路的 *Q* 值，按图3.8.13所示连接线路。

Ⅰ. 幅频特性

① 选择正弦波信号，调节幅度至 $V_{pp}=6.00V$。

② 根据 *R*、*L* 和 *C* 值，估算谐振频率 f_0 以及电感电压与电容电压最大值时的频率 f_L 和 f_C。

③ 间隔200Hz，用示波器测量频率从 $f=200Hz\sim3kHz$ 时的 U_R、U_L 和 U_C 值，并记录在自

拟的表格中。

Ⅱ. 相频特性

① 选择正弦波信号，调节幅度至 $V_{pp}=6.00\text{V}$。

② 根据所选的 L 和 C 值，估算谐振频率。

③ 间隔200Hz，用李萨如图形测量频率从 $f=200\text{Hz}\sim3\text{kHz}$ 时的 U_S 与 U_R 之间的相位差 φ，并记录在自拟的表格中。

（2） 品质因数 Q 与 R 的关系

设定 $R=20\Omega$、$L=40\text{mH}$、$C=1\mu\text{F}$，计算电路的 Q 值，并测量 U_R，并记录在自拟的表格中。

4. *RLC* 并联电路的稳态特性

设定 $R_S=10\text{k}\Omega$、$L=10\text{mH}$、$C=0.1\mu\text{F}$，按图 3.8.18 所示连接线路，并测量此时电感的内阻 R。

（1） 幅频特性

1） 将示波器的“CH1”（或“CH2”） 接在电阻 R_S 的两端。

2） 选择正弦波信号，调节幅度至 $V_{pp}=6.00\text{V}$。

3） 间隔200Hz，用示波器测量频率从 $f=200\text{Hz}\sim3\text{kHz}$ 时的 U_R，并记录在自拟的表格中。

4） 将示波器的“CH1”（或“CH2”） 接在电容 C 的两端，重复步骤2） 3），并将 U_C 的测量结果记录在自拟的表格中。

（2） 相频特性

1） 选择正弦波信号，调节幅度至 $V_{pp}=6.00\text{V}$。

2） 根据所选的 L 和 C 值，估算谐振频率。

3） 间隔200Hz，用李萨如图形测量频率从 $f=200\text{Hz}\sim3\text{kHz}$ 时的 U_S 与 U_R 之间的相位差 $\Delta\varphi$，并记录在自拟的表格中。

5. *RC* 串联电路的暂态特性

1） 按照图 3.8.21 连接实验线路。选择方波作为信号源，幅值设定为 $V_{pp}=6.00\text{V}$，方波频率设定为500Hz、电阻 $R=500\Omega$、电容 $C=1\mu\text{F}$，计算时间常数 τ。

2） 将示波器的“CH1”接至信号源两端，“CH2”接至电容器两端。

3） 调整示波器以显示完整的暂态过程，并用示波器测量 $t=0$，0.20ms，0.40ms，…，2.00ms 时，电容器两端的电压 U_C。

4） 测量电容放电过程的半衰期。

5） 改变方波频率，观察波形的变化情况，分析相同的 τ 值在不同频率时的波形变化情况。

6） 将方波频率设定为500Hz，电阻值设定为100Ω，电容值设定为1μF，计算时间常数 τ，重复步骤1）~4）。

7） 将方波频率设定为500Hz，电阻值设定为500Ω，电容值设定为0.5μF，计算时间常数 τ，重复步骤1）~4）。

6. *RL* 电路的暂态过程

按照图 3.8.24 连接实验线路。选择方波作为信号源，幅值设定为 $V_{pp}=6.00\text{V}$，方波频率设定为500Hz，电感设定为50mH，电阻分别设定为100Ω、500Ω和1kΩ，用示波器测量$t=0$，0.20ms，0.40ms，…，2.00ms时，电感两端的电压U_L。

7. *RLC* 串联电路的暂态特性

1）按照图3.8.25连接实验线路。选择方波作为信号源，幅值设定为$V_{pp}=6.00$V，方波频率设定为250Hz、电阻为10Ω、电容为0.4μF、电感为10mH，计算电路的Q值。

2）将示波器的“CH1”接至信号源两端，“CH2”接至电容器两端。

3）调整示波器以显示完整的欠阻尼过程，并用示波器测量$t=0$，0.10ms，0.20ms，…，4.00ms时，电容器两端的电压U_C（其中$t=0\sim2.00$ms为充电过程，$t=2.00\sim4.00$ms为放电过程）；同时，测量欠阻尼时的时间常数τ。（注：从最大幅度衰减到0.368倍的最大幅度处的时间即为τ值。）

4）调节R至刚好出现临界阻尼现象，观察并记录此时的波形以及R值；继续增大R，观察并记录过阻尼现象的波形。

8. 整流滤波电路的特性观测

（1）单相半波整流滤波

按图3.8.31a接线，选择正弦波信号作电源，幅值设定为$V_{pp}=6.00$V，频率设定为1kHz，电阻设定为200Ω。

1）观察并记录未连接滤波电容时$U_S(t)$与$U_0(t)$的波形。

2）分别将电容值为22μF和220μF的滤波电容接入电路，观察并记录$U_0(t)$波形。

（2）全波桥式整流滤波

按图3.8.31b接线，选择正弦波信号作电源，幅值设定为$V_{pp}=6.00$V，频率设定为1kHz，电阻设定为200Ω。

1）观察并记录未连接滤波电容时，$U_S(t)$与$U_0(t)$的波形。

2）分别将电容值为22μF和220μF的滤波电容接入电路，观察并记录$U_0(t)$波形。

【数据处理】

1. *RC* 串联电路的稳态特性

1）根据测量结果分别绘制RC串联电路的幅频特性图、相频特性图。

2）根据测量结果分别绘制RC串联电路的低通、高通滤波曲线，从图中读取相应的截止频率并与理论值比较，计算百分差。

2. *RL* 串联电路的稳态特性

根据测量结果分别绘制RL串联电路的幅频特性图、相频特性图。

3. *RLC* 串联电路的稳态特性

1）根据测量结果绘制RLC串联电路的幅频特性图，从图中读取相应的f_0、f_L、f_C，并与理论值比较，计算百分差。（**注意：**将R、L、C的幅频特性作在同一图中。）

2）根据测量结果绘制RLC串联电路的相频特性图。

3）根据测量结果绘制不同Q值的RLC串联电路的幅频特性图，并分析Q值与R的关系。

4. *RLC* 并联电路的稳态特性

1）根据测量结果绘制RLC并联电路的幅频特性图，从图中读取相应的f_0、f_L、f_C，并与理论值比较，计算百分差。（**注意：**将R、L、C的幅频特性绘制在同一图中。）

2）根据测量结果绘制 *RLC* 并联电路的相频特性图。

5. *RC* 串联电路的暂态特性

1）根据测量结果将不同时间常数 τ 的充放电曲线绘制在同一图中，并分析 τ 值大小对充放电过程的影响；同时，根据绘制的曲线，读取不同电路参数下的时间常数 τ，并与理论值比较，计算百分差。

2）依据半衰期的测量结果，计算时间常数 τ，并与理论值比较，计算百分差。

3）依据电容的放电方程，用线性回归分别计算不同 R 或 C 的 *RC* 串联电路的时间常数 τ，并与理论值比较，计算百分差。

6. *RL* 电路的暂态过程

根据测量结果将不同时间常数 τ 的充放电曲线绘制在同一图中，并分析 τ 值大小对充放电过程的影响；同时，从绘制的曲线上读取时间常数 τ，并与理论值比较，计算百分差。

7. *RLC* 串联电路的暂态特性

1）根据测量结果绘制完整的欠阻尼过程的曲线。

2）根据放电方程，用线性回归计算电路的时间常数 τ 以及 Q 值，并与理论值比较，计算百分差。

8. 整流滤波电路的特性观测

记录示波器显示的单相半波和全波桥式的整流及滤波的输出电压波形，并讨论滤波电容数值大小的影响。

【注意事项】

（1）勿使信号源输出端短路。

（2）实验过程中，应保持信号源输出电压稳定。

（3）在测量电阻两端电压、电容两端电压及电感两端电压时，应分别与信号源输出共地。

（4）示波器需通电预热 15min 以上，以使机内各个元件在热稳定状态下工作。

实验 3.9　用直流电位差计测电位差

电位差和电动势是电学实验中经常碰到的物理量，对它们的值进行测量时，一般情况下都是使用伏特表，但由于测量支路的分流作用，这样测出的电位差并不是用电元件上电位差的真实值。若能使测量支路上的电流为零，就能得到准确的结果。电位差计就是根据这个原理设计的。电位差计是采用补偿法测量电位差或电动势的一种仪器。它通过将未知电势与电位差计上的已知电势相比较，此时被测的未知电压回路上没有电流，测量结果仅仅依赖于准确度极高的标准电池、标准电阻以及高灵敏度的检流计。电位差计的测量准确度可达到 99.99% 或更高，可以用来精确测量电动势、电位差、电流、电阻、温度、压力、位移和速度等物理量，在生产检测和科学实验中得到了广泛的应用。

【实验目的】

（1）了解直流电位差计的工作原理及优点，并学习使用直流电位差计测量电位差。

（2）学习线路分析，提高接线和分析电路的能力。

【实验仪器】

标准电池、检流计、电阻箱、电阻、稳压电源、电池、开关、保护电路等。

【实验原理】

1. 补偿法原理

如要测量图3.9.1a中直流电路 a、b 两点间的电位差 U_x（其中 $U_a < U_b$，因此 a 点标以“+”号，这是“+”“-”号的一般意义），方法之一是用直流电压表测量，这时将有一定大小的电流 i' 从待测电路中引出流经电表，从而改变 U_x 的大小造成测量误差。这在一般测量中是允许的，但在精确测量中却是不行的，而且在有些情况下用电表测出的数值比原有值相差很多。这是用电表测量的主要缺点之一。

为了解决这一矛盾，人们从实践中找到了新的测量方法——补偿法。电位补偿法又称比较法，是通过将未知电动势与已知的标准电动势进行比较从而得到未知电动势值的测量方法。其电学原理如图3.9.1b所示，已知电动势为 E_N，其值可变并可确切知道，当按照电路连接上电流表G和未知电动势 E_x 后，开始的时候因为 E_N 不等于 E_x，电路中有净的电动势，从而有电流 i'。调节 E_N 的值，当检流计指“0”的时候，电路中没有电流，此时 $E_N = E_x$，就知道了未知电动势的值。

2. 对电位差计的工作原理

直流电位差计有三个回路：由 E、R_N、R、R_p 组成的回路为工作回路，I 为工作电流，R_p 为工作电流调节电阻，E 为工作电源；由 E_N、R_N、G组成的回路为校准回路，R_N 为校准电阻；由 E_x、R_x、G组成的回路为待测回路，如图3.9.2所示。其中，R_N 为标准电池 E_N 的温度补偿电阻，需要根据标准电池的工作温度计算出标准电池的电动势值然后相应调节 R_N 的值；R_p 为电位差计工作电源 E 的分压电阻。

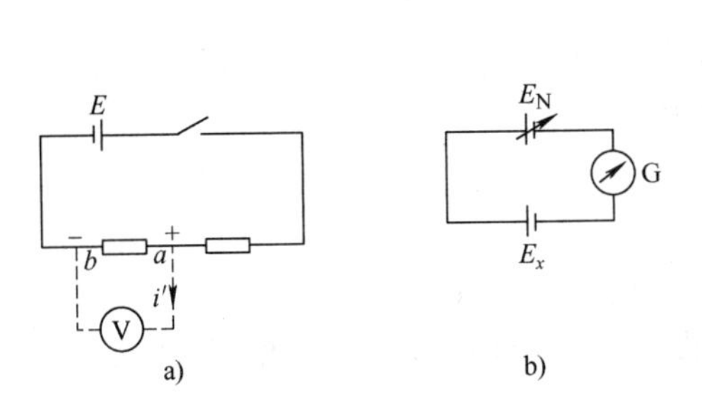

图3.9.1 补偿法原理图

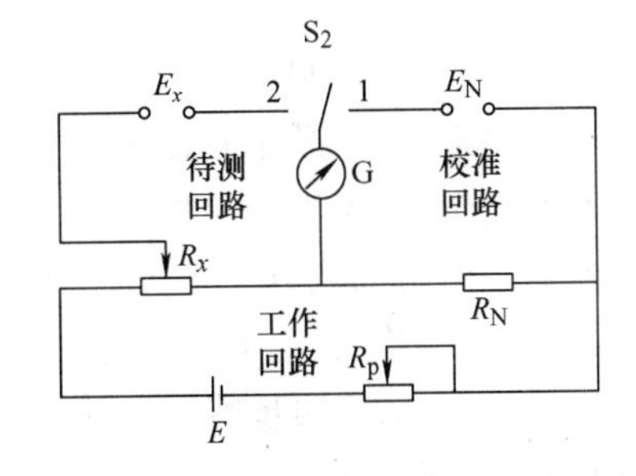

图3.9.2 电位差计工作原理示意图

通过调节旋钮开关 S_2 可以分别将“校准回路”和“待测回路”与电位差计工作电源 E 相连，形成两个补偿电路。

S_2 连接“1”（即电位差计上的“标准”档）时，接入标准回路，调节 R_p 使检流计G指“0”，这时，施加在 R_N 上的电压与和 E_N 相等，$i'=0$，电位差计达到平衡，有

$$E_N = IR_N \tag{3.9.1}$$

其中 I 为流经 R_N 的工作电流。

S_2 连接“2”时，接入待测回路，调节 R_x 使检流计G指“0”，此时有

$$E_x = IR_x \tag{3.9.2}$$

将式（3.9.1）代入式（3.9.2）得

$$E_x = \frac{R_x}{R_N}E_N \tag{3.9.3}$$

综上所述，电位差计的主要优点如下：

1）不改变待测电路中电压、电流的数值。

2）精度高，可达0.0001%，这主要是由于 R_x、R_N 及 E_N 可以做得极准，G也可做得很灵敏，因而能准确判定电位差计的平衡位置。而电表目前最高只能达到0.1%。

3）可以测量小到几微伏的电压，这也是电表无法达到的。

电位差计是最基本的电测量工具之一，配合一些其他仪器还可测电流、电阻、电功率等。稍加变换也可测量温度、压力等各种各样的非电量，用途极为广泛。

【实验内容】

1. 测干电池电动势 E'

这时待测回路应为开路，S′应置于断开状态。

1）按图3.9.3连接电路，注意工作电源 E、标准电池 E_S 和待测干电池 E' 的正负。

2）校准。双刀开关S′置右，闭合电源开关S。先使用粗调开关 S_1 改变 R_S 大小，使检流计指针偏转为零或偏转很小；再用细调开关 S_2 改变 R_S，使检流计指针不再偏转为止。这时电位差计就平衡了。在调平衡的过程中，不许把 S_1、S_2 长时间接通！还要注意检流计指针的偏转方向与 R_S 变化之间的关系，这是能否迅速找到平衡点的关键。如果检流计指针偏转过大，可闭合 S_3，使其迅速回到平衡位置。

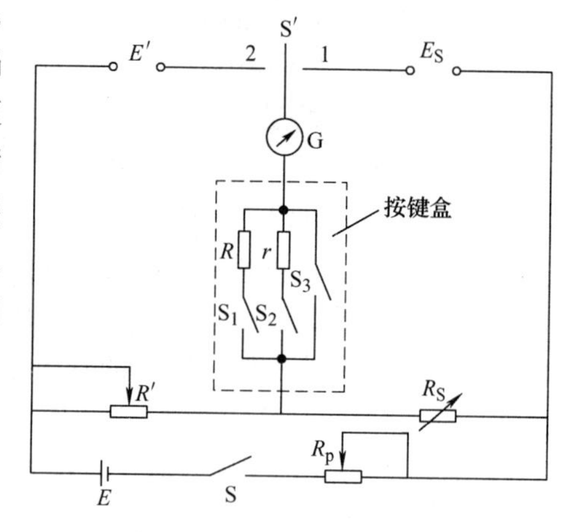

图　3.9.3

3）测干电池电动势 E'。把干电池接到电位差计测量端，将双刀双掷开关置于左侧。先使用粗调开关 S_1 改变 R' 的大小，使检流计指针偏转为零或偏转很小；再用细调开关 S_2 调节 R' 的阻值，使检流计指针偏转为零。记下此时的 R' 值。写出测量结果。

4）重复2）、3）两步骤，共测5次。**注意：**由于工作电源 E 的不稳定会引起 i 的变化，因此每次测量前都必须校准！

2. 测 R_1 两端电位差

将待测回路接通，测量方法同上。共测5次。写出测量结果。

3. 测 R_2 两端电位差

将待测回路接通，测量方法同上。共测5次。写出测量结果。

【附件】

标准电池简介

原电池的电动势与电解液的化学成分、浓度、电极的种类等因素有关，因而一般要想把不同电池做到电动势完全一致是非常困难的。标准电池就是用来作为电动势标准的一种原电池。实验室常见的标准电池分为干式标准电池和湿式标准电池两种，湿式标准电池又分为饱和式和非饱和式两种。这里仅简介最常用的饱和式标准电池，亦称“国际标准电池”，它的结构如图3.9.4所示。

1. 标准电池的特点

1）电动势恒定，使用过程中随时间的变化量很小。

2）电动势因湿度的改变而产生的变化可用下面的经验公式具体地计算：

$$E_t \approx E_{20℃} - 0.00004 \times (t-20) - 0.000001 \times (t-20)^2$$

式中，E_t表示室温 t℃时标准电池的电动势值（V）；$E_{20℃}$表示室温 20℃时标准电池的电动势值（V），此值一般为已知。

3）电池的内阻随时间保持相当大的稳定性。

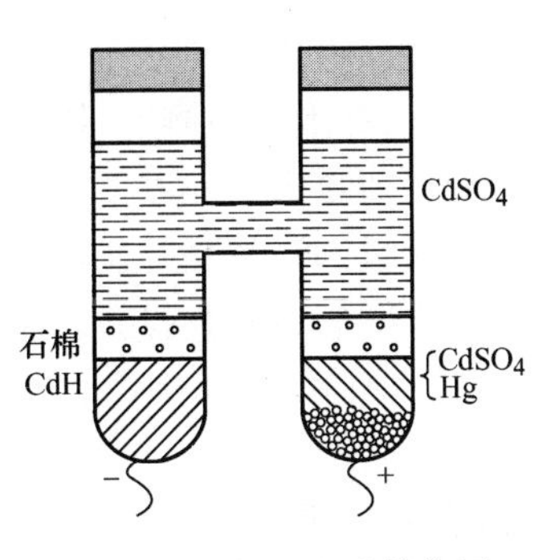

图 3.9.4　标准电池结构图

2. 使用标准电池的注意事项

1）从标准电池取用的电流不得超过 1μA。因此，不许用一般伏特计（如万用表）测量标准电池电压。同时，使用标准电池的时间要尽可能短。

2）绝不能将标准电池当一般电源使用。

3）不许倒置、横置或激烈震动标准电池。

实验 3.10　用数字积分式冲击电流计测量电容与高阻

冲击电流计常用于测量电荷量，而不是电流。例如，电路在短时间内脉冲电流所迁移的电荷量、静电电荷量等。本质上讲，它是对脉冲电流的积分测量。因此冲击电流计还可间接地测量磁感应强度、电容、电阻等。本实验将通过电荷量的测量，学习电荷量与电流、电压、电容、电阻等物理量的关系。通过比较法测量电容和放电法测量高阻，拓展冲击电流计的应用，丰富了电磁学实验的内容。

本实验采用新型的数字积分式冲击电流计进行测量。其原理是对输入的脉冲电流信号，用高速数字电路进行采集，计算其面积。这种方法相对于一般的电容积分峰值保持式测量电路具有很大的优势，原因是干扰脉冲对整体面积的影响可以被很大程度地均和而抵消，但对于峰值保持式积分器，干扰脉冲将严重影响其测量结果。

【实验目的】

（1）学习数字积分式冲击电流计的使用方法。

（2）比较法测量电容。

（3）掌握 RC 放电法测量高阻的原理，并测量高阻。

【实验仪器】

数字积分式冲击电流计、冲击法电容与高阻测量仪（含标准电容、待测电容、高值电阻、直流电源、放电开关、同步计时秒表等）、导线。

【实验原理】

1. 用冲击电流计测量电容的原理

在图 3.10.1 中，电源 E 用于给电容提供充电电源。要求其具有较高的电压稳定度，且其内阻要足够小。开关 S_1 用于换向，需要时可以进行正反向测量，以提高测量准确度。开关 S_2 用于选择充电与测量，S_3 用于选择标准与被测电容。对 S_2、S_3 开关的要求是绝缘电阻要高、断路间隙小、接触抖动小，否则抖动和漏电阻将可能会影响测量结果。

将开关 S_3 置于“标准”档，S_2 置于“充电”档，则电源 E 对标准电容 C_N充电。标准电容 C_N上所充电荷量为 $Q_N = C_N U$。将 S_2 置于“测量”档，则 C_N向冲击电流计 Q 放电，并显示（由于冲击电流计具有一定的内阻，需等待一定时间，显示数值才能达到稳定数值）。将开关 S_3 置于“被测”档，S_2 置于“充电”档，则电源对待测电容 C_x 充电。待测电容 C_x 上所充电荷量为 $Q_x = C_x U$。将 S_2 置于“测量”档，则 C_x 向冲击电流计 Q 放电。冲击电流计完成电荷量的测量，并显示。由于存在漏电阻，同时稳压电源的输出可能存在微小波动，因此，为了减小该系统误差，在计算 C_x 时有

$$U = \frac{Q_x}{C_x} = \frac{Q_N}{C_N} \tag{3.10.1}$$

由于 C_N 为已知值，故可求得 C_x。

2. *RC* 放电法测高阻

高阻一般是指阻值大于 $10^6\Omega$ 的电阻。用数字电阻表或伏安法测量高电阻时，因为数字表的输入电流或因电流非常小的原因，会造成测量失准。借助高性能的数字冲击电流计，用放电法测量高阻是一种较为准确的方法。将待测高阻与已知电容组成回路，在电容放电时测量电容上的电荷量（或电压）随时间的变化关系，确定其时间常数，在已知标准电容容量的情况下，可确定高阻的阻值。其电路图如图 3.10.2 所示。

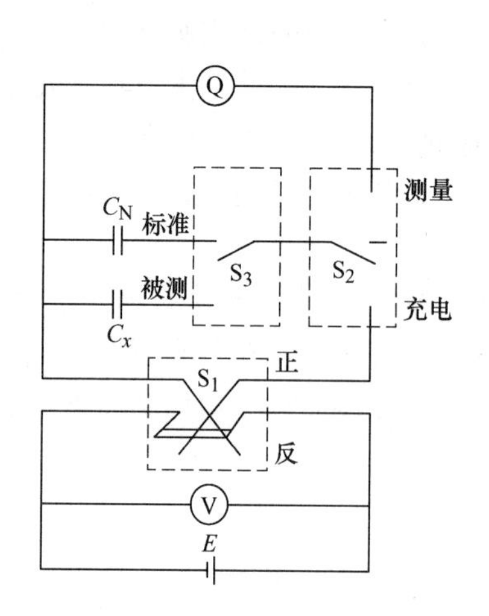

图 3.10.1　用冲击电流计测量电容

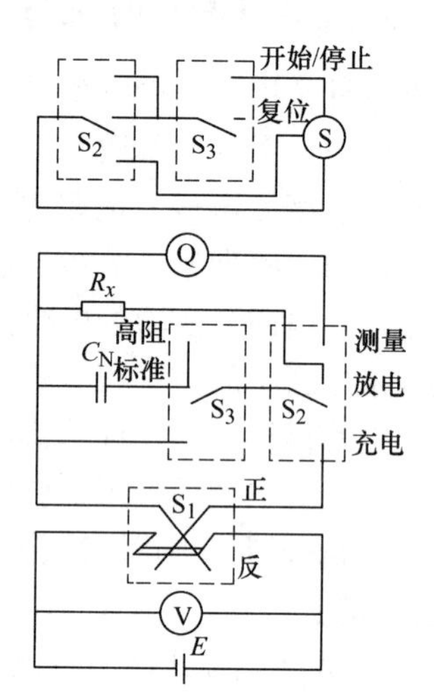

图 3.10.2　用冲击电流计测量高阻

在图 3.10.2 中，开关 S_2、S_3 是一个双刀三位开关，其绝缘电阻高、断路间隙小、接触抖动小，测量工作过程如下。

C_N 充电：将开关 S_3 置于“标准”档，S_2 置于“充电”档，在很短时间即可完成充电。同时 S_2 的另一组开关接通计时器 S 的“复位”档，计时表示值回零。

C_N 放电：将开关 S_3 置于“高阻”档，一组开关接至 C_N 不变，另一组开关接至“开始/停止”档，准备进行计时。将 S_2 置于“放电”档，R_x 就并联到 C_N 两端，电容开始放电；同时，S_2 的另一组开关接通计时器 S 的“开始/停止”档，计时器开始计时。由于 S_2 的两组开关是联动的，所以确保了放电与计时的同步性。由于 S_2、S_3 使用了高绝缘性能的开关，而且 C_N 本身的绝缘电阻也很高，所以实验中切换开关时，开关动作快慢并不会明显影响计时准确度，这降低了操作难度，并提高了测量准确性。

测量：放电一段时间后，将 S_2 切换到“测量”档，C_N 向冲击电流计放电，并断开 R_x，

以免在冲击电流计测量期间 C_N 向 R_x 放电。同时 S_2 的另一组开关再次接通计时器 S 的“开始/停止”档并停止计时；也正是由于 S_2 的两组开关是联动的，所以确保了冲击电流计测量与计时停止的同步性。

在上述的测量过程中，设放电时间为 t，则在 t 时刻电容 C 上的电荷量 Q、电压 U 和 RC 回路中的电流 I 之间满足：

$$Q = CU,\ U = RI,\ I = -\frac{dQ}{dt}$$

其中负号表示随着放电时间的增加，电容器极板上的电荷 Q 将随之减少。**注意：**Q、U、I 这三个物理量都是时间的函数。

设初始条件为 $t=0$ 时，$Q=Q_0$，则电容上电荷量与时间的关系为 $\frac{dQ}{dt} = -\frac{q}{RC}$，即

$$Q = Q_0 e^{\frac{-t}{RC}} \tag{3.10.2}$$

式中，RC 称为时间常数，一般用 τ 表示，其物理意义为当 $t=\tau=RC$ 时，电容上的电荷量由 $t=0$ 时的 Q_0 下降到 $0.368Q_0$，它决定放电过程的快慢。时间常数 τ 越大，放电越慢；反之，τ 越小，放电越快。对应的放电曲线如图 3.10.3 所示。

对式（3.10.2）取自然对数，有

$$\ln Q = -\frac{t}{RC} + \ln Q_0 \tag{3.10.3}$$

根据式（3.10.3）可知 $\ln Q$ 与 t 呈线性关系（见图 3.10.4）。其直线斜率就是 $-\frac{1}{RC}$，根据已知标准电容值就可以求得 R 的大小。

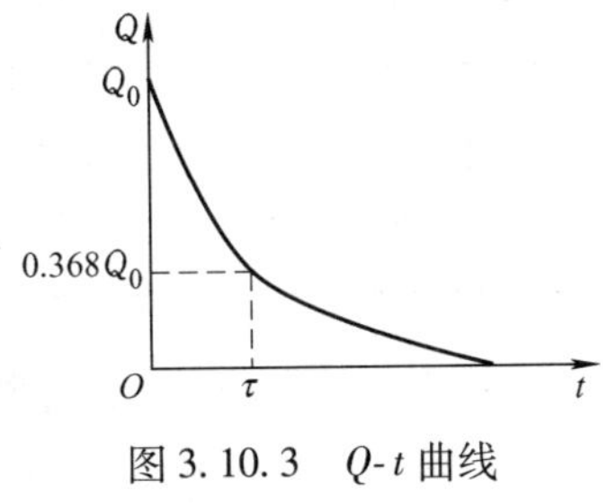

图 3.10.3　Q-t 曲线

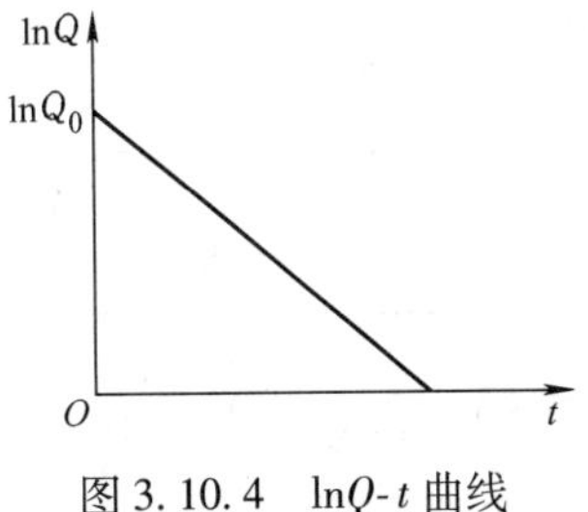

图 3.10.4　$\ln Q$-t 曲线

【实验内容】

1. 用冲击电流计测量电容

1）按图 3.10.1 连接线路。

2）将工作电压设定为 11.00V；选择 1μF 的标准电容，将其接入回路；同时，依据所测电量的理论值的大小，合理地选择冲击电流计的量程。

3）将 S_3 置于“标准电容”，S_1 置于“正向”，S_2 置于“充电”，则电源对标准电容 C_N 充电。将 S_2 置于“测量”，则 C_N 向冲击电流计放电，记录电量值。而后，将 S_1 置于“反向”，重复上述操作。“正向”与“反向”均只进行一次测量。由于冲击电流计存在零点漂移，因此需要对所测电量进行修正，即对于同一电容应取“正向”和“反向”的平均值作为该次测量的最终结果。

4）保持工作电压不变，选择 1μF 的待测电容并将 S_3 置于“被测电容”，重复上述

步骤。

5）将工作电压依次设定为 12.00V，13.00V，…，18.00V，重复以上的实验内容。

6）选择 0.1μF 的标准电容和待测电容，重复步骤 2）~5）。

2. 用冲击电流计测量高阻

按图 3.10.2 接线；将工作电压设定为 15.00V，R_x 设定为 100MΩ，选取 1μF 的标准电容。

1）将 S_1 置于“正向”，S_3 置于“高阻”，S_2 置于“充电”，此时的计时器显示为“0.00”。

2）将 S_2 置于“放电”，电容开始对电阻放电，同时，计时器开始计时。当计时器显示为“5.00”，迅速地将 S_2 切换到“测量”，记录电量值。（鉴于时间控制问题，允许在相应时间内波动 ±0.2s。）

3）再将放电时间分别选取为 10.00s、20.00s、30.00s、40.00s，重复以上步骤。

4）保持各个实验参数不变，将 S_1 置于“反向”，重复上述实验内容。

【数据记录及处理】

1. 用冲击电流计测量电容

表 3.10.1　用冲击电流计测量电容的数据表

序　号	1	2	…	7	8
U/V	11.00	12.00	…	17.00	18.00
$Q_{N正}/\mu C$					
$Q_{N反}/\mu C$					
$\overline{Q_N}/\mu C$					
$Q_{x正}/\mu C$					
$Q_{x反}/\mu C$					
$\overline{Q_x}/\mu C$					

以 $\overline{Q}_N$ 为横轴、$\overline{Q}_x$ 为纵轴，作 $\overline{Q}_x$-$\overline{Q}_N$ 图，计算图线的斜率，进而计算出待测电容的电容值。

2. 用冲击电流计测量高阻

1）用图解法分别计算正向与反向充放电的电阻值及电量值。

表 3.10.2　用冲击电流计测量高阻的数据表（正向）

序　号	1	2	3	4	5
设定时间 t_0/s	5.00	10.00	20.00	30.00	40.00
实测时间 t/s					
$Q_正/\mu C$					
$\ln[Q_正/\mu C]$					

以实测时间 t/s 为横轴、$\ln[Q_正/\mu C]$ 为纵轴，作 $\ln[Q_正/\mu C]-t$ 图，计算图线的斜率和截距，进而计算出在正向充放电的情况下，测得的待测高阻的阻值 $R_正$ 与电容所携带的电

量$Q_{0正}$。

表3.10.3 用冲击电流计测量高阻的数据表（反向）

序　　号	1	2	3	4	5
设定时间 t_0/s	5.00	10.00	20.00	30.00	40.00
实测时间 t/s					
$Q_{反}$/μC					
ln［$Q_{反}$/μC］					

以实测时间 t/s 为横轴、ln［$Q_{反}$/μC］为纵轴，作 ln［$Q_{反}$/μC］$-t$ 图，计算图线的斜率和截距，进而计算出在反向充放电的情况下，测得的待测高阻的阻值$R_{反}$与电容所携带的电量$Q_{0反}$。

2）依据1）的数据处理结果，分别计算出阻值 R 与电量Q_0，并与标准值（或理论值）进行比较，计算百分差。

实验3.11 霍尔效应及其应用

霍尔效应是导电材料中的电流与磁场相互作用而产生电动势的效应。1879年，美国霍普金斯大学研究生霍尔在研究金属导电机理时发现了这种电磁现象，故称霍尔效应。后来曾有人利用霍尔效应制成测量磁场的磁传感器，但因金属的霍尔效应太弱而未能得到实际应用。随着半导体材料和制造工艺的发展，人们又利用半导体材料制成霍尔元件，由于它的霍尔效应显著、结构简单、形小体轻、无触点、频带宽、动态特性好、寿命长，因而被广泛应用于自动化技术、检测技术、传感器技术及信息处理等方面。在电流体中的霍尔效应也是目前在研究中的“磁流体发电”的理论基础。近几十年来，霍尔效应实验又不断有新发现。1980年，物理学家冯·克利青研究二维电子气系统的输运特性，在低温和强磁场下发现了量子霍尔效应，这是凝聚态物理领域最重要的发现之一。目前对量子霍尔效应正在进行深入研究，并取得了重要应用，例如用于确定电阻的自然基准，可以极为精确地测量光谱精细结构常数等。

在磁场、磁路等磁现象的研究和应用中，霍尔效应及其元件是不可缺少的，利用它观测磁场直观、干扰小、灵敏度高、效果明显。霍尔效应也是研究半导体性能的基本方法，通过霍尔效应实验所测定的霍尔系数，能够判断半导体材料的导电类型，载流子浓度及载流子迁移率等重要参数。

【实验目的】

（1）了解霍尔效应产生的机理及霍尔元件有关参数的含义和作用。

（2）学习利用霍尔效应研究半导体材料性能的方法及消除副效应影响的方法。

（3）学习利用霍尔效应测量磁感应强度 B 及磁场分布。

（4）学习用最小二乘法和作图法处理数据。

【实验仪器】

霍尔效应实验仪。

【实验原理】

1. 霍尔效应

霍尔效应从本质上讲，是运动的带电粒子在磁场中受洛伦兹力的作用而引起的偏转。当带电粒子（电子或空穴）被约束在固体材料中时，这种偏转就导致在垂直电流和磁场的方向上产生了正、负电荷在不同侧的聚积，从而形成附加的横向电场。这个现象就叫作霍尔效应。

如图 3.11.1 所示，把一块半导体薄片放在垂直于它的磁感应强度为 $\boldsymbol{B}$ 的磁场中（$\boldsymbol{B}$ 的方向沿 z 轴方向），若沿 x 方向通以电流 I_S时，薄片内定向移动的载流子受到的洛伦兹力 $\boldsymbol{F}_B$ 的大小为 $F_B=qvB$，其中 q、v 分别是载流子的电荷量和移动速度。载流子受力偏转的结果使电荷在 AA'两侧积聚而形成电场，电场的取向取决于样品的导电类型。设载流子为电子，则 $\boldsymbol{F}_B$沿着 y 轴负方向，这个电场又给载流子一个与 $\boldsymbol{F}_B$反方向的电场力 $\boldsymbol{F}_E$。设 E_H为电场强度，U_H为 A 和 A'间的电位差，b 为薄片宽度，则

$$F_E=qE_H=q\frac{U_H}{b} \tag{3.11.1}$$

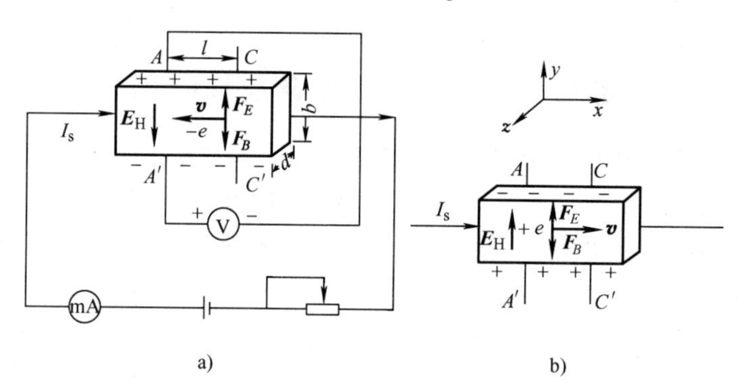

图 3.11.1　霍尔效应原理图

a）载流子为电子（N 型）　b）载流子为空穴（P 型）

达到稳恒状态时，电场力和洛伦兹力平衡，有 $F_B=F_E$，即

$$qvB=q\frac{U_H}{b} \tag{3.11.2}$$

设载流子的浓度用 n 表示，薄片的厚度用 d 表示，因电流 I_S与 v 的关系为

$$I_S=bdnqv \quad 或 \quad v=\frac{I_S}{bdnq}$$

故得

$$U_H=\frac{1}{nq}\frac{I_SB}{d} \tag{3.11.3}$$

令

$$R_H=\frac{1}{nq} \tag{3.11.4}$$

则式（3.11.3）可写成

$$U_H=R_H\frac{I_SB}{d} \tag{3.11.5}$$

式中，U_H称为霍尔电压；I_S称为控制电流；比例系数R_H称为霍尔系数，是反映材料霍尔效应强弱的重要参数。由式（3.11.5）可知，霍尔电压U_H与I_S和B的乘积成正比，与样品的厚度d成反比。

2. 霍尔效应在研究半导体性能中的应用

由式（3.11.5）可知，只要测得I_S、B和相应的U_H以及霍尔片的厚度d，霍尔系数R_H可以按下式计算求得：

$$R_H = \frac{U_H d}{I_S B} \tag{3.11.6}$$

根据霍尔系数R_H，可进一步确定以下参数。

1）根据R_H的符号判断样品的导电类型。半导体材料有N型（电子型）和P型（空穴型）两种，前者的载流子为电子，带负电；后者载流子为空穴，相当于带正电的粒子。判别的方法是按图3.11.1所示的I_S和$\boldsymbol{B}$的方向，若$R_H>0$，样品属N型（电子型）半导体材料；反之，样品属P型（空穴型）半导体材料。

2）由R_H确定样品的载流子浓度n。式（3.11.4）是假定所有的载流子都具有相同的漂移速度而得到的。如果考虑载流子速度的统计分布规律，这个关系式需引入一个$3\pi/8$的修正因子，可得

$$n = \frac{8}{3\pi}\frac{1}{|R_H|q} \tag{3.11.7}$$

根据测得的霍尔系数R_H，由式（3.11.7）可确定样品的载流子浓度n。

3）计算载流子的迁移率。迁移率是指载流子（电子和空穴）在单位电场作用下的平均漂移速度，即载流子在电场作用下运动速度快慢的量度，运动得越快，迁移率越大；反之亦然。在同一种半导体材料中，载流子类型不同，迁移率不同，一般是电子的迁移率高于空穴。迁移率的单位为：$cm^2/(V \cdot s)$。厚度为d、宽度为b的样品，通过电流为I_S时，测得长度为L（5.0mm）的一段样品材料上的电压为U_0，对应的电阻$R=U_0/I_S$。由于电导率σ与电阻率ρ（单位长度上的电阻）互为倒数，所以样品的σ为

$$\sigma = \frac{1}{\rho} = \frac{L}{bdR} = \frac{I_S L}{U_0 bd} \tag{3.11.8}$$

电导率σ与载流子浓度n及迁移率u之间有如下关系：

$$u = \frac{\sigma}{nq} = |R_H|\sigma \tag{3.11.9}$$

式中，q为电子的电荷量。

4）霍尔元件的灵敏度。令$K_H = R_H/d = 1/nqd$，则式（3.11.5）可写成如下形式：

$$U_H = K_H I_S B \tag{3.11.10}$$

比例系数K_H称为霍尔元件的灵敏度，表示该元件在单位磁场强度和单位控制电流时的霍尔电压。K_H的大小与材料性质（种类、载流子浓度）及霍尔片的尺寸（厚度）有关。K_H的单位为$mV/(mA \cdot T)$。

由式（3.11.10）可以看出，如果知道了霍尔片的灵敏度K_H，用仪器分别测出控制电流I_S及霍尔电压U_H，就可以算出磁场的大小B，这就是用霍尔效应测磁场的原理。

从以上分析可知，要得到大的霍尔电压，关键是选择霍尔系数大（即迁移率高、电阻

率高）的材料。就金属导体而言，u 和 ρ 均很小，而不良导体 ρ 虽高，但 u 极小，因此上述两种材料均不适宜用来制造霍尔元件。由于半导体的 u 高，ρ 适中，是制造霍尔元件比较理想的材料，加之电子的迁移率比空穴的迁移率大，所以霍尔元件通常采用 N 型半导体材料。此外，元件厚度 d 越薄，K_H 越高，所以制作时，往往采用减小 d 的办法来增加灵敏度，但不能认为 d 越薄越好，因为此时元件的输入和输出电阻将会增加。本实验采用的霍尔片的厚度 d 为 0.2mm，b 为 1.5mm，长度 L 为 1.5mm。

由于建立霍尔效应所需要的时间很短（约在 $10^{-12} \sim 10^{-14}$s 内），所以使用霍尔元件时可以用直流电或交流电。若控制电流 I_S用交流电 $I_S = I_0 \sin\omega t$，则

$$U_H = K_H I_S B = K_H B I_0 \sin\omega t$$

所得的霍尔电压也是交变的，在使用交流电情况下，式（3.11.5）仍可使用，只是式中的 I_S和 U_H应理解为有效值。

3. 伴随霍尔电压产生的附加电压及其消除方法

在霍尔效应产生的过程中伴随有多种副效应，这些副效应产生的电压主要包括厄廷豪森效应产生的 U_E、能脱斯效应产生的 U_N、里纪-勒杜克效应产生的 U_R和不等位电位差 U_0。这些副效应产生的附加电压叠加在霍尔电压上，使测得的电压值并不完全是霍尔电压。因此，必须采取措施消除或减小各种副效应的影响。若依次改变电流方向、磁场方向，并取各测量值的平均值，就可以把大部分副效应消除掉，即测量值的平均值就是霍尔电压。设电流、磁场取某方向（定为正方向）时，所有副效应与霍尔效应的电位差均为正值（如果有负值也是一样），用数学形式表示各种副效应的消除方法如下：

$$(+B, +I_S) \quad U_1 = U_H + U_E + U_N + U_R + U_0$$

$$(+B, -I_S) \quad U_2 = -U_H - U_E + U_N + U_R - U_0$$

$$(-B, -I_S) \quad U_3 = U_H + U_E - U_N - U_R - U_0$$

$$(-B, +I_S) \quad U_4 = U_H - U_E - U_N - U_R + U_0$$

则

$$U_1 - U_2 + U_3 - U_4 = 4(U_H + U_E)$$

其中只有厄廷豪森效应产生的电位差 U_E无法消除，但 U_E一般较小，可以忽略。所以得

$$U_H = \frac{1}{4}(U_1 - U_2 + U_3 - U_4) \tag{3.11.11}$$

或

$$U_H = \frac{1}{4}(|U_1| + |U_2| + |U_3| + |U_4|) \tag{3.11.12}$$

在精密测量中，可采用交变磁场和交流电流及相应的测量仪器，使霍尔片上、下两侧来不及产生温差，从而减小霍尔电压的测量误差。

【实验内容】

1. 开机前的准备工作

1）仔细检查测试仪面板上的“I_S输出”“I_M输出”“U_H、U_0输入”三对接线柱分别与实验仪的三对相应接线柱是否正确连接。

① 将霍尔效应测试仪面板右下方的励磁电流 I_M 的直流恒流源输出端（0~0.5A），接霍尔效应实验架上的 I_M 磁场励磁电流的输入端（将红接线柱与红接线柱对应相连，黑接线柱与黑接线柱对应相连）。

② 将测试仪左下方供给霍尔元件“工作电流 I_S 的直流恒流源（0~3mA）输出”端，

接实验架上“I_S 霍尔片工作电流输入”端。（**注意：**将红接线柱与红接线柱对应相连，黑接线柱与黑接线柱对应相连。）

③ 将“测试仪 U_H、U_σ测量”端接实验架中部的“U_H 输出”端。（**注意：**以上三组线千万不能接错，以免烧坏元件。）

④ 用一边是分开的接线插、一边是双芯插头的控制连接线与测试仪背部的插孔相连接。（**注意：**红色插头与红色插座相连，黑色插头与黑色插座相连。）

2）将 I_S和 I_M的调节旋钮逆时针旋至最小。

3）检查霍尔片是否在双线圈的中心位置。

4）接通电源，预热数分钟即可开始实验。

2. 确定半导体硅单晶样品的霍尔系数 R_H和载流子浓度 n

1）在稳恒磁场中（保持励磁电流 I_M =500mA 不变），改变样品的控制电流 I_S从 1.50mA 至 3.50mA，间隔 0.50mA，用对称测量法测出相应的霍尔电压 U_H，把 U_H-I_S数据记录在自拟的数据表中。

2）保持样品的控制电流 I_S = 3.50mA 不变，改变励磁电流 I_M从 100mA 至 500mA 间隔 100mA，从而测出在不同磁感应强度 B 的磁场中样品的霍尔电压 U_H，将 U_H-I_M数据记录在自拟的数据表中。

3. 测出通电样品一段长度上的电压 U_0（从而确定样品的电导率 σ 和载流子迁移率 u）

把两个“U_H、U_σ”测量选择拨向 U_σ，将 I_S、I_M 都调零时，调节中间的霍尔电压表，使其显示为 0mV。取 I_S =2.00mA，改变 I_S的方向，由两次测量值求出平均值 $\overline{U}_0 = (|U_{01}| + |U_{02}|)/2$。代入式（3.11.8）和式（3.11.9）即可求得 σ 和 u。

4. 利用霍尔元件测绘螺线管的轴向磁场分布

1）将实验仪和测试架的转换开关切换至 U_H。

2）先将 I_M、I_S 调零，调节中间的霍尔电压表，使其显示为 0mV。

3）将霍尔元件置于通电螺线管中心线上，调节 I_M = 500mA，I_S = 3.00mA，测量相应的 U_H。

4）将霍尔元件以双线圈中心位置（标尺指示 115mm 处）为中心点左右移动标尺，每隔 5mm 选一个点测出相应的 U_H，记录在自拟的数据表中。

5. 测量通电单线圈中磁感应强度 B 的分布

1）切换线圈选择按钮，选择“左线圈”或“右线圈”。

2）先将 I_M、I_S 调零，调节中间的霍尔电压表，使其显示为 0mV。

3）将霍尔元件置于通电线圈中心线上，调节 I_M = 500mA，I_S = 3.00mA，测量相应的 U_H。

4）将霍尔元件以左线圈中心（标尺指示 134mm 处）或右线圈中心（标尺指示 96mm 处）为中点左右移动标尺，每隔 3mm 选一个点测出相应的 U_H，记录在自拟的数据表中。

【数据处理与要求】

1. 确定 R_H及 n

根据励磁电流 I_M的大小和方向，可确定磁感应强度的大小和方向，而磁感应强度的大小 B 与 I_M的关系为

$$B = KI_M \tag{3.11.13}$$

K 标在电磁铁上，单位为 T/A。由式（3.11.5）与式（3.11.13）得

$$U_H = R_H \frac{I_S K I_M}{d} \tag{3.11.14}$$

1）用作图法处理以上数据，确定霍尔系数 R_H 以及 n，并确定此半导体的导电类型。

在直角坐标中作 U_H-I_S 曲线，该曲线应为一条直线。在直线上取任意的非原始数据点的两点坐标值，用两点代入法求出此直线的斜率，由式（3.11.14）和式（3.11.7）即可得到 R_H 以及 n，并确定此半导体的导电类型。

2）用最小二乘法处理以上数据，确定霍尔系数 R_H 以及 n。

固定 $I_S = 3.50\text{mA}$，记录测得的 U_H-I_M 数据（表格可自拟）。根据式（3.11.14）用作图法求出 R_H，再由式（3.11.7）计算载流子浓度 n。

3）对以上三次处理得到的 R_H 求平均值 $\overline{R_H}$，代入公式 $K_H = \frac{R_H}{d}$，求出霍尔元件的灵敏度 K_H，并与仪器上给出的 K_H 做比较。

2. 确定电导率 σ 迁移率 u

记录：U_{01} = ________，U_{02} = ________

由式（3.11.8）和式（3.11.9）确定电导率 σ 和迁移率 u。

3. 测绘磁场分布

根据上面所测 U_H 值（K_H 出厂时已给出），由公式 $U_H = K_H I_S B$ 得到 $B = \frac{U_H}{K_H I_S}$，计算出各点的磁感应强度，并绘 B-X 图，得出通电双线圈内 B 的分布。

实验 3.12　金属电子逸出功的测量

金属中存在大量的自由电子，但电子在金属内部所具有的能量低于它在外部所具有的能量，因而电子逸出金属时需要给电子提供一定的能量，这份能量称为电子逸出功。研究电子逸出是一项很有意义的工作，很多电子器件都与电子发射有关，如电视机的电子枪，它的发射效果会影响电视机的质量，因此，研究这种材料的物理性质，对于提高材料的性能是十分重要的。

【实验目的】

（1）用里查孙（Richardson）直线法测定钨的逸出功。

（2）了解热电子发射的基本规律。

（3）学习避开某些不易测常数而直接得到结果的实验方法。

（4）学习测定电子荷质比的方法。

（5）测定电子荷质比。

【实验仪器】

金属电子逸出功测定仪、理想二极管、螺线管、导线等。

【实验原理】

电子从金属中逸出，需要能量。增加电子能量有多种方法，如用光照、利用光电效应使电子逸出，或用加热的方法使金属中的电子热运动加剧，也能使电子逸出。本实验用加热金

属，使热电子发射的方法来测量金属的电子逸出功。

如图3.12.1所示，若真空二极管的阴极（用被测金属钨丝做成）通以电流加热，并在阳极上加以正电压，则在连接这两个电极的外电路中将有电流通过。这种电子从加热金属线发射出来的现象，称为热电子发射。电流的大小主要与灯丝温度及金属逸出功的大小有关，灯丝温度越高或者金属逸出功越小，电流就越大。二极管的电子电流曲线如图3.12.2所示。研究热电子发射的目的之一，是选择合适的阴极材料。诚然，可以在相同加热温度下测量不同阳极材料的二极管的饱和电流，然后相互比较，加以选择，但通过对阴极材料物理性质的研究来掌握其热电子发射的性能，是带有根本性的工作，因而更为重要。热电子发射与发射电子的材料的温度有关，因为金属中的自由电子必须克服金属表面附近的电场阻力做功才能逸出金属表面，这个功叫逸出功。不同金属材料逸出功的值是不同的。此外，热电子发射还与阴极材料有关。因为各种金属材料具有不同的表面逸出功，因而在阴极温度相同时，若材料不同，其发射的电子数也是不等的。

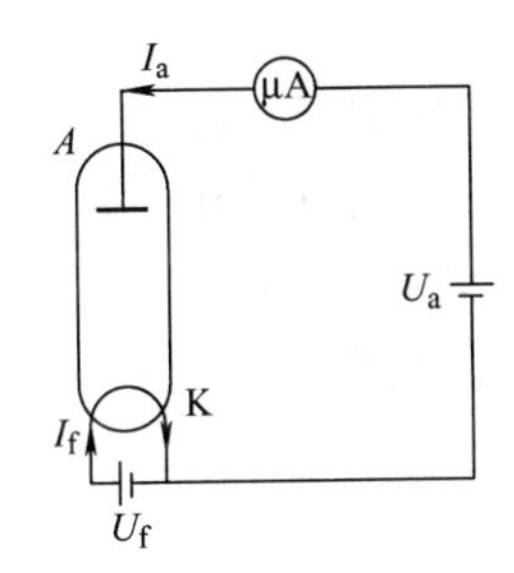

图3.12.1 热电子发射电路图

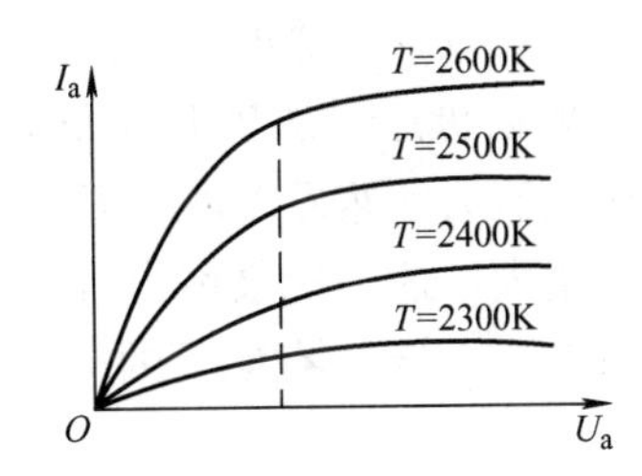

图3.12.2 二极管的电子电流曲线

在通常温度下由于金属表面和外界之间存在着势垒，所以从能量角度看，金属中的电子是在一个势阱中运动，势阱的深度为E_B，在热力学温度为零度时，电子所具有的最大能量为E_F，E_F称为费米能级，这时电子逸出金属表面至少需要从外界得到的能量为

$$E_0 = E_B - E_F = e\varphi$$

E_0称为金属电子的逸出功，也称功函数，其常用单位为电子伏特（eV），它表征要使处于绝对零度下的金属中具有最大能量的电子逸出金属表面所需要给予的最小能量。e是电子电荷，φ称为逸出电位。热电子发射就是用提高阴极温度的办法来改变电子的能量分布，使其中一部分电子的能量大于E_B，进而使电子能够从金属中发射出来。不同的金属具有不同的逸出功。因此，逸出功的大小对热电子发射的强弱具有决定性作用。

1. 热电子发射公式

根据费米－狄拉克能量分布公式，可以导出热电子发射遵循的里查逊-杜什曼公式

$$I_0 = AST^2\exp\left(-\frac{e\varphi}{kT}\right) \tag{3.12.1}$$

式中，I_0是热电子发射的电流，单位为A；A是和阴极表面化学纯度有关的系数，单位为$A \cdot cm^{-2} \cdot K^{-2}$；$S$是阴极的有效发射面积，单位为$cm^2$；$T$是热阴极的热力学温度，单位为K；$k$是玻尔兹曼常量，$k = 1.38 \times 10^{-23} J \cdot K^{-1}$。

因此，只要测定I_0、A、S和T，就可以根据式（3.12.1）计算出阴极材料的逸出功，但困难在于A和S这两个量是难以直接测定的，所以在实际测量中常用下述的里查孙直线

法，以设法避开 A 和 S 的测量。

2. 里查孙直线法

将式（3.12.1）两边除以 T^2 再取对数得到

$$\lg\frac{I_0}{T^2}=\lg(AS)-\frac{e\varphi}{2.30kT}=\lg(AS)-5.04\times10^3\varphi\cdot\frac{1}{T} \tag{3.12.2}$$

从式（3.12.2）可以看出，$\lg\frac{I_0}{T^2}$与$\frac{1}{T}$呈线性关系。如果以 $\lg\frac{I_0}{T^2}$为纵坐标、$\frac{1}{T}$为横坐标作图，从所得直线的斜率即可求出电子的逸出电位 φ，从而求出电子的逸出功 $e\varphi$，这个方法叫作里查孙直线法。它的好处是可以不必求出 A 和 S 的具体数值，直接从 I 和 T 就可以得出 φ 的值，A 和 S 的影响只是使 $\lg\frac{I_0}{T^2}$-$\frac{1}{T}$的关系曲线进行平行移动。类似的这种处理方法在实验、科研和生产上都有广泛应用。

3. 从加速场外延求零场电流

为了让从阴极发射的热电子能连续不断地飞向阳极，必须在阴极和阳极间外加一个加速电场 E_a。当灯丝阴极通以加热电流 I_f时，若灯丝已发射热电子，则电子在加速电场下趋向阳极，形成阳极电流 I_a。然而，由于 E_a的存在会使阴极表面的势垒 E_B降低，因而使逸出功减小，发射电流增大，这一现象称为肖特基效应。可以证明，在阴极表面加速电场 E_a的作用下，阴极发射电流 I_a与 E_a有如下的关系：

$$I_a=I_0\exp\left(\frac{0.439\sqrt{E_a}}{T}\right) \tag{3.12.3}$$

式中，I_a和 I_0分别是加速电场为 E_a和 0 时的发射电流。对式（3.12.3）取对数得

$$\lg I_a=\lg I_0+\frac{0.439}{2.30T}\sqrt{E_a} \tag{3.12.4}$$

如果把阴极和阳极做成共轴圆柱形，并忽略接触电位差和其他影响，则加速电场可表示为

$$E_a=\frac{U_a}{r_1\ln\frac{r_2}{r_1}} \tag{3.12.5}$$

式中，r_1和 r_2分别为阴极和阳极的半径；U_a为加速电压。将式（3.12.5）代入式（3.12.4）可得

$$\lg I_a=\lg I_0+\frac{0.439}{2.30T\sqrt{r_1\ln\frac{r_2}{r_1}}}\sqrt{U_a} \tag{3.12.6}$$

由式（3.12.6）可见，在一定的温度 T 和管子结构下，$\lg I_a$和 $\sqrt{U_a}$呈线性关系。如果以 $\lg I_a$为纵坐标、$\sqrt{U_a}$为横坐标作图，此直线的延长线与纵坐标的交点，即截距为 $\lg I_0$。由此即可求出在一定温度下，加速电场为零时的发射电流 I_0（见图 3.12.3）。

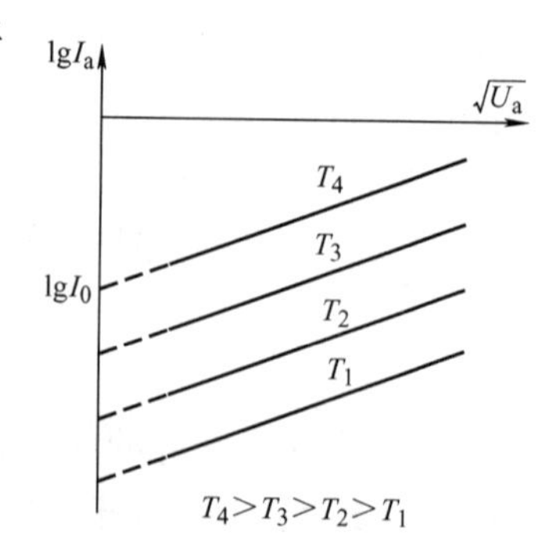

图 3.12.3　外延求零场电流

因此，要测定金属材料的逸出功，首先应该把被测材料做成二极管的阴极。当测定了阴

极温度 T、阳极电压 U_a和发射电流 I_a后，通过数据处理，得到零场电流 I_0，然后就可以求出材料的逸出功 $e\varphi$（或逸出电位 φ）了。

【实验内容】

（1）熟悉仪器装置，根据仪器主机的电源输出插孔与 W—Ⅲ金属电子逸出功测定仪实验装置的电源输入插孔一一对应，并保证接触良好。

（2）将仪器面板上的电位器旋钮逆时针旋到底，接通电源预热 10min。

（3）调节理想二极管的灯丝电流，使灯丝电流显示 0.550A。

（4）调节理想二极管的阳极电压，使阳极电压分别为 25.0V、36.0V、49.0V、64.0V、81.0V、100.0V、121.0V 和 144.0V，分别测出对应的阳极电流 I_a，记录相应的数据。

（5）改变理想二极管的灯丝电流，每次增加 0.050A，重复上述测量，直至 0.750A。每改变一次灯丝电流都要预热 5min。

（6）将测得的数据填入自拟的表格中，进行数据处理。

【数据处理】

（1）将在不同灯丝电流和阳极电压时测得的阳极电流值 I_a、相应的阳极电压 U_a和灯丝电流 I_f等值进行换算，作出在不同温度下的 $\lg I_a$- $\sqrt{U_a}$曲线，求出截距 $\lg I_0$，即可得到在不同灯丝温度时的零场热电子发射电流 I_0。

（2）根据在不同温度下得到的 I_0，进行适当的数据运算和变换，作出 $\lg \frac{I_0}{T^2}$- $\frac{1}{T}$曲线，并根据曲线求得金属钨的电子逸出功 $e\varphi$。

（3）将测量结果与金属钨的电子逸出功的公认值 4.54eV 进行比较，并求百分差。

【参考数据】

在不同灯丝电流下的温度值可以参考表 3.12.1。

表 3.12.1 在不同灯丝电流时灯丝的温度值

灯丝电流 I_f/A	0.55	0.60	0.65	0.70	0.75	0.80
灯丝温度 $T/\times10^3$K	1.80	1.88	1.96	2.04	2.12	2.20

【扩展实验】

测定电子荷质比，并与公认值$\frac{e}{m}=1.76\times10^{11}\text{C}\cdot\text{kg}^{-1}$比较。

1. 磁控管法

原理简介：测量电子荷质比的方法有很多，这里主要是利用电子在电磁场中的运动来测量。将理想二极管的阴极通以电流加热，并在阳极外加以正电压，在连接这两个电极的外电路中将有电流通过。将理想二极管置于磁场中，二极管中径向运动的电子将受到洛伦兹力的作用而做曲线运动。当磁场强度达到一定值时，做曲线运动的径向电子流将因为不能再达到阳极而“断流”。只要在实验中测定出一定电压 U_a时使阳极电流截止的临界磁场 B_c，就可以求出电子的荷质比 e/m。这种测定电子荷质比的方法称为磁控管法，其理论公式为

$$\frac{e}{m}=\frac{8U_a}{(r_2^2-r_1^2)B_c^2}\approx\frac{8U_a}{r_2^2B_c^2}$$

式中，r_2和 r_1分别为阳极和阴极的半径；B_c为理想二极管中阳极电流“断流”时螺线管的临

界磁感应强度，它的大小为 $B_c=\mu_0 nI_c$（其中 I_c 为螺线管的励磁电流）。

实验要求：任意选定 5 个不同的电压 U_a，各测一次 I_c。

数据处理要求：计算电子的荷质比，并与公认值比较。

2. 空间电荷效应法

原理简介：当带电粒子束的电荷密度较大时会产生空间电荷效应。以二极管为例，电子受阳极电位的加速自阴极发射出来以后，电子电荷会影响阴极与阳极间的电位分布。如果忽略电子的初速，最终稳定的电位分布将使阴极面上电场强度为零。在这种情况下，从阴极支取的电流称为空间电荷限制电流。求解泊松方程，可得在空间电荷限制条件下，共轴圆柱形二极管阴极电流为

$$I_a=\frac{8\pi\varepsilon_0}{9}\sqrt{\frac{2e}{m}}\frac{L}{r}U_a^{\frac{3}{2}}$$

式中，U_a 为二极管的阳极与阴极间的电压；L 为阳极与阴极间的距离；r 为二极管的半径。

实验要求：完成表 3.12.2 中的数据测量。

数据处理要求：按上表数据作出 I_a-$U_a^{\frac{3}{2}}$ 图线，从图中求得直线斜率 K 后，计算出电子的荷质比，并与公认值比较。

表 3.12.2　不同 U_a 下的电流 I_a

U_a/V	1.00	2.00	3.00	4.00	5.00	6.00	7.00
$U_a^{\frac{3}{2}}$/$V^{\frac{3}{2}}$	1.00	2.83	5.20	8.00	11.20	14.70	18.50
I_a/μA							

桌面上的励磁电源和线圈是在磁控管法测定电子荷质比实验中用的，测电子逸出功时无须使用。

【注意事项】

（1）灯丝电流不超过 0.80A。

（2）实验结束后，将仪器面板上的电位器逆时针旋转到底再关闭仪器的电源。

【附件】

理想二极管

本实验是测定钨的逸出功，故把钨做成二极管的阴极，如图 3.12.4 所示，阴极 K 是用纯钨丝做成，阳极是用镍片做成的圆筒形电极。在圆筒上有一个小孔，以便用光测高温计测定灯丝温度，为了避免阳极两端因灯丝温度较低而引起的冷端效应和电场的边缘效应，故在阳极上下端各装一个栅环电极 B（或称保护电极）与阳极加相同电压，但其电流不计入阳极电流中，这样使其成为理想二极管。

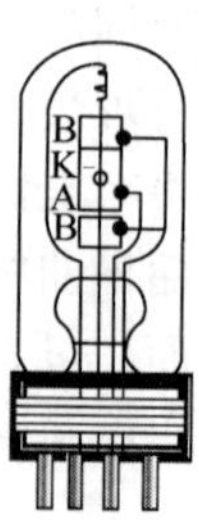

理想二极管是一种进行了严格设计的理想器件，这种真空管采用直热式结构，如图 3.12.4 所示。为了便于进行分析，电极的几何形状一般设计成同轴圆柱形系统。

图 3.12.4　理想二极管

实验 3.13 PN 结正向压降与温度关系的研究和应用

常用的温度传感器有热电偶、测温电阻器和热敏电阻等，这些温度传感器均有各自的优点，但也有其不足之处，如热电偶适用温度范围宽，但灵敏度低，且需要参考温度；热敏电阻灵敏度高、热响应快、体积小，缺点是非线性，且一致性较差，这对于仪表的校准和调节而言十分不方便；测温电阻如铂电阻有精度高、线性好的优点，但灵敏度低且价格较贵；而 PN 结温度传感器则有灵敏度高、线性较好、热响应快、体积小轻巧和易集成化等优点，所以其应用势必日益广泛。但是这类温度传感器的工作温度一般为 -50 ~ 150℃，与其他温度传感器相比，测温范围的局限性较大，因此，有待于进一步改进和开发。

【实验目的】

（1）了解 PN 结正向压降随温度变化的基本关系式。

（2）在恒流供电条件下，测绘 PN 结正向压降随温度的变化曲线，并由此确定其灵敏度和被测 PN 结材料的禁带宽度。

（3）学习曲线改直的数据处理方法。

（4）学习用 Excel 进行曲线拟合的方法。

【实验仪器】

PN 结正向压降温度特性实验仪、温度传感器实验装置、加热炉、Pt100 温度传感器、PN 结温度传感器、导线。

【实验原理】

理想 PN 结的正向电流 I_F 和压降 U_F 存在如下近似关系式：

$$I_F = I_S \exp\left(\frac{qU_F}{kT}\right) \tag{3.13.1}$$

式中，q 为电子电荷；k 为玻尔兹曼常量；T 为热力学温度；I_S 为反向饱和电流（和 PN 结材料的禁带宽度以及温度等有关），可以证明

$$I_S = CT^{\gamma} \exp\left(-\frac{qU_S(0)}{kT}\right) \tag{3.13.2}$$

式中，C 是与结面积、杂质浓度等有关的常数；γ 也是常数；$U_S(0)$ 为绝对零度时 PN 结材料的导带底和价带顶间的电势差。对应的 $qU_S(0)$ 即为 PN 结材料的禁带宽度。

将式（3.13.2）代入式（3.13.1），两边取对数可得

$$U_F = U_S(0) - \left(\frac{kT}{q}\ln\frac{C}{I_F}\right) - \frac{kT}{q}\ln T^{\gamma} = U_1 + U_{n1} \tag{3.13.3}$$

式中，$U_1 = U_S(0) - \left(\frac{kT}{q}\ln\frac{C}{I_F}\right)$，$U_{n1} = -\frac{kT}{q}\ln T^{\gamma}$。这就是 PN 结正向压降和温度函数的表达式，它是 PN 结温度传感器的基本方程。令 I_F = 常数，则正向压降只随温度而变化，但是在式（3.13.3）中，除线性项 U_1 外还包含非线性项 U_{n1}。下面来分析一下 U_{n1} 项所引起的线性误差。设温度由 T_1 变为 T 时，正向电压由 U_{F_1} 变为 U_F，由式（3.13.3）可得

$$U_F = U_S(0) - [U_S(0) - U_{F_1}]\frac{T}{T_1} - \frac{kT}{q}\ln\left(\frac{T}{T_1}\right)^{\gamma} \tag{3.13.4}$$

按理想的线性温度响应，U_F 应取如下形式：

$$U_{理想} = U_{F_1} + \frac{\partial U_{F_1}}{\partial T}(T - T_1) \tag{3.13.5}$$

$\frac{\partial U_{F_1}}{\partial T}$等于 T_1时的$\frac{\partial U_F}{\partial T}$。由式（3.13.3）可得

$$\frac{\partial U_{F_1}}{\partial T} = -\frac{U_S(0) - U_{F_1}}{T} - \frac{k}{q}\gamma \tag{3.13.6}$$

将式（3.13.6）代入式（3.13.5），有

$$U_{理想} = U_S(0) - [U_S(0) - U_{F_1}]\frac{T}{T_1} - \frac{k\gamma}{q}(T - T_1) \tag{3.13.7}$$

通过对理想的线性温度响应式（3.13.7）和实际响应式（3.13.4）比较，可得实际响应与线性的理论偏差为

$$\Delta = U_{理想} - U_{F_1} = \frac{k\gamma}{q}(T_1 - T) + \frac{kT\gamma}{q}\ln\left(\frac{T}{T_1}\right) \tag{3.13.8}$$

设 $T_1 = 300\text{K}$，$T = 310\text{K}$，取 $\gamma = 3.4$，由式（3.13.8）可得 $\Delta = 0.048\text{mV}$，而相应的 U_F的改变量约 20mV，由此可见，两者相比之下误差甚小。不过当温度变化范围增大时，U_F温度响应的非线性误差将有所递增，这主要由于 γ 因子所致。

若不考虑非线性项的影响，则可得

$$U_S(0) = U_{F_1} + T\frac{\partial U_{F_1}}{\partial T}$$

综上所述，在恒流小电流条件下，PN 结的 U_F对 T 的依赖关系取决于线性项 U_1，即正向压降几乎随温度升高而线性下降，这就是 PN 结测温的依据。

因此，由式（3.13.8）可以得到一个测量 PN 结的结电压 U_F 与热力学温度 T 关系的近似关系式：

$$U_F = U_S(0) - \left(\frac{k}{q}\ln\frac{C}{I_F}\right)T = U_S(0) + ST \tag{3.13.9}$$

式中，S 为 PN 结温度传感器的灵敏度。

应当指出的是，上述结论仅适用于杂质全部电离、本征激发可以忽略的温度区间（对于通常的硅二极管来说，温度范围为 -50 ~ 150℃）。如果温度低于或高于上述范围时，由于杂质电离因子减小或本征载流子迅速增加，U_F-T 将产生新的非线性，这一现象说明 U_F-T 的特性还与 PN 结的材料有关，对于宽带材料（如 GaAs）的 PN 结，其高温端的线性区宽；而对于材料杂质电离能小（如 InSb）的 PN 结，其低温端的线性范围宽。对于给定的 PN 结，即使在杂质导电和非本征激发温度范围内，其线性度亦随温度的高低而有所不同，这是非线性项 U_{n1}引起的。由 U_{n1}对 T 的二阶导数$\frac{\partial^2 U_{n1}}{\partial T^2} = \frac{1}{T}$可知，$\frac{\partial U_{n1}}{\partial T}$的变化与 T 成反比，所以 U_F-T 在高温端的线性度优于低温端，这是 PN 结温度传感器的普遍规律。此外，由式（3.13.4）可知，减小 I_F，可以有效地改善 U_F-T 的线性度，但并不能从根本上解决问题，目前行之有效的方法大致有两种：

1）利用三极管的两个 be 结（将三极管的基极和集电极短路与发射极组成一个 PN 结），分别在不同电流 I_{F_1}、I_{F_2}下工作，由此获得两者电压之差（$U_{F_2} - U_{F_1}$）与温度 T 呈线性函数

关系，即

$$U_{F_2}-U_{F_1}=\frac{kT\ln\left(\frac{I_{F_1}}{I_{F_2}}\right)}{q}$$

由于晶体管的参数有一定的离散性，所以实际与理论仍存在差距，但与单个 PN 结相比其线性度与精度均有所提高，这种电路结构与恒流、放大等电路集成一体，便构成集成电路的温度传感器。

2）采用电流函数发生器来消除非线性误差。由式（3.13.3）可知，非线性误差来自 T^{γ} 项，利用函数发生器，使 I_F 正比于绝对温度的 γ 次方，则 U_F-T 的线性理论误差为 $\Delta=0$，实验结果与理论值颇为一致，其精度可达 0.01℃。

【实验装置】

本实验仪器由两部分组成：温度传感器实验装置和 PN 结正向特性综合实验仪。

1. 温度传感器实验装置

本装置是以 Pt100 为温度传感器进行温度测量和温度控制的。该装置所使用的温度传感器 Pt100 的控温范围为从室温到 120℃，控制精度可达 0.2℃，分辨率为 0.1℃。同时，该装置的加热部分配有风扇，在降温实验过程中可采用风扇快速降温。

2. PN 结正向特性综合实验仪

本实验仪将测量玻尔兹曼常量和禁带宽度的实验内容统一到一个实验过程中，只需测量出正向电压随正向电流的变化曲线就可以得到玻尔兹曼常量和禁带宽度这两个物理量。为了更精确地测量玻尔兹曼常量，本实验仪没有采用常规的加正向压降测正向微电流的方法，而是特别设计了一个能稳定输出 1nA ~ 1mA 范围的精密微电流源，从而避免了因测量微电流跳字或不稳定而引起的误差。

实验仪的面板如图 3.13.1 所示。“正向电流”显示的是 PN 结的正向电流，显示数值的单位为“nA”，电流有效量程档位有“×1”“×10”“$\times10^2$”和“$\times10^3$”。若电流表的显示是“1000”，则对应的电流值分别为“1000×1”nA、“1000×10”nA、“1000×10^2”nA 和“1000×10^3”nA；“正向电压”显示的是 PN 结的实时的正向电压，显示数值的单位为“V”。

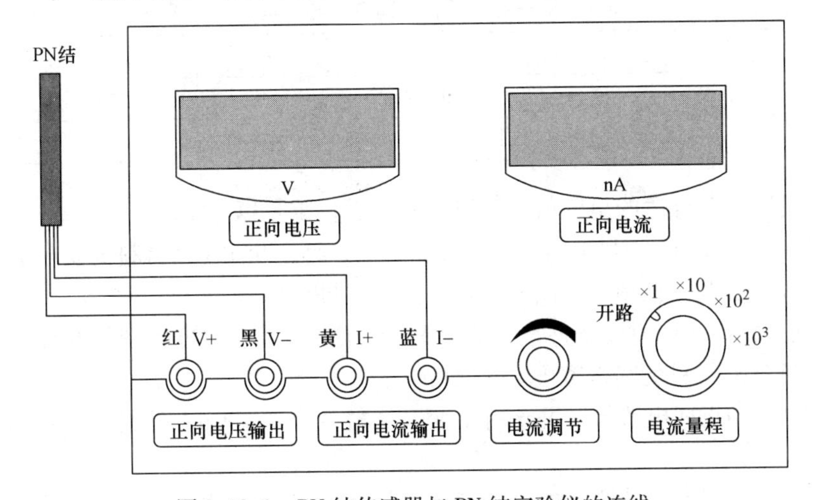

图 3.13.1 PN 结传感器与 PN 结实验仪的连线

【实验内容】

实验前，将温度传感器实验装置上的“加热电流”开关置于“关”的位置，将“风扇电流”开关置于“关”的位置，接上加热电源线。如图 3. 13. 1 和图 3. 13. 2 所示，插好 Pt100 温度传感器和 PN 结温度传感器。Pt100 温度传感器的引出线分别插入温控仪的信号输出孔，PN 结引出线分别插入 PN 结正向特性综合实验仪上的 + V、 - V 和 + I、 - I。接线时，注意插头的颜色和插孔的位置。

打开电源开关，此时，温度传感器实验装置上将显示出室温 t_R，记录起始温度 t_R。为了获得较为准确的测量结果，应在仪器通电预热 10min 后进行实验。而后，在“开路”状态下，将“正向电流”表示数调为“0”。

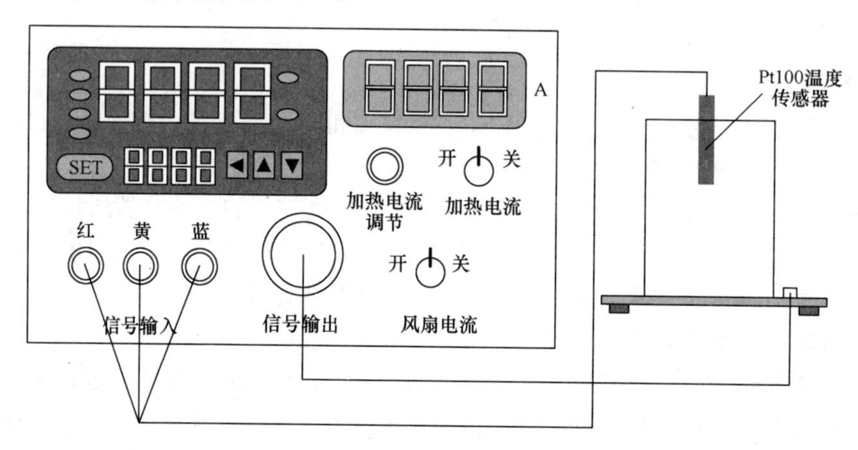

图 3. 13. 2　温控仪与恒温炉的连线

（1）测量同一温度下，正向电压随正向电流的变化关系，绘制伏安特性曲线。

1）首先，将 PN 结正向特性综合实验仪上的电流量程置于“×1”档，再调整“电流调节”旋钮，观察对应的 U_F值的变化（注意：若电流表显示到达“1000”，应改用大一档的量程）。

2）按照表 3. 13. 1 的 U_F值来调节设定电流值，记录下一系列电压、电流值于表 3. 13. 1。

表 3. 13. 1　同一温度下，正向电压与正向电流的关系　　t =　　℃

序　　号	1	2	3	……	19	20
U_F/V	0. 350	0. 360	0. 370	……	0. 530	0. 540
I_F/μA				……		

3）重新设定一个合适的温度值，待温度稳定后，重复以上实验。

4）根据式（3. 13. 1），利用曲线改直和图解法，计算出 PN 结材料的反向饱和电流 I_S和玻尔兹曼常量 k，并与公认值 $k = 1.38 \times 10^{-23}\text{J} \cdot \text{K}^{-1}$进行比较。

（2）在同一恒定正向电流条件下，测绘 PN 结正向压降随温度的变化曲线，确定其灵敏度，估算被测 PN 结材料的禁带宽度。

1）选择合适的正向电流 I_F，并保持不变（一般选小于 100μA 的值，以减小自身的热效应）。

2）将温度传感器实验装置上的“加热电流”开关置于“开”，再根据目标温度，选择合适的加热电流，在实验时间允许的情况下，加热电流可以取得小一点，一般在0.3～0.6A之间取值。

3）随着加热炉内温度的升高，记录对应的温度值t和U_F于表3.13.2中（t的间隔建议设定为5℃）。

表3.13.2　同一正向电流下，正向电压与温度的关系　　I_F = 　　μA

序号	1	2	3	4	……
t/℃					……
U_F/V					……

4）根据式（3.13.9），利用图解法，计算出PN结正向压降随温度变化的灵敏度S（单位：mV/K）和PN结材料的禁带宽度，并与公认值E_0 = 1.21eV进行比较。

（3）用Excel、Matlab等软件分别对表3.13.1和表3.13.2中的数据进行回归分析，计算出相应的物理量

【注意事项】

（1）在实验过程中及实验结束后，禁止用手触碰加热炉的钢制保护套，以免烫伤！

（2）加热装置的目标温度不应超过120℃，否则将造成仪器老化或故障。

（3）使用仪器的连接线要注意，有插口方向的要对齐插拔，插拔时不可用力过猛。

（4）请勿使用普通的万用表或其他仪器直接测量或对比PN结的正向电压和正向微电流，否则会造成失准的结果。

（5）在选择电流量程时，在保证测量范围的前提下，应尽量选择低档位，以提高测量精度。

（6）仪器电压表的量程为2V，请勿超量程使用或测量其他未知电压。

（7）实验完毕后，一定要及时切断电源。

（8）处理数据时，注意温度的单位应为K。

实验3.14　望远镜和显微镜放大率的测定

望远镜和显微镜是最常用的助视光学仪器，常组合于其他实验装置中使用，如光杠杆、测距显微镜、分光仪等。了解它们的构造原理并掌握它们的调节使用方法，不仅有助于加深理解透镜的成像规律，也能为正确使用其他光学仪器打下基础。

Ⅰ　望远镜放大率的测定

【实验目的】

（1）了解望远镜的构造原理并掌握其正确使用方法。

（2）测定望远镜的放大率。

【实验原理】

1. 光学仪器的角放大率

望远镜被用于观测远处的物体，显微镜被用于观测微小的物体，它们的作用都是将被观测物体对眼睛光心的张角（视角）加以放大。显然，同一物体对眼睛所张的视角与物体离

眼睛的距离有关。在一般照明条件下，正常人的眼睛能分辨在明视距离 25cm 处相距为 0.05 ~ 0.07mm 的两点。此时，这两点对眼睛所张的视角约为 1′，称为最小分辨角。当远处物体（或微小物体）对眼睛所张视角小于此最小分辨角时，眼睛将无法分辨，因而需借助光学仪器（如放大镜、望远镜、显微镜等）来增大对眼睛所张的视角。它们的放大能力可用角放大率 m 表示，其定义为

$$m = \frac{\Psi}{\Phi} \approx \frac{\tan\Psi}{\tan\Phi} \tag{3.14.1}$$

式中，Φ 为明视距离处物体对眼睛所张的视角；Ψ 为通过光学仪器观察时，在明视距离处的成像对眼睛所张的视角。由于视角的角度值很小，故在具体计算中常用它的正切值予以替代。

以凸透镜为例，如图 3.14.1a 所示，L 为凸透镜，被观测物 AB 长为 y_1，距眼睛为 D 时，y_1 对眼睛的视角为 Φ。当物体置于透镜焦平面以内的位置时（见图 3.14.1b），可得放大的虚像 $A'B'$，像长为 y_2。调整物距 u，使像到眼睛的距离为明视距离 D，对眼睛所张的视角为 Ψ，则此凸透镜的放大率为

$$m = \frac{\tan\Psi}{\tan\Phi} = \frac{y_2/D}{y_1/D} = \frac{y_1/u}{y_1/D} = \frac{D}{u} \tag{3.14.2}$$

当透镜焦距较小（即 $u \approx f$）时，有

$$m \approx \frac{D}{f} = \frac{25\text{cm}}{f} \tag{3.14.3}$$

由式（3.14.3）可见，减小凸透镜的焦距可以增大它的放大率。凸透镜是最简单的放大镜。式（3.14.3）就表示放大镜的放大率。由于单透镜存在像差，它的放大率一般在 3 倍（3 ×）以下。为提高其放大率并保持较好的成像质量，常由几块透镜组成复合放大镜。复合放大镜的放大率仍由式（3.14.3）计算，此时 f 代表透镜组的焦距，其放大率可达 20 倍。

2. 望远镜放大率的测定

望远镜可以用来观测远处的物体。最简单的望远镜由两个凸透镜组成，其中焦距较长的透镜为物镜。由于被观测物体离物镜的距离远大于物镜的焦距（$u > 2f$），所以通过物镜的作用后，将在物镜的后焦面附近形成一个倒立的实像。此实像虽然较原像小，但是与原物体相比，却大大地接近了眼睛，因而增大了视角。然后，通过目镜将它放大。由目镜所成的像可在明视距离到无限远之间的任何位置上。

望远镜的放大率定义为最后的虚像对目镜所张视角与物体在实际位置所张视角之比。但与物距相比，望远镜筒的长度大得多，它对眼睛或目镜所张视角实际上和它对物镜所张视角是一样的。如图 3.14.2 所示，图中 L_o 为物镜，其焦距为 f_o；L_e 为目镜，其焦距为 f_e。当观测无限远的物体（$u > \infty$）时，物镜的焦平面和目镜的焦平面重合，物体通过物镜成像在它的后焦面上，同时也处于目镜的前焦面上，因而通过目镜观察时，成像于无限远。此时望远镜的放大率可由图 3.14.2 得出：

$$m = \frac{\Psi}{\Phi} \approx \frac{\tan\Psi}{\tan\Phi} = \frac{y_2/f_e}{y_2/f_o} = \frac{f_o}{f_e} \tag{3.14.4}$$

由此可见，望远镜的放大率 m 等于物镜和目镜的焦距之比。若要提高望远镜的放大率，可增大物镜的焦距或减小目镜的焦距。

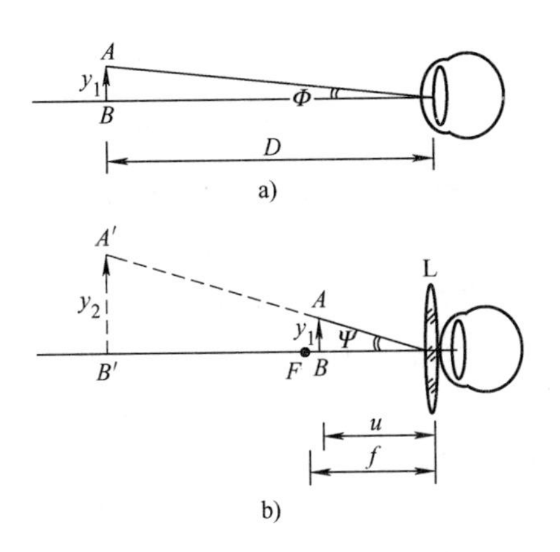

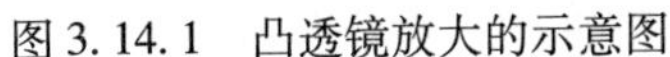

图 3.14.1　凸透镜放大的示意图

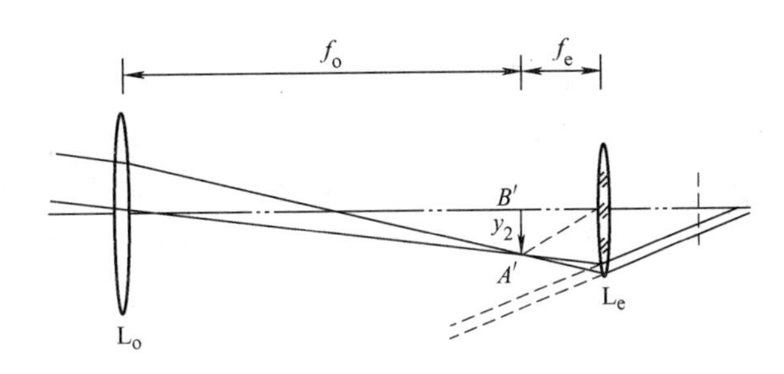

图 3.14.2　简单望远镜的光路图

当用望远镜观测近处物体时，其成像的光路图可用图 3.14.3 来表示。图中 u_1、v_1和 u_2、v_2分别为透镜 L_o和 L_e成像时的物距和像距，Δ 是物镜和目镜焦点之间的距离，即光学间隔（在实用望远镜中是一个不为零的小数量）。由图 3.14.3 可得

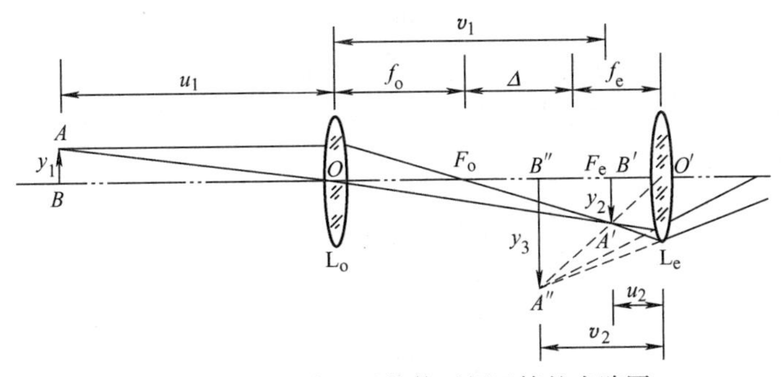

图 3.14.3　观察近处物体时望远镜的光路图

$$\tan\Psi = \frac{A'B'}{O'B'} = \frac{y_2}{u_2}$$

$$\tan\Phi = \frac{AB}{O'B} = \frac{y_1}{u_1 + u_2 + v_1} = \frac{y_2 u_1}{v_1(u_1 + u_2 + v_1)}$$

$$\left(这里利用了\frac{y_1}{u_1} = \frac{y_2}{v_1}\right)$$

因此，观察近处物体时望远镜的放大率为

$$m = \frac{\Psi}{\Phi} \approx \frac{\tan\Psi}{\tan\Phi} = \frac{v_1(u_1 + u_2 + v_1)}{u_1 u_2} \tag{3.14.5}$$

在满足近轴光线和薄透镜的条件下，利用透镜的成像公式可得

$$v_1 = \frac{f_o u_1}{u_1 - f_o}$$

$$u_2 = \frac{f_e v_2}{v_2 + f_e}$$

为了把放大的虚像 y_3与物体 y_1直接比较，必须使 y_1和 y_3处在同一平面内，即要求 v_2 =

$u_1+u_2+v_1$。同时由于望远镜镜筒长度 $l=v_1+u_2$，则可得

$$m=\frac{v_1v_2}{u_1u_2}=\left(\frac{u_1+l+f_e}{u_1-f_o}\right)\frac{f_o}{f_e} \tag{3.14.6}$$

在测出f_o、f_e、l 和 u_1后，由式（3.14.6）可算出望远镜的放大率。显然，当物距$u_1 \gg f_o$时，因式（3.14.6）中括号内的量接近于1，式（3.14.6）变回到前述的式（3.14.4）。

在实验中常用目测法来确定望远镜的放大率，其方法是：用一只眼睛注视物体，用另一只眼睛观察物体的像 $A''B''$，调节望远镜的目镜，使两者在同一平面上且没有视差。如果考虑到望远镜镜筒长度跟望远镜到物体的距离 u 相比可以忽略不计，则有

$$m=\frac{\tan\Psi}{\tan\Phi}=\frac{A''B''/u}{AB/u}=\frac{A''B''}{AB}=\frac{y_3}{y_1} \tag{3.14.7}$$

式中，y_1是被测物的大小；y_3是物体所处平面上被测物的虚像的大小。所以只要测出 y_1和 y_3的大小，即可求得放大率 m。

此外，实验中另一种常用来测望远镜放大率的方法是光阑法。由式（3.14.4）可知，望远镜的角放大率与组成望远镜的两个透镜的焦距之间有如下关系：

$$m=\frac{\tan\Psi}{\tan\Phi}=\frac{f_o}{f_e}$$

在望远镜聚焦无穷远时，望远镜镜筒长度可以认为就是 f_o+f_e。如果把已聚焦到无穷远的望远镜当作光阑，其直径为 D；则在目镜另一方的某一处 b，将得到该物镜的实像，设该实像的直径为 d。如图 3.14.4 所示，有

$$\frac{D}{d}=\frac{f_o+f_e}{b},\ \frac{1}{b}+\frac{1}{f_o+f_e}=\frac{1}{f_e}$$

所以

$$m=\frac{f_o}{f_e}=\frac{D}{d} \tag{3.14.8}$$

因此，只要测出 D 和 d，就可以求出望远镜的角放大率 m。

【实验装置】

如图 3.14.5 所示，望远镜由物镜和目镜两部分组成。物镜装在外筒上，目镜装在内筒上。

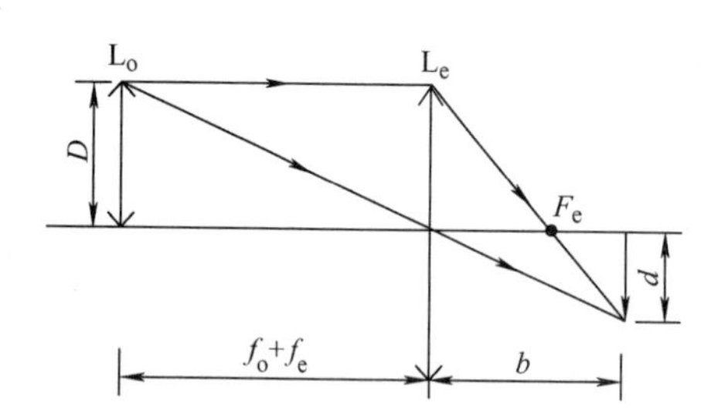

图 3.14.4　光阑法测望远镜放大率光路图

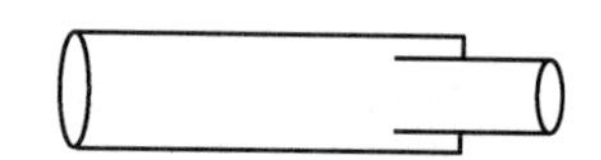
图 3.14.5　望远镜结构示意图

内外两筒可以相对移动是由于不同距离的物体成像在物镜焦平面附近不同的位置，而像又必须在f_e的范围之内且靠近目镜的焦平面，所以观测不同距离的物体时，需要调节物镜和目镜之间的距离，即改变镜筒长度。

【实验内容】

1. 用目测法测自组望远镜的放大率

1）测量给定的两个凸透镜的焦距 f_1 和 f_2，然后选择其中一个作为物镜，另一个作为目镜。

2）按图 3.14.3 装配望远镜。选一个标尺作为被测物，并将它按放在距物镜大于 1.5m 处。用一只眼睛直接观察标尺，同时用另一只眼睛通过望远镜观看标尺的像。调节目镜使标尺和标尺的像重合，并消除视差，则在标尺和标尺的像重合区段内刻度数的比值即为望远镜的放大率。

3）量出望远镜的镜筒长度 l 和物距 u_1。按式（3.14.6）算出望远镜的放大率，并与测量值做一比较。若有差异，试分析原因。

2. 用光阑法测实用望远镜的放大率

1）测定一凸透镜的焦距 f。将它放置在距光源距离为 f_o 处，即使经透镜出射的光为平行光。

2）将望远镜放置在透镜后。再调节读数显微镜的目镜，使十字叉丝清楚。然后对向望远镜的目镜，前后移动读数显微镜，使在显微镜中能清楚地看见由目镜所成的图像，并测出该像的直径 d，共测 5 次。

3）测量物镜的直径 D，共测 5 次。

4）由式（3.14.8）计算该望远镜的角放大率 m。

Ⅱ 显微镜放大率的测定

【实验目的】

（1）了解显微镜的构造原理，掌握其正确的使用方法。

（2）测量显微镜的放大率。

【实验原理】

显微镜是用于观测微小物体的。最简单的显微镜是由两片凸透镜构成的，其中物镜的焦距很短，目镜的焦距很长。它的光路如图 3.14.6 所示，图中 L_o 为物镜（焦点在 F_o 和 Fn_o），焦距为 f_o；L_e 为目镜，其焦距为 f_e。将长度为 y_1 的被观测物 AB 放在物镜的焦距外，且接近焦点 F_o 处。则物体通过物镜成一放大的倒立的实像 A_1B_1（其长度为 y_2），此实像在目镜的焦点以内。经过目镜的放大，结果在明视距离 D 上得到一放大的虚像 A_2B_2（其长度为 y_3）。虚像 A_2B_2 对于被观测物 AB 来说是倒立的。由图 3.14.6 可见，显微镜的放大率为

$$m=\frac{\tan\Psi}{\tan\Phi}=\frac{y_3/D}{y_1/D}=\frac{y_3}{y_1}=\frac{y_3/y_2}{y_2/y_1} \qquad (3.14.9)$$

式中，$y_3/y_2=D/u_2\approx D/f_e=m_e$ 为目镜的放大率；$y_2/y_1=v_1/u_1\approx\Delta/f_o=m_o$ 为物镜的放大率。

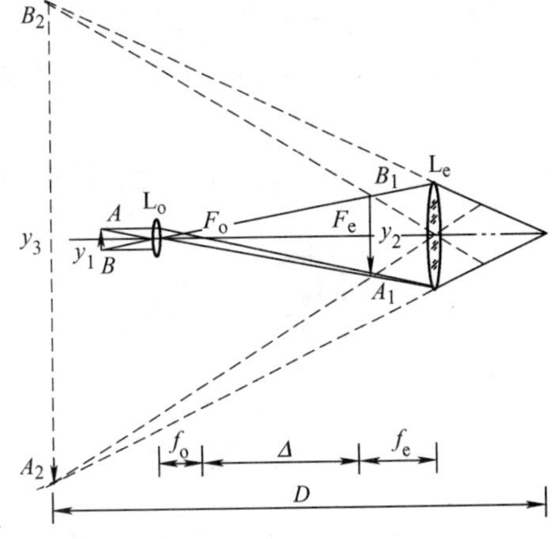

图 3.14.6 简单显微镜的光路图

Δ 为显微镜物镜焦点 F_o 到目镜焦点 F_e 之间的距离，称为物镜和目镜的光学间隔（显微镜的光学间

隔一般是一个确定值，通常为 17 ~ 19cm）。因而式（3. 14. 9）可改写为

$$m = \frac{D}{f_e}\frac{\Delta}{f_o} = m_e m_o \tag{3.14.10}$$

由式（3. 14. 10）可见，显微镜的放大率等于物镜放大率和目镜放大率的乘积。在 f_o、f_e、Δ 和 D 为已知的情况下，可以利用式（3. 14. 10）算出显微镜的放大率。

此外，由于显微镜的 f_o 通常很小，且物 AB 经物镜 L_o 成的实像 A_1B_1 距离目镜的左焦点 F_e 很近，所以可得

$$y_2 = \frac{y_1}{f_o}\Delta \tag{3.14.11}$$

则由式（3. 14. 10）和式（3. 14. 11）可得

$$y_3 = y_1\frac{\Delta \cdot D}{f_o f_e} \tag{3.14.12}$$

将 y_3/y_1（即显微镜像长与物长之比）定义为显微镜的横向放大率，用 β 表示，则

$$\beta = \frac{y_3}{y_1} = \frac{\Delta \cdot D}{f_o f_e} \tag{3.14.13}$$

因此显微镜的放大率为

$$m = \frac{\tan\Psi}{\tan\Phi} = \frac{y_3/D}{y_1/l} = \frac{y_3}{y_1}\frac{l}{D} = \beta\frac{l}{D} \tag{3.14.14}$$

式中，l 是目的物与观察者眼睛所在平面的距离（可以近似视为显微镜镜筒的长度）。

测定显微镜放大率最简便的方法是按图 3. 14. 7 来完成的。现以显微镜为例，设长为 l_0 的目的物 AB 直接置于观察者的明视距离处，其视角为 Φ，从显微镜中最后看到虚像 A_2B_2 亦在明视距离处，其长度为 l，视角为 Ψ，于是

$$m = \frac{\tan\Psi}{\tan\Phi} = \frac{l}{l_0} \tag{3.14.15}$$

因此，如用一刻度尺作目的物，取其一段分度长为 l_0 作为观察尺，把观察到的尺的像投影到尺面上，设被投影后像在刻度尺上的长度是 l，就可求得显微镜的放大率。

【实验装置】

显微镜的结构如图 3. 14. 8 所示，它的镜筒两端分别装有物镜和带分划板的目镜。为了得到较高的放大率并减小成像的像差，物镜和目镜均采用复合透镜组。由于光学间隔 Δ 事先已经确定，所以显微镜的镜筒长度也是固定的。由式（3. 14. 10）可知，要得到高倍数放大率 m，物镜的焦距 f_o 要小，因而被测物体到物镜的距离（工作距离）也很小。而另一方面，要改变显微镜的放大率就必须更换显微镜的物镜，于是其工作距离也要随之改变，这就

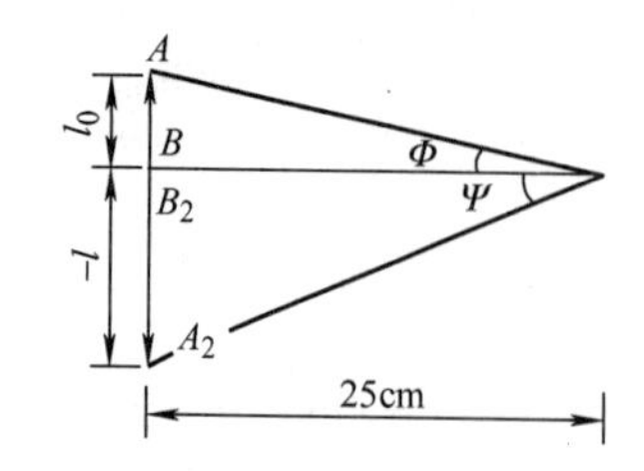

图 3. 14. 7　显微镜放大率的简便方法

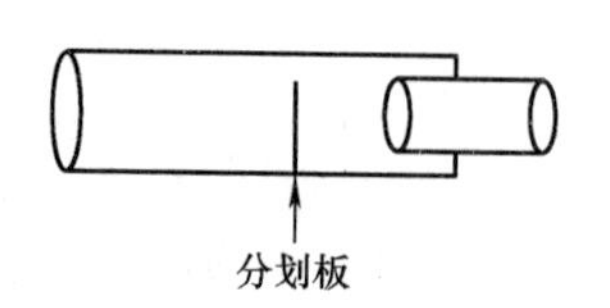

图 3. 14. 8　显微镜的结构示意图

需要调节镜筒对被测物的距离。调节时必须十分小心，应先使物镜靠近被测物体，再逐渐使物镜移离物体，直到获得清晰的像。为了便于对准物像或便于测量，在显微镜的目镜中，常放置刻有叉丝或标尺的分划板。使用时应先微调分划板到目镜的距离，使通过目镜能清晰地看到叉丝或标尺，然后再调节光学系统，使经物镜成的像与分划板完全重合，即从目镜同时看清叉丝和物的像。测量时，一定要消除视差，即当眼睛稍微左右移动时，物像和叉丝之间无相对位移。

【实验内容】

1. 读数显微镜放大率的测定

1）按图3.14.9a所示布置仪器。将显微镜夹持好，在垂直于显微镜光轴方向距目镜254mm处，放置一毫米分度的米尺B，在物镜前放置另一毫米分度的短尺A。调节显微镜，使能从显微镜中看到短尺A的像。

2）用一只眼睛通过显微镜观察短尺A的像，另一只眼睛直接看米尺B。经过多次观察，调节眼睛使得显微镜中看到的A尺的像被投影到靠近米尺B时，直到两眼分别看到A尺和B尺重合，且无视差为止。选定A尺的像上某一分度l_0，记录其相当于B尺上的分度l，将l_0、l代入式（3.14.15）中，求出显微镜的放大率m。

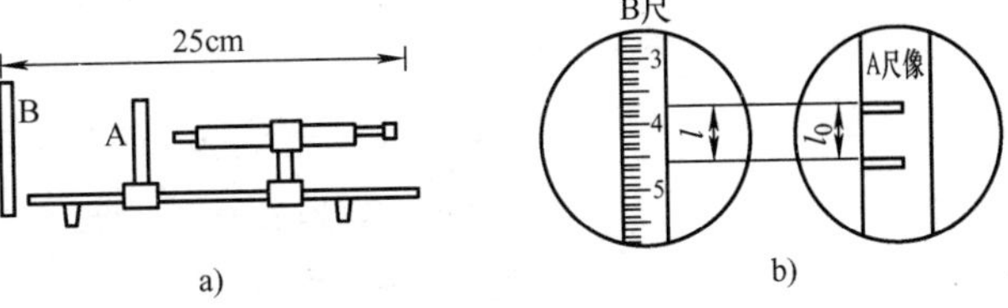

图3.14.9　测量显微镜放大率的装置图

3）按上述步骤重复几次，取其平均值。

2. 测定装配显微镜的放大率

1）测量给定透镜的焦距，然后选择一个透镜作为物镜，另一个作为目镜。说明选择的理由。

2）按图3.14.6装配显微镜。按照光学间隔一般为17～19cm的要求，选择一个合适的镜筒L值。（**注意：**$\Delta=L-f_o-f_e$）

3）按图3.14.19a所示布置仪器。将显微镜夹持好，在垂直于显微镜光轴方向距目镜254mm处，放置一毫米分度的米尺B，在物镜前放置另一毫米分度的短尺A。调节显微镜，使能从显微镜中看到短尺A的像。

4）用一只眼睛通过显微镜观察短尺A的像，另一只眼睛直接看米尺B。经过多次观察，调节眼睛使得显微镜中看到的A尺的像被投影到靠近米尺B时，直到两眼分别看到A尺和B尺重合，且无视差为止。选定A尺的像上某一分度l_0，记录其相当于B尺上的分度l，将l_0、l代入式（3.14.15）中，求出显微镜的放大率m。

5）将$D=25$cm和光学间隔$\Delta=L-f_o-f_e$代入式（3.14.10），算出显微镜的放大率m，并将计算结果与测量值作一比较，计算百分差。

实验3.15　分光仪的调整

【实验目的】

（1）了解分光仪的结构，各组成部分的作用。

（2）掌握分光仪的调节要求及调节方法。

【实验仪器】

分光仪、平面反射镜、照明装置、玻璃三棱镜、钠光灯。

1. 分光仪的结构

分光仪的型号有许多种，但都是由以下几个部分组成：望远镜；平行光管；载物平台；刻度圆盘和游标。图 3. 15. 1 是它的全貌。平行光管（13）单独固定在三脚底座（25）上。望远镜、载物平台、刻度盘及游标盘都装在仪器底座的中心轴上，松开它们各自的紧固螺钉（28、12、27、22），使其都能中心轴转动，测量时要旋紧螺钉（27）使望远镜与刻度盘结成一体，旋松螺钉（28），使望远镜与刻度盘能一同转动。下面分别叙述它们的结构及调整方法。

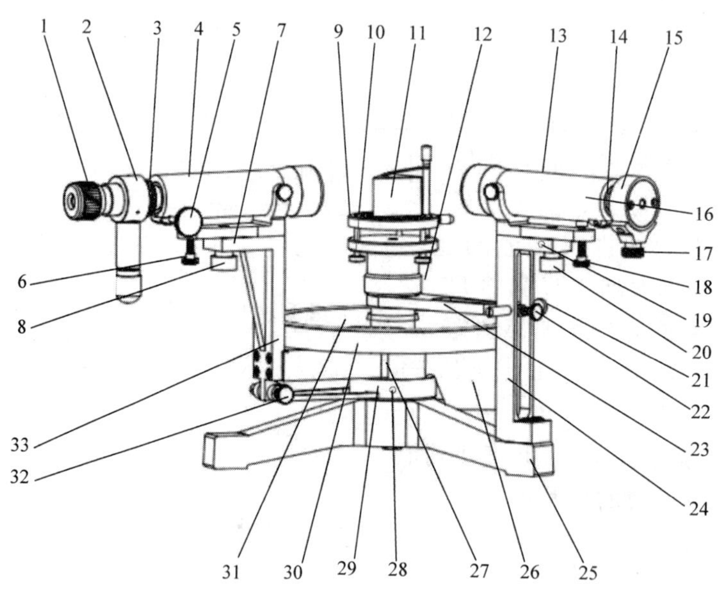

图 3. 15. 1　分光仪结构图

1—目镜视度调节手轮　2—阿贝式自准直目镜　3—目镜锁紧螺钉　4—望远镜　5—望远镜调焦手轮　6—望远镜光轴高低调节螺钉　7—望远镜光轴水平调节螺钉（背面）　8—望远镜光轴水平锁紧螺钉　9—载物台　10—载物台调平螺钉（3 只）　11—三棱镜　12—载物台锁紧螺钉（背面）　13—平行光管　14—狭缝装置锁紧螺钉　15—狭缝装置　16—平行光管调焦手轮（背面）　17—狭缝宽度调节手轮　18—平行光管光轴高低调节螺钉　19—平行光管光轴水平调节螺钉　20—平行光管光轴水平锁紧螺钉　21—游标盘微动螺钉　22—游标盘止动螺钉　23—制动架（Ⅰ）　24—立柱　25—底座　26—转座　27—转座与度盘止动螺钉（背面）　28—底座止动螺钉　29—制动架（Ⅱ）　30—刻度盘　31—游标盘　32—望远镜微调螺钉　33—支臂

（1）望远镜

望远镜由物镜、目镜及叉丝筒组成，如图 3. 15. 2 所示。见图 3. 15. 1，望远镜（4）安装在支臂（33）上，支臂与转座（26）固定在一起，并套在度盘上，当松开转座与度盘止动螺钉（27）时，转座与度盘可以相对转动，当旋紧止动螺钉时，转座与度盘一起旋转。旋紧制动架（Ⅱ）（29）与底座止动螺钉（28），借助制动架（Ⅱ）末端上的微调螺钉（32）可以对望远镜进行微调（旋转），同平行光管一样，望远镜系统的光轴位置，也可以通过望远镜光轴高低和水平调节螺钉（6、7）进行微调。望远镜系统的目镜（2）可以沿光轴移动和转动。

叉丝筒的下方有一个小孔，叉丝筒内，正对这小孔处嵌有一块小的全反射棱镜（在筒内的下侧），筒外正对小孔有一只作为辅助光源的小灯。小棱镜的前表面，只有一个绿十字能透光，其余部分都不透光，小棱镜的表面紧贴在叉丝筒中的分划板上。因此，可将这透光绿十字和分划板上的叉丝视为在叉丝筒的同一横截面上。透光绿十字与分划板上的叉丝上交点，对于望远镜中心轴上下对称。当叉丝筒下的小灯点亮后，有一束光经叉丝筒下的小孔进入叉丝筒，由小棱镜的斜面全反射，经透光绿十字由望远镜射出。如果这被照亮的透光绿十字（以下称发光绿十字）处在物镜的焦平面上，绿十字发出的光经物镜射出后，将是平行光；如果在载物平台上树立一块平面反射镜，让望远镜与平面反射镜垂直，这平行光就会被反射回来，被平面反射回来的平行光入射到物镜，由物镜会聚成像于它的焦平面上（即发光绿十字所在的平面上），成一个倒立的实像。因为发光绿十字在望远镜中心轴线的下方，绿十字的像应成在与它对称的叉丝上交点处。

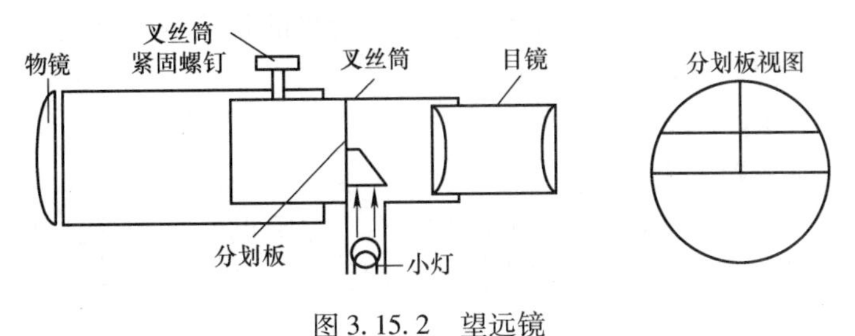

图 3.15.2 望远镜

（2）载物平台

见图 3.15.1，载物台（9）套在游标盘上，可以绕中心轴旋转，旋紧载物台锁紧螺钉（12）和制动架（Ⅰ）（23）与游标盘（31）的止动螺钉（22）时，借助立柱上的调节螺钉（21）可以对载物台进行微调（旋转）。放松载物台锁紧螺钉，载物台可根据需要升高或降低。调到所需位置后，再把锁紧螺钉旋紧。载物台有三个调平螺钉（10），通过调节，使载物台面与旋转中心轴垂直。

（3）平行光管

如图 3.15.3 所示，平行光管由凸透镜、平行光管镜筒、狭缝套筒、可调节的狭缝组成。见图 3.15.1，平行光管（13）安装在立柱（24）上，平行光管的光轴位置可以通过立柱上的高低和水平调节螺钉（18、19）来进行微调，平行光管带有一个狭缝装置（15），用狭缝上的调节手轮（17），可改变狭缝的宽度，狭缝的宽度在 0.02～2mm 内可以调节。其调节原理如下：调节狭缝套筒的前后位置，当被钠光灯照亮的狭缝（作为次级光源）位于平行光

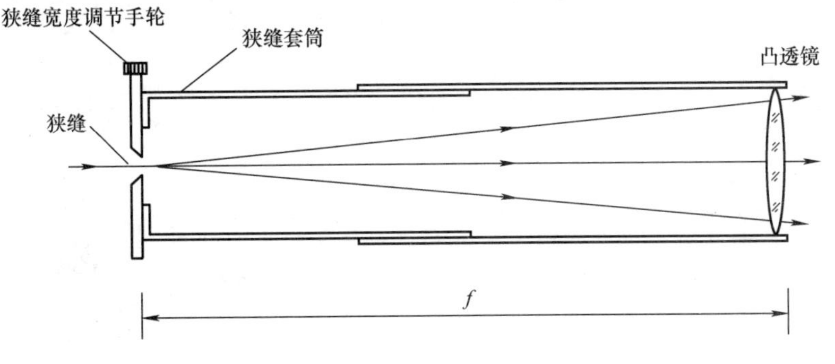

图 3.15.3 平行光管

管凸透镜的焦平面上时，由狭缝发出的光，经凸透镜由平行光管射出后，将是平行光。这时从已调好的望远镜观察平行光管时，将能看到清晰的狭缝像。

(4) 刻度盘及游标盘

在底座（25）的中央固定一根中心轴，刻度盘（30）和游标盘（31）套在中心轴上，可以绕中心轴旋转。刻度盘的周边刻有720等分刻线，每一小格为半度（30′），刻度盘里面的黑色圆盘叫游标盘，在它的一条直径的两端，有两个游标，每个游标上都有30个小格，每一小格表示1′。测量时，应将游标盘分列在望远镜的两侧，并读出两侧数值。采用双游标读数装置是为了消除刻度盘与游标盘不共心而出现的偏心差，参见附件。

2. 分光仪的调整

为了精确测量，必须将分光仪调好，使它达到以下5个要求：

- 望远镜适合观察平行光；
- 望远镜与分光仪公共转轴垂直（此处及以下皆指的是光学垂直）；
- 载物平台与分光仪公共转轴垂直；
- 平行光管发出的是平行光；
- 平行光管与分光仪公共转轴垂直。

调整的顺序是：先调望远镜，其次调载物平台，最后调平行光管。具体操作如下。

首先要粗调分光仪，即先目测粗调望远镜、载物平台、平行光管，使它们外观与分光仪公共轴垂直。粗调结束后再细调。

(1) 调整望远镜

1) 调节望远镜使之适合观察平行光：这是整个分光仪调整过程中最重要、最关键的一步操作。具体调节步骤如下：

① 旋转目镜，看清叉丝。此时，经目镜可以看到最清晰的平面就是发光绿十字及叉丝所在的平面。其视场如图3.15.4所示。

② 拉伸镜筒，看清绿十字。

a. 在载物平台中心放好平面反射镜，如图3.15.5所示。为了便于调整，让镜面与平台下面的三个螺钉中的两个螺钉（例如b_1、b_2）的连线平行。这样，要使平面镜向前倾或向后仰，只需调另一个螺钉（如图3.15.5中的b_3）就可以了。让望远镜正对平面反射镜，通过目镜观察，此时在一般视场中还看不到绿十字的像。原因是望远镜与平面镜还不垂直，由于望远镜的视场很小，面镜反射回的绿十字像进不到望远镜筒中，绿十字像可能偏左或偏右，偏高或偏低。

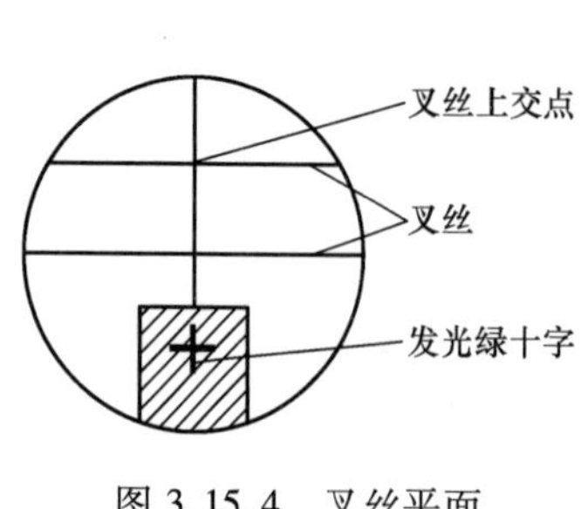

图3.15.4　叉丝平面

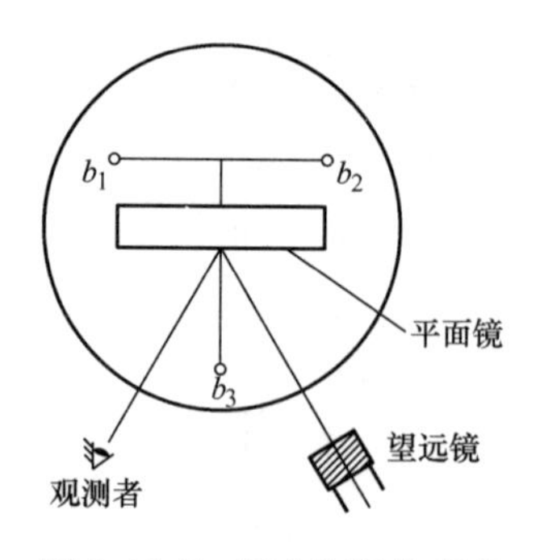

图3.15.5　绿十字像的观察

b. 寻找由平面镜反射的绿十字像。如图 3. 15. 5 所示，望远镜稍斜对着平面镜。根据反射定律，由望远镜筒射出的绿十字的光，在平面镜上反射，入射角等于反射角。眼睛迎着反射光线的方向，看平面镜，寻找平面镜中的绿十字像（如果看到平面镜中望远镜筒的像，发光绿十字的像就在镜筒的像里）。看到绿十字像后，可以试着稍微改变一下眼睛的高低位置。可以发觉：平面镜中绿十字像随眼睛位置高低改变而改变，不易判断绿十字像比望远镜筒偏高还是偏低。为了准确判断绿十字像偏高或偏低，应使两眼与目镜保持同一水平位置，同时沿镜筒外侧平视平面镜。判断绿十字像与望远镜筒的高低差异后，再调望远镜筒下的水平调节螺钉或者调载物平台下的螺钉，将绿十字像调到与望远镜筒处于同一水平面内。转动望远镜让望远镜筒的上边缘与它在平面镜中的像的上边缘成一条直线后，再经目镜观察，目镜视场中就会看到绿十字的像（见图 3. 15. 6）。

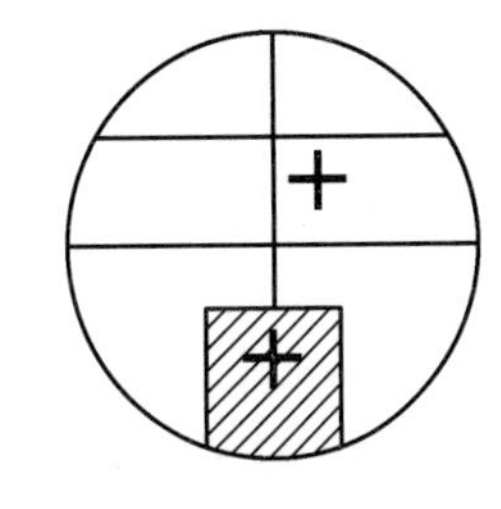

图 3. 15. 6　目镜视场中的绿十字像

③ 消除叉丝与绿十字像的视差。（参见本实验后的附件）

2）调节望远镜与仪器公共转轴垂直。

经过以上的调整后，通过目镜可以看到，在视场叉丝平面的上方有一个清晰的绿十字像，且其和叉丝无视差。这说明：望远镜适合观察平行光了。但还没有达到望远镜与仪器公共转轴垂直的要求。只有当平面镜前后两个面反射回的绿十字像都处于叉丝上交点时，才表明望远镜与分光仪公共转轴垂直了。

平面镜的一面反射回的绿十字像处于叉丝上交点位置了，然后转动载物平台 180°，让反射镜的另一面正对望远镜，这时一般来讲，通过望远镜，在视场中又看不到绿十字像了，这就要按照 1）中讲的方法去寻找绿十字像，判断出绿十字像比望远镜筒偏高或是偏低，将绿十字像调到与望远镜筒同一水平面，望远镜视场中能看到绿十字像后，再将绿十字像调到叉丝上交点处。只是望远镜对着平面镜这一面的调整，不能只调整望远镜筒下的水平调整螺钉，也不能只调载物平台下的 b_3 螺钉，而是先调 b_3 使绿十字像接近上叉丝一半的距离，再调望远镜下的水平调整螺钉使其达到上叉丝上，这称作各半调法。只有用这两个螺钉各调一半，将绿十字像调到叉丝上交点后，将载物平台再转 180°，让望远镜又对着原先已调好的那面时，绿十字像才会仍然在叉丝上交点处。一般来讲，用这两个螺钉来调，使其各接近一半，但调这两个螺钉的分寸并不是那么容易掌握的，这样，对于原来调好的那一面，其反射状态可能会稍有变化，绿十字像没有与叉丝上交点重合，这就需要再用一次各半调法来继续调整。反复用各半调法，最终就可以使得由平面镜两个面反射的绿十字像，都落在叉丝上交点处，且都与叉丝无视差，如图 3. 15. 7 所示。此时，望远镜就与仪器公共转轴垂直了。

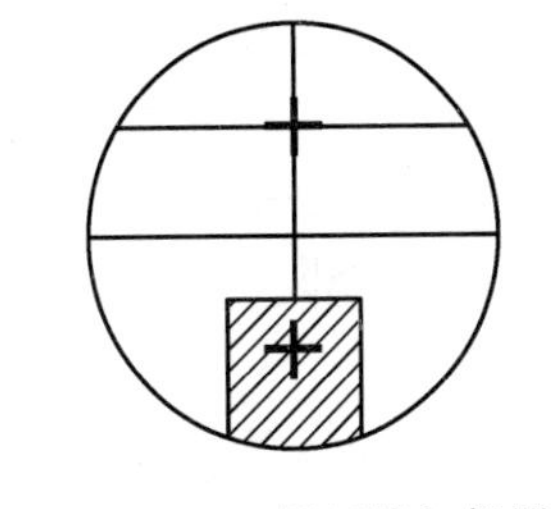

图 3. 15. 7　望远镜与仪器公共转轴垂直的目镜视场

（2）调载物平台使之垂直于分光仪的公共转轴

经过前面的调整望远镜的轴线与分光仪的公共转轴垂直了。此时，平面镜的法线也与公共转轴垂直了，载物平台上与平面镜法线方向一致的一条直径也与公共转轴垂直了。但平台上其他方向的直径却不一定与公共轴垂直。例如，平台上与平面镜镜面平行的一条直径如果倾斜着（因而平面镜也左右倾斜着），由平面镜两面反射回的绿十字像，仍然可以处于叉丝上交点位置。如果此时将平面镜在平台上转动一下，使平面镜相对于载物平台改变一下方位，然后再让望远镜对准平面镜，望远镜视场中绿十字像仍然在叉丝上交点处，这说明，平台上与此方位的平面镜法线一致的这条直径，也与公共轴垂直，载物平台上若有两条直径垂直于仪器的公共轴，则该载物平台也就和仪器公共轴垂直了。调载物平台，我们不是改变平面镜的方位再调，而是放上一个具有两个光学面的等边三棱镜来调。

载物平台的调整方法如下：

如图3.15.8所示，将三棱镜放置在平台上，让三棱镜的一个光学面AB与平台下的两个螺钉（b_1、b_3）的连线垂直，这样，它的另一光学面AC也就与另两个螺钉（b_2、b_3）的连线垂直。图中画有短斜线的BC边，表示三棱镜磨毛的底面，与这底面相对的角A为三棱镜的顶角。转动载物平台，让三棱镜的一个光学面（例如AB面）作为反射面，进行调整。**注意：**此时不能再调望远镜下的水平调节螺钉，否则，已调好的望远镜就会被破坏而前功尽弃。如果望远镜视场中看不到绿十字像，就仍然按图3.15.5所示的方法，判断十字像的高低位置，调整时只调载物平台下的螺钉b_1或b_3，让绿十字处于叉丝上交点位置，三棱镜的这一面就算调好了。转动平台，让三棱镜的另一光学面（AC面）对准望远镜。如果视场中看不到绿十字的像，就仍然按图3.15.5所示的方法，判断出十字像偏高或偏低，调整时，为了保证已调好的AB面不变，只能调螺钉b_2。由于三棱镜是按图3.15.8放置的，调b_2时，载物平台以b_1、b_3的连线为轴线微微转动。而连线b_1、b_3刚好是AB面的法线，AB面的法线方向不变，它就不会前倾或后仰。也就是说，当旋动b_2时，不会改变AB面反射绿十字像的高低位置，原来调好的状态不会被破坏。同理，如果AC面已调好，要改变AB面，只能调螺钉b_1。旋动b_1时，平台绕b_2、b_3连线微微转动。而b_2、b_3连线正是AC面的法线，它的法线方向不变，它的反射状态也就不会被破坏。总结如下：要保证AC面不变，想改变AB面，调b_1；要保证AB面不变，想改变AC面，调b_2。只要调好一个面以后，b_3螺钉就不能再动。调整时，一定要细心，不要调错螺钉，否则会前功尽弃。

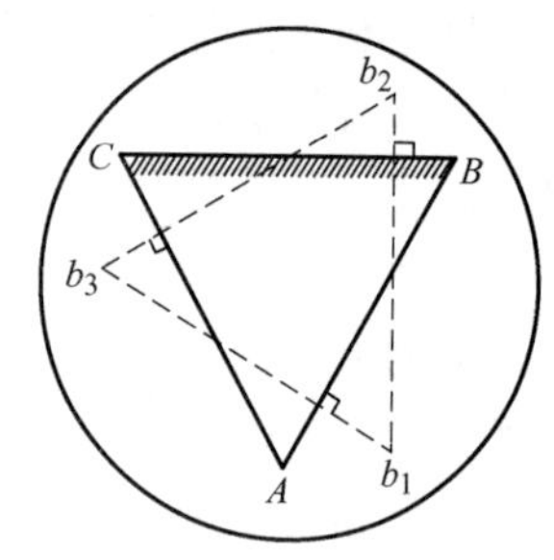

图3.15.8　三棱镜放置图

在实验过程中常会出现以下情形：在平台上放置三棱镜时，由于三棱镜的光学面与平台下的螺钉连线不太垂直，致使当要调的光学面调好后，原本已经调好的那一面又有一些变化，反射的绿十字像又比叉丝上交点略偏高或偏低。这就需要反复地多调整几次，最终使得由三棱镜的两个光学面反射回的绿十字像，都能处于叉丝上交叉点位置。此时，载物平台就算调好了。

（3）调平行光管

将平台上的三棱镜取下。用光源灯将狭缝照亮。将已调好的望远镜正对平行光管，当用望远镜观察平行光管狭缝的像时，如果狭缝的像不清晰，说明狭缝的位置不合适，松开狭缝装置的紧固螺钉，轻轻推拉狭缝套筒，改变狭缝的前后位置，直至望远镜视场中狭缝成像十分清晰，并且狭缝像与叉丝无视差。用狭缝宽度调节手轮，调整狭缝的宽度，让视场中狭缝像的宽度为0.5~1mm。旋转狭缝装置，让狭缝处于横向放置。调平行光管水平调节螺钉，使处于横向位置的清晰的狭缝像与视场中下叉丝重合。此时，平行光管就算调好了。

【附件】

1. 偏心差

分光计的读数系统由刻度盘和游标盘组成，读数方法和游标卡尺原理相同。

圆刻度盘在分光计出厂时已将它调到与仪器转轴垂直。由于圆刻度盘中心和仪器转轴在制造和装配时不可能完全重合，所以在读数时会产生偏心差。

圆刻度盘上的刻度被均匀地刻在圆周上，当圆刻度盘中心 O 与转轴重合时，由相差180°的两个游标读出的转角刻度数值相等。而当圆刻度盘偏心时，由两个游标盘读出的转角刻度值就不相等，所以如果只用一个游标读数就会产生系统误差——偏心差。通过在转轴直径上安置两个对称的游标读数即可消除这种系统误差。

如图 3.15.9 所示，大圆表示刻度盘，其轴心为 O；小圆表示游标盘，其轴心为 O'。若游标盘从 φ_1 转到 φ_2，实际转过的角度为 θ，而在刻度盘上的读数分别为 φ_1、φ_2 和 φ_1'、φ_2'，则刻度盘转过的角度为 $\theta_1=|\varphi_2-\varphi_1|$，$\theta_1'=|\varphi_2'-\varphi_1'|$。根据几何定理有 $\alpha_1=\frac{1}{2}\theta_2$，$\alpha_2=\frac{1}{2}\theta_1$，又 $\theta=\alpha_1+\alpha_2$，所以，游标盘实际转过的角度为

$$\theta=\frac{1}{2}(\theta_1+\theta_2)=\frac{1}{2}(|\varphi_2-\varphi_1|+|\varphi_2'-\varphi_1'|)$$

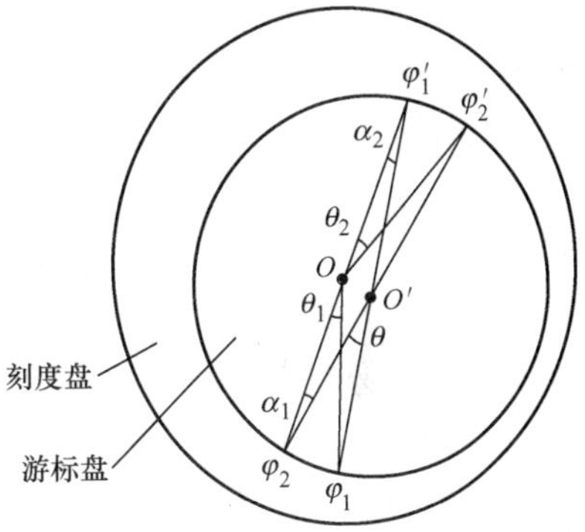

图 3.15.9 圆刻度盘的偏心差

即两个游标读数的平均值等于游标盘实际转过的角度，因此，使用具有两个游标的读数装置可以消除偏心差。

2. 视差

视差是指在光学实验的调整过程中，随着眼睛的晃动（观察位置稍微改变），标尺与被测物体之间产生相对位移，造成难以准确测量的一种的实验现象。度量标尺（叉丝平面）与被测物体（像）的不共面是视差产生的原因。消除视差的方法是将度量标尺（叉丝平面）与被测物（像）调整到同一平面上。

实验 3.16 用菲涅耳双棱镜测波长

自从1801年英国科学家托马斯·杨用双缝做了光的干涉实验后，光的波动说开始为许多学者接受，但仍有不少反对意见。二十多年后，法国科学家菲涅耳做了几个新实验，令人信服地证明了光的干涉现象的存在，在这些新实验中就包括他在1826年进行的双棱镜实验。在实验中，他巧妙地利用双棱镜形成分波面干涉，用毫米级的测量得到了纳米级的精度，其物理思想、实验方法与测量技巧至今仍然值得我们学习。

【实验目的】

（1）观察了解菲涅耳双棱镜的干涉现象。

（2）学会利用光的干涉现象测量波长的一种方法。

（3）进一步掌握调整复杂光路的方法。

【实验仪器】

实验装置如图 3.16.1 所示。

光源：钠光灯 N 发出的光照亮单狭缝 S，S 作为本实验的狭缝光源。N 与 S 应尽量靠近。

双棱镜 B：由两块底面相接、折射角很小（应小于 1°）的直角棱镜构成。实验时 B 与 S 的距离要适当，才能保证 Δx 有足够的测量间距（B 与 S 的实际距离应为 25 ~ 30cm）。

屏 G：用来观察干涉场及虚光源的像，以便把它们引到测微目镜中去。

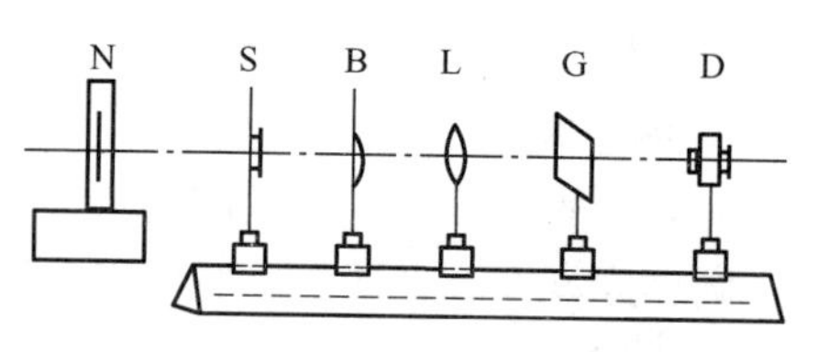

图 3.16.1　实验装置图

N—钠光灯　L—凸透镜　S—单狭缝

G—屏　B—双棱镜　D—测微目镜

凸透镜 L：用它将由双棱镜形成的光源的像 S_1 和 S_2 呈现在测微目镜的分划板上。

测微目镜 D：用来观察干涉条纹，测量条纹间距及测量虚光源的像之间的距离。使用方法见本实验后面的附件。

除钠光灯外，所有仪器都被安排在光具座上。光具座附有标尺，能测量出各元件间的距离。每个光学元件都用光具夹夹住，由支杆与下面的滑块用螺钉固定。松开此螺钉就可提起或转动支杆，改变元件的光轴方向（切忌扭动光具夹）。当调节光学元件使其左右移动时，要旋转滑块上的螺钉，在实验过程中，如果不用某个元件，要连同它下面的滑块一起从导轨上取下，不要把它们拆离。

【实验原理】

利用光的干涉现象进行光波波长的测量，首先要得到干涉图样。两个独立光源发出的光不可能产生干涉图样，只有将一束由点光源发出的光用分波前法或分振幅法将其分成两束位相差恒定的相干光，在其交叠区域才可得到稳定的干涉图样。菲涅耳双棱镜正是分波前的一种装置。

如图 3.16.2 所示，被照亮的狭缝 S 所射出的光波经双棱镜 B 后，其波前便分为两部分，各自向不同方向传播。它们可以等价地看成是由两个符合相干条件的虚光源 S_1 和 S_2 所发出的柱面波，则在两光波叠加的区域内，就可以看到明暗相间的干涉条纹，条纹的取向与狭缝平行。因此，只要找出干涉条纹的空间分布与波长的定量关系，就可求出光波的波长。

图 3.16.3 中 S_1 和 S_2 是双棱镜所产生的两相干虚光源，其间距为 l。屏幕到 S_1S_2 平面的距离为 d。设 S_1 和 S_2 到屏上任一点 P_k 的光程差为 Δ，P_k 与 O 的距离为 x_k，当 $l \ll d$、$x_k \ll d$ 时，可得到

$$\Delta = \frac{x_k}{d} l \tag{3.16.1}$$

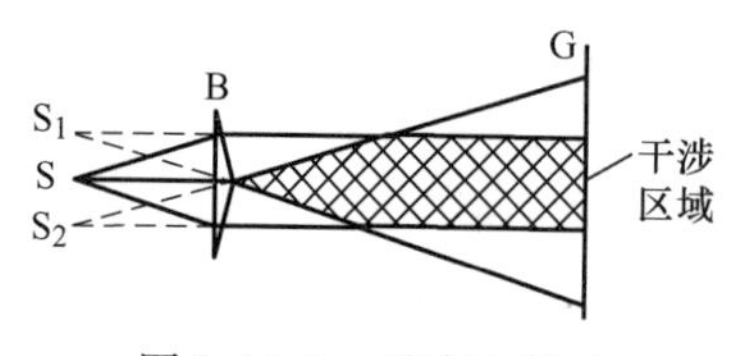

图 3.16.2　干涉示意图

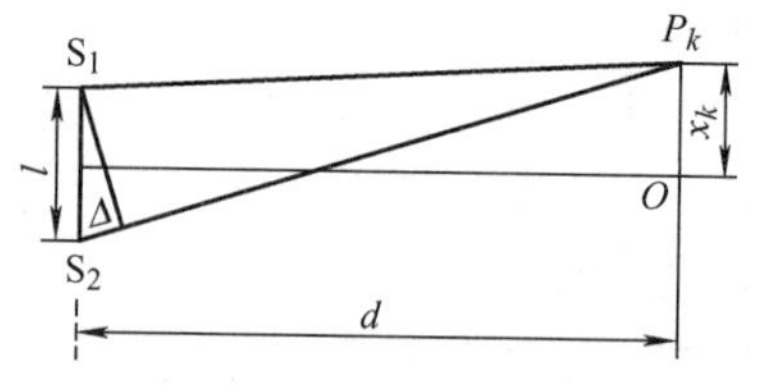

图 3.16.3　干涉原理图

当 Δ 为半波长的偶数倍，即满足以下条件时，

$$\Delta = \pm 2k\frac{\lambda}{2} = \pm k\lambda \quad (k = 0, 1, 2, \cdots) \tag{3.16.2}$$

可得到明条纹，由式（3.16.1）和式（3.16.2）可得第 k 级明纹的位置

$$x_k = \pm \frac{k\lambda}{l} d \tag{3.16.3}$$

由式（3.16.3）可得到相邻条纹的间距与波长的关系

$$\Delta x = x_{k+1} - x_k = \frac{d}{l}\lambda \tag{3.16.4}$$

于是，光波波长

$$\lambda = \frac{l}{d}\Delta x \tag{3.16.5}$$

对暗条纹也可得到同样结果。式（3.16.5）就是本实验利用光的干涉现象求光波波长所依据的公式。实验中测出条纹间距 Δx、虚光源间距 l 及虚光源到屏的距离 d，代入式（3.16.5），即可得到光波波长 λ。

【实验内容】

1. 调整光路

调整光路是这个实验的关键，目的是使各光学元件达到等高、共轴，具体步骤如下。

（1）粗调

让狭缝与钠光灯中心等高，二者尽量靠近，使钠光灯正对并均匀照亮整个狭缝。然后以狭缝为参照物，依次将双棱镜、凸透镜和测微目镜与之比较，使它们的几何中心等高、共轴。

（2）正确放置各元件

为使干涉条纹宽度合适、易于测量，应使双棱镜与狭缝平面相距25.00～30.00cm，测微目镜分划板与狭缝平面相距大于140.00cm。（**注意**：滑块外侧中心处的红线指示的是支杆的位置，狭缝平面与其支杆相距0.00cm，测微目镜叉丝平面与其支杆相距2.50cm。）

（3）细调

调节狭缝宽为1～2mm，把白屏插入不能左右移动的固定滑块中，并放在棱镜与测微目镜中间，此时在白屏上应看到在较宽的亮带中有一条很细的亮线（如果看不到，要适当调整钠光灯的位置）。此亮线为双棱镜的棱脊相对应的位置，是两束光的交叠区域，即干涉场。左右移动双棱镜，使亮线位于白屏支杆的延长线上。再适当左右调节钠灯使亮线位于亮带的中央，且与亮带边缘平行。取下白屏并用其迎着亮线引入测微目镜视场中央。如没在中央，则应当调节测微目镜的左右位置。

（4）调出干涉条纹

完成上述调整后，从测微目镜视场中只能看到很亮的背景，并没有出现干涉条纹，原因有二：狭缝宽窄不合适；狭缝可能没有与双棱镜的棱脊严格平行。因此，先将狭缝调节到合适宽度（切勿关死），再微调狭缝的竖直方位，使之与棱镜的棱脊严格平行，即轻轻来回旋转狭缝圆盘上方的螺钉，直到测微目镜视场中出现明暗反衬度较高的清晰的干涉条纹。

2. 测量

（1）测量干涉条纹的间距 Δx

旋转测微目镜的鼓轮，使目镜中的叉丝中心对准干涉图样任一暗（明）条纹的左边，记下此时的读数 x_0，转动鼓轮，使叉丝向右移动，移过一条暗（明）纹数1，移过两条数

2，…，直至数到10，再记下x_{10}的位置。重复此步骤共测5次。要注意避免空程误差。

（2）用共轭法测量两个虚光源的间距l

在双棱镜与测微目镜之间加一块透镜，先目测调节使此透镜与原光学系统共轴，一般不可再动原光学系统的其他元件，然后移动透镜在Ⅰ处，如图3.16.4所示，目镜中将看到间距为l的虚光源S_1和S_2的间距为l_1的放大的实像S_1'和S_2'；移动透镜在Ⅱ处，将看到间距为l的虚光源S_1和S_2的间距为l_2的缩小的实像S_1''和S_2''。放大的实像和缩小的实像的中心应大致重合，如不重合，要继续调节透镜的上下左右位置，直至重合且在视场中央。开始测量前，要前后移动透镜的位置，分别把大小像调清楚，即内边缘很细很亮，且与叉丝平面没有视差（见图3.16.5）。

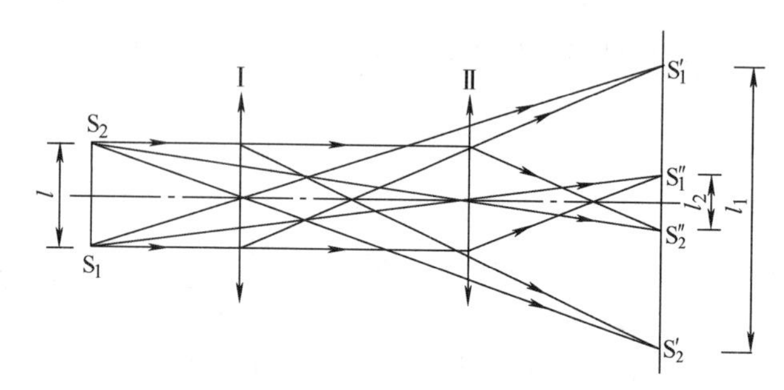

图3.16.4　共轭法光路图

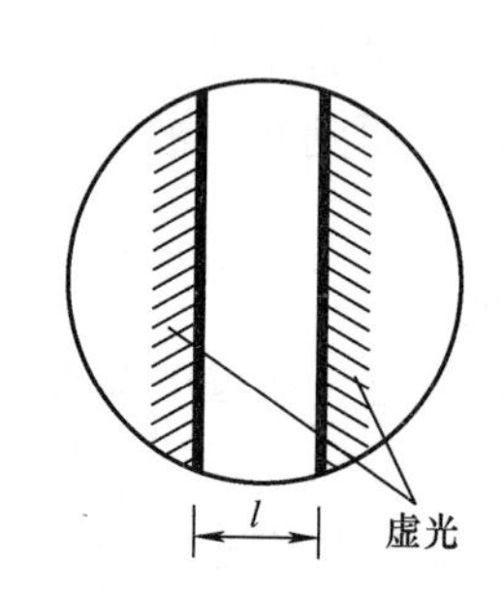

图3.16.5　虚光源成像示意图

测出两虚光源S_1和S_2在测微目镜中所成实像的间距l_1、l_2，共测5次。利用公式

$$l=\sqrt{l_1 l_2} \tag{3.16.6}$$

即可算出两虚光源的间距l。

（3）测量虚光源到测微目镜分划板的距离d

直接由光具座上的标尺读出即可，虚光源的位置粗略地认为在狭缝平面内。注意修正狭缝支杆与狭缝平面、测微目镜支杆与测微目镜分划板之间的距离，测量1次。

【数据记录及处理】

1. 记录

狭缝支杆位置：________

狭缝位置：S = ________

测微目镜支杆位置：________

测微目镜分划板位置：G = ________

$$d=|S-G|=\_\_\_\_\_\_\_\_$$

2. 测量条纹间距Δx

自拟数据表格，求出Δx的平均值及不确定度，写出条纹间距Δx的结果表达式。

3. 测量虚光源的间距l

同Δx的处理方法一样，分别求出l_1、l_2的平均值及其不确定度，并写出结果表达式。

根据式（3.16.6）计算l及其不确定度，写出l的结果表达式。

4. 计算

根据式（3.16.5）计算λ及其不确定度，写出λ的结果表达式。与标准值λ_0 =

589.3nm 比较并计算百分差，再加以讨论。

实验3.17 用迈克耳孙干涉仪测单色光波长

迈克耳孙干涉仪是1883年美国物理学家迈克耳孙（A. A. Michelson）与合作者莫雷，为研究“以太漂移”而设计制造的精密的光学仪器。迈克耳孙曾用干涉仪做过三个闻名于世的重要实验：迈克耳孙-莫雷以太漂移实验；首次系统研究光谱线的精细结构；首次直接将光谱线的波长与标准米进行比较。后来，人们又在迈克耳孙干涉仪的基础上发展出多种形式的干涉测量仪器，这些仪器在近代物理和计量技术中被广泛应用。迈克耳孙因在发明干涉仪器和光速测量方面所做出的贡献而获得1907年诺贝尔物理学奖。

【实验目的】

（1）了解迈克耳孙干涉仪的结构、原理及调节和使用方法。

（2）观察等倾干涉条纹、等厚干涉条纹和白光干涉条纹。

（3）应用迈克耳孙干涉仪测单色光波长。

【实验仪器】

迈克耳孙干涉仪、半导体激光器、白炽灯、毛玻璃等。

【实验原理】

1. 概述

迈克耳孙干涉仪是一种利用干涉条纹测量长度和长度微小变化的精密仪器。它由一套精密的机械传动系统和四个高质量的光学镜片装在底座上组成，如图3.17.1所示。其中G_1是有一面镀银膜的平行平面玻璃，叫作光束分离板。如图3.17.2所示，来自光源S的光束到达O点时一半透射，一半折射，分为1、2两臂进行，分别被反射镜M_1和M_2反射后又在O点会合射向屏P，G_2是一块与G_1的厚度和折射率都相同的平行平面玻璃，与G_1平行放置。它的作用是使两束光在玻璃介质中的光程差完全相等。因为反射光束（2）通过G_1前后共三次，而透射光束（1）只通过G_1一次；有了G_2，透射光束将往返通过它两次。因此，有了它，求两臂的光程差时只需计算二者在空气中的几何路程差就可以了。如果光源是单色的，补偿与否无关紧要。但在使用白光时，就非有G_2不可了，它将用来补偿由于色散而引起的光程差，所以G_2被称为补偿板。M_2是固定的，M_1则装在导轨的拖板上，转动5或8可以使精密丝杠带动拖板沿导轨前后移动，所以M_1是可移动的反射镜。它的位置由三个读数尺标明。

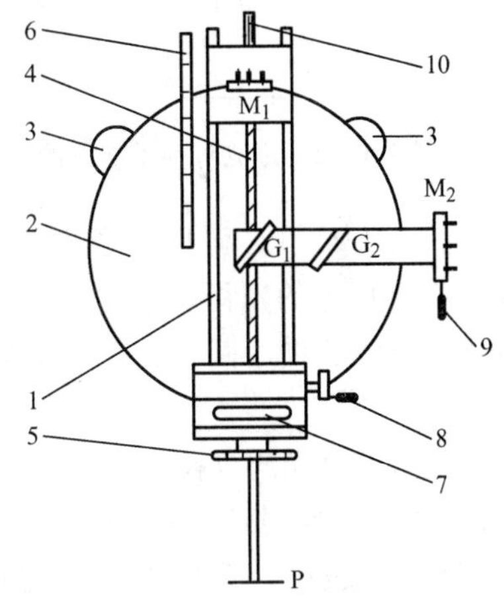

图3.17.1 迈克耳孙干涉仪俯视图

1—导轨 2—底座 3—水平调节螺母 4—丝杠 5—粗调手轮 6—毫米尺 7—防尘罩 8—微调手轮 9—拉簧螺钉 10—丝杠的顶进螺钉

主尺是毫米刻度尺，装在导轨侧面，由拖板上的短线指示毫米以上的读数；百分尺是一个直接与丝杠相连接的圆盘，从防尘罩上的读数窗口看，用粗调手轮转动这个盘使其移动一个分格，M_1镜即移动0.01mm；另一个测微尺在防尘罩右侧的微调手轮上，这个圆盘尺每移动一个分格，M_1镜只移动0.0001mm。因此，由这套传动系统可以把动镜M_1的位置读准到万分之一毫米，估读到十万分之一毫米。M_1和M_2的背后各有一组调节螺钉，它们是用来微调镜面法线方位的。M_2镜装在与底座相连的悬臂杆上，转动水平的或垂直的拉簧螺钉可以调节弹簧的松紧，从而更加精细地调节镜面的方位。

迈克耳孙干涉仪的实验光路如图 3. 17. 2 所示。由光源 S 发出一束光，经扩束镜 G 后射到分光板 G_1的半反射半透射膜 L 上，L 反射光和透射光的光强基本相同。透过膜层 L 的光束（1）到达参考镜 M_2后又被反射回来。由于光束（1）、（2）满足光的相干条件，所以相叠加后就发生干涉，在屏 P 上即可观察到干涉条纹。M'_2是在 G_1中看到的 M_2的虚像。在光学上，干涉被认为是在 M'_2与 M_1之间的空气膜上发生的。

2. 等倾干涉条纹

如果经过精心调节使 $M_1 \perp M_2$，这时必然有 $M_1 /\!/ M'_2$。设 M_1和 M'_2相距为 d，如图 3. 17. 3 所示。那么入射角为 i 的光线经 M_1和 M'_2反射后成为相互平行的两束光（1）和（2），它们的光程差为

$$\Delta L = 2d\cos i \tag{3.17.1}$$

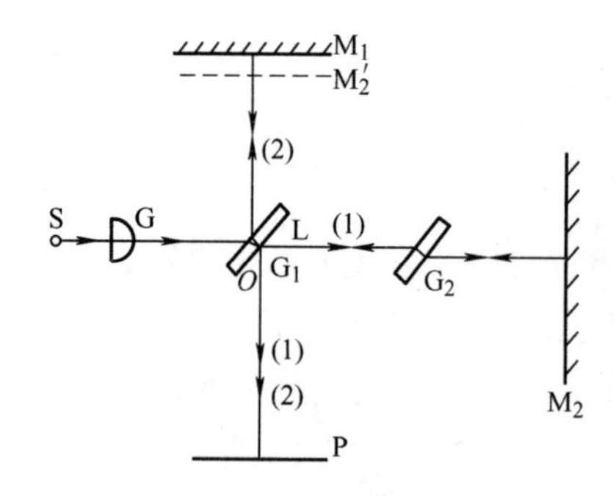

图 3. 17. 2　迈克耳孙干涉仪的光路图

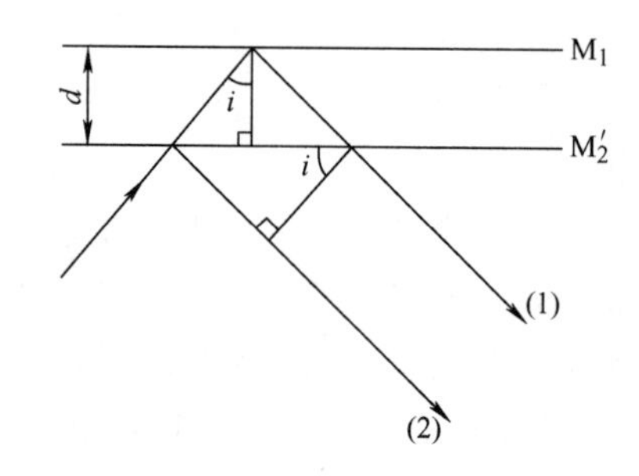

图 3. 17. 3　等倾干涉原理图

由式（3. 17. 1）可见：当 d 一定时，光程差将随着入射角 i 而改变。即具有同一入射角的光线将有相等的光程差。它们将在无穷远处形成干涉条纹，这种干涉称为等倾干涉，所产生的干涉条纹为同心圆。其第 k 级亮纹形成的条件为

$$2d\cos i = k\lambda \tag{3.17.2}$$

式中，λ 为单色光的波长。由式（3. 17. 2）可见

1）当 d 一定时，i 角越小，$\cos i$ 越大。因此，光程差越大，形成的干涉条纹级次就越高。但是 i 角越小，所形成的干涉圆环的直径就越小。在圆心处 $\cos i = 1$。此时光程差最大：

$$\Delta L = 2d = k\lambda \tag{3.17.3}$$

所以圆心处的干涉条纹级次最高。

2）当 d 变化时，如果观察干涉图像中某一级条纹 k_1。因为 $2d\cos i_1 = k_1\lambda$，若 d 逐渐减小，则为了保持 $2d\cos i_1$ 为常数，$\cos i_1$ 必须增大，即 i_1 必定逐渐减小。因此可以看到，条纹随着 d 的减小而逐渐向中心缩进，同时整体条纹变粗、变稀；反之，看到条纹随着 d 的增大，圆环自中心“冒出”，并向外扩张，整体条纹变细、变密。

从数量上看，如果 d 减小或增大半个波长，光程差 ΔL 就减小或增大一个整数波长，对应的就有一条条纹向中心“缩进”或从中心“冒出”。当然 d 变化 $N\lambda/2$，即

$$\Delta d = N\lambda/2 \tag{3.17.4}$$

对应的就有 N 条条纹向中心“缩进”或从中心“冒出”。根据这个原理，如果已知入射光波长 λ，并数出“缩进”或“冒出”的圆环数 N，则可以求出 M_1 和 M_2' 之间的距离变化 Δd。这就是利用干涉仪精密测量长度的基本原理。

3. 等厚干涉条纹

当 M_1 与 M_2' 有一个很小的交角 θ，形成楔形空气薄层时，就会产生等厚干涉条纹。如图3.17.4所示。因为 θ 角很小，光束（1）和（2）之间的光程差仍可近似为

$$\Delta L = 2d\cos i \tag{3.17.5}$$

式中，d 为观察点 B 处的空气层的厚度；i 为入射角。在 M_1 与 M_2' 的相交（即 $d=0$）处，应当出现直线条纹，此条纹称为中央条纹。将式（3.17.5）展开为幂级数形式并舍去高次项，可得

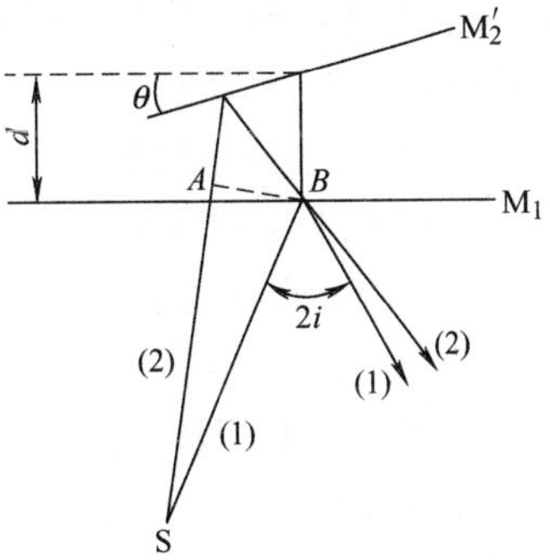

图3.17.4 等厚干涉原理图

$$\Delta L = 2d\cos i = 2d\left(1-2\sin^2\frac{i}{2}\right) \approx 2d\left(1-\frac{i^2}{2}\right) = 2d - di^2 \tag{3.17.6}$$

在中央条纹附近，因为 i 很小，所以式（3.17.6）中的 di^2 项可以忽略，于是有

$$\Delta L = 2d \tag{3.17.7}$$

因此，在中央条纹附近，将产生与中央条纹平行的近似直条纹。而在中央条纹线较远处，由于 di^2 项的影响增大，条纹发生弯曲，凸向中央条纹。中央条纹线越远，d 越大，条纹越弯曲。

4. 白光干涉条纹

由于干涉条纹的明暗取决于光程差 ΔL 与光源波长 λ 之间的关系，故若用白光光源，则各种波长的光所产生的干涉条纹明暗互相重叠，只有零级和附近几级的条纹因各种波长光的光强分布合成的结果，尚能显示出最大和最小。不同颜色的光在零级两侧展开，产生多种混合色，组成彩色条纹。而在较高的干涉级次，因为每一点都有各色光出现，合成结果变为白色，所以白光干涉只能看到不多的几条彩色的干涉条纹。中央彩色条纹的出现标志着仪器的Ⅰ、Ⅱ两臂达到等光程。（由于光束（1）和（2）分别在分束板 G_1 背面的内侧和外侧反射一次，相位突变情况相反，存在半波损，所以在用白光作为光源时，将实现“零级干涉条纹无色散”，即在该处呈现一条全黑的暗线。但是，由于分束板 G_1 的背面镀了银，所以相位变更非0非 π，情况比较复杂，交线位置上并不全黑，往往呈现暗紫色。）

【实验内容】

1. 观察等倾干涉条纹

1）通过目测，粗调干涉仪和半导体激光器的水平。转动干涉仪粗调手轮，使 M_1 和 M_2 两镜距分束板 G_1 的中心大致相等（拖板上的标志线大约指在主尺的50.0mm位置），以便调出干涉条纹。

2）点亮半导体激光器，使光束与分束板等高且位于沿分束板和 M_2 镜的中心连线上。用一张不透光的卡片遮蔽 M_2，调节激光器高低左右和 M_1 后的螺钉，使经 M_1 反射回来的光束按原路返回。

3）取下遮蔽 M_2 的卡片，此时通过分束板观察 M_1，在视场中可看到分别由 M_1 和 M_2 反射到屏的两排光点，每排四个光点，中间有两个较亮，旁边两个较暗。调节 M_2 背面的螺钉，使两排中的两个最亮的光点大致重合（主要看两组中最亮的两个点重合），此时 M_1 和 M_2 大致垂直。如果两组像确实完全重合了，就可以在仪器上放上毛玻璃屏，则屏上就会出现明暗相间的干涉条纹。

4）看到干涉条纹后，仔细调节 M_2镜的两个拉簧螺钉，直到把条纹的圆心调至视场中央，视场中将出现明暗相间的等倾干涉同心圆环。然后旋转粗调（或微调）手轮，使 M_1前后平移，可看到条纹的“冒出”或“缩进”现象，观察、记录这些现象，并解释条纹的粗细、疏密与 d 的关系。

2. 利用等倾干涉环测半导体激光的波长

1）选定等倾干涉环清晰的区域，调整仪器的零点。

2）轻轻旋转微调手轮（**注意：**要与调零点时的旋转方向相同），每“冒出”（或“缩进”）50 个干涉环记录一次 M_1镜的位置，连续记录 6 次。然后根据式（3. 17. 4），用逐差法计算出激光的波长及其不确定度，并与标准值（$\lambda_0 = 650.0\text{nm}$）进行比较，计算百分差。

3. 观察等厚干涉条纹

调节 M_2镜的拉簧螺钉，使 M_2'与 M_1有一个很小的夹角，再慢慢转动粗调手轮，观察并记录条纹的变化情况和特点。

4. 观察白光的等厚彩色条纹

使用白炽灯作为光源，细心缓慢地调节 M_1与 M_2'之间的距离，当 M_1与 M_2'达到“零程”附近时就会出现彩色条纹。再小心地调节 M_1与 M_2'之间的距离，找到中央条纹，记录此时 M_1镜的位置以及观察到的条纹形状和颜色分布。（**注意：**使用白炽灯作光源时，为了便于观察现象，可以在光源与分束板之间放置一块毛玻璃，以便使光源变为扩展光源。）

实验 3. 18　牛　顿　环

【实验目的】

（1）观察等厚干涉现象，理解等厚干涉的原理和特点。

（2）学习用牛顿环测定透镜曲率半径。

（3）正确使用读数显微镜，学习用逐差法处理数据。

【实验仪器】

读数显微镜、牛顿环仪、钠光灯、凸透镜（包括三爪式透镜夹和固定滑座）。

【实验原理】

牛顿环仪是由一块曲率半径较大的平凸透镜和一块光学平面玻璃片所组成的器件。在平凸透镜的凸面与玻璃片之间有一空气薄层，其厚度由中心接触点到边缘逐渐增大。若以平行单色光 S 垂直照射，则经空气层上下表面反射的两束光线有一光程差，在平凸透镜凸面相遇后，将发生干涉。用读数显微镜观察，便可以清楚地看到中心为一小暗斑，周围是明暗相间宽度逐渐减小的许多同心圆环——等厚干涉条纹，这种等厚环形干涉条纹称为牛顿环。牛顿环是由透镜下表面反射的光和平面玻璃上表面反射的光发生干涉而形成的，两束反射光的光程差（或相位差）取决于空气层的厚度，所以牛顿环产生的是一种等厚条纹。图 3. 18. 1 为牛顿环实验的装置图。

如图3.18.2所示，当透镜凸面的曲率半径 R 很大时，与接触点 O 相距为 r 的 P 点的空气膜厚度为 d，则

$$R^2=(R-d)^2+r^2=R^2-2Rd+d^2+r^2$$

由于 $R>>d$，因此 d^2 可以忽略，即可得

$$d=\frac{r^2}{2R} \tag{3.18.1}$$

在 P 点处相遇的两束反射光线的几何光程差为该处空气间隙厚度 d 的两倍，即 $2d$。若空气的折射率为 n，则这两束反射光线的光程差为 $2nd$。又因这两条相干光线中有一条光线来自光密介质面上的反射，另一条光线来自光疏介质上的反射，它们之间有一附加的半波损失，所以在点 P 处得到两相干光的总光程差为

$$\Delta=2nd+\frac{\lambda}{2} \tag{3.18.2}$$

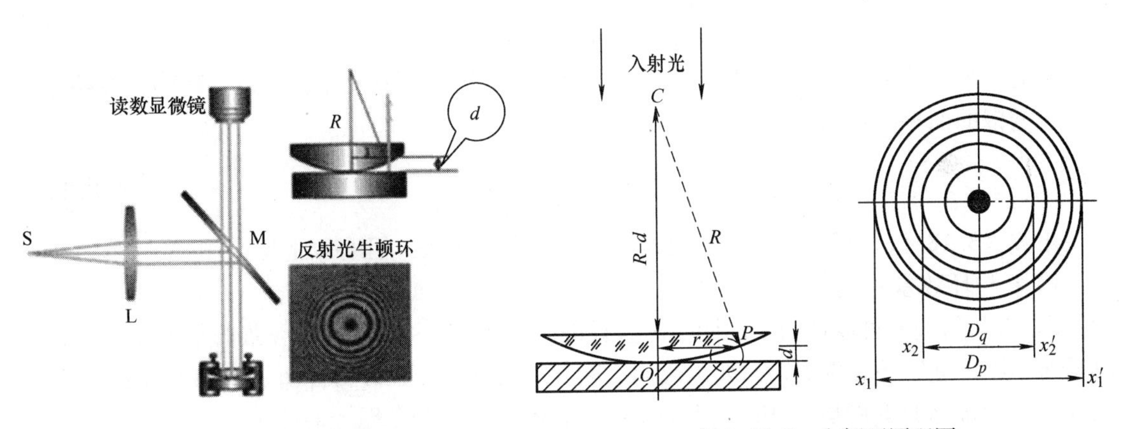

图3.18.1　牛顿环装置　　　　图3.18.2　牛顿环原理图

产生暗纹的条件是

$$\Delta=(2k+1)\frac{\lambda}{2}\quad(k=0,1,2,\cdots) \tag{3.18.3}$$

产生明纹的条件是

$$\Delta=k\lambda\quad(k=1,2,3,\cdots) \tag{3.18.4}$$

由此可得，牛顿环的明、暗纹半径分别为

$$r_k=\sqrt{k\lambda R/n} \tag{3.18.5}$$

$$r_k'=\sqrt{(2k-1)R\frac{\lambda}{2n}} \tag{3.18.6}$$

式中，n 为空气的折射率；k 为干涉条纹的级数；r_k' 为第 k 级暗纹的半径；r_k 为第 k 级亮纹的半径。

式（3.18.5）和式（3.18.6）表明，当 λ 已知时，只要测出第 k 级亮环、暗环的半径，就可计算出透镜的曲率半径 R；相反，当 R 已知时，即可算出 λ。

在实验过程中，观察牛顿环时将会发现，牛顿环中心不是一点，而是一个不甚清晰的暗或亮的圆斑，其原因是，透镜和平玻璃板接触时，由于接触压力引起形变，使接触处为一圆面；又因为镜面上可能有微小灰尘等存在，从而引起附加的光程差。这都会给测量带来较大

的系统误差。

因此，可以通过测量距中心较远的、比较清晰的两个暗环纹的半径的平方差来消除附加光程差带来的误差。假定附加光程差为 a，则光程差为

$$\Delta = 2n(d+a) + \frac{\lambda}{2} = (2k+1)\frac{\lambda}{2} \tag{3.18.7}$$

则 $d = k\frac{\lambda}{2n} \pm a$，将其代入式（3.18.1）可得

$$r^2 = kR\lambda/n \pm 2Ra \tag{3.18.8}$$

取第 p、q 级暗条纹，则对应的暗环半径分别为

$$r^2 = pR\lambda/n \pm 2Ra \tag{3.18.9}$$

$$r^2 = qR\lambda/n \pm 2Ra \tag{3.18.10}$$

将两式相减，得

$$r_p^2 - r_q^2 = (p-q)R\lambda/n$$

由此可见，$r_p^2 - r_q^2$与附加光程差 a 无关。由于暗环圆心不易确定，故以暗环的直径替代，因而，透镜的曲率半径为

$$R = \frac{D_p^2 - D_q^2}{4(p-q)\lambda}n \tag{3.18.11}$$

由式（3.18.11）可以看出，半径 R 与附加光程差无关，且有以下特点：

1）R 与环数差 $p-q$ 有关。

2）由几何关系可以证明，两同心圆直径的平方差 $D_p^2 - D_q^2$等于对应弦的平方差，因此，测量时不用再确定环心位置，只要测出同心暗环所对应的弦长即可。所以，如果入射光的波长 λ 已知，那么只要测出 D_p和 D_q就可以求出透镜的曲率半径 R。

【实验内容】

（1）观察牛顿环：将牛顿环放置在读数显微镜镜筒和入射光调节架的下方，调节玻璃片的角度，使得通过显微镜目镜观察时视场最亮。调节目镜，看清目镜视场的十字叉丝后，使显微镜镜筒下降到接近牛顿环仪然后缓慢上升，直到观察到干涉条纹，再微调玻璃片角度和显微镜，使条纹清晰。

（2）测量牛顿环半径：使显微镜十字叉丝交点和牛顿环中心重合，并使水平方向的叉丝和标尺平行（与显微镜移动方向平行）。记录标尺读数。转动显微镜微调鼓轮，使显微镜沿一个方向移动，同时数出十字叉丝竖丝移过的暗环数，直到竖丝与第 5 个暗环相切为止，记录标尺读数。

（3）重复步骤（2），分别测量第 10 个，第 15 个，…，第 50 个暗环的直径。

（4）根据上步测量的牛顿环直径，利用逐差法计算透镜曲率半径。

注意：读数显微镜的使用详见实验 3.3。

【注意事项】

（1）读数显微镜在调节中应使镜筒由最低位置缓慢上升，以避免透光反射镜与牛顿环相碰。

（2）为了避免测微鼓轮“空转”而引起的测量误差，在每次测量中，测微鼓轮只能向一个方向转动，中途不可倒转。

（3）拿取牛顿环装置时，不要触摸光学面。如有尘埃时，应用专用擦镜纸轻轻擦拭。实验中也要小心以免摔坏。

实验3.19　单缝夫琅禾费衍射

当光在传播过程中遇到尺寸接近于光波长的障碍物时（如狭缝、小孔、细丝等），会发生偏离直线路径的现象，称为光的衍射。光的衍射现象是光具有波动性的一种表现。光的衍射现象是在17世纪由格里马第发现的。19世纪初，菲涅耳和夫琅禾费分别研究了一系列有关光衍射的重要实验，为光的波动理论奠定了基础。菲涅耳提出了次波相干叠加的观点，用统一的原理（惠更斯-菲涅耳原理）分析并解释了光的衍射现象。

【实验目的】

（1）研究单缝夫琅禾费衍射的光强分布。

（2）测定单缝衍射的光强分布，加深对衍射理论的了解。

（3）学习使用光电元件进行光强相对测量的方法。

【实验仪器】

半导体激光器、光功率计、光强移动台、分划板、二维调节架、白屏、光具座、卷尺等。

【实验原理】

光的衍射现象通常分为两类，一类是菲涅耳衍射，另一类是夫琅禾费衍射。菲涅耳衍射指障碍物与光源和衍射图样的距离分别为有限远的情况。夫琅禾费衍射指障碍物与光源和衍射图样的距离均为无限远的情况，亦即入射光和衍射光都是平行光束，也称平行光束的衍射。

单缝夫琅禾费衍射如图3.19.1所示。光源S置于透镜L_1的焦面上，出射后变成平行光束垂直射到缝宽为a的狭缝D上。根据惠更斯-菲涅耳原理，狭缝上各点可以看成是新的波源，由这些点向各方发出球面次波，这些次波在透镜L_2的后焦面上叠加形成一组明暗相间的条纹，按惠更斯-菲涅耳原理，可以导出屏上任一点P_θ处的光强为

$$I_\theta = I_0\frac{\sin^2\left(\frac{\pi a\sin\theta}{\lambda}\right)}{\left(\frac{\pi a\sin\theta}{\lambda}\right)^2} = I_0\frac{\sin^2 u}{u^2} \tag{3.19.1}$$

式中，$u=\frac{\pi a\sin\theta}{\lambda}$；$a$为狭缝宽度；$\lambda$为入射光波长；$\theta$为衍射角；$I_0$称为主极大，它对应于$P_0$处的光强。

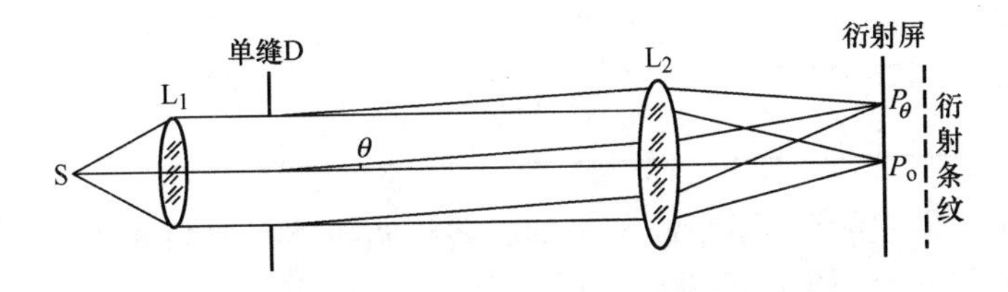

图3.19.1　单缝夫琅禾费衍射示意图

由式（3.19.1）知，暗条纹即 $I=0$ 出现在

$$\frac{\pi a\sin\theta}{\lambda}=\pm\pi,\pm2\pi,\pm3\pi,\cdots$$

即暗纹条件为

$$a\sin\theta=k\lambda\quad(k=\pm1,k=\pm2,\cdots)$$

明纹条件：求 I 为极值的各处，即可得出明纹条件。令

$$\frac{\mathrm{d}}{\mathrm{d}u}(\sin^2u/u^2)=0$$

可得 $u=\tan u$。此为超越函数，用图解法求得

$$u=0,\pm1.43\pi,\pm2.46\pi,\pm3.47\pi,\cdots$$

即
$$\sin\theta=0,\pm1.43\frac{\lambda}{a},\pm2.46\frac{\lambda}{a},\pm3.47\frac{\lambda}{a},\cdots$$

单缝衍射的相对光强分布曲线如图3.19.2所示，图中标出了各级极大的位置和相应的光强。

从曲线上可以看出：

1）当 $\theta=0$ 时，光强有最大值 I_0，称为主极大，大部分能量落在主极大上。

2）当 $\sin\theta=k\lambda/2$（$k=\pm1,\pm2,\pm3,\cdots$）时，$I_\theta=0$，出现暗条纹，因 θ 角很小，可以近似认为暗条纹在 $\theta=k\lambda/a$ 的位置上，可见，主极强两侧暗纹之间的角距离 $\Delta\theta=2\lambda/a$，而其他相邻暗纹之间的角距离均相等（$\Delta\theta=\lambda/a$）。

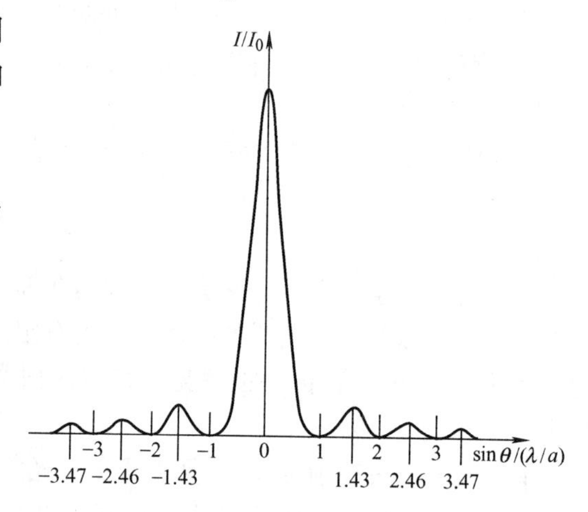

图 3.19.2　单缝夫琅禾费衍射光强分布示意图

3）两相邻暗纹之间都有一个次极大，这些极大的位置和相对光强如表3.19.1所示，可以看到相邻两次极大之间的距离并不相等。

表 3.19.1　衍射条纹的位置和相对强度表

极大的级数	衍射条纹的位置 $\sin\theta$	相对强度 I_θ/I_0
0（主极大）	0	1
第1次极大	$1.430\frac{\lambda}{a}$	0.0469
第2次极大	$2.459\frac{\lambda}{a}$	0.0166
第3次极大	$3.471\frac{\lambda}{a}$	0.0083
第4次极大	$4.477\frac{\lambda}{a}$	0.0050

在远场条件下，即单缝至屏距离 $z\gg a$ 时，各级暗条纹衍射角 θ_k 很小，$\sin\theta_k\approx\theta_k$，于是第 k 级暗条纹在接收屏上距中心的距离 x_k 可写为 $x_k=\theta_kz$。而第 k 级暗条纹衍射角 θ_k 满足

$$\sin\theta_k=\frac{k\lambda}{a}\tag{3.19.2}$$

所以

$$\frac{k\lambda}{a} \approx \frac{x_k}{z} \tag{3.19.3}$$

于是，单缝的宽度为

$$a = \frac{k\lambda z}{x_k} \tag{3.19.4}$$

式中，k 是暗条纹级数；z 为单缝与接收屏之间的距离；x_k 为第 k 级暗条纹距中央主极大中心位置 O 的距离。

因激光束的发射角很小，而且单缝的宽度 a 也很小，所以用激光束直接照射狭缝时，可认为是平行光入射，而撤去透镜 L_1。另外，只要接收屏与狭缝的距离满足 $a^2/(8z\lambda) \ll 1$，故可撤去透镜 L_2。因此，在实验中，可以不用透镜 L_1 和 L_2（见图 3.19.1）而直接在屏上观察到夫琅禾费衍射条纹。

【实验内容】

1. 单缝夫琅禾费衍射的观察与测量

1）如图 3.19.3 所示，在光具座上依次放置半导体激光器、分划板（单缝）、光功率计探头等光学元件。接通激光器电源，调节光路，使测量系统等高和共轴。同时，调节各个光学元件之间的距离，使单缝与激光器的出光孔的距离不大于 15cm，单缝与光功率计探头的距离不小于 80cm。

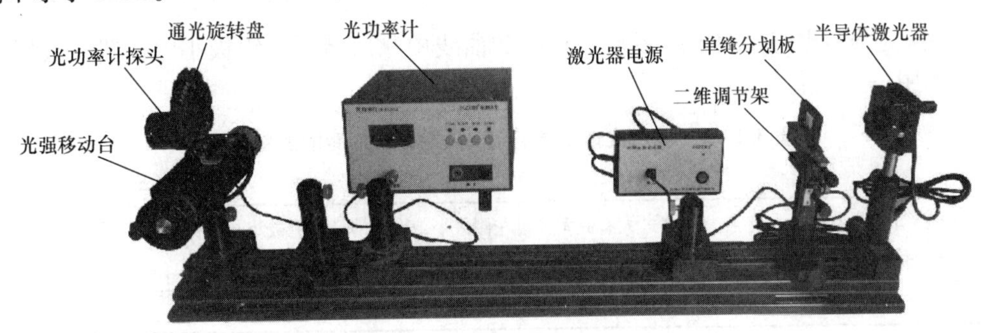

图 3.19.3 单缝夫琅禾费衍射实验装置图

2）选择分划板上某一狭缝并调节激光器的工作电流及束斑的大小，使在接收白屏上能观测到清晰的单缝衍射图样。

3）从光具座上取下白屏，调节光强移动台，使衍射光斑照在光功率探头前的入射狭缝上。

4）将光功率计探头与光功率计连接起来，开启电源并选择合适档位。

5）用卷尺测量单缝到光功率计探头的距离 Z，共测 3 次。

6）调节光强移动探头至水平位置为 20.000mm 处，然后通过光强移动台手轮缓慢调节光功率计探头的水平位置，接收不同位置的光强信号，每移动 0.100mm 记录一次光功率计的数据，直至探头的水平位置为 60.000mm，将数据填入自拟的表格中。

2. 改变缝宽，测量光强随位置变化的曲线图

1）观测不同缝宽时，衍射光强分布的特点与规律。

2）计算各种缝宽时，各衍射级次的相对光强。

3）比较理论计算值和实际测量值，分析误差的主要来源。

【数据记录及处理】

（1）单缝到光功率计探头的距离 Z 的测量（测量数据记入表 3. 19. 2 中）。

表 3. 19. 2　单缝夫琅禾费衍射距离 Z 的测量数据　$\Delta Z=0.05\text{cm}$

次序	1	2	3	平均值
Z/cm				

（2）依据在不同水平位置测得的光强值的数据，在水平位置以横坐标值为 x 轴、光强值为 y 轴，绘制单缝衍射的光强随水平位置变化的图像。建议学生使用 Excel 或 Matlab 等软件绘制曲线图。测量数据记入表 3. 19. 3 中。

表 3. 19. 3　单缝夫琅禾费衍射的光强的测量数据

序号	探头的水平位置/mm	光强值/μW
1		
2		
3		
…		

（3）从光强数据记录表中或者从所描绘的曲线中测出衍射 k 级极小的位置，数据填入表 3. 19. 4 中。

表 3. 19. 4　单缝夫琅禾费衍射 k 级暗条纹间距的测量数据

单缝宽度：$a=$　　mm　　$\Delta x_k=0.004\text{mm}$

主极大左侧 k 级极小位置 $k_{左}$/mm	主极大的中心位置 O/mm	主极大右侧 k 级极小位置 $k_{右}$/mm	左侧极小与中央的距离 $x_{k左}$/mm	右侧极小与中央的距离 $x_{k右}$/mm	k 级极小与中央的平均距离 $\overline{x_k}$/mm

（4）计算激光波长及其不确定度，并与标准值（$\lambda_0=650.0\text{nm}$）进行比较，计算百分差。

（5）根据上述实验，把激光波长 λ 当成定值，通过衍射图像来对单缝宽度进行测量，记录实验数据并做误差分析。

实验 3. 20　光 的 偏 振

横波区别于纵波的一个最明显标志是其具有偏振特性，即振动方向对于传播方向存在不对称性。光波电矢量振动的空间分布对于光的传播方向失去对称性的现象称为光的偏振。光的干涉和衍射现象有力地说明了光具有波动性。而光的偏振现象则进一步证实了光的波动性，因为只有横波才能产生偏振现象。

1808 年，法国物理学家及军事工程师马吕斯在研究双折射现象时发现，折射的两束光在两个互相垂直的平面上偏振。阿喇果和菲涅耳让一束光投射到方解石晶体上，产生出两条分离的光束。这两条光束应该是相干的，但实际上它们却只产生均匀照度，而不产生干涉条纹。此后又有布儒斯特定律和色偏振等一些新发现。1817 年，托马斯·杨提出了光的偏振和光是横波的概念。光的电磁理论建立后，又从理论上证明了光的横波性。

光的偏振有别于光的其他性质，人的感觉器官不能感觉偏振的存在。偏振光的应用很广泛。从立体电影、晶体性质研究到光学计量、光弹、薄膜、光通信等技术领域都有广泛的应用。

【实验目的】

（1）通过观察光的偏振现象，加深对光波传播规律的认识。

（2）掌握产生和检验偏振光的原理和方法。

（3）了解波片的作用和原理。

（4）验证布儒斯特定律，了解产生与检验偏振光的元件及仪器。

【实验仪器】

GszF-3a 型偏振光实验系统。

【实验原理】

1. 偏振光的基本概念

光以波动的形式在空间传播属于电磁波，它的电矢量 $\boldsymbol{E}$ 与磁矢量 $\boldsymbol{H}$ 相互垂直。$\boldsymbol{E}$ 和 $\boldsymbol{H}$ 均垂直于光的传播方向，故光波是横波。实验证明，光效应主要由电矢量引起，因此，电矢量 $\boldsymbol{E}$ 的方向定为光的振动方向，即通常用电矢量 $\boldsymbol{E}$ 表示光波的振动矢量。某一个“元辐射体”（原子、分子）发出的光是一个独立的波列，一个波列持续 $10^{-10}\sim10^{-9}$s，并且波列的电矢量只在某一个恒定的方向上振动。

（1）自然光

可见光光源中的各元辐射体各自独立地振动着，某一方向上传播的光是由互不相干的波列组成的，其电矢量在垂直于传播方向的平面内任意取向，各个方向的取向概率相等，所以在相当长的时间里（10^{-5}s 已足够了），各取向上电矢量的时间平均值是相等的。这样的光称为自然光，如图 3.20.1 所示。自然光包括了垂直于光波传播方向的所有可能的振动方向，所以不显示出偏振性，即直接观察时不能发现光强偏于哪一个方向。

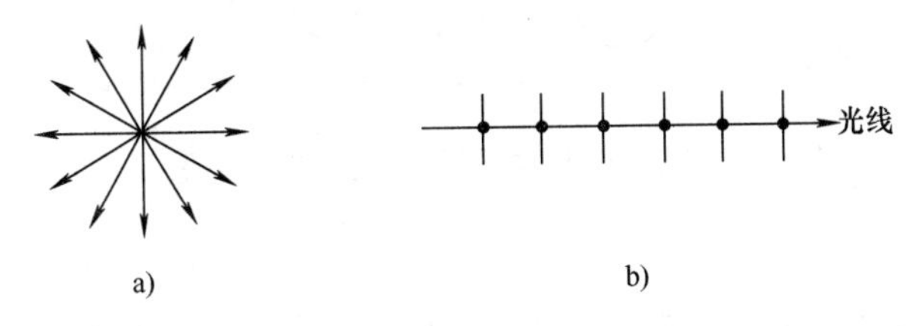

图 3.20.1 自然光的振动状态

a）迎着光线看自然光的图示 b）自然光在光路图中的表示

（2）平面偏振光

电矢量只限于某一确定方向的光，因其电矢量和光线构成一个平面而称为平面偏振光。如果迎着光线看，电矢量末端的轨迹为一直线，所以平面偏振光也称为线偏振光，如图 3.20.2 所示。

（3）椭圆偏振光

在光的传播过程中，空间每一个点的电矢量均以光线为轴做旋转运动，且电矢量的端点描出一个椭圆的轨迹，这种光称为椭圆偏振光，如图 3.20.3 所示。椭圆偏振光可以由两个

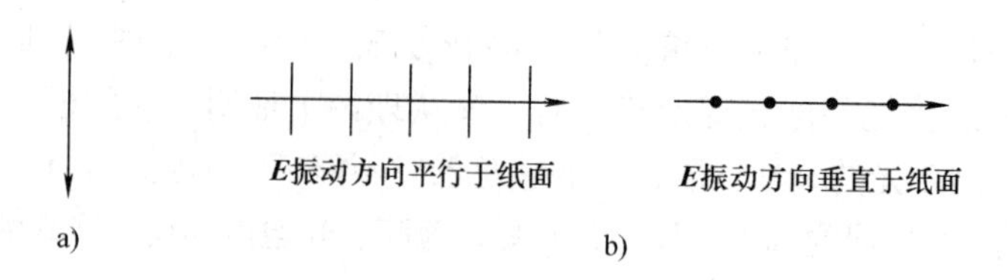

图 3. 20. 2　平面偏振光的振动状态

a）迎着光线看线偏振光　b）线偏振光在光路中的表示

电矢量互相垂直且有恒定相位差的线偏振光合成得到。图 3. 20. 4 为椭圆偏振光随相位的变化过程。迎着光线方向看，凡是电矢量顺时针旋转的称为右旋椭圆偏振光，凡是逆时针旋转的称为左旋椭圆偏振光。

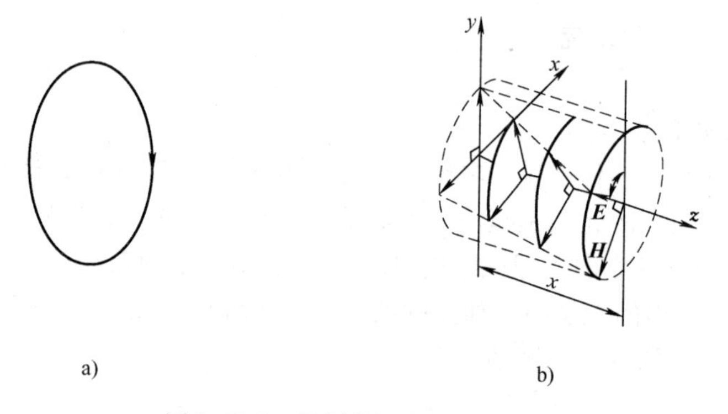

图 3. 20. 3　椭圆偏振光的振动状态

a）迎着光线看椭圆偏振光（右旋）　b）沿 z 轴传播的椭圆偏振光（右旋）

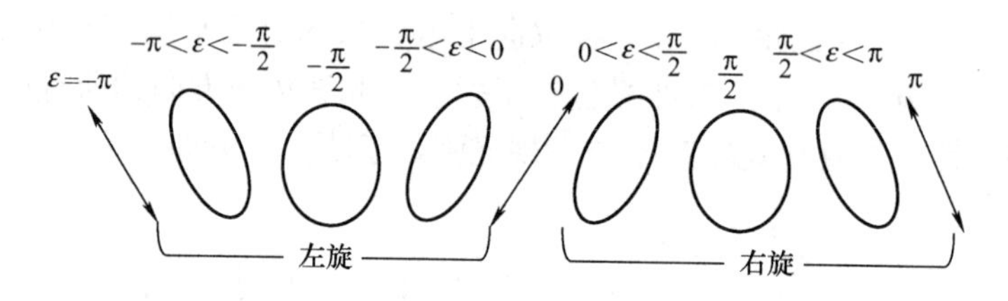

图 3. 20. 4　椭圆偏振光的旋转变化

（4）圆偏振光

迎着光线看，如果电矢量末端的轨迹为一个圆，则这样的光称为圆偏振光。圆偏振光可视为长、短轴相等的椭圆偏振光。

（5）部分偏振光

电矢量在某一确定方向上较强，而在和它正交的方向上较弱，即在不同方向上的振幅不等，在两个相互垂直的方向上振幅具有最大值和最小值，这种光称为部分偏振光，如图 3. 20. 5 所示。自然光和线偏振光、圆偏振光、椭圆偏振光三者的任一个组合起来，就成为部分偏振光。

2. 偏振光的起偏和检偏

所谓起偏，就是将自然光转变为偏振光，而检验某种光的偏振状态，即为检偏。用以转变自然光为偏振光的物体叫作起偏器，用以判断某束光的偏振状态的物体叫作检偏器。起偏

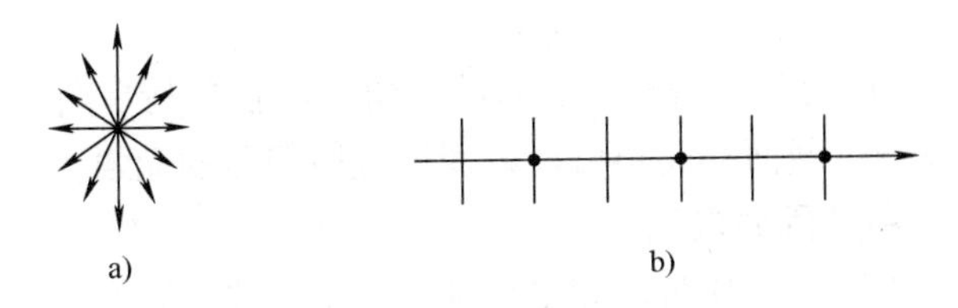

图 3.20.5 部分偏振光的振动状态

a）迎着光线看部分偏振光 b）部分偏振光在光路中的表示

器也可以作为检偏器使用。

（1）反射式起偏和透射式起偏

1）一束单色自然光在两种介质（折射率分别为 n_1 和 n_2）的界面处会产生反射和折射，反射光和折射光分别都是部分偏振光，当入射角改变时，反射光和折射光的偏振化程度也随之改变。

当入射角 θ_B 满足

$$\tan\theta_B = \frac{n_2}{n_1} \tag{3.20.1}$$

时，反射光为振动方向垂直于入射面的线偏振光，这个规律称为布儒斯特定律。

θ_B 称为布儒斯特角或起偏角，而折射光为部分偏振光。一般介质在空气中的起偏角在 53°~58°之间。例如，当光由空气射向 $n=1.54$ 的玻璃时，起偏角 $\theta_B=57°$。根据此方法可以用来测定物质的折射率。

2）如果使自然光以起偏角入射并通过一叠表面平行的玻璃片堆，由于自然光可以被等效为两个振动方向互相垂直、振幅相等且没有固定位相关系的线偏振光，又因为自然光通过玻璃片堆中的每一个界面，都要反射掉一些振动垂直于入射面的线偏振光，所以经多次反射，最后从玻璃片堆透射出来的光一般是部分偏振光，如果玻璃片数目较多，则透过玻璃片堆的就成为振动平行于入射面的线偏振光了，这就是透射式起偏法。

（2）利用偏振片的二向色性起偏

实验发现，某些有机化合物晶体对不同偏振状态的光具有选择吸收的性质，这种性质叫作晶体的二向色性，即当自然光通过它时，只能有某一确定振动方向（称为透振方向）的光能够通过，而振动方向与此透振方向垂直的光却被吸收掉，从而获得线偏振光，利用它可以制成偏振片。

（3）利用晶体双折射现象起偏

一束光在晶体内传播时被分成两束折射方向不同的光束，这种现象叫作光的双折射现象，能产生双折射的晶体常叫作双折射晶体。实验发现，晶体内一束折射光线符合折射定律，叫作寻常光（o 光），而另一束折射光线不符合折射定律，所以叫作非寻常光（e 光）。实验中还发现，当光在晶体内沿某个特殊方向传播时，不发生双折射，这个方向为晶体的光轴。只有一个光轴的晶体叫作单轴晶体，例如冰、石英、红宝石和方解石等。同理，双轴晶体具有两个光轴方向。单轴晶体的双折射所产生的寻常光（o 光）和非寻常光（e 光）都是线偏振光。前者的电矢量 $\boldsymbol{E}$ 垂直于 o 光的主平面，后者的 $\boldsymbol{E}$ 平行于 e 光的主平面。

3. 偏振光通过检偏器后光强的变化（马吕斯定律）

光强为 I_0 的平面偏振光通过检偏器后的光强 I_θ 为

$$I_\theta = I_0 \cos^2\theta \tag{3.20.2}$$

式中，θ 为平面偏振光偏振面和检偏器主截面的夹角，这就是马吕斯定律，它说明，改变平面偏振光偏振面和检偏器主截面的夹角可以改变透过检偏器的光强。

4. 波片与圆偏振光和椭圆偏振光

当平面偏振光垂直入射于晶片时，如果光轴平行于晶片的表面，则会产生比较特殊的双折射现象。这时，由于非寻常光 e 和寻常光 o 的传播方向是一致的，但速度不同，因而从晶片出射时会产生相位差

$$\delta = \frac{2\pi}{\lambda_0}(n_o - n_e)d \tag{3.20.3}$$

式中，λ_0表示单色光在真空中的波长；n_o和 n_e分别为晶体中 o 光和 e 光的折射率；d 为晶片厚度。

1）如果晶片的厚度使产生的相位差 $\delta = \frac{1}{2}(2k+1)\pi$（$k=0,1,2,\cdots$），这样的晶片称为 1/4 波片。平面偏振光通过 1/4 波片后，透射光一般是椭圆偏振光；当 $\theta=\pi/4$ 时，则为圆偏振光；当 $\theta=0$ 或 $\pi/2$ 时，椭圆偏振光退化为平面偏振光。由此可知，1/4 波片可将平面偏振光变成椭圆偏振光或圆偏振光；反之，它也可以将椭圆偏振光或圆偏振光变成平面偏振光。

2）如果晶片的厚度使产生的相差 $\delta=(2k+1)\pi$（$k=0,1,2,\cdots$），这样的晶片称为半波片。如果入射平面偏振光的振动面与半波片光轴的交角为 θ，则通过半波片后的光仍为平面偏振光，但其振动面相对于入射光的振动面转过 2θ 角。

3）若 $\delta=2k\pi$（$k=0,1,2,\cdots$），这样的晶片称为全波片。全波片的作用就是造成相位延迟和补偿光程差，它不会影响入射光的偏振状态。

5. 通过波晶片的光其偏振态的变化

平行光垂直入射到波晶片内，分解为 e 分量和 o 分量，透过波晶片，两者间产生一附加相位差 δ，离开波晶片时两者又合二为一，合成光的偏振性质取决于相位差 δ 及入射光的性质。自然光通过波晶片后，仍为自然光。因为自然光的两个正交分量之间的相位差是无规的，所以通过波晶片后，只是附加了一个恒定的相位差 δ，其结果还是无规的。若入射光为线偏振光，其电矢量 $\boldsymbol{E}$ 平行于 e 轴（或 o 轴），则任何波晶片对它都不起作用，出射光仍为原来的线偏振光。因为此时电矢量 $\boldsymbol{E}$ 只有一个分量，不存在振动的合成与偏振态的改变。除上述两种情形外，偏振光通过波晶片，一般其偏振态都要产生变化。表 3.20.1 是线偏振光垂直通过波晶片后的偏振态的变化情况。

表 3.20.1　线偏振光垂直通过波晶片后的偏振态

入射线偏振光振动方向与波片光轴的夹角 θ	波片厚度	出射光的偏振态
0°，90°	任意	与入射光的偏振态相同
任意	λ 波片	与入射光的偏振态相同
45°	$\lambda/2$ 波片	转过 90°的线偏振光
	$\lambda/4$ 波片	圆偏振光
	其他值	内切于正方形的椭圆偏振光

（续）

入射线偏振光振动方向与波片光轴的夹角 θ	波片厚度	出射光的偏振态
$\theta \neq 0°$，$45°$，$90°$	$\lambda/2$ 波片	转过 2θ 的线偏振光
	$\lambda/4$ 波片	椭圆偏振光，长短轴之比为 $\tan\theta$、$\cot\theta$
	其他值	内切于边长比为 $\tan\theta$ 的矩形的椭圆偏振光

（1）$\lambda/2$ 波片与偏振光

如图3.20.6所示，若入射光为线偏振光且正入射于 $\lambda/2$ 波片，则在 $\lambda/2$ 波片的表面（入射处）上分解为

$$\left.\begin{aligned} E_e &= A_e\cos\omega t \\ E_o &= A_o\cos(\omega t+\varphi),\quad \varphi=0 \text{ 或 } \pi \end{aligned}\right\} \tag{3.20.4}$$

通过 $\lambda/2$ 后的出射光表示为

$$\left.\begin{aligned} E_e &= A_e\cos\left(\omega t-\frac{2\pi}{\lambda}n_e l\right) \\ E_o &= A_o\cos\left(\omega t+\varphi-\frac{2\pi}{\lambda}n_o l\right),\quad \varphi=0 \text{ 或 } \pi \end{aligned}\right\} \tag{3.20.5}$$

由于关注的是两光波的相对相位差，因而式（3.20.5）可改写为

$$\left.\begin{aligned} E_e &= A_e\cos\omega t \\ E_o &= A_o\cos\left(\omega t+\varphi-\left(\frac{2\pi}{\lambda}n_o l-\frac{2\pi}{\lambda}n_e l\right)\right)=A_o\cos(\omega t+\varphi-\delta),\ \delta=\pi \end{aligned}\right\} \tag{3.20.6}$$

即出射光两个正交分量的相对相位差由（$\varphi-\delta$）决定。由于 $\varphi-\delta=\pi$ 或 0，这说明出射光也是线偏振光，但其振动方向与入射光的振动方向不同，如 $\boldsymbol{E}_{入}$ 与波晶片光轴成 θ 角，则 $\boldsymbol{E}_{出}$ 与光轴成 $-\theta$ 角，如图3.20.7所示，即线偏振光经 $\lambda/2$ 波片后其电矢量振动方向转过了 2θ 角。

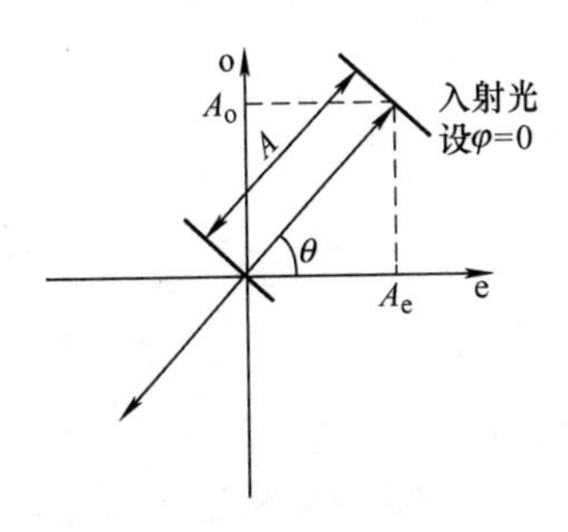

图3.20.6　入射光在e轴和o轴上的分解

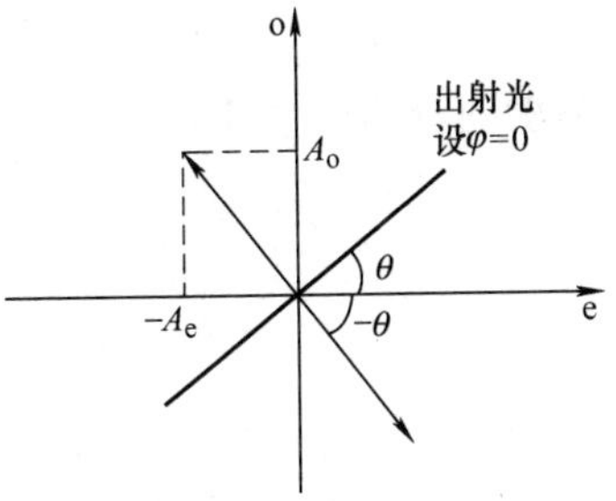

图3.20.7　出射光在e轴和o轴上的分解

若入射光为椭圆偏振光（或圆偏振光），由类似的分析可知，半波片不仅会改变椭圆偏振光的长（短）轴的取向，同时还会改变椭圆偏振光（或圆偏振光）的旋转方向。

（2）$\lambda/4$ 波片与偏振光

当偏振光正入射于 $\lambda/4$ 波片，仿照上述分析，可得出射光为

$$\left.\begin{aligned} E_e &= A_e \cos\omega t \\ E_o &= A_o \cos(\omega t + \varphi - \delta),\delta = \pm\frac{\pi}{2} \end{aligned}\right\} \tag{3.20.7}$$

1）入射光为线偏振光：$\varphi=0$、π，式（3.20.7）代表一正椭圆偏振光。$\varphi-\delta=+\pi/2$，对应于右旋；$\varphi-\delta=-\pi/2$，对应于左旋。当$A_e=A_o$时，出射光为圆偏振光。

2）入射光为圆偏振光：$\varphi=\pm\pi/2$，此时$A_e=A_o$，式（3.20.7）代表线偏振光。$\varphi-\delta=0$，出射光电矢量$\boldsymbol{E}_{出}$沿一、三象限；$\varphi-\delta=\pi$，$\boldsymbol{E}_{出}$沿二、四象限。

3）入射光为椭圆偏振光：φ在（$-\pi$，$+\pi$）内任意取值，出射光一般为椭圆偏振光。特殊情况下，$\varphi=\pm\pi/2$，即入射光为正椭圆偏振光（相对于波晶片的e轴和o轴而言），也就是$\lambda/4$波片的光轴与椭圆的长轴或短轴相重合时，$\varphi-\delta=0$或π，出射光为线偏振光。

【实验内容】

1. 起偏、检偏和消光

用具有二向色性的偏振器件起偏和检偏，观察光的偏振现象。如图3.20.8所示，将发光二极管小光源L用干板架和滑动座支起来，再使小光源发出的自然光通过架好的偏振片P起偏振（为了方便，使偏振片的透振方向竖直）。先将P转动360°，同时用眼睛观察光强是否有变化；然后用架好的另一偏振片A平行于P作检偏器，将A转动360°，记录观察屏上的明暗变化，并分析透射光强的变化规律，同时说明两个偏振片满足什么条件时将出现消光现象。

2. 用布儒斯特定律测定平板玻璃或棱镜材料的折射率

1）按图3.20.9布置各光学元件。

2）调整各元件等高。

3）用自准法调整平板玻璃（或三棱镜的表面）使之垂直于入射平行光束，记录微调圆盘的读数。

4）转动微调圆盘，并检验反射光的偏振状态，找到起偏振角的位置，记录微调圆盘的读数。

5）从两次圆盘的读数计算出起偏振角i_B，求出玻璃的折射率。

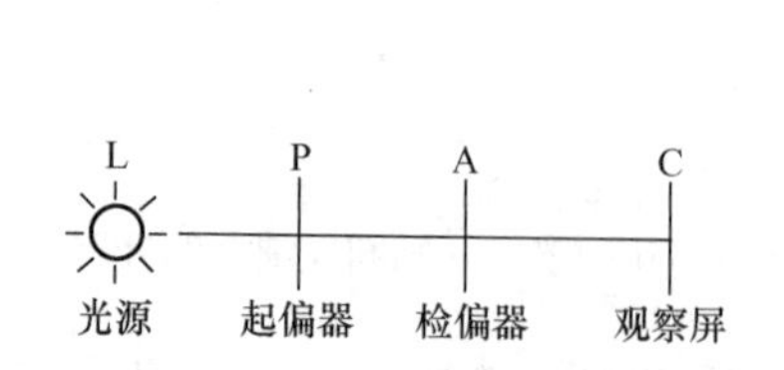

图3.20.8　起偏和检偏实验装置图

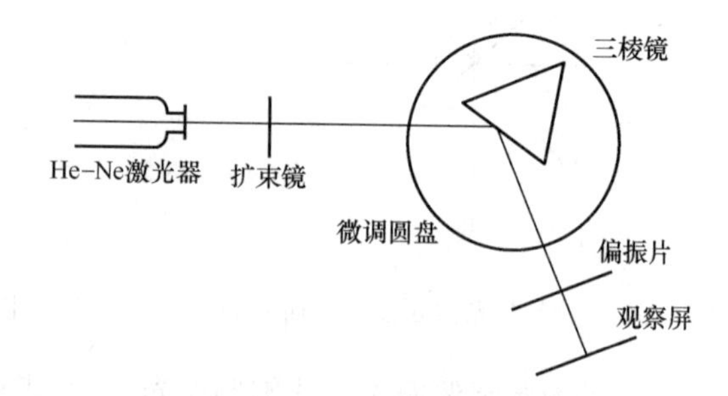

图3.20.9　布儒斯特定律测折射率

3. 布儒斯特角的应用——布儒斯特窗

半外腔式He-Ne激光器放电管的一段是用布儒斯特窗口封闭的。放电管的轴向与窗口玻璃平面法线之间的夹角为布儒斯特角。根据偏振光反射原理，当偏振方向在入射面的光沿管轴方向通过布儒斯特窗时，不会发生菲涅耳反射。而偏振方向垂直于入射方向的光束，在布儒斯特窗口，绝大部分会发生菲涅耳反射，只有极少部分通过窗口，所以该激光器输出的光束是线偏振的，其偏振方向在布儒斯特窗入射平面内。

先将“光靶”安装在一个无横向调节的滑动座上，调节激光器架，使光束在滑动座沿导轨移动的过程中，始终能够通过“光靶”的小孔。然后移开遮光罩，观察位于光学谐振腔内的布儒斯特窗的结构。如图3.20.10所示，让激光器L的布儒斯特窗玻璃取竖位，使光束通过扩束镜B，在观察屏C上形成一圆形光斑。在B和C之间加入检偏器A。将A转动360°，观察并记录观察屏C上光斑的明暗变化。

4. 通过波晶片的光其偏振态的变化

（1）λ/4波片与偏振光

1）如图3.20.11所示，使激光器L的布儒斯特玻璃片保持竖直方向，让光束通过扩束镜B的偏振光与检偏器A正交，即调整偏振器A的位置使观察屏上圆形光斑达到最暗（消光位置），然后插入一片λ/4波片Q（注意使光线尽量穿过元件中心）。

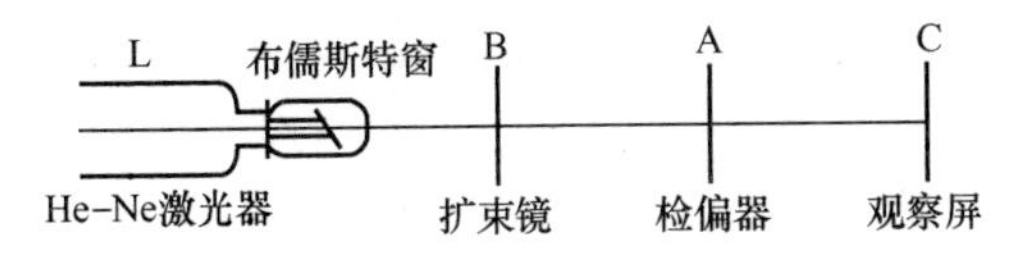

图3.20.10 布儒斯特角的应用实验装置图

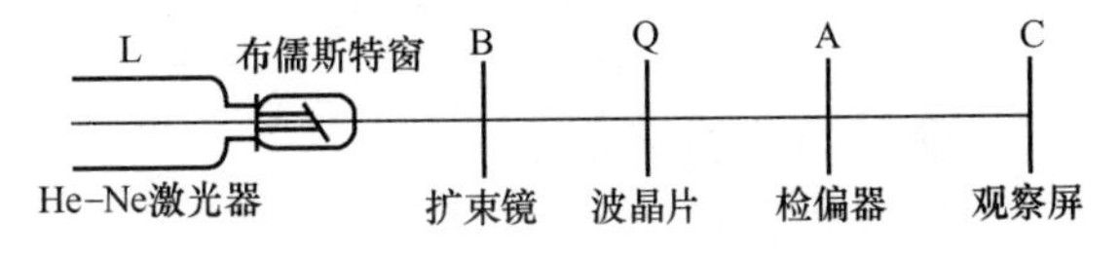

图3.20.11 圆偏振光和椭圆偏振光实验光路图

2）以光线为轴先转动Q消光，然后使A转动360°观察现象。确定此时Q的光轴位置（角度）为0°，同时记录下此时Q的实际位置（角度）。

3）将Q的光轴从消光的0°位置分别转过15°、30°、45°、60°、75°、90°，再以光线为轴每次都将A转360°观察并记录现象（见表3.20.2），根据现象说明线偏振光经过λ/4波片后变成什么样的偏振光。

表3.20.2 改变λ/4波片光轴方向转动检偏器观察光强的变化

波片光轴（OA）的位置（角度）	Q的实际位置（角度）	偏振光长短轴取向（图示）	检偏器转动360°过程中观察到的现象
0°			
15°		O A	1. 视场发生两次明暗变化，但无消光现象； 2. 最亮与最暗差别大； 3. 视场中最亮时，Q与A的光轴相互平行；最暗时，Q与A的光轴相互垂直
30°			

（续）

波片光轴（OA）的位置（角度）	Q 的实际位置（角度）	偏振光长短轴取向（图示）	检偏器转动 360°过程中观察到的现象
45°			
60°			
75°			
90°			

（2）$\lambda/2$ 波片与偏振光（选做）

具体过程与（1）相同，只需将 Q 更换为 $\lambda/2$ 波片即可。

【注意事项】

（1）由于激光功率较大，切勿用眼睛直视激光器输出光束，以免视网膜受到永久性的伤害。

（2）不要用手触摸光学镜面。

（3）更换各种元件时，一定要轻拿轻放。

（4）激光电源的电压较高，切勿接触。

第4章　近代与综合性、应用性实验

实验4.1　光电效应和普朗克常量的测量

1905年，爱因斯坦把1900年普朗克关于黑体辐射能量量子化的观点应用于光辐射，提出了“光电子”的概念，成功地解释了光电效应的现象。密立根经过10年左右的时间，对爱因斯坦方程做出了成功的验证，并精确地测到了量子理论中的重要常数——普朗克常量，推动了量子理论的发展，树立了一个实验验证科学理论的良好典范，爱因斯坦和密立根也因光电效应等方面的杰出贡献，分别于1921年和1923年获得诺贝尔物理学奖。

【实验目的】

（1）通过光电效应了解光的量子性。

（2）验证爱因斯坦方程，并由此求出普朗克常量。

【实验仪器】

光电管、普朗克常量测量仪、数字式微电流测量仪。

【实验原理】

1. 光电效应

早在1887年，H. 赫兹在验证电磁波存在时意外地发现，当一束入射光照在金属表面时，会有电子从金属表面逸出，这个物理现象被称为光电效应。之后，众多科学家总结出了有关光电效应的实验规律。

1）当入射光波长不变时，饱和光电流I_M与入射光强成正比，如图4.1.1a所示（图中的U_S为截止电压，后面会介绍）。

2）对于任何金属材料，存在一个相应的截止频率ν_0（阈频率），当入射光的频率小于ν_0时，不论光强如何，都不会有光电子产生，如图4.1.1b所示。

3）光电子的动能与光强无关，与入射光的频率成正比，如图4.1.1c所示。

4）光电效应是瞬时效应，一经光线照射，立即会产生光电子。

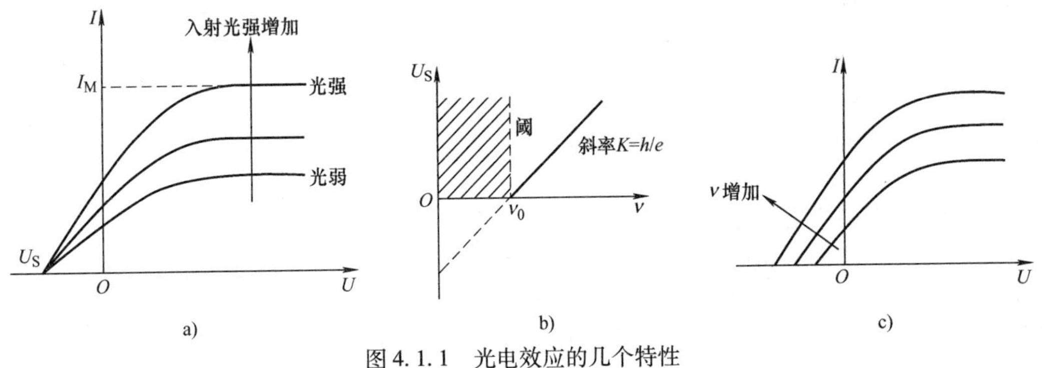

图4.1.1　光电效应的几个特性

a）入射光强不同的$I-U$曲线　b）$U_S-\nu$曲线　c）入射光频率不同的$I-U$曲线

2. 爱因斯坦方程

为了解释光电效应现象，爱因斯坦提出了“光量子”的概念，认为对于频率为 ν 的光波，每个光子的能量为 $E=h\nu$，其中 $h=6.626\times10^{-34}\mathrm{J\cdot s}$。按照爱因斯坦的理论，光电效应的实质是当光子和电子相碰撞时，光子把全部能量传递给电子，电子所获得的能量，一部分用来克服金属表面对它的约束，其余的能量则成为该光电子逸出金属表面后的动能。爱因斯坦提出了著名的光电方程，即

$$h\nu=\frac{1}{2}mv^2+W \tag{4.1.1}$$

式中，ν 为入射光的频率；m 为电子的质量；v 为光电子逸出金属表面的初速度；W 为被光线照射的金属材料的逸出功；$\frac{1}{2}mv^2$ 为从金属逸出的光电子的最大初动能。

由式（4.1.1）可见，入射到金属表面的光频率越高，逸出的电子动能必然也越大，所以即使阴极不加电压也会有光电子落入阳极而形成光电流，甚至阳极电位比阴极电位低时也会有光电子落到阳极，直至阳极电位低于某一数值时，所有光电子都不能到达阳极，光电流才为零。这个相对于阴极为负值的阳极电位 U_S 被称为光电效应的截止电压。

显然，有

$$eU_S-\frac{1}{2}mv^2=0 \tag{4.1.2}$$

代入式（4.1.1），即有

$$h\nu=eU_S+W \tag{4.1.3}$$

由上式可知，若光电子能量 $h\nu<W$，则不能产生光电子。产生光电效应的最低频率是 $\nu_0=W/h$，通常称为光电效应的截止频率。不同材料有不同的逸出功，因而 ν_0 也不同。由于光的强弱取决于光量子的数量，所以光电流与入射光的光强成正比。又因为一个电子只能吸收一个光子的能量，所以光电子获得的能量与光强无关，只与光子的频率 ν 成正比，将式（4.1.3）改写为

$$U_S=\frac{h\nu}{e}-\frac{W}{e}=\frac{h}{e}(\nu-\nu_0) \tag{4.1.4}$$

式（4.1.4）表明，截止电压 U_S 是入射光频率 ν 的线性函数，如图 4.1.1b 所示，当入射光的频率 $\nu=\nu_0$ 时，截止电压 $U_S=0$，没有光电子逸出。图 4.1.1b 中的直线的斜率 $K=h/e$ 是一个正的常数，即

$$h=eK \tag{4.1.5}$$

由此可见，只要用实验方法作出不同频率下的 U_S-ν 曲线，并求出此曲线的斜率，就可以通过式（4.1.5）求出普朗克常量 h。其中 $e=1.60\times10^{-19}\mathrm{C}$。

3. 光电效应的伏安特性曲线

图 4.1.2 是利用光电管进行光电效应实验的原理图。频率为 ν、光强为 I 的光线照射到光电管的阴极上，即有光电子从阴极逸出。如在阴极 K 和阳极 A 之间加正向电压 U_{AK}，它使 K、A 之间建立起的电场对从光电管阴极逸出的光电子起加速作用，随着电压 U_{AK} 的增加，到达阳极的光电子将逐渐增

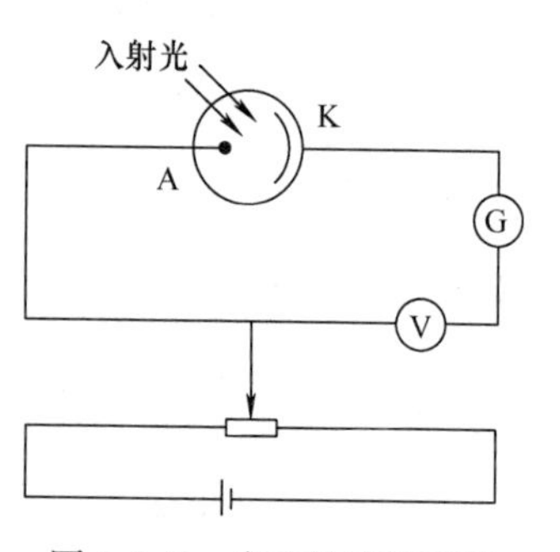

图 4.1.2　光电效应原理图

多。当正向电压 U_{AK}增加到 U_M时，光电流达到最大，不再增加，此时即称为饱和状态，对应的光电流即称为饱和光电流 I_M。

由于光电子从阴极表面逸出时具有一定的初速度，所以当两极间电压为零时，仍有光电流存在，若在两极间施加一反向电压，则光电流随之减少；当反向电压达到截止电压时，光电流为零。

爱因斯坦方程是在同种金属作阴极和阳极，且阳极很小的理想状态下导出的。实际上作阴极的金属逸出功比作阳极的金属逸出功小，所以实验中存在着如下问题。

（1）暗电流和本底电流

当光电管阴极没有受到光线照射时也会产生电子流，称为暗电流。它是由于电子的热运动和光电管管壳漏电等原因而造成的。因室内各种漫反射光射入光电管而造成的光电流称为本底电流。暗电流和本底电流随着 K、A 之间电压大小变化而变化。

（2）阳极反向电流

制作光电管阴极时，阳极上也可能会被溅射有阴极材料，所以光入射到阳极上或由阴极反射到阳极上，阳极上也有光电子发射，这样就形成阳极反向电流。由于它们的存在，使得实际 *I*-*U* 曲线较理论曲线下移，如图 4. 1. 3 所示。

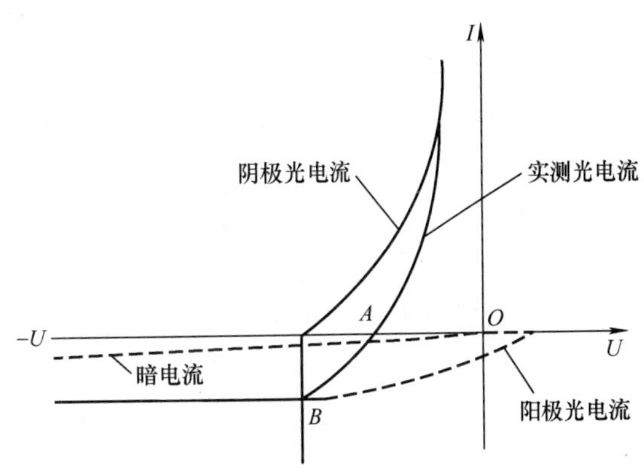

图 4. 1. 3　伏安特性曲线

由于以上两个原因，实际测得的光电流实际上是阴极光电流、阳极反向电流和暗电流的代数和。因此，所测得的外加截止电压并不是图 4. 1. 3 中 *A* 点对应的电压值，而是曲线上的交点 *B* 点所对应的外电压值，这就是造成实验误差的主要原因之一。但是，由于本实验中所用的光电管正向电流上升很快，反向电流很小，所以用 *B* 点的截止电压来代替 *A* 点所产生的误差较小。因此，本实验中可用这种“交点法”来确定截止电压 U_S。

【实验内容】

1. 调整仪器

1）连接仪器并接好电源，打开电源开关，充分预热（不少于 20min）。

2）在测量电路连接完毕后，没有给测量信号时，旋转“调零”旋钮调零。

注意：每换一次量程，必须重新调零。

3）取下暗盒光窗口遮光罩，换上 365. 0nm 滤光片，取下汞灯出光窗口的遮光罩，装好遮光筒，调节好暗盒与汞灯的距离。

2. 测量普朗克常量 *h*

1）将电压选择按键开关置于 −3 ~ +3V 档，将“电流量程”选择开关置于 10^{-13}A 档。将测试仪电流输入电缆断开，调零后重新接上。

2）将直径为 4mm 的光阑和 365. 0nm 的滤色片装在光电管入口上。

3）从高到低调节电压，用“零电流法”测量该波长对应的 U_0，并记录数据。

4）依次换上 404. 7nm、435. 8nm、546. 1nm、577. 0nm 的滤色片，重复上述步骤。

5）测量三组数据，然后对 *h* 取平均值。

3. 测量光电管的伏安特性曲线

1）暗盒光窗口装 365.0nm 滤光片和 4mm 光阑，缓慢调节电压旋钮，令电压输出值缓慢由 0V 增加到 30V，每隔 1V 记一个电流值。但要注意在电流值为零处记下截止电压值。

2）在暗盒光窗口上换上 404.7nm 滤光片，仍用 4mm 的光阑，重复步骤 1）。

3）选择合适的坐标，分别作出两种光阑下的光电管伏安特性曲线。

实验 4.2　弗兰克-赫兹实验

1913 年丹麦物理学家玻尔在卢瑟福原子核模型的基础上，结合普朗克量子理论，提出了原子能级的概念并建立了原子模型理论。1914 年德国物理学家弗兰克和赫兹做了用慢电子穿过汞蒸气的实验。实验中，从阴极材料发射出的电子经电场加速后轰击汞原子，使汞原子外层电子发生跃迁。他们发现，电子的能量转移是分立的，并且测定了汞原子的第一激发电位。弗兰克-赫兹实验的结果为玻尔理论提供了直接证据，并因此获得了 1925 年的诺贝尔物理学奖。

【实验目的】

（1）了解弗兰克-赫兹实验证明原子存在能级的原理和方法。

（2）用实验的方法测定汞原子的第一激发电位。

【实验仪器】

弗兰克-赫兹管（F-H 管）、控温加热炉、稳压电源、扫描电源、微电流放大器、万用表等。

【实验原理】

玻尔提出的原子理论指出：

1）原子是由原子核和以核为中心的各种不同的特定轨道（简称为定态）上运动的一些电子构成的。定态的能量是分立的，并且电子处于这些定态时能量固定。原子的能量不论通过什么方式发生改变，它只能从一个定态跃迁到另一个定态。

2）原子从一个定态跃迁到另一个定态而发射或吸收辐射时，辐射频率是一定的。如果用 E_m 和 E_n 分别代表有关两定态的能量的话，则辐射的频率 ν 决定于如下关系：

$$h\nu = E_m - E_n \tag{4.2.1}$$

定态一般具有不同的能量，从而构成不同的能级。为了使原子从低能级向高能级跃迁，可以用频率为 ν 的光子激发，也可以通过具有足够能量的电子与原子相碰撞进行能量交换的办法来实现。弗兰克-赫兹实验就是通过后一种办法来实现的。设汞原子基态能量为 E_0，第一激发态能量为 E_1，当电子传递给汞原子的能量恰好为

$$eU_0 = E_1 - E_0 \tag{4.2.2}$$

时，汞原子就会从基态跃迁到第一激发态，相应的电位 U_0 称为汞的第一激发电位。

弗兰克-赫兹实验的原理如图 4.2.1 所示。图中上部中间部分是 F-H 管，充有汞蒸气，F-H 管包括灯丝附近的傍热式阴极 K、两个栅极 G_1 和 G_2、极板 A。左侧的电路用来给阴极 K 加热，调整电压 U_F 的大小可以控制阴极 K 的温度。阴极 K 的温度升高之后，会发射电子。第一栅极 G_1 靠近阴极 K，且电位略高于阴极 K 的电位，用来控制阴极 K 附近的空间电荷效应。改变电压 U_{KG_1} 的大小也可以控制阴极发射电子流的强弱。在阴极 K 与栅极 G_2 之间加上一个可调的正电压 U_{KG_2}，形成一个加速场，使得从阴极发出的电子被加速，穿过管内

汞蒸气朝栅极 G_2 运动。在栅极 G_2 与极板 A 之间加一个减速电压 U_{G_2A}，当电子从栅极 G_2 进入栅极 G_2 与极板 A 之间的空间时，电子受到减速电压 U_{G_2A} 产生的电场的作用而减速，能量小于 eU_{G_2A} 的电子将不能到达极板 A。

从阴极发射出的电子初速较小，在经过电势差为 U 的空间后，增加的能量为 eU。在适当的汞蒸气压下，电子在 F-H 管中运动时可与汞原子发生多次碰撞。到达栅极 G_2 时动能小于 eU_{G_2A} 的电子不能到达极板 A。我们通过测量板极电路中的电流可以了解到达板极的电子数。当电子能量较小时，电子与汞原子间的碰撞为弹性碰撞，不损失能量。随着电压 U_{KG_2} 的增加，电子在加速场内能够获得的能量增加，到达极板 A 的电子数增加，电流增加。当电压 U_{KG_2} 达到 4.9V，即第一激发电位时，电子经充分加速后能量将达到一个临界能量。超过临界能量的电子能够与汞原子发生非弹性碰撞，使汞原子从基态跃迁到激发态，同时电子损失相应的能量，动能减小。动能减小后的电子有可能不能再到达极板 A，从而电流减小。

因此，随着电压 U_{KG_2} 从 0 开始增加，到达极板 A 的电流逐渐增加。当 U_{KG_2} 越过 4.9V 后，电子由于碰撞使得动能损失，能到达极板 A 的反而减少，电流减小。当 U_{KG_2} 继续增加，使得非弹性碰撞后的电子也能到达极板 A 时，电流继续增加。而当 U_{KG_2} 越过 $2\times4.9\text{V}=9.8\text{V}$ 后，电子在 F-H 管中加速期间，能够与汞原子发生两次非弹性碰撞，因此，电流再次减小。依此类推，继续增加电压 U_{KG_2}，电流还会继续按此规律起伏。弗兰克-赫兹实验中电流与加速电压的关系如图 4.2.2 所示。

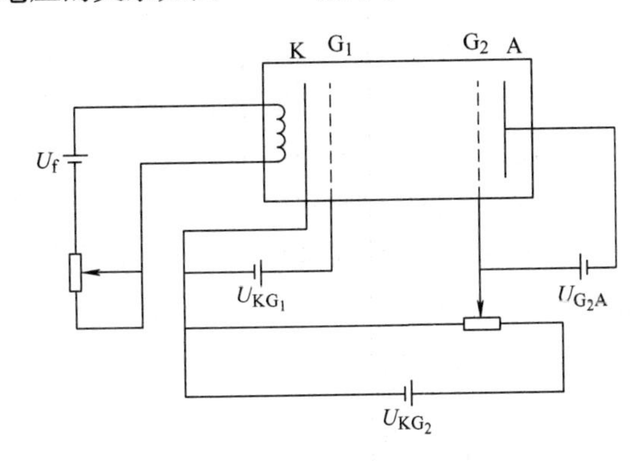

图 4.2.1　弗兰克-赫兹实验原理图

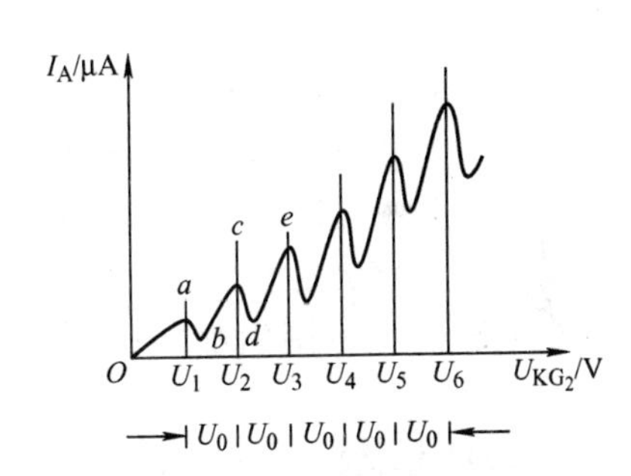

图 4.2.2　弗兰克-赫兹实验中电流与加速电压 U_{KG_2} 的关系示意图

汞原子的激发态能级不止一条，每条能级与基态的能量差都可以对应一种特定频率的谱线。激发态是不稳定的，会自发的跃迁到基态。如果激发态的寿命很短，被激发的汞原子就会很快复原到基态，从而可以再次接受来自电子流的能量。如此反复，才容易观察到此实验中到达板极 A 的电流的波动。另外，在适当的实验条件下，也可以观测汞原子的高激发态。

【实验内容】

（1）检查控温仪与加热炉之间连接线，接通加热炉、控温仪电源，将炉温设定到指定温度并开始加热。

（2）按图 4.2.1 所示连接电路。

（3）将各电源输出调至最小，扫描电源选择“手动”。根据实验室提供的参考数据设定微电流放大器的参考量程。微电流放大器可将输入的板极 A 的电流 I_A 放大并输出为电压信

号 U_{out}。U_{out} 与 I_A 成正比，可用万用表测量。

（4）根据实验室提供的 F-H 管各工作电压的参考数据，分别调好灯丝电压 U_F、U_{KG_1}、U_{KG_2}，预热 5min。

（5）缓慢调节加速电压 U_{KG_2}，并注意观察微电流计指示，可观察到波峰波谷信号。测量过程中如果电流表指示偏大（偏小）可适当减小（增加）灯丝电压 U_F，每次改变 0.1 ~ 0.2V，并等待几分钟。

（6）调节各等参量，选择一组峰谷明显且信号大小适中的条件，测量此条件下的 U_{out}-U_{KG_2} 曲线。U_{KG_2} 调节范围 0 ~ 40V，每次增加 0.1 ~ 0.5V。

（7）画出 U_{out}-U_{KG_2} 曲线图，列表记录各峰值扫描电压 U_{KG_2} 的值，代入下式：

$$U_{KG_2}(n) = a + U_0 n \tag{4.2.3}$$

式中，$U_{KG_2}(n)$ 表示第 n 个峰（或谷）的扫描电压值；U_0 表示第一激发电位，用最小二乘法算出汞的第一激发电位 U_0。

【注意事项】

（1）实验中炉温较高，需注意安全。避免烫伤。

（2）当炉温较低而 U_{KG_2} 较高时，可能出现强烈辉光，此时应降低 U_{KG_2} 以避免损坏仪器。

实验 4.3　电子顺磁共振

电子顺磁共振（Electron Paramagnetic Resonance，EPR）又称电子自旋共振（Electron Spin Resonance，ESR），是探测物质中未偶电子以及它们与周围原子相互作用的非常重要的现代分析方法，它具有很高的灵敏度和分辨率，并且具有在测量过程中不破坏样品结构的优点。由于这种共振跃迁只能发生在原子的固有磁矩不为零的顺磁材料中，因此被称为电子顺磁共振；因为分子和固体中的磁矩主要是自旋磁矩的贡献，所以又被称为电子自旋共振。由于电子的磁矩比核磁矩大得多，在同样的磁场下，电子顺磁共振的灵敏度也比核磁共振高得多。在微波和射频范围内都能观察到电子顺磁现象，本实验使用微波进行电子顺磁共振实验。

自从 1944 年物理学家扎伏伊斯基（Zavoisky）发现电子顺磁共振现象至今已有 70 多年的历史，在这期间，EPR 理论、实验技术、仪器结构性能等方面都有了很大的发展，尤其是电子计算机技术和固体器件的使用，使 EPR 谱仪的灵敏度、分辨率均有了数量级的提高，从而进一步拓展了 EPR 的研究和应用范围。这一现代分析方法在物理学、化学、生物学、医学、生命科学、材料学、地矿学和年代学等领域内获得了越来越广泛的应用。

电子顺磁共振谱仪是根据电子自旋磁矩在磁场中的运动与外部高频电磁场相互作用下，对电磁波共振吸收的原理而设计的。因为电子本身运动受物质微观结构的影响，所以电子顺磁共振成为观察物质结构及运动状态的一种手段。因为电子顺磁共振具有极高的灵敏度且测量时对样品无破坏作用，所以电子顺磁共振谱仪广泛应用于物理、化学、生物、医学和生命领域。

【实验目的】

（1）了解电子顺磁共振原理。

（2）学习用射频或微波频段检测电子顺磁共振信号的方法。

（3）测定 DPPH 中电子的 g 因子和共振线宽。

【实验原理】

原子的磁性来源于原子磁矩。由于原子核的磁矩很小，可以略去不计，所以原子的总磁矩由原子中各电子的轨道磁矩和自旋磁矩所决定。原子的总磁矩 μ_J 与总角动量 P_J 之间满足如下关系：

$$\mu_J = -g\frac{\mu_B}{\hbar}P_J = \gamma P_J \tag{4.3.1}$$

式中，μ_B 为玻尔磁子；$\hbar$ 为约化普朗克常量。由式（4.3.1）可知，旋磁比

$$\gamma = -g\frac{\mu_B}{\hbar} \tag{4.3.2}$$

按照量子理论，由电子的 L－S 耦合结果可得朗得因子

$$g = 1 + \frac{J(J+1)+S(S+1)-L(L+1)}{2J(J+1)} \tag{4.3.3}$$

由此可见，若原子的磁矩完全由电子自旋磁矩贡献（$L=0$，$J=S$），则 $g=2$。反之，若磁矩完全由电子的轨道磁矩所贡献（$S=0$，$J=1$），则 $g=1$。若自旋和轨道磁矩两者都有贡献，则 g 的值介乎 1 与 2 之间。因此，精确测定 g 的值便可判断电子运动的影响，从而有助于了解原子的结构。

将原子磁矩不为零的顺磁物质置于外磁场 B_0 中，则原子磁矩与外磁场相互作用能为

$$E = -\mu_J B_0 = -\gamma m\hbar B_0 = -mg\mu_B B_0 \tag{4.3.4}$$

那么，相邻磁能级之间的能量差

$$\Delta E = \gamma\hbar B_0 \tag{4.3.5}$$

如果在垂直于外磁场 B_0 的方向上加一振幅值很小的交变磁场 $2B_1\cos\omega t$，当交变磁场的角频率 ω 满足共振条件

$$h\omega = \Delta E = \gamma B_0\hbar \tag{4.3.6}$$

时，则原子在相邻磁能级之间发生共振越迁，这种现象称为电子顺磁共振，又叫自旋共振。在顺磁物质中，由于电子受到原子外部电荷的作用，使电子轨道平面发生旋进，电子的轨道角动量量子数 L 的平均值为 0。当做一级近似时，可以认为电子轨道角动量近似为零，因而顺磁物质中的磁矩主要是电子自旋磁矩的贡献。

实验所采用的样品为 DPPH（Di－Phehcryl Picryl Hydrazal），化学名称是二苯基苦酸基联氨，其分子结构式为$(C_6H_5)_2N-NC_6H_2(NO_2)_3$，结构图如图 4.3.1 所示，它的第二个氮原子上存在一个未成对电子，即在中间的氮原子少一个共价键，有一个未偶电子，或者说有一个未配对的自由电子，这个自由电子就是实验研究的对象，它无轨道磁矩，因此实验中观察到的就是这类电子自旋共振的现象。由于 DPPH 中的“自由电子”并不是完全自由的，故其 g 因子值不等于 2.0023，而是 2.0037。

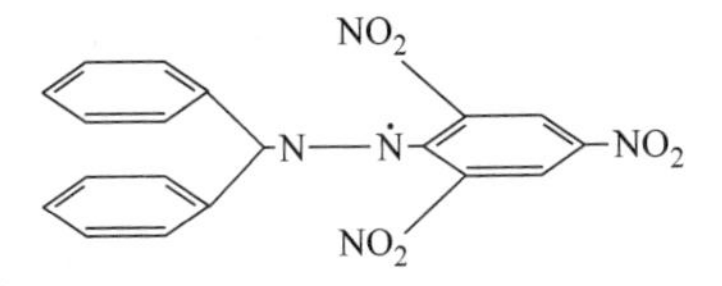

图 4.3.1　DPPH 结构图

实际上样品是一个含有大量不成对的电子自旋所组成的系统，他们在磁场中只分裂为两个塞曼能级。在热平衡时，分布于各塞曼能级上的粒子数服从玻尔兹曼分布，即低能级上的粒子数总比高能级的多一些。因此，即使粒子数因感应辐射由高能级越迁到低能级的概率和

粒子因感应吸收由低能级越迁到高能级的概率相等，但由于低能级的粒子数比高能级的多，也是感应吸收占优势，从而观测不到共振现象，即所谓的饱和。但实际上共振现象仍可继续发生，这是弛豫过程在起作用，弛豫过程使整个系统有恢复到玻尔兹曼分布的趋势。两种作用的综合效应，使自旋系统达到动态平衡，电子自旋共振现象就能维持下去。

电子自旋共振也有两种弛豫过程。一是电子自旋与晶格交换能量，使得处在高能级的粒子把一部分能量传给晶格，从而返回低能级，这种作用称为自旋－晶格弛豫。自旋－晶格弛豫时间用 T_1 表征。二是自旋粒子相互之间交换能量，使它们的旋进相位趋于随机分布，这种作用称自旋－自旋弛豫。自旋－自旋弛豫时间用 T_2 表征。这个效应使共振谱线展宽，T_2 与谱线的半高宽 $\Delta\omega$ 有如下关系：

$$\Delta\omega \approx \frac{2}{T_2} \tag{4.3.7}$$

因此，测定线宽后就可以估算出 T_2 的大小了。

观察 ESR 所用的交变磁场的频率由恒定磁场 B_0 的大小决定，因此可在射频段或微波段进行 ESR 实验。

【实验装置】

实验装置由电磁铁系统、微波系统和电子检测系统等组成。

如图 4.3.2 所示，由微波传输部件把 X 波段体效应二极管信号源的微波功率馈给谐振腔内的样品，样品处于恒定磁场中，磁铁由 50Hz 交流电对磁场提供扫描，当满足共振条件时输出共振信号，信号由示波器直接检测。以下介绍系统各个部件的原理、性能及使用方法。

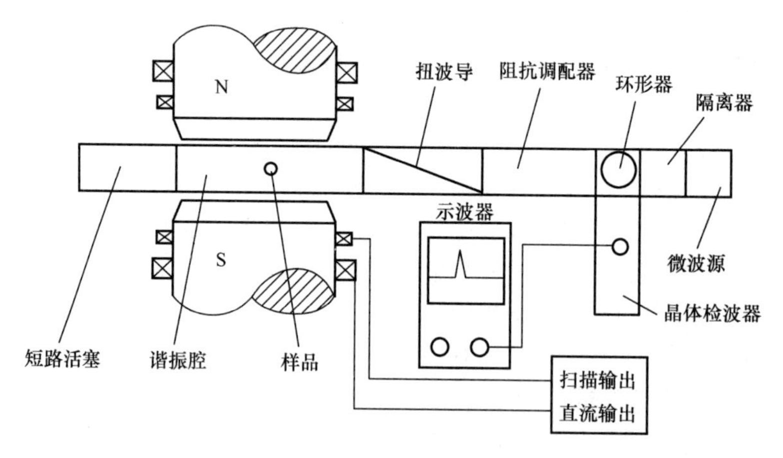

图 4.3.2　实验装置示意图

1. 电磁铁系统

电磁铁系统由电磁铁、励磁电源和调场电源组成，用于产生外磁场 $B = B_0 + B_1\cos\omega t$。励磁电源接到电磁铁直流绕组，产生 B_0，通过调整励磁电流改变 B_0。调场电源接到电磁铁交流绕组，产生 $B_1\cos\omega t$，并经过相移电路接到示波器 X 轴输入端。

2. 微波系统

微波源：由体效应管、变容二极管、频率调节、电源输入端组成，微波源供电电压为 12V，其发射频率为 9.37GHz。

隔离器：具有单向传输功能。只允许微波从输入端进，从输出端出。起隔离微波源与负载的作用。

环形器：环形器具有定向传输功能。

晶体检波器：用于检测微波信号，由前置的三个螺钉调配器、晶体管座和末端的短路活塞三部分组成。其核心部分是跨接于矩形波导宽壁中心线上的点接触微波二极管（也叫晶体管检波器），其管轴沿 TE_{10}波的最大电场方向，它将拾取到的微波信号整流（检波）。当微波信号是连续波时，整流后的输出为直流。输出信号由与二极管相连的同轴线中心导体引出，接到相应的指示器，如示波器。测量时要反复调节波导终端短路活塞的位置以及输入前端三个螺钉的穿伸度，使检波电流达到最大值，以获得较高的测量灵敏度，其结构如图 4. 3. 3 所示。

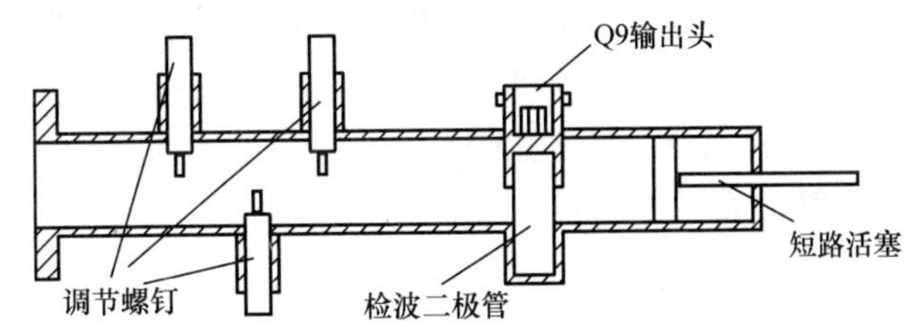

图 4. 3. 3　晶体检波器结构示意图

扭波导：改变波导中电磁波的偏振方向（对电磁波无衰减）。主要作用是便于机械安装。

谐振腔：由矩形波导组成，腔内形成驻波，将样品置于驻波磁场最强的地方，才能出现磁共振。微波从腔的一端进入，另一端是一个活塞，用来调节腔长，以产生驻波，腔内装有样品。图 4. 3. 4 是谐振腔示意图。

短路活塞：接在传输系统终端的单臂微波元件，它接在终端对入射微波功率几乎全部反射而不吸收，从而在传输系统中形成纯驻波状态。它是一个可移动金属短路面的矩形波导，也可称可变短路器。其短路面的位置可通过螺旋来调节并可直接读数。

阻抗调配器：双轨臂波导元件，调节 E 面、H 面的短路活塞可以改变波导元件的参数。它的主要作用是改变微波系统的负载状态，可以系统调节至匹配、容性负载、感性负载等不同状态。在微波顺磁共振中主要作用是观察吸收、色散信号。图 4. 3. 5 是阻抗调配器外观图。

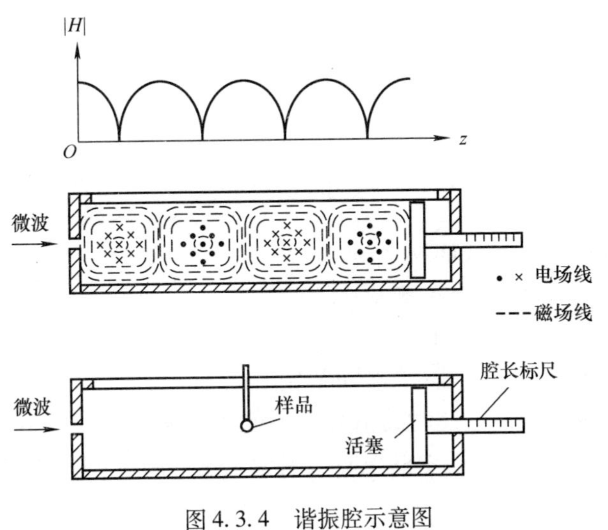

图 4. 3. 4　谐振腔示意图

图 4. 3. 5　阻抗调配器外观图

3. 电子仪器

FD－TX－ESR－I 电子顺磁共振谱仪、示波器、微安表（测量检波电流）、特斯拉计（测量静磁场强度）。

【实验内容】

1. 实验装置的连接

1）通过连接线将主机上的扫描输出端接到磁铁的一端。

2）将主机上的直流输出端连接在磁铁的另一端。

3）通过 Q9 连接线将检波器的输出连到示波器上。

4）将微波源与主机相连（主机后面板上的五芯航空头为微波源的输入端）。

2. 微波系统的连接

微波系统装配如图 4.3.6 所示。

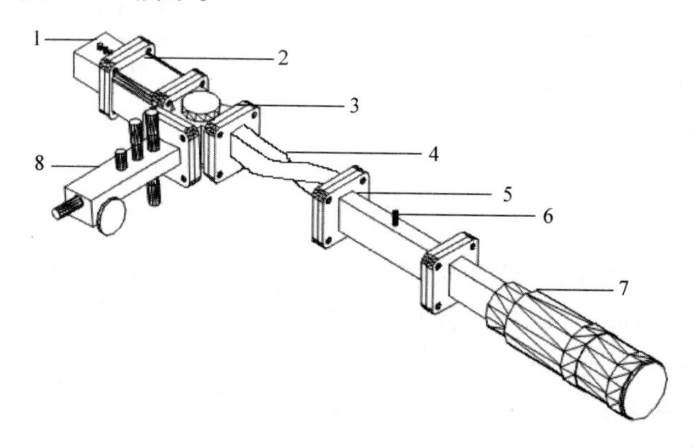

图 4.3.6　微波系统装配图

1—微波源　2—隔离器　3—环型器　4—扭波导　5—谐振腔　6—样品　7—短路活塞　8—检波器

1）将微波源上的连接线连到主机后面板上的 5 芯插座上。

2）将微波源与隔离器相接（按箭头方向连接）。

3）将隔离器的另一端与环型器中的（Ⅰ）端相连。

4）将扭波导与环型器中的（Ⅱ）端相接。

5）将环型器中的（Ⅲ）端与检波器相接。

6）将扭波导的另一端与谐振腔的一端连接。

7）将谐振腔的另一端与短路活塞相接。

3. 仪器的调试

1）将 DPPH 样品插在直波上的小孔中。

2）打开电源，将示波器的输入通道打在直流（DC）档上。

3）调节检波器上的调节螺钉，使直流（DC）信号输出最大。

4）再调节短路活塞，使直流（DC）信号输出最小。

5）将示波器的输入通道打在交流（AC）档上，幅度为 5mV 档。

6）这时在示波器上就可以观察到共振信号，但此时的信号不一定为最强，可以再小范围地调节短路活塞与检波器，也可以调节样品在磁场中的位置（样品在磁场中心处为最佳状态），使信号达到一个最佳的状态。

7）信号调出以后，关机，将阻抗匹配器接在环型器中的（Ⅱ）端与扭波导中间。

8）重新开机，通过调节阻抗匹配器上的旋钮，就可以观察到吸收或色散波形。

【数据处理及现象记录】

（1）记录观察到的共振信号的波形图。

（2）记录观察到的李萨如图形。

（3）记录观察到的色散图形。

（4）计算旋磁比 γ 和朗德因子。

（磁铁的磁感应强度：$B=0.338\text{T}$）

实验 4.4　核磁共振

物质内的磁矩可以来自电子自旋，也可以是核自旋，因此有不同的共振。当考虑的对象是原子核时称为核磁共振（nuclear magnetic resonance，NMR）；对于电子则称为电子顺磁共振（或电子自旋共振）。由于磁共振发生在射频（核磁共振）和微波（电子顺磁共振）范围，因此磁共振已成为波谱学的重要组成部分。

核磁共振是一种利用原子核在磁场中的能量变化来获得关于核的信息的技术。其实质是用一定频率的电磁波作用于外磁场中核能级分裂的自旋磁矩不为零的原子核，分裂后的核能级发生共振跃迁。

泡利（pauli）在 1924 年研究原子光谱的超精细结构时，首先提出了原子具有核磁矩的概念。1933 年，斯特恩（G. O. Stern）和艾斯特曼（I. Estermann）对核粒子的磁矩进行了第一次粗略测定。1938 年，拉比（Rabi）等人在原子束实验中首次观察到核磁共振现象。这些研究对核理论的发展起了很大的作用。但在宏观物体中观察到核磁共振却是 1946 年的事情——以珀塞尔（E. M. Purcell）和布洛赫（F. Bloch）所领导的两个小组，在几乎相同的时间里，用稍微不同的方法各自独立地发现在物质的一般状态中的核磁共振现象。

当受到强磁场加速的原子束加以一个已知频率的弱振荡磁场时，原子核就要吸收某些频率的能量，同时跃迁到较高的磁场亚层中。通过测定原子束在频率逐渐变化的磁场中的强度，就可测定原子核吸收频率的大小。这种技术起初被用于气体物质，后来通过布洛赫和珀塞尔的工作扩大应用到液体和固体。布洛赫小组第一次测定了水中质子的共振吸收，而珀塞尔小组第一次测定了固态链烷烃中质子的共振吸收，两人因此获得了 1952 年的诺贝尔物理学奖。

自从 1946 年进行这些研究以来，由于核磁共振的方法和技术可以深入物质内部而不破坏样品，并且具有迅速、准确、分辨率高等优点，所以得到迅速发展和广泛应用，现今已从物理学渗透到化学、生物、地质、医疗以及材料等学科，在科研和生产中发挥了巨大的作用。例如由于磁场可以穿过人体，利用核磁共振成像可以得到人体内各处的核磁共振信号，这些信号经过计算机处理可以用二维或三维的图像显示出来。将病态的图像和正常的图像进行比较就可以判断人体的病变，而且这种方法对人体无害。此外核磁共振也是精确测量磁场和稳定磁场的重要方法之一。

从实验方法上看，核磁共振可分成稳态和非稳态两大类。主要区别在于前者所加的交变磁场为连续波，实验设备简单，容易观察到共振信号；而后者所加的交变磁场为射频脉冲，检测到的频谱十分丰富，有利于实验手段的自动化。

【实验原理】

下面我们以氢核为主要研究对象，以此来介绍核磁共振的基本原理和观测方法。氢核虽然是最简单的原子核，但同时也是目前在核磁共振应用中最常见和最有用的核。

1. 核磁共振的量子力学描述

（1）单个核的磁共振

通常将原子核的总磁矩在其角动量 $\boldsymbol{P}$ 方向上的投影 $\boldsymbol{\mu}$ 称为核磁矩，它们之间的关系通常写成

$$\boldsymbol{\mu}=\gamma\boldsymbol{P}$$

或

$$\boldsymbol{\mu}=g_N\frac{e}{2m_{\mathrm{p}}}\boldsymbol{P} \tag{4.4.1}$$

式中，$\gamma=g_N\frac{e}{2m_{\mathrm{p}}}$称为旋磁比；$e$ 为电子电荷；m_{p} 为质子质量；g_N 为朗德因子，对氢核来说，$g_N=5.5851$。

按照量子力学，原子核角动量的大小由下式决定：

$$P=\sqrt{I(I+1)}\hbar \tag{4.4.2}$$

式中，$\hbar=\frac{h}{2\pi}$，h 为普朗克常量；I 为核的自旋量子数，可以取 $I=0$，$\frac{1}{2}$，1，$\frac{3}{2}$，…，对氢核来说，$I=\frac{1}{2}$。

把氢核放入外磁场 $\boldsymbol{B}$ 中，可以取坐标轴 z 方向为 $\boldsymbol{B}$ 的方向。核的角动量在 $\boldsymbol{B}$ 方向上的投影值由下式决定：

$$P_B=m\hbar \tag{4.4.3}$$

式中，m 称为磁量子数，可以取 $m=I,I-1,\cdots,-(I-1),-I$。核磁矩在 $\boldsymbol{B}$ 方向上的投影值为

$$\mu_B=g_N\frac{e}{2m_{\mathrm{p}}}P_B=g_N\left(\frac{eh}{2m_{\mathrm{p}}}\right)m$$

将它写为

$$\mu_B=g_N\mu_N m \tag{4.4.4}$$

式中，$\mu_N=5.050787\times10^{-27}\mathrm{J}\cdot\mathrm{T}^{-1}$称为核磁子，是核磁矩的单位。

磁矩为 $\boldsymbol{\mu}$ 的原子核在恒定磁场 $\boldsymbol{B}$ 中具有的势能为

$$E=-\boldsymbol{\mu}\cdot\boldsymbol{B}=-\mu_B B=-g_N\mu_N mB$$

任何两个能级之间的能量差为

$$\Delta E=E_{m1}-E_{m2}=-g_N\mu_N B(m_1-m_2) \tag{4.4.5}$$

考虑最简单的情况，对氢核而言，自旋量子数 $I=\frac{1}{2}$，所以磁量子数 m 只能取两个值，即 $m=\frac{1}{2}$和 $m=-\frac{1}{2}$。磁矩在外场方向上的投影也只能取两个值，如图 4.4.1a 所示，与此相对应的能级如图 4.4.1b 所示。

根据量子力学中的选择定则，只有 $\Delta m=\pm1$ 的两个能级之间才能发生跃迁，即只有在

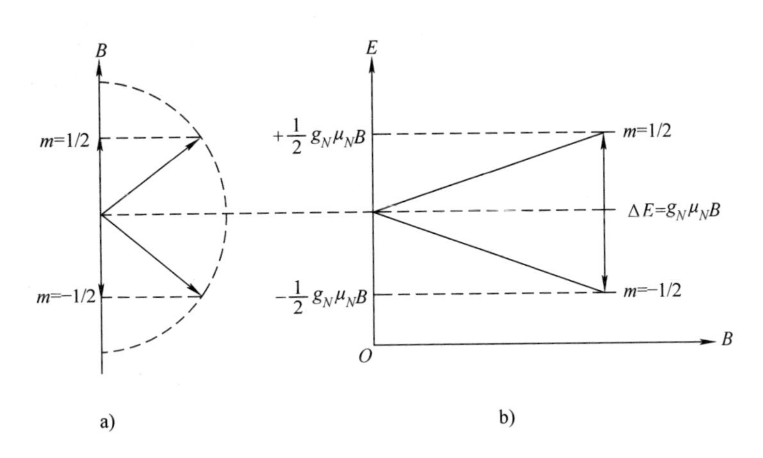

图 4.4.1　氢核能级在磁场中的分裂

相邻的两子能级间的跃迁才是允许的。这两个跃迁能级之间的能量差为

$$\Delta E = h\nu_0 = g_N\mu_N B \tag{4.4.6}$$

由式（4.4.6）可知：相邻两个能级之间的能量差 ΔE 与外磁场 $\boldsymbol{B}$ 的大小成正比，磁场越强，则两个能级分裂也越大。

同时可知，当交变电磁场的频率 ν_0 所相应的能量 $h\nu_0$ 刚好等于原子核两相邻子能级的能量差时，处于低子能级的原子核就可以从交变电磁场吸收能量而跃迁到高子能级。这就是前面提到的，原子核系统在恒定和交变磁场同时作用下，并且满足一定条件时所发生的共振吸收现象——核磁共振现象。

由式（4.4.6）可以得到发生核磁共振的条件是

$$\nu_0 = \frac{\gamma B_0}{2\pi} \tag{4.4.7}$$

满足式（4.4.7）的频率 ν_0 称为共振频率。如果用圆频率 $\omega_0 = 2\pi\nu_0$ 表示，则共振条件可以表示为

$$\omega_0 = \gamma B_0 \tag{4.4.8}$$

由式（4.4.8）可知，对固定的原子核，旋磁比 γ 一定，调节共振频率 ν_0 和恒定磁场 B_0 两者或者固定其一调节另一个就可以满足共振条件，从而观察核磁共振现象。

（2）核磁共振信号的强度

上面讨论的是单个的核放在外磁场中的核磁共振理论，但实验中所用的样品是大量同类核的集合。如果处于高能级上的核数目与处于低能级上的核数目没有差别，则在电磁波的激发下，上下能级上的核都要发生跃迁，并且跃迁概率是相等的，吸收能量等于辐射能量，我们就观察不到任何核磁共振信号。只有当低能级上的原子核数目大于高能级上的核数目时，吸收能量比辐射能量多，这样才能观察到核磁共振信号。在热平衡状态下，核数目在两个能级上的相对分布由玻尔兹曼因子决定：

$$\frac{N_1}{N_2} = \exp\left(-\frac{\Delta E}{kT}\right) = \exp\left(-\frac{g_N\mu_N B_0}{kT}\right) \tag{4.4.9}$$

式中，N_1 为高能级上的核数目；N_2 为低能级上的核数目；ΔE 为上下能级间的能量差；k 为玻尔兹曼常量；T 为绝对温度。当 $g_N\mu_N B_0 << kT$ 时，式（4.4.9）可以近似写成

$$\frac{N_1}{N_2}=1-\frac{g_N\mu_N B_0}{kT} \tag{4.4.10}$$

式（4.4.10）说明，低能级上的核数目比高能级上的核数目略微多一点。对氢核来说，如果实验温度 $T=300\text{K}$，外磁场 $B_0=1\text{T}$，则

$$\frac{N_1}{N_2}=1-6.75\times10^{-6}$$

或

$$\frac{N_2-N_1}{N_2}\approx7\times10^{-6}$$

这说明，在室温下，每 100 万个低能级上的核比高能级上的核大约只多出 7 个。就是说，在低能级上参与核磁共振吸收的每 100 万个核中只有 7 个核的核磁共振吸收未被共振辐射所抵消。所以核磁共振信号非常微弱，检测如此微弱的信号，需要高质量的接收器。

由式（4.4.10）可以看出，温度越高，粒子差数越小，对观察核磁共振信号越不利；外磁场 B_0 越强，粒子差数越大，越有利于观察核磁共振信号。一般核磁共振实验要求磁场强一些，其原因就在这里。

另外，要想观察到核磁共振信号，仅仅磁场强一些还不够，磁场在样品范围内还应高度均匀，否则磁场多么强也观察不到核磁共振信号。原因之一是，核磁共振信号由式（4.4.7）决定，如果磁场不均匀，则样品内各部分的共振频率不同，对某个频率的电磁波，将只有少数核参与共振，结果信号被噪声所淹没，难以观察到核磁共振信号。

2. 核磁共振的经典力学描述

以下从经典理论观点来讨论核磁共振问题。把经典理论核矢量模型用于微观粒子是不严格的，但是它对某些问题可以做一定的解释。数值上不一定正确，但可以给出一个清晰的物理图像，可以帮助我们了解问题的实质。

（1）单个核的拉莫尔进动

众所周知，如果陀螺不旋转，当它的轴线偏离竖直方向时，在重力作用下，它就会倒下来。但是如果陀螺本身做自转运动，它就不会倒下而绕着重力方向做进动，如图 4.4.2 所示。

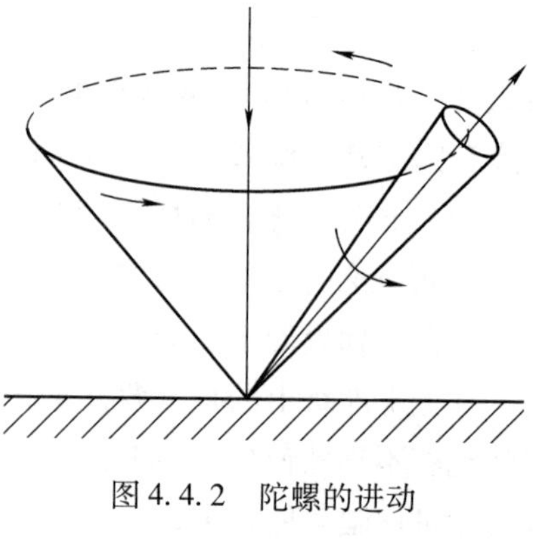

图 4.4.2　陀螺的进动

由于原子核具有自旋和磁矩，所以它在外磁场中的行为同陀螺在重力场中的行为是完全一样的。

设核的角动量为 $\boldsymbol{P}$，磁矩为 $\boldsymbol{\mu}$，外磁场为 $\boldsymbol{B}$，由经典理论可知

$$\frac{\mathrm{d}\boldsymbol{P}}{\mathrm{d}t}=\boldsymbol{\mu}\times\boldsymbol{B} \tag{4.4.11}$$

由于，$\boldsymbol{\mu}=\gamma\boldsymbol{P}$，所以有

$$\frac{d\boldsymbol{\mu}}{dt}=\lambda\boldsymbol{\mu}\times\boldsymbol{B} \tag{4.4.12}$$

写成分量的形式则为

$$\begin{cases}\dfrac{d\mu_x}{dt}=\gamma(\mu_y B_z-\mu_z B_y)\\ \dfrac{d\mu_y}{dt}=\gamma(\mu_z B_x-\mu_x B_z)\\ \dfrac{d\mu_z}{dt}=\gamma(\mu_x B_y-\mu_y B_x)\end{cases} \tag{4.4.13}$$

若设稳恒磁场为 $\boldsymbol{B}_0$，且 z 轴沿 $\boldsymbol{B}_0$ 方向，即 $B_x=B_y=0$，$B_z=B_0$，则式（4.4.13）将变为

$$\begin{cases}\dfrac{d\mu_x}{dt}=\gamma\mu_y B_0\\ \dfrac{d\mu_y}{dt}=-\gamma\mu_x B_0\\ \dfrac{d\mu_z}{dt}=0\end{cases} \tag{4.4.14}$$

由此可见，磁矩分量 μ_z 是一个常数，即磁矩 $\boldsymbol{\mu}$ 在 $\boldsymbol{B}_0$ 方向上的投影将保持不变。将式（4.4.14）的第一式对 t 求导，并把第二式代入有

$$\frac{d^2\mu_x}{dt^2}=\gamma B_0\frac{d\mu_y}{dt}=-\gamma^2B_0^2\mu_x$$

或

$$\frac{d^2\mu_x}{dt^2}+\gamma^2B_0^2\mu_x=0 \tag{4.4.15}$$

这是一个简谐运动方程，其解为 $\mu_x=A\cos(\gamma B_0t+\varphi)$，由式（4.4.14）第一式得到

$$\mu_y=\frac{1}{\gamma B_0}\frac{d\mu_x}{dt}=-\frac{1}{\gamma B_0}\gamma B_0A\sin(\gamma B_0t+\varphi)=-A\sin(\gamma B_0t+\varphi)$$

以 $\omega_0=\gamma B_0$ 代入，有

$$\begin{cases}\mu_x=A\cos(\omega_0t+\varphi)\\ \mu_y=-A\sin(\omega_0t+\varphi)\\ \mu_L=\sqrt{(\mu_x+\mu_y)^2}=A=\text{常数}\end{cases} \tag{4.4.16}$$

由此可知，核磁矩 $\boldsymbol{\mu}$ 在稳恒磁场中的运动特点是：

1）围绕外磁场 $\boldsymbol{B}_0$ 做进动，进动的角频率为 $\omega_0=\gamma B_0$，和 $\boldsymbol{\mu}$ 与 $\boldsymbol{B}_0$ 之间的夹角 θ 无关。

2）在 xy 平面上的投影 μ_L 是常数。

3）在外磁场 $\boldsymbol{B}_0$ 方向上的投影 μ_z 为常数。

其运动图像如图 4.4.3 所示。

现在来研究如果在与 $\boldsymbol{B}_0$ 垂直的方向上加一个弱的旋转磁场 $\boldsymbol{B}_1$，且 $B_1 \ll B_0$，会出现什么情况。$\boldsymbol{B}_1$ 的角频率和转动方向与磁矩 $\boldsymbol{\mu}$ 的进动角频率和进动方向都相同，如图 4.4.4 所

示。这时，核磁矩$\boldsymbol{\mu}$除了受到$\boldsymbol{B}_0$的作用之外，还要受到旋转磁场$\boldsymbol{B}_1$的影响。也就是说$\boldsymbol{\mu}$除了要围绕$\boldsymbol{B}_0$进动之外，还要绕$\boldsymbol{B}_1$进动。所以μ与$\boldsymbol{B}_0$之间的夹角θ将发生变化。由核磁矩的势能

$$E = -\boldsymbol{\mu} \cdot \boldsymbol{B} = -\mu B_0 \cos\theta \tag{4.4.17}$$

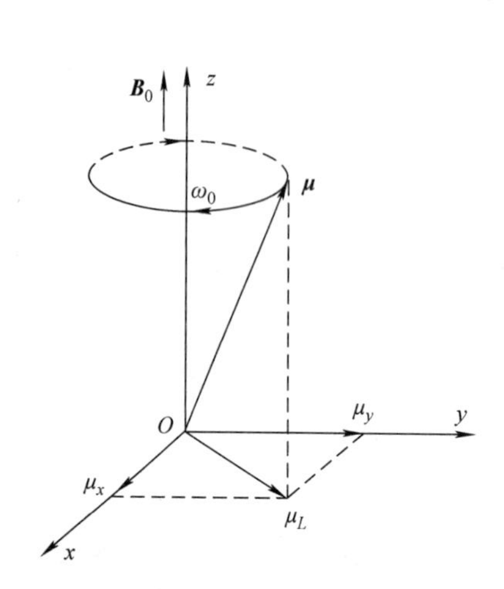

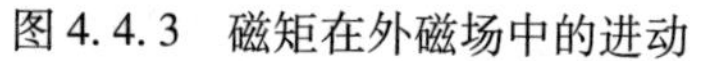
图 4.4.3　磁矩在外磁场中的进动

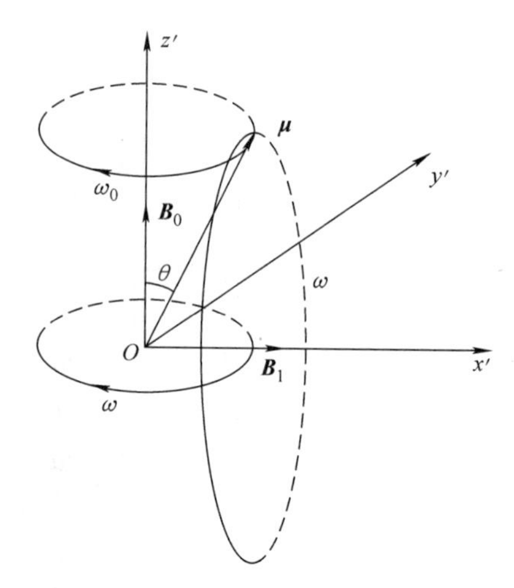

图 4.4.4　转动坐标系中的磁矩

可知，θ的变化意味着核的能量状态变化。当θ值增加时，核要从旋转磁场$\boldsymbol{B}_1$中吸收能量。这就是核磁共振。产生共振的条件为

$$\omega = \omega_0 = \gamma B_0 \tag{4.4.18}$$

这一结论与量子力学得出的结论完全一致。

如果旋转磁场$\boldsymbol{B}_1$的转动角频率ω与核磁矩μ的进动角频率ω_0不相等，即$\omega \neq \omega_0$，则角度θ的变化不显著。平均说来，θ角的变化为零。原子核没有吸收磁场的能量，因此就观察不到核磁共振信号。

（2）布洛赫方程

上面讨论的是单个核的核磁共振，但在实验中研究的样品不是单个核磁矩，而是由这些磁矩构成的磁化强度矢量$\boldsymbol{M}$；另外，研究的系统并不是孤立的，而是与周围物质有一定的相互作用。只有全面考虑了这些问题，才能建立起核磁共振的理论。

因为磁化强度矢量$\boldsymbol{M}$是单位体积内核磁矩$\boldsymbol{\mu}$的矢量和，所以有

$$\frac{\mathrm{d}\boldsymbol{M}}{\mathrm{d}t} = \gamma(\boldsymbol{M} \times \boldsymbol{B}) \tag{4.4.19}$$

它表明磁化强度矢量$\boldsymbol{M}$围绕着外磁场$\boldsymbol{B}_0$做进动，进动的角频率$\omega = \gamma B$。现在假定外磁场$\boldsymbol{B}_0$沿着z轴方向，再沿着x轴方向加上一射频场

$$\boldsymbol{B}_1 = 2B_1 \cos(\omega t)\boldsymbol{e}_x \tag{4.4.20}$$

式中，$\boldsymbol{e}_x$为x轴上的单位矢量；$2B_1$为振幅。这个线偏振场可以看作是左旋圆偏振场和右旋圆偏振场的叠加，如图 4.4.5 所示。在这两个圆偏振场中，只有当圆偏振场的旋转方向与进动方向相同时才起作用。所以对于γ为正的系统，起作用的是顺时针方向的圆偏振场，即

$$M_z = M_0 = \chi_0 H_0 = \chi_0 B_0 / \mu_0$$

式中，χ_0是静磁化率；μ_0为真空中的磁导率；M_0是自旋系统与晶格达到热平衡时自旋系统

的磁化强度。

原子核系统吸收了射频场能量之后，处于高能态的粒子数目增多，亦使得 $M_z < M_0$，偏离了热平衡状态。由于自旋与晶格的相互作用，晶格将吸收核的能量，使原子核跃迁到低能态而向热平衡过渡。表示这个过渡的特征时间称为纵向弛豫时间，用 T_1 表示（它反映了沿外磁场方向上磁化强度 M_z 恢复到平衡值 M_0 所需时间的大小）。

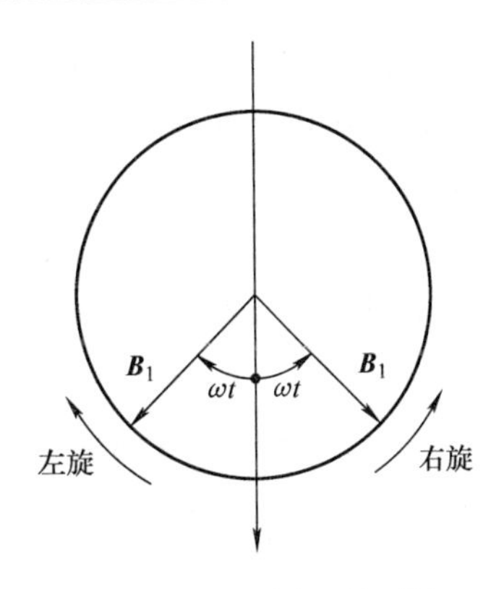

图 4.4.5　线偏振磁场分解为圆偏振磁场

考虑到纵向弛豫作用，假定 M_z 向平衡值 M_0 过渡的速度与 M_z 偏离 M_0 的程度（$M_0 - M_z$）成正比，即有

$$\frac{\mathrm{d}M_z}{\mathrm{d}t} = -\frac{M_z - M_0}{T_1} \tag{4.4.21}$$

此外，自旋与自旋之间也存在相互作用，$\boldsymbol{M}$ 的横向分量也要由非平衡态时的 M_x 和 M_y 向平衡态时的值 $M_x = M_y = 0$ 过渡，表征这个过程的特征时间为横向弛豫时间，用 T_2 表示。与 M_z 类似，可以假定：

$$\begin{cases} \dfrac{\mathrm{d}M_x}{\mathrm{d}t} = \dfrac{M_x}{T_2} \\ \dfrac{\mathrm{d}M_y}{\mathrm{d}t} = -\dfrac{M_y}{T_2} \end{cases} \tag{4.4.22}$$

前面分别分析了外磁场和弛豫过程对核磁化强度矢量 $\boldsymbol{M}$ 的作用。当上述两种作用同时存在时，描述核磁共振现象的基本运动方程为

$$\frac{\mathrm{d}\boldsymbol{M}}{\mathrm{d}t} = \gamma(\boldsymbol{M} \times \boldsymbol{B}) - \frac{1}{T_2}(M_x\boldsymbol{i} + M_y\boldsymbol{j}) - \frac{M_z - M_0}{T_1}\boldsymbol{k} \tag{4.4.23}$$

该方程称为布洛赫方程。式中，$\boldsymbol{i}$、$\boldsymbol{j}$、$\boldsymbol{k}$ 分别是 x、y、z 方向上的单位矢量。

值得注意的是，式（4.4.23）中的 $\boldsymbol{B}$ 是外磁场 $\boldsymbol{B}_0$ 与线偏振场 $\boldsymbol{B}_1$ 的叠加。其中，$\boldsymbol{B}_0 = B_0\boldsymbol{k}$，$\boldsymbol{B}_1 = B_1\cos(\omega t)\,\boldsymbol{i} - B_1\sin(\omega t)\,\boldsymbol{j}$，$\boldsymbol{M} \times \boldsymbol{B}$ 的三个分量是

$$\begin{cases} (M_yB_0 + M_zB_1\sin\omega t)\boldsymbol{i} \\ (M_zB_1\cos\omega t - M_xB_0)\boldsymbol{j} \\ (-M_xB_1\sin\omega t - M_yB_1\cos\omega t)\boldsymbol{k} \end{cases} \tag{4.4.24}$$

这样布洛赫方程写成分量形式即为

$$\begin{cases} \dfrac{\mathrm{d}M_x}{\mathrm{d}t} = \gamma(M_yB_0 + M_zB_1\sin\omega t) - \dfrac{M_x}{T_2} \\ \dfrac{\mathrm{d}M_y}{\mathrm{d}t} = \gamma(M_zB_1\cos\omega t - M_xB_0) - \dfrac{M_y}{T_2} \\ \dfrac{\mathrm{d}M_z}{\mathrm{d}t} = -\gamma(M_xB_1\sin\omega t + M_yB_1\cos\omega t) - \dfrac{M_z - M_0}{T_1} \end{cases} \tag{4.4.25}$$

在各种条件下来解布洛赫方程，可以解释各种核磁共振现象。一般来说，布洛赫方程中含有 $\cos\omega t$、$\sin\omega t$ 这些高频振荡项，解起来很麻烦。如果对它做一坐标变换，把它变换到旋转坐标系中去，解起来就容易得多。

如图4.4.6所示，取新坐标系 $Ox'y'z'$，z'与原来的实验室坐标系中的 z 重合，旋转磁场 $\boldsymbol{B}_1$ 与 x'重合。显然，新坐标系是与旋转磁场以同一频率 ω 转动的旋转坐标系。图中 $\boldsymbol{M}_{\perp}$ 是 $\boldsymbol{M}$ 在垂直于恒定磁场方向上的分量，即 $\boldsymbol{M}$ 在 xy 平面内的分量，设 u 和 v 是 $\boldsymbol{M}_{\perp}$ 在 x'和 y'方向上的分量，则

$$\begin{cases} M_x = u\cos\omega t - v\sin\omega t \\ M_y = -v\cos\omega t - u\sin\omega t \end{cases} \tag{4.4.26}$$

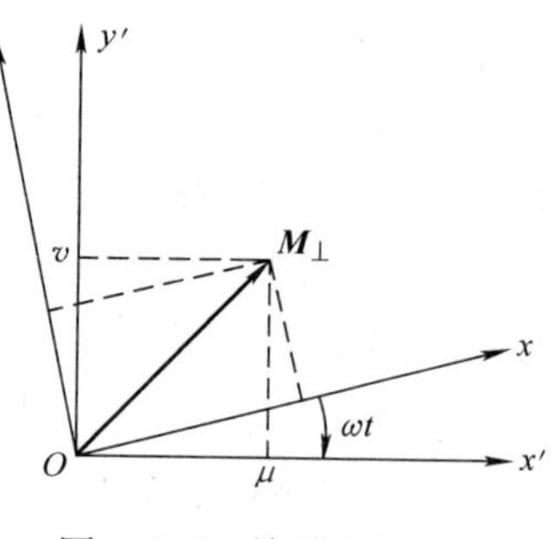

图4.4.6　旋转坐标系

把它们代入式（4.4.25）即得

$$\begin{cases} \dfrac{\mathrm{d}u}{\mathrm{d}t} = -(\omega_0 - \omega)v - \dfrac{u}{T_2} \\ \dfrac{\mathrm{d}v}{\mathrm{d}t} = (\omega_0 - \omega)u - \dfrac{v}{T_2} - \gamma B_1 M_z \\ \dfrac{\mathrm{d}M_z}{\mathrm{d}t} = \dfrac{M_0 - M_z}{T_1} + \gamma B_1 v \end{cases} \tag{4.4.27}$$

式中，$\omega_0 = \gamma B_0$。式（4.4.27）表明，M_z 的变化是 v 的函数而不是 u 的函数。而 M_z 的变化表示核磁化强度矢量的能量变化，所以 v 的变化反映了系统能量的变化。

从式（4.4.27）可以看出，它们已经不包括 $\cos\omega t$、$\sin\omega t$ 这些高频振荡项了。但要严格求解仍是相当困难的。通常是根据实验条件来进行简化。如果磁场或频率的变化十分缓慢，则可以认为 u、v、M_z 都不随时间发生变化，$\dfrac{\mathrm{d}u}{\mathrm{d}t}=0$，$\dfrac{\mathrm{d}v}{\mathrm{d}t}=0$，$\dfrac{\mathrm{d}M_z}{\mathrm{d}t}=0$，即系统达到稳定状态，此时式（4.4.27）的解称为稳态解：

$$\begin{cases} u = \dfrac{\gamma B_1 T_2^2(\omega_0 - \omega)M_0}{1 + T_2^2(\omega_0 - \omega)^2 + \gamma^2 B_1^2 T_1 T_2} \\ v = \dfrac{\gamma B_1 M_0 T_2}{1 + T_2^2(\omega_0 - \omega)^2 + \gamma^2 B_1^2 T_1 T_2} \\ M_z = \dfrac{[1 + T_2^2(\omega_0 - \omega)]M_0}{1 + T_2^2(\omega_0 - \omega)^2 + \gamma^2 B_1^2 T_1 T_2} \end{cases} \tag{4.4.28}$$

根据式（4.4.28）中前两式可以画出 u 和 v 随 ω 而变化的函数关系曲线。根据曲线知道，当外加旋转磁场 $\boldsymbol{B}_1$ 的角频率 ω 等于 $\boldsymbol{M}$ 在磁场 $\boldsymbol{B}_0$ 中的进动角频率 ω_0 时，吸收信号最强，即出现共振吸收现象。根据式（4.4.28）画出的 u 和 v 的图形如图4.4.7所示，类似于光学中的色散与吸收曲线，此处称 u 为色散信号，v 为吸收信号。曲线表明了 u 与 v 和频率的关系。

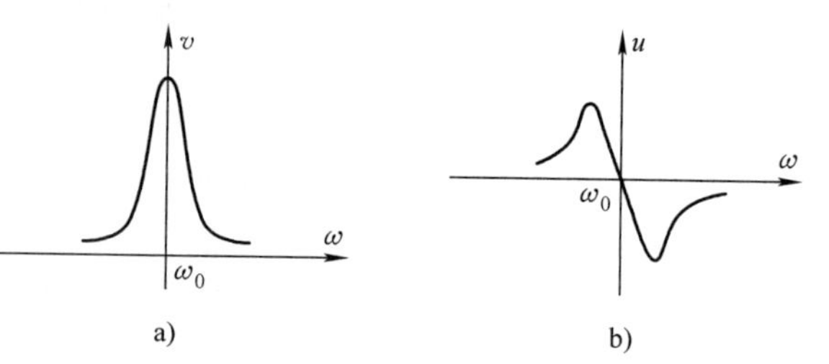

图4.4.7　吸收信号与色散信号

a）吸收曲线　b）色散曲线

（3）结果分析

由上面得到的布洛赫方程的稳态解和图4.4.7可以看出，稳态共振吸收信号有几个重要

特点：

1）当 $\omega=\omega_0$ 时，v 值为极大，可以表示为 $v_{极大}=\frac{\gamma B_1 T_2 M_0}{1+\gamma^2 B_1^2 T_1 T_2}$。可见，$B_1=\frac{1}{\gamma(T_1 T_2)^{1/2}}$时，$v$ 达到最大值 $v_{max}=\frac{1}{2}\sqrt{\frac{T_2}{T_1}}M_0$，由此表明，吸收信号的最大值并不是要求 B_1 无限弱，而是要求它有一定的大小。

2）共振时 $\Delta\omega=\omega_0-\omega=0$，则吸收信号的表示式中包含有 $S=\frac{1}{1+\gamma B_1^2 T_1 T_2}$项，也就是说，$B_1$ 增加时，S 值减小，这意味着自旋系统吸收的能量减少，相当于高能级部分地被饱和，所以人们称 S 为饱和因子。

3）实际的核磁共振吸收不是只发生在由式（4.4.7）所决定的单一频率上，而是发生在一定的频率范围内。即谱线有一定的宽度。通常把吸收曲线半高度的宽度所对应的频率间隔称为共振线宽。由于弛豫过程造成的线宽称为本征线宽。外磁场 $\boldsymbol{B}_0$ 不均匀也会使吸收谱线加宽。由式（4.4.28）可以看出，吸收曲线半宽度为

$$\omega_0-\omega=\frac{1}{T_2(1-\gamma^2 B_1^2 T_1 T_2{}^{1/2})} \tag{4.4.29}$$

可见，线宽主要由 T_2 值决定，所以横向弛豫时间是线宽的主要参数。

4）从吸收曲线与横坐标轴之间的那部分面积，可以大致知道样品中参与共振的那部分核的数量是多少。

【实验仪器】

核磁共振实验仪主要包括磁铁及调场线圈、探头与样品、边限振荡器、磁场扫描电源、频率计及示波器。

实验装置图如图 4.4.8 所示。

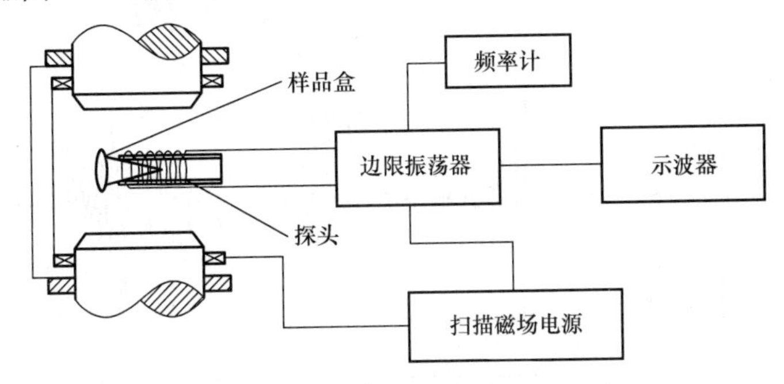

图 4.4.8　核磁共振实验装置示意图

【实验内容】

1. 熟悉各仪器的性能并用相关线连接

1）首先将探头旋进边限振荡器后面板指定位置，并将测量样品插入探头内。

2）将磁场扫描电源上“扫描输出”的两个输出端接磁铁面板中的一组接线柱（磁铁面板上共有 4 组，是等同的，实验中可以任选一组），并将磁场扫描电源机箱后面板上的接头与边限振荡器后面板上的接头用相关线连接。

3）将边限振荡器的“共振信号输出”用 Q9 线接示波器“CH1 通道”或者“CH2 通

道”，“频率输出”用Q9线接频率计的A通道（频率计的通道选择：A通道，即1Hz～100MHz；FUNCTION选择：FA；GATE TIME选择：1s）。

4）移动边限振荡器将探头连同样品放入磁场中，并调节边限振荡器机箱底部四个调节螺钉，使探头放置的位置保证使内部线圈产生的射频磁场方向与稳恒磁场方向垂直。

5）打开磁场扫描电源、边线振荡器、频率计和示波器的电源，准备后面的仪器调试。

2. 核磁共振信号的调节

本实验共配备了6种样品：1#——硫酸铜、2#——三氯化铁、3#——氟碳、4#——丙三醇、5#——纯水、6#——硫酸锰。实验中，因为硫酸铜的共振信号比较明显，所以开始时应该用1#样品，熟悉了实验操作之后，再选用其他样品调节。

1）将磁场扫描电源的“扫描输出”旋钮顺时针调节至接近最大（旋至最大后，再往回旋半圈，因为最大时电位器电阻为零，输出短路，因而对仪器有一定的损伤），这样可以加大捕捉信号的范围。

2）调节边限振荡器的频率“粗调”电位器，将频率调节至磁铁标志的H共振频率附近，然后旋动频率调节“细调”旋钮，在此附近捕捉信号，当满足共振条件$\omega=\gamma B_0$时，可以观察到如图4.4.9所示的共振信号。调节旋钮时要尽量慢，因为共振范围非常小，很容易跳过。

注意：因为磁铁的磁感应强度随温度的变化而变化（成反比关系），所以应在标志频率附近±1MHz的范围内进行信号的捕捉！

3）调出大致共振信号后，降低扫描幅度，调节频率“微调”至信号等宽，同时调节样品在磁铁中的空间位置以得到微波最多的共振信号。

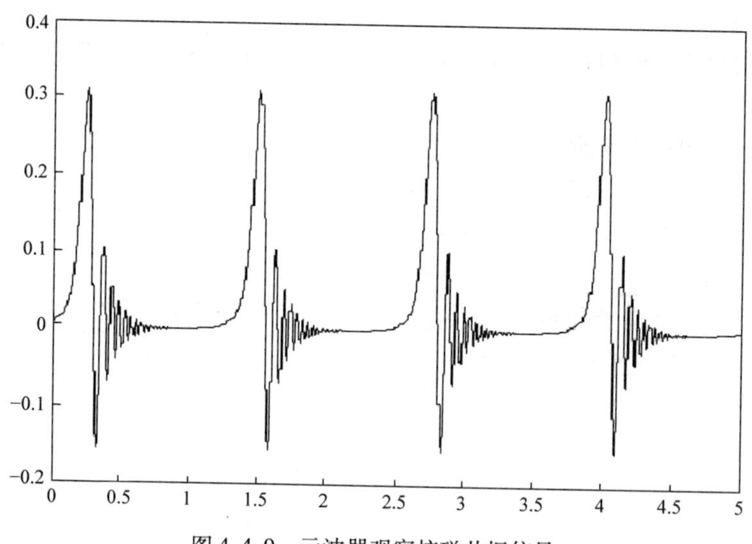

图4.4.9 示波器观察核磁共振信号

4）测量氟碳样品时，将测得的氢核的共振频率除以42.577再乘以40.055，即得到氟的共振频率（例如：测量得到氢核的共振频率为20.000MHz，则氟的共振频率为20.000÷42.577×40.055MHz=18.815MHz）。将氟碳样品放入探头中，将频率调节至磁铁上标志的氟的共振频率值，并仔细调节得到共振信号。由于氟的共振信号比较小，故此时应适当降低扫描幅度（一般不大于3V），这是因为样品的弛豫时间过长导致饱和现象而引起信号变小。射频幅度随样品而异。表4.4.1列举了部分样品的最佳射频幅度，在初次调试时应注意，否则信号太小不容易观测。

表4.4.1　部分样品的弛豫时间及最佳射频幅度范围

样　　品	弛豫时间（T_1）	最佳射频幅度范围
硫酸铜	约0.1ms	3~4V
甘油	约25ms	0.5~2V
纯水	约2s	0.1~1V
三氯化铁	约0.1ms	3~4V
氟碳	约0.1ms	0.5~3V

3. 李萨如图形的观测

在前面共振信号调节的基础上，将磁场扫描电源前面板上的“X轴输出”经Q9叉片连接线接至示波器的CH1通道，将边限振荡器前面板上“共振信号输出”用Q9线接至示波器的CH2通道，按下示波器上的“X-Y”按钮，观测李萨如图形，调节磁场扫描电源上的“X轴幅度”及“X轴相位”旋钮，可以观察到信号有一定的变化。

实验4.5　塞曼效应

英国物理学家法拉第在1862年做了他最后的一个实验，即研究磁场对光源的影响的实验。当时由于磁场不强，分光仪器的分辨率也不大，所以他没有观测到在磁场作用下光源所发出的光的变化。34年后，1896年荷兰物理学家塞曼在莱顿大学重做了这个实验，他用当时分辨本领最高的罗兰凹面光栅和强大的电磁铁去观察钠的两条黄线。他发现，在磁场的作用下，谱线变宽。如果磁场再强些或摄谱仪的分辨率再高些，就能看到谱线分裂，即原来的一条光谱线分裂成几条光谱线，分裂的谱线成分是偏振的，分裂的条数随能级的类别而不同，后人称此现象为塞曼效应。塞曼效应的发现是继英国物理学家法拉第1845年发现磁致旋光效应、克尔1876年发现磁光克尔效应之后，发现的又一个磁光效应。

塞曼在洛伦兹的指点及其经典电子论的指导下，解释了正常塞曼效应和分裂后的谱线的偏振特性，并且他估算出的电子的荷质比与几个月后汤姆孙从阴极射线得到的电子荷质比相同。塞曼效应不仅证实了洛伦兹电子论的准确性，而且为汤姆孙发现电子提供了证据，还证实了原子具有磁矩并且空间取向是量子化的。1902年，塞曼与洛伦兹因这一发现共同获得了诺贝尔物理学奖。直到今日，塞曼效应仍旧是研究原子能级结构的重要方法。

当时原子结构的量子理论尚未提出，洛伦兹用经典的电子理论对这一现象进行了理论计算，得出所谓正常塞曼效应的结果，即当光源在外磁场的作用下，一条谱线将分裂成三条（垂直于磁场方向观察）和两条（平行于磁场方向观察）偏振化的分谱线。

早年把那些谱线分裂为三条，而裂距按波数计算正好等于一个洛伦兹单位的现象叫作正常塞曼效应［洛伦兹单位$L=eB/(4\pi m_e)$］。正常塞曼效应用经典理论就能给予解释。当实验条件进一步改善以后发现，多数光谱线并不遵从正常塞曼效应的规律，而具有更为复杂的塞曼分裂。分裂的谱线多于三条，谱线的裂距可以大于也可以小于一个洛伦兹单位，这个现象在以后的30年间一直困扰着物理学界，人们称这类现象为反常塞曼效应。反常塞曼效应只有用量子理论才能得到满意的解释。对反常塞曼效应以及复杂光谱的研究，促使朗德于1921年提出g因子概念，乌伦贝克和哥德斯密特于1925年提出电子自旋的概念，推动了量子理论的发展。也可以说，反常塞曼效应是电子自旋假设的有力证据之一。

普列斯顿（Preston）对塞曼效应实验的结果进行了深入研究，1898年发表了普列斯顿定则，即同一类型的线系，具有相同的塞曼分裂。龙格（Runge）和帕邢（Paschen）也进行了大量的实验研究，1907 年发表了龙格定则，即对于所有塞曼分裂的图像，都可用正常塞曼效应所分裂的大小（作为一个洛伦兹单位）的有理分数来表示。

综上所述，反常塞曼效应的研究推动了量子理论的发展和实验手段的进步。例如，近年来在原子吸收光谱分析中用它来扣除背景，以提高分析的精度；在天文领域，塞曼效应可以用来测量太阳和星体表面的磁场强度，等等。

【实验目的】

（1）掌握观测塞曼效应的方法，加深对原子磁矩及空间量子化等原子物理学概念的理解。

（2）观察汞原子 546.1nm 谱线的分裂现象及它们的偏振状态，由塞曼裂距计算电子荷质比。

（3）学习法布里-珀罗标准具的调节方法。

【实验仪器】

塞曼效应实验仪（由晶体管稳流电源、直流电磁铁、笔形汞灯、凸透镜、干涉滤光片、法布里-珀罗标准具、偏振片 1/4 波片、测微目镜、导轨，以及若干个滑块组成）、毫特斯拉计。

【实验原理】

1. 原子的总磁矩和总角动量的关系

严格来说，原子的总磁矩由电子磁矩和核磁矩两部分组成，但由于后者比前者小 3 个数量级以上，所以暂时只考虑电子磁矩这一部分。原子中的电子由于做轨道运动而产生轨道磁矩，电子还因具有自旋运动产生自旋磁矩，根据量子力学的结果，电子的轨道磁矩 $\boldsymbol{\mu}_L$ 和轨道角动量 $\boldsymbol{P}_L$ 在数值上有如下关系：

$$\mu_L = \frac{e}{2m}P_L,\ P_L = \sqrt{L(L+1)}\hbar \tag{4.5.1}$$

自旋磁矩 $\boldsymbol{\mu}_S$ 和自旋角动量 $\boldsymbol{P}_S$ 有如下关系：

$$\mu_S = \frac{e}{m}P_S,\ P_S = \sqrt{S(S+1)}\hbar \tag{4.5.2}$$

式中，e、m 分别表示电子电荷和电子质量；L、S 分别表示轨道量子数和自旋量子数。轨道角动量和自旋角动量合成原子的总角动量 $\boldsymbol{P}_J$，轨道磁矩和自旋磁矩合成原子的总磁矩 $\boldsymbol{\mu}$，由于 $\boldsymbol{\mu}$ 绕 $\boldsymbol{P}_J$ 运动只有 $\boldsymbol{\mu}$ 在 $\boldsymbol{P}_J$ 方向的分量 $\boldsymbol{\mu}_J$ 对外平均效果不为零，可以得到 $\boldsymbol{\mu}_J$ 与 $\boldsymbol{P}_J$ 数值上的关系为

$$\mu_J = g\frac{e}{2m}P_J \tag{4.5.3}$$

其中，

$$g = 1 + \frac{J(J+1) - L(L+1) + S(S+1)}{2J(J+1)} \tag{4.5.4}$$

式中，g 叫作朗德（Lande）因子，它表征原子的总磁矩与总角动量的关系，而且决定了能级在磁场中分裂的大小。

2. 外磁场对原子能级的作用

在外磁场中，原子的总磁矩在外磁场中受到力矩 $\boldsymbol{M}_L$ 的作用：

$$\boldsymbol{M}_L = \boldsymbol{\mu}_J \times \boldsymbol{B} \tag{4.5.5}$$

式中，$\boldsymbol{B}$ 表示磁感应强度。力矩 $\boldsymbol{M}_{\mathrm{L}}$ 使角动量 $\boldsymbol{P}_{\mathrm{J}}$ 绕磁场方向做进动，进动引起附加的能量 ΔE 为

$$\Delta E = -\mu_{\mathrm{J}} B\cos\alpha \tag{4.5.6}$$

将式（4.5.3）代入式（4.5.6），得

$$\Delta E = g\frac{e}{2m}P_{\mathrm{J}}B\cos\beta \tag{4.5.7}$$

其中角 α 和 β 的意义如图 4.5.1 所示。

由于 $\boldsymbol{\mu}_{\mathrm{J}}$ 和 $\boldsymbol{P}_{\mathrm{J}}$ 在磁场中的取向是量子化的，也就是 $\boldsymbol{P}_{\mathrm{J}}$ 在磁场方向的分量是量子化的，所以 $\boldsymbol{P}_{\mathrm{J}}$ 的分量只能是 $\hbar$ 的整数倍，即

$$P_{\mathrm{J}}\cos\beta = M\hbar \quad (M = J, J-1, \cdots, -J) \tag{4.5.8}$$

磁量子数 M 共有 $2J+1$ 个值。将式（4.5.8）代入式（4.5.7）得到

$$\Delta E = Mg\frac{e\hbar}{2m}B \tag{4.5.9}$$

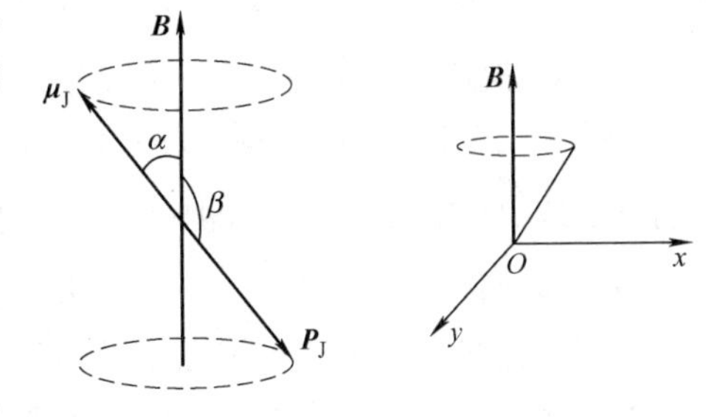

图 4.5.1　原子总磁矩受磁场作用发生的进动

这样，无外磁场时的一个能级在外磁场作用下分裂为 $2J+1$ 个子能级。分裂的能级是等间隔的，且能级间隔正比于外磁场 B 以及朗德因子 g。

3. 塞曼效应的选择定则

设某一光谱线在未加磁场时跃迁前后的能级分别为 E_2 和 E_1，则谱线的频率 ν 取决于

$$h\nu = E_2 - E_1 \tag{4.5.10}$$

在外磁场中，上下能级分裂为 $2J_2+1$ 和 $2J_1+1$ 个子能级，附加能量分别为 ΔE_2 和 ΔE_1，并且可以按式（4.5.9）算出。新的谱线频率 ν' 取决于

$$h\nu' = (E_2 + \Delta E_2) - (E_1 + \Delta E_1) \tag{4.5.11}$$

所以分裂后谱线与原谱线的频率差为

$$\Delta\nu = \nu' - \nu = \frac{1}{h}(\Delta E_2 - \Delta E_1) = (M_2 g_2 - M_1 g_1)\frac{eB}{4\pi m} \tag{4.5.12}$$

若用波数来表示，则分裂后谱线与原谱线的波数差为

$$\Delta\tilde{\nu} = (M_2 g_2 - M_1 g_1)\frac{eB}{4\pi mc} = (M_2 g_2 - M_1 g_1)\mathscr{L} \tag{4.5.13}$$

式中，$\mathscr{L}$ 称为洛伦兹单位，它的单位为 m^{-1}。将有关物理常数代入，可得

$$\mathscr{L} = 46.7B$$

但是，并非任何两个能级的跃迁都是可能的。跃迁必须满足以下选择定则：

$$\Delta M = M_2 - M_1 = 0, \pm 1 \ (\text{当} \ J_2 = J_1 \ \text{时}, M_2 = 0 \to M_1 = 0 \ \text{除外})$$

① 当 $\Delta M = 0$ 时，产生 π 线，沿垂直于磁场的方向观察时，得到光振动方向平行于磁场的线偏振光。沿平行于磁场的方向观察时，光强为零。

② 当 $\Delta M = \pm 1$ 时，产生 $\sigma^{\pm}$ 线，合称 σ 线。沿垂直于磁场的方向观察时，得到的都是光振动方向垂直于磁场的线偏振光。当光线的传播方向平行于磁场方向时，σ^{+} 线为一左旋圆偏振光，σ^{-} 线为一右旋圆偏振光。当光线的传播方向反平行于磁场方向时，观察到的 σ^{+}

和 σ^- 线分别为右旋和左旋圆偏振光。

4. 塞曼效应的观察

如图 4.5.2 所示，当垂直于磁场方向观察时，光谱线的间线（上下能级自旋量子数 $S=0$，即单重态间的跃迁）在磁场作用下，把原波数为 $\tilde{\nu}$ 的一条谱线分裂成波数为 $\tilde{\nu}+\Delta\tilde{\nu}$、$\tilde{\nu}$、$\tilde{\nu}-\Delta\tilde{\nu}$ 的三条谱线，中间的一条为 π 成分，分裂的两条为 σ 成分，分裂的两条谱线的波数差 $\Delta\tilde{\nu}=L$，谱线间隔为一个洛伦兹单位。按偏振定则，波数为 $\tilde{\nu}$ 的谱线的电矢量的振动方向平行于磁场方向（π 成分）；分裂的两条谱线 $\tilde{\nu}\pm\Delta\tilde{\nu}$ 的电矢量的振动方向则垂直于磁场（σ 成分）。

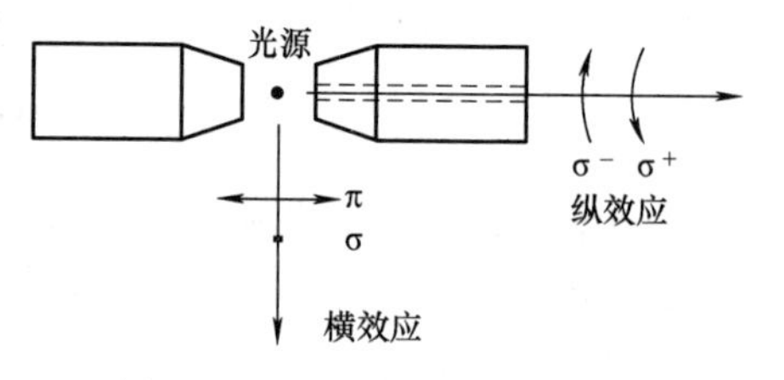

图 4.5.2　塞曼效应实验的观察

当沿着磁场方向观察时，原波数为 $\tilde{\nu}$ 的谱线已不存在，只剩 $\tilde{\nu}-\Delta\tilde{\nu}$ 和 $\tilde{\nu}+\Delta\tilde{\nu}$ 两条左、右旋的圆偏振光。对于双重态以上的谱线将分裂成更多条的谱线。（由于光源必须置于电磁铁两磁极之间，为了在沿磁场方向上观察塞曼效应，必须在磁极上镗孔。）

沿其他方向观察时，π 线保持为线偏振光，σ 线变为圆偏振光。

在塞曼效应中有一种特殊情况，上下能级的自旋量子数 S 都等于零，塞曼效应发生在单重态间的跃迁。此时，无磁场时的一条谱线在磁场中分裂成三条谱线。其中 $\Delta M=\pm1$ 对应的仍然是 σ 态，$\Delta M=0$ 对应的 π 态，分裂后的谱线与原谱线的波数差 $\Delta\tilde{\nu}=\mathscr{L}=\dfrac{e}{4\pi mc}B$。由于历史的原因，称这种现象为正常塞曼效应，而前面介绍的称为反常塞曼效应。

将选择定则和偏振定则应用于反常塞曼效应时，由于上下能级的自旋量子数 $S\neq0$，则 $g\neq1$，将出现复杂的塞曼分裂。

5. 汞绿线在外磁场中的塞曼效应

以汞的 546.1nm 谱线为例，说明谱线分裂情况。波长 546.1nm 的谱线是汞原子从 $\{6s7s\}^3S_1$ 到 $\{6s6p\}^3P_2$ 级跃迁时产生的，与这两个能级及其塞曼分裂能级对应的量子数和 g、M、Mg 值以及偏振态列于表 4.5.1 中。在磁场作用下能级分裂如图 4.5.3 所示。可见，546.1nm 的一条谱线在磁场中分裂成 9 条线，相邻的两条谱线的波数差为 $\dfrac{\mathscr{L}}{2}$。垂直于磁场观察，中间 3 条谱线为 π 成分，两边各 3 条谱线为 σ 成分；沿着磁场方向观察，π 成分不出现，对应的 6 条 σ 线分别为右旋圆偏振光和左旋圆偏振光。若原谱线的强度为 100，则其他各谱线的强度分别约为 75、37.5 和 12.5。

表 4.5.1　$\{6s7s\}^3S_1$ 到 $\{6s6p\}^3P_2$ 量子态

量子态符号	$\{6s7s\}^3S_1$	$\{6s6p\}^3P_2$
L	0	1
S	1	1
J	1	2
g	2	3/2
M	1，0，−1	2，1，0，−1，−2
Mg	2，0，−2	3，3/2，0，−3/2，−3

这两个状态的朗德因子 g 和在磁场中的能级分裂，可以由式（4.5.4）和式（4.5.7）计算得出，并且绘成能级跃迁图，如图4.5.3所示。

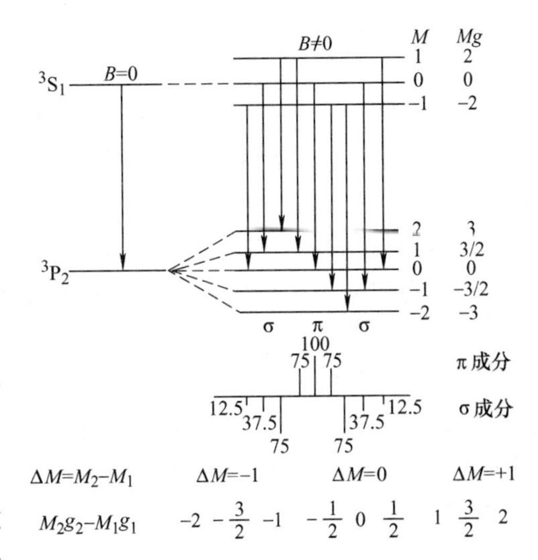

图4.5.3 汞（546.1nm）谱线的塞曼效应能级跃迁及谱线强度分布图

由图4.5.3可见，上下能级在外磁场中分裂为三个和五个子能级。在能级图上画出了选择定则允许的9种跃迁。在能级图下方画出了与各跃迁相对应的谱线在频谱上的位置，它们的波数从左到右增加，为了便于区分，将π线和σ线都标在相应的地方，各线段的长度表示光谱线的相对强度。

6. 法布里-珀罗标准具的原理和性能

塞曼分裂的波长差是很小的，普通的棱镜摄谱仪是不能胜任的，应使用分辨本领高的光谱仪器，如法布里-珀罗标准具、陆末-格尔克板、迈克耳孙阶梯光栅等。大部分的塞曼效应实验仪器选择法布里-珀罗标准具（以下简称F-P标准具）。

F-P标准具由两块平行平面玻璃板和夹在中间的一个间隔圈组成。平面玻璃板的内表面是平整的，其加工精度要求优于1/20中心波长。内表面上镀有高反射膜，膜的反射率高于90%。间隔圈用膨胀系数很小的熔融石英材料制作，而且精加工到了一定的厚度，用来保证两块平面玻璃板之间有很高的平行度和稳定间距。

标准具的光路图如图4.5.4所示，单色平行光束 S_0 以某一小角度入射到标准具的M平面上，光束在M和M′两表面上经过多次反射和透射，分别形成一系列相互平行的反射光束1，2，3，…及透射光束1′，2′，3′，…。

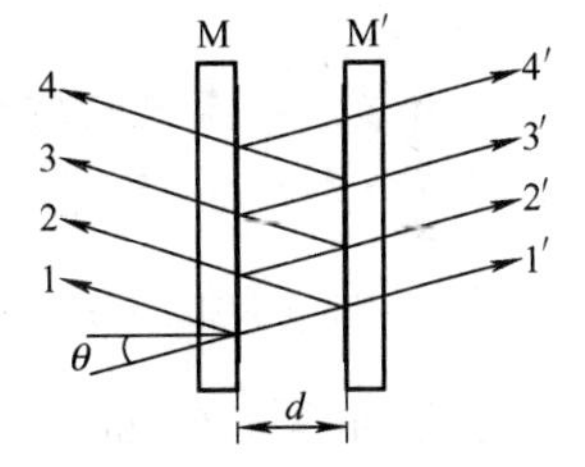

图4.5.4 F-P标准具的多光束干涉

任何相邻光束间的光程差Δ是一样的，即

$$\Delta = 2nd\cos\theta$$

式中，d 为两平行板之间的间距，大小为2.0mm；θ 为光束折射角；n 为平行板介质的折射率，在空气中使用标准具时可以取 $n=1$。当一系列相互平行并有一定光程差的光束（多光束）经会聚透镜在焦平面上发生干涉。光程差为波长整数倍时产生相长干涉，得到光强极大值

$$2d\cos\theta = k\lambda \tag{4.5.14}$$

式中，k 为整数，称为干涉级次（亦称干涉序）。由于标准具的间隔 d 是固定的，对于波长 λ 一定的光，不同的干涉级次 k 出现在不同的入射角 θ 处，如果采用扩展光源照明，在F-P标准具中将产生等倾干涉，这时相同 θ 角的光束所形成的干涉图样是一圆环，而整个图样则是一组同心圆环。

由于标准具中发生的是多光束干涉，干涉圆环的宽度非常细锐。通常用精细度 F（定义为相邻条纹间距与条纹半宽度之比）表征标准具的分辨性能，可以证明

$$F=\frac{\pi\sqrt{R}}{1-R} \tag{4.5.15}$$

式中，R 是平行板内表面的反射率。精细度的物理意义是在相邻的两干涉级次的干涉圆环之间能够分辨的干涉条纹的最大条纹数。精细度仅依赖于反射膜的反射率。反射膜的反射率越大，则标准具的精细度就越大，每一干涉圆环就越细锐，仪器能分辨的条纹数就越多，也就是说仪器的分辨本领越高。实际上玻璃内表面加工精度受到一定的限制，使得反射膜层中出现各种非均匀性，这些都会带来散射等耗散因素，因此仪器的实际精细度将比理论值偏低。

对于两束具有微小波长差的单色光 λ_1 和 λ_2（$\lambda_1>\lambda_2$，且 $\lambda_1\approx\lambda_2\approx\lambda$），例如，加磁场后汞绿线分裂成的 9 条谱线，它们具有同一干涉级次 k，根据式（4.5.14），λ_1 和 λ_2 的光强极大值将对应于不同的入射角 θ_1 和 θ_2，因而同一干涉级次的干涉圆环将形成两套干涉圆环。如果 λ_1 和 λ_2 的波长差（随磁场 B）逐渐加大，使得 λ_2 的 k 序干涉圆环与 λ_1 的（$k-1$）序干涉圆环重合，这时将满足

$$k\lambda_2=(k-1)\lambda_1 \tag{4.5.16}$$

考虑到靠近干涉圆环中央处 θ 都很小，因而 $k=2d/\lambda$，于是式（4.5.16）可以写成

$$\Delta\lambda=\lambda_1-\lambda_2=\frac{\lambda^2}{2d} \tag{4.5.17}$$

用波数表示为

$$\Delta\tilde{\nu}=\frac{1}{2d} \tag{4.5.18}$$

按以上两式得到的 $\Delta\tilde{\lambda}$ 或 $\Delta\tilde{\lambda}$ 被定义为标准具的色散范围，又称自由光谱范围。色散范围是标准具的特征量，它给出了靠近干涉圆环中央处不同波长差的干涉圆环不重序时所允许的最大波长差。

7. 分裂后各谱线的波长差或波数差的测量

用焦距为 f 的透镜使 F-P 标准具的干涉条纹成像在焦平面上，出射角为 θ 的圆环其直径 D 与透镜焦距 f 间的关系为 $\tan\theta=\frac{D}{2f}$，对于近中心的圆环，θ 很小，可认为 $\theta\approx\sin\theta\approx\tan\theta$，这时靠近中央各干涉圆环的入射角 θ 与它的直径 D 有如下关系，如图 4.5.5 所示：

$$\cos\theta=1-2\sin^2\frac{\theta}{2}\approx1-\frac{\theta^2}{2}=1-\frac{D^2}{8f^2} \tag{4.5.19}$$

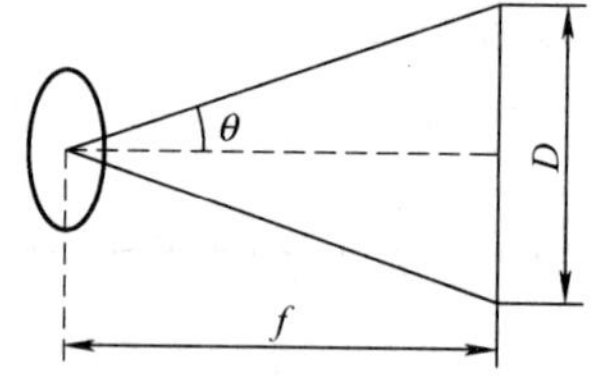

图 4.5.5　入射角与干涉圆环直径的关系

代入式（4.5.14），得

$$2d\left(1-\frac{D^2}{8f^2}\right)=K\lambda \tag{4.5.20}$$

由式（4.5.20）可见，靠近中央各干涉圆环的直径二次方与干涉级次呈线性关系。对同一波长而言，随着干涉圆环直径的增大，干涉圆环越来越密，并且式（4.5.20）左侧括号内的符号表明，直径越大的干涉圆环所对应的干涉级次就越低。同理，就同级次而不同波长的干涉圆环而言，直径大的波长小。

同一波长相邻两级次 k 和 $k-1$ 干涉圆环的直径二次方差 ΔD^2 可以根据式（4.5.20）求出，得到

$$\Delta D^2 = D_{k-1}^2 - D_k^2 = \frac{4f^2\lambda}{d} \tag{4.5.21}$$

由此可见，对波长为 λ 的光，任意相邻两环的直径二次方差为一常数。即 ΔD^2 是一个常数，它与干涉级次 k 无关。这也说明，任意相邻两环间的面积都相等。

设入射光包含有两种波长 λ_a 和 λ_b（$\lambda_a > \lambda_b$），同一级次 k 对应着两个干涉圆环，其直径各为 D_a 和 D_b（$D_a < D_b$）。由式（4.5.20）就可以求出在同一干涉级次中不同波长 λ_a 和 λ_b 的差，例如，分裂后两相邻谱线的波长差为

$$\lambda_a - \lambda_b = \frac{d}{4f^2k}(D_b^2 - D_a^2) = \frac{\lambda}{k}\left(\frac{D_b^2 - D_a^2}{D_{k-1}^2 - D_k^2}\right) \tag{4.5.22}$$

测量时，通常可以只利用在中央附近的第 k 级干涉圆环。由于标准具间隔圈的厚度 d 要比波长 λ 大得多，所以中心干涉圆环的干涉级次是很大的。因此，用中心干涉圆环的干涉级次代替中央附近的第 K 级被测干涉圆环的干涉级次所引入的误差可以忽略不计，即

$$k = \frac{2d}{\lambda} \tag{4.5.23}$$

将式（4.5.23）代入式（4.5.22），得

$$\lambda_a - \lambda_b = \frac{\lambda^2}{2d}\frac{D_b^2 - D_a^2}{D_{k-1}^2 - D_k^2} \tag{4.5.24}$$

用波数表示为

$$\Delta\tilde{\nu}_{ab} = \tilde{\nu}_a - \tilde{\nu}_b = \frac{1}{2d}\frac{D_b^2 - D_a^2}{D_{k-1}^2 - D_k^2} = \frac{1}{2d}\frac{\Delta D_{ab}^2}{\Delta D^2} \tag{4.5.25}$$

式中，$\Delta D_{ab}^2 = D_b^2 - D_a^2$。由式（4.5.25）可知波数差与相应干涉圆环的直径二次方差成正比。

8. 用塞曼分裂计算荷质比 e/m

由式（4.5.13）可知，对于同一级次 k 所对应着的两个干涉圆环的波数与原谱线的波数差分别为

$$\Delta\tilde{\nu}_a = (M_{2a}g_{2a} - M_{1a}g_{1a})\mathscr{L}$$

$$\Delta\tilde{\nu}_b = (M_{2b}g_{2b} - M_{1b}g_{1b})\mathscr{L}$$

则此时两个干涉圆环之间的波数差为

$$\Delta\tilde{\nu}_{ab} = [(M_{2a}g_{2a} - M_{1a}g_{1a}) - (M_{2b}g_{2b} - M_{1b}g_{1b})]\mathscr{L} \tag{4.5.26}$$

如图 4.5.6 所示，D_a 和 D_b 分别对应第 $k-1$ 级干涉圆环 π 成分的内外两个干涉环的直径，则此时两个圆环的波数差值为 $\mathscr{L}$。

对于正常塞曼效应，分裂的波数差为

$$\Delta\tilde{\nu} = \mathscr{L} = \frac{eB}{4\pi mc}$$

则可得

$$\frac{e}{m} = \frac{2\pi c}{Bd}\left(\frac{D_b^2 - D_a^2}{D_{k-1}^2 - D_k^2}\right) = \frac{2\pi c}{Bd}\frac{\Delta D_{ab}^2}{\Delta D^2} \tag{4.5.27}$$

同理，若 D_a 和 D_b 分别对应第 $k-1$ 级干涉圆环的 σ 成分中的最靠近 π 线的内、外侧的两个干涉圆环的直径，则此时两个圆环的波数差值为 $2\mathscr{L}$，则可得

$$\frac{e}{m}=\frac{\pi c}{Bd}\left(\frac{D_{\mathrm{b}}^{2}-D_{\mathrm{a}}^{2}}{D_{k-1}^{2}-D_{k}^{2}}\right)=\frac{\pi c}{Bd}\frac{\Delta D_{\mathrm{ab}}^{2}}{\Delta D^{2}} \quad (4.5.28)$$

对于反常塞曼效应，由于分裂后相邻谱线的波数差是洛伦兹单位 $\mathscr{L}$ 的某一倍数，所以用同样的方法也可计算出电子的荷质比。

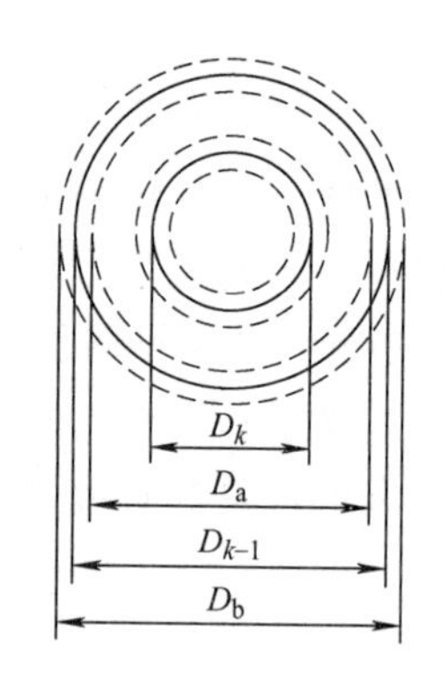

图 4.5.6　汞 546.1nm 光谱加磁场后 π 成分的干涉圆环示意图

【实验内容和步骤】

（1）点亮汞灯，按照图 4.5.7 所示，依次放置各光学元件，并调节光路上各光学元件等高共轴，使光束通过每个光学元件的中心。（**注意**：λ/4 波片是用来观察左、右旋的圆偏振光的。）

（2）沿导轨方向调整会聚透镜位置，使汞灯管位于透镜的焦平面附近。

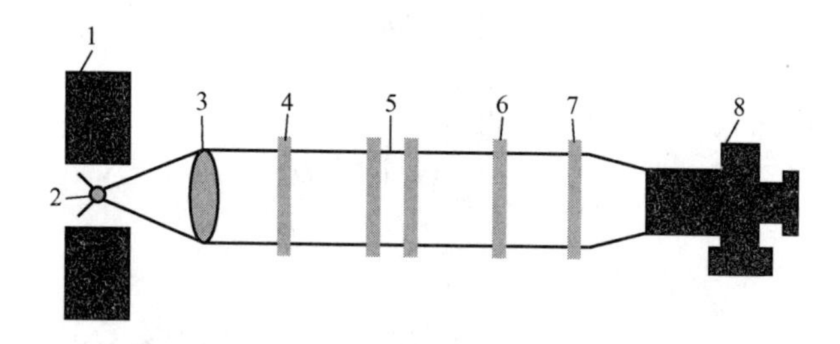

图 4.5.7　直读法测量塞曼效应实验光路图

1—直流电磁铁　2—笔形汞灯　3—会聚透镜　4—干涉滤光片　5—F-P 标准具　6—λ/4 片　7—偏振片　8—测微目镜

（3）调节 F-P 标准具的位置，使之靠近会聚透镜，并与光源同轴。

（4）调节测微目镜的位置和高度，使之与 F-P 标准具同轴。此时，各级干涉环中心应位于视场中央，亮度均匀，干涉环细锐，对称性好。

（5）接通电磁铁与晶体管稳流电源，缓慢地增大励磁电流。此时，从测微目镜中可以观察到细锐的干涉圆环逐渐变粗，然后发生分裂。仔细观察可以看出变粗的条纹是由 9 条细线组成。记录并描绘实验现象。

（6）旋转偏振片为 0°、90°、180°、270°、360°（0°）各个不同位置，观察偏振性质不同的 π 成分和 σ 成分。记录并描绘实验现象，并确定 ΔM 与它们的对应关系。

（7）关闭励磁电流。任意定义某一级次圆环为 k 级干涉圆环。使用测微目镜测量 k 级和 $k-1$ 级干涉圆环的直径。重复测量 5 次。

（8）将励磁电流调至 2.5A，旋转偏振片，通过测微目镜能够看到清晰的分裂圆环，如图 4.5.5 所示。使用测微目镜测量 $k-1$ 级干涉圆环分裂后的 π 成分的内、外两个干涉环的直径 D_{a} 和 D_{b}（或测量第 $k-1$ 级干涉圆环的 σ 成分中的最靠近 π 线的内、外侧两个干涉圆环的直径 D_{a} 和 D_{b}）。重复测量 5 次。

注意：测量 k 级的分裂圆环亦可，具体情况依据实验现象而定。

（9）用毫特斯拉计测量中心磁场的磁感应强度 B，代入式（4.5.27）或式（4.5.28）

计算电子荷质比，并与标准值$\frac{e}{m}=1.76\times10^{11}\text{C}\cdot\text{kg}^{-1}$比较，计算百分差。

（10）塞曼效应的纵效应的观测和分析。

1）旋转电磁铁并抽出磁极心，使光的传播方向与磁场方向一致，逐渐增大励磁电流，旋转偏振片一周，通过测微目镜观察并记录分裂圆环的变化情况。

2）将$\lambda/4$波片置于导轨上，旋转偏振片为0°、45°、135°、225°、315°、360°（0°）各个不同位置，观察并记录分裂圆环的变化情况。确定分裂圆环的偏振类型以及$\Delta M=+1$和$\Delta M=-1$的跃迁与它们的对应关系。

3）旋转电磁铁，使光的传播方向与磁场方向相反，重复上述实验内容。

【注意事项】

（1）笔形汞灯工作时会辐射出较强的253.7nm紫外线，实验时请操作者不要直接观察汞灯光。

（2）将笔形汞灯管放入磁头间隙时，注意尽量不要使灯管接触磁头。

（3）仪器应存放在干燥、通风的清洁房间内，长时间不用时应加罩防护。

（4）法布里-珀罗标准具等光学元件应避免沾染灰尘、污垢和油脂，还应该避免在潮湿、过冷、过热和酸碱性蒸气环境中存放和使用。

（5）光学零件的表面上如有灰尘可以用橡皮吹气球吹去。若表面有污渍可以用脱脂、清洁棉花球蘸酒精、乙醚混合液轻轻擦拭。

（6）操作者注意不要佩戴机械表和电子表操作，以免带磁损坏手表。

实验4.6　用超声光栅测量声速

光通过处在超声波作用下的透明介质时发生衍射的现象称为声光效应。1922年布里渊（1889—1969）曾预言，液体中的高频声波能使可见光产生衍射效应，10年后被证实。1935年拉曼（1888—1970）和奈斯发现，在一定条件下，声光效应的衍射光强分布类似于普通光栅的衍射。这种声光效应称作拉曼-奈斯声光衍射，它提供了一种调控光束频率、强度和方向的方法。本实验要求在了解超声光栅基本原理的基础上掌握实验的调节和测量方法。

【实验目的】

（1）了解超声光栅的原理。

（2）观察超声光栅的衍射光谱。

（3）测量超声波在液体中的传播速度。

【实验仪器】

超声信号源、11MHz左右共振频率的锆钛酸铅陶瓷片、超声池、液体槽、单色光源（钠灯或汞灯）、激光源、光学平台、平行光管配件、望远镜光管配件、分光计、测微目镜。

【实验原理】

压电陶瓷片（PZT）[㊀]在高频信号源（频率约10MHz）所产生的交变电场的作用下，发生周期性的压缩和伸长振动，其在液体中的传播就形成超声波。当一束平面超声波在液体中传播时，其声压使液体分子做周期性变化，液体的局部就会产生周期性的膨胀与压缩。这使

㊀ 其中P是铅元素Pb的缩写，Z是锆元素Zr的缩写，T是钛元素Ti的缩写。——编辑注

得液体的密度在波传播方向上形成周期性分布，促使液体的折射率也做同样分布，形成了所谓疏密波。这种疏密波所形成的密度分布层次结构，就是超声场的图像。此时若有平行光沿垂直于超声波传播方向通过液体，平行光就会被衍射。以上超声场在液体中形成的密度分布层次结构是以行波运动的，这样做是为了使实验条件易实现，衍射现象易于稳定观察。实验中是在有限尺寸液槽内形成稳定驻波条件下进行观察的。由于驻波振幅可以达到行波振幅的两倍，所以这样就加剧了液体疏密变化的程度。

驻波形成以后，在某时刻，纵驻波的任一波节两边的质点都将涌向这个节点，使该节点附近成为质点密集区，而相邻的波节处为质点稀疏处；半个周期后，这个节点附近的质点向两边散开变为稀疏区，相临波节处变为密集区。在这些驻波中，稀疏作用使液体折射率减小，而压缩作用使液体折射率增大。在距离等于波长 A 的两点，液体的密度相同，折射率也相等，如图 4.6.1 所示。

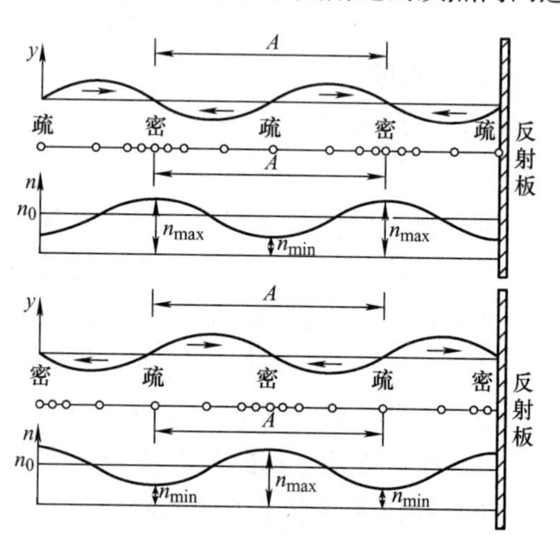

图 4.6.1　振幅 y 与折射率 n 的关系

单色平行光 λ 沿着垂直于超声波传播的方向通过上述液体时，因折射率的周期变化而使光波的波阵面产生相应的相位差，经透镜聚焦出现衍射条纹。这种现象与平行光通过透射光栅的情形相似。因为超声波的波长很短，只要盛装液体的液体槽宽度能够维持平面波（宽度为 L），槽中的液体就相当于一个衍射光栅。图 4.6.1 中行波的波长 A 相当于光栅常数。由超声波在液体中产生的光栅作用称为超声光栅。

当液体疏密分布和折射率 n 的变化满足声光拉曼-奈斯衍射条件：$2\pi\lambda L/A^2 \leqslant 1$ 时，这种衍射相似于平面光栅衍射，可得如下光栅方程：

$$A\sin\varphi_k = k\lambda \tag{4.6.1}$$

式中，k 为衍射级次；φ_k 为零级与 k 级间夹角。

在调好的分光计上，由单色光源和平行光管中的会聚透镜 L_1 与可调狭缝 S 组成平行光系统，如图 4.6.2 所示。

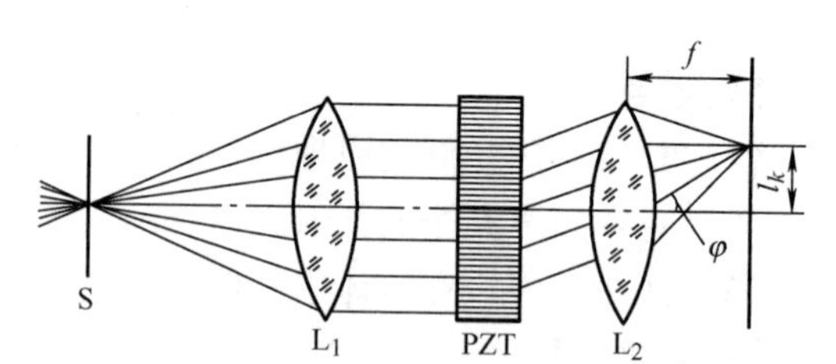

图 4.6.2　WSG-1 超声光栅仪衍射光路图

让光束垂直通过装有锆钛酸铅陶瓷片（或称 PZT 晶片）的液槽，在玻璃槽的另一侧，用自准直望远镜中的物镜（L_2）和测微目镜组成测微望远系统。若振荡器使 PZT 晶片发生超声振动，形成稳定的驻波，则通过测微目镜即可观察到衍射光谱。从图 4.6.2 中还可以看出，当 φ_k 很小时，有

$$\sin\varphi_k = \frac{l_k}{f} \tag{4.6.2}$$

式中，l_k 为衍射光谱零级至 k 级的距离；f 为透镜 L_2 的焦距。所以超声波波长

$$A = \frac{k\lambda}{\sin\varphi_k} = \frac{k\lambda f}{l_k} \tag{4.6.3}$$

超声波在液体中传播的速度

$$v = A\nu = \frac{\lambda f \nu}{\Delta l_k} \tag{4.6.4}$$

式中，ν 是振荡器和锆钛酸铅陶瓷片的共振频率；Δl_k 为同一单色光衍射条纹间距。

【实验内容】

1. 用光学平台及配件组装超声光栅衍射光路并测量超声波波长与声速

1）用平行光管配件组成平行光系统。

2）让钠光源垂直通过装有锆钛酸铅陶瓷片与待测液体的液槽。

3）用望远镜配件组装接收衍射光谱系统。

4）调整整个光学系统，使之满足同轴，再调焦，使衍射光线清晰成像。

5）对衍射光谱间距进行测量。

6）再测量相关量，代入式（4.6.3）和式（4.6.4）进行计算。

2. 用分光计测量超声波波长与声速（用汞光源）

1）用自准直法使望远镜聚焦于无穷远，望远镜的光轴与分光计的转轴中心垂直，平行光管与望远镜同轴并出射平行光，观察望远镜的光轴要与载物台的平面平行，目镜调焦以便看清分划板刻线、并以平行光管出射的平行光为准，调节望远镜，使观察到的狭缝清晰。

2）采用低压汞灯作为光源。

3）将待测液体（如蒸馏水、乙醇或其他液体）注入液体槽内，液面高度以液体槽侧液体高度刻线为准。

4）将液体槽座卡在分光计的载物台上，液体槽座的缺口对准并卡住载物台侧面的锁紧螺钉，放置平衡，并用锁紧螺钉锁紧。

5）将此液体槽平稳地放置在液体槽座中，放置时，转动载物台，使超声池两侧表面基本垂直于望远镜和平行光管的光轴。

6）两支高频连接线的一端各接入液体槽盖板的接线柱上，另一端接入超声信号源的高频输出端，然后将液体槽盖板盖在液体槽上。

7）从阿贝目镜观察衍射条纹，仔细调节频率微调钮，使电振荡频率与锆钛酸铅陶瓷片固有频率共振，此时衍射光谱的级次会显著增多且更为明亮。

8）左右转动超声池可微调游标盘，使射于超声池的平行光束完全垂直于超声波，同时观察视场内的衍射光谱左右级亮度及对称性，直到从目镜中观察到稳定而清晰的左右各 3 ~4 级的衍射条纹为止。

9）取下阿贝目镜，换上测微目镜，并对目镜调焦，直到能清晰观察到衍射条纹，利用测微目镜逐级测量其位置读数（例如从 −2，…，0，…， +2），再用逐差法求出条纹间距的平均值。

10）计算声速。

3. 在光学平台采用激光器光源在屏上观察超声光栅光谱（选做）

【注意事项】

（1）未将锆钛酸铅陶瓷片放入有介质的液体槽前，禁止开启信号源。

（2）将超声池置于载物台上时必须稳定，在实验过程中应避免震动，以使超声在液槽内形成稳定的驻波。测量数据时不能触碰连接超声池和高频信号源的两条导线。

（3）锆钛酸铅陶瓷片表面与对应面的玻璃槽壁表面必须平行，只有这样才会形成较好的表面驻波。

（4）实验时，要特别注意不要长时间处于工作状态，以免振荡线路过热。

（5）提取液槽时应接触两端面，不要触摸两侧表面通光部位，以免污染。若已有污染，可用酒精、乙醚清洗干净，或用镜头纸擦净。

（6）实验中液槽内会有一定的热量产生，并导致介质挥发，槽壁会出现挥发气体凝露，一般不影响实验结果，但须注意液面下降太多会导致锆钛酸铅陶瓷片外露，应及时补充液体至正常液面线处。

（7）实验完毕后应将超声池内的被测液体倒出，或把锆钛酸铅陶瓷片从液槽中取出并用洁布擦干，注意不要将锆钛酸铅陶瓷片长时间浸泡在液槽内。

实验 4.7　阿贝成像和空间滤波

研究一个随时间变化的信号，可以在时间域进行，也可以在频率域进行。实现这种信号从时域到频域或从频域到时域变换的方法称为傅里叶分析（变换）。类似地，光学系统的成像过程既可以从信号空间分布的特点来理解，也可以从所谓的“空间频率”的角度来分析和处理，这就是所谓的光学傅里叶变换。由此产生了一个新的光学研究领域——以光学傅里叶变换为基础的信息光学。由于会聚透镜对相干光信号具有傅里叶变换的特性，光信号的频域表示就从抽象的数学概念变成了物理现实。

与其他的信息技术相比，光学信息处理实时性强，具有大容量、高度平行的特点。它在特征识别、信息存储、光计算和光通信等领域有重要的应用前景。目前光学信息处理技术已经在许多领域进入实用阶段，有的已形成规模化的光电产业。

通过本实验不仅能了解到诸如空间频谱、空间滤波等傅里叶光学中的许多基本概念，还能观察到一些有趣的光学现象，体会到傅里叶变换理论在分析和处理光学系统方面的优越性。同时，它也有助于加深和巩固几何光学中透镜成像的基础知识，进一步掌握光学成像系统的等高共轴调节方法。

【实验目的】

（1）熟悉阿贝成像原理，进一步了解透镜孔径对成像的影响。

（2）加深对傅里叶光学中空间频谱和空间滤波等概念的理解。

（3）了解简单的空间滤波在光信息处理中的实际应用。

【实验仪器】

光具座、He－Ne 激光器、溴钨灯（12V、50W）、薄透镜若干、可变狭缝光阑、可变圆珠笔孔光阑、全息光栅两块、光学物屏、游标卡尺。

【实验原理】

1. 阿贝成像

阿贝（Abbe）早在 1873 年提出了相干光照明下显微镜的成像原理。他按照波动光学的观点，把相干成像过程分成两步：第一步是通过物的衍射光在物镜的后焦面上形成衍射斑；第二步是这个衍射图上各光点向前发出球面次波，干涉叠加形成目镜焦面附近的像，这个像可以通过目镜观察到。这个后来被人们称为阿贝成像理论的实质，就是用傅里叶变换揭示了显微镜成像的机理，并首次引入了频谱的概念。阿贝的两次成像理论为空间滤波和光学信息处理奠定了理论基础。

单色平行光垂直照射在光栅上，经衍射分解成为不同方向的很多束平行光（每一束平行光对应一定的空间频率），这些代表不同空间频率的平行光经物镜聚焦，在其后焦面上成为各级主极大形成的点阵，即频谱图，然后这些光束又重新在像面上复合成像。这就是所谓的两步成像，如图 4.7.1 所示。

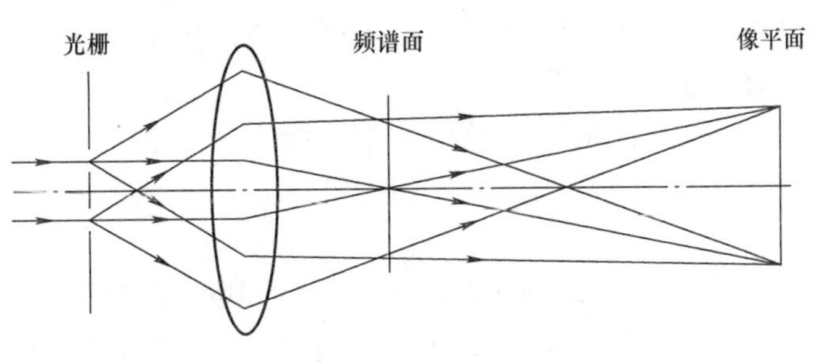

图 4.7.1　一维光栅的两步成像

实际上，成像的这两个步骤本质上就是两次傅里叶变换。第一步把物面光场的空间分布 $g(x,y)$ 变为频谱面上空间频率分布 $G(\xi,\eta)$。第二步则是再做一次变换，又将 $G(\xi,\eta)$ 还原成空间分布 $g'(x,y)$。如果这两次傅氏变换完全是理想的，即信息没有任何损失，则像和物应完全相似（可能有放大或缩小）。但实际上，由于透镜的孔径是有限的，总有一部分衍射角度较大的高频成分不能通过透镜而丢失，这样像的信息总是比物的信息要少一些，所以像和物不可能完全相似。因为高频信息主要反映物的细节，所以当高频信息因受透镜孔径的限制而不能到达像平面时，则无论显微镜有多大的放大倍数，也不可能在像面上反映物的细节，这就是显微镜分辨率受到限制的根本原因。特别是当物的结构非常精细（如很密的光栅）或物镜孔径非常小时，有可能只有 0 级衍射（空间频率为 0）能通过，则在像平面上就完全不能形成像。

2. 空间滤波

根据上面的讨论，成像过程实质上就是两次傅里叶变换，即从空间函数 $g(x,y)$ 变为频谱函数 $G(\xi,\eta)$，再变回到空间函数 $g(x,y)$（忽略放大率）。显然如果在频谱面（即透镜的后焦面）上放一些模板（吸收板或相移板），以减弱某些空间频率成分或改变某些频率成分的相位，则必然使像面上的图像发生相应的变化，这样的图像处理称为空间滤波，频谱面上这种模板称为滤波器。最简单的滤波器就是一些特殊形状的光阑，它使频谱面上一个或一部分频率分量通过，而挡住了其他频率分量，从而改变了像面上图像的频率成分。例如，圆孔光阑可以作为一个低通滤波器，去掉频谱面上离轴较远的高频成分，保留离轴较近的低频成分，因而图像的细节消失。圆屏光阑则可以作为一个高通滤波器，滤去频谱面上离轴较近的低频成分而让高频成分通过，所以轮廓明显。如果把圆屏部分变小，滤去零频成分，则可以除去图像中的背景而提高像质。

【实验内容】

1. 光路调节

1）共轴光路的调节，即首先调节细束激光平行于光具座导轨，如图 4.7.2 所示。

将小圆孔光阑 D 插在光具座的滑块上，并靠近激光管的输出端。上、下、左、右调节激光管，使激光束能穿过小孔；然后将小孔移远，如光束偏离光阑，调节激光管的俯仰和侧转，再使激光束能穿过小孔。重新将小孔光阑移近激光管，反复调节，直至小孔光阑在光具座上平移时，激光束均能通过小孔光阑，则激光束已与光具座导轨平行。记录激光束在光屏上的照射点 O 的位置。

在以下实验中逐个加入光学元件，使激光束通过各元件中心，即照射在光屏上的光斑中心始终位于同一位置 O。

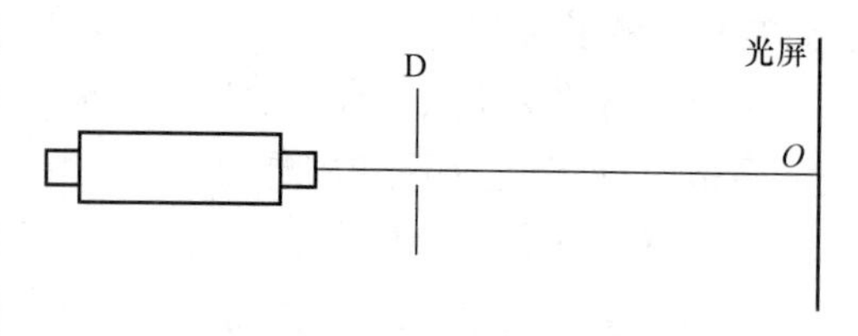

图 4.7.2　共轴光路示意图

2）将一个 30 ~ 50 条/mm 的一维光栅作物放在光具座上，用激光器发出的细锐光束垂直照射光栅。

3）用一短焦距的薄透镜（焦距 6 ~ 10cm）组装一个放大的成像系统。调节透镜位置，使光栅狭缝清晰地成像在 4m 以外的白屏上，其光路如图 4.7.3 所示，调节光栅，使屏上的条纹像沿竖直方向。

4）此时物（光栅）的位置接近于透镜的物方焦面，故透镜的像方焦面就是其傅氏面，该面上的光强分布即为物的空间频谱。

将一块毛玻璃屏放在透镜像方焦面上，就可以看到水平排列的一些清晰光斑，如图 4.7.4a所示，这些光斑相应于光栅的 0，±1，±2，…级的衍射极大值。

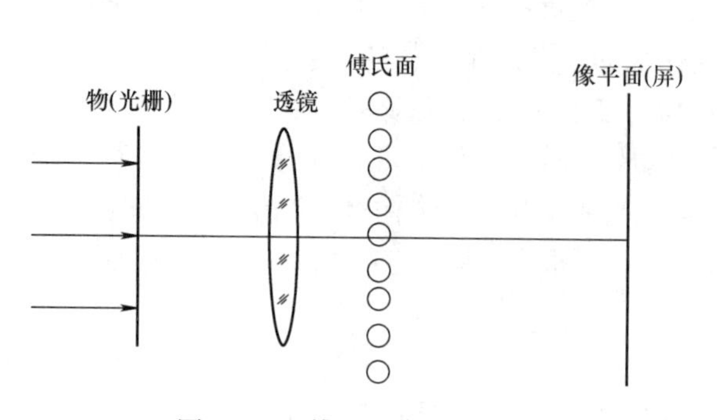

图 4.7.3　傅氏面位置示意图

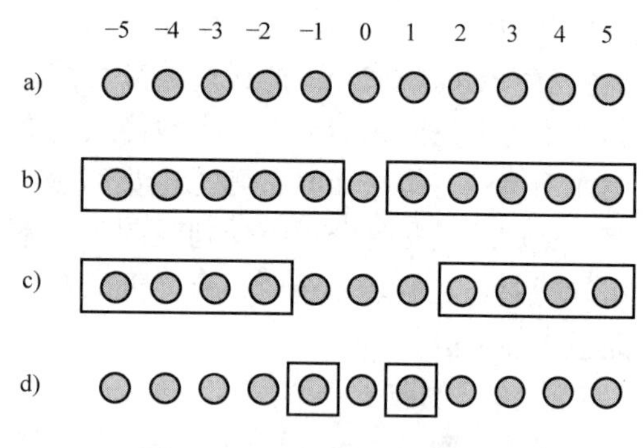

图 4.7.4　傅氏面上的光斑图

5）在透镜的像方焦面处放一可调光阑作为空间滤波器。挡住 0 级以外的各光点，如图 4.7.4b所示，此时在屏上虽有足够的光强，但看不到光栅条纹像，为什么？记录所观察到现象。

6）调节光阑，使通过 0 级和 ±1 级光点，如图 4.7.4c 所示，这时屏上有没有光栅条纹现象？记录所观察到现象。

7）在傅氏面上用一光阑仅挡住 ±1 级，而保留 0 级以及 ±2 级以上极大值，如图 4.7.4d所示，观察屏上条纹像的宽度变换，可用游标卡尺测量 10 个条纹的宽度作比较，并说明变化的原因。

2. 阿贝成像原理实验

1）保留上述光路，用一个正交全息光栅代替上面的一维光栅，调节光栅，使条纹像分别处于竖直和水平的位置，这时在透镜像方焦面上可以观察到二维的分立光点阵（即正交光栅的频谱），而在像平面上则看到正交光栅的放大像，如图 4.7.5a 所示。

2）如果在透镜像方焦面上加一小的光阑作为空间滤波器，仅仅使中间轴上的光点通过，则在像平面上虽有光斑，但看不到图像，如图 4.7.5b 所示。

3）换用一可旋转的狭缝光阑作为空间滤波器，仅使竖直通过光轴的一系列光点通过，其他光点被挡住，则在像平面上只观察到水平条纹，而看不到竖直条纹，如图 4.7.5c 所示。

如将光阑绕轴转90°，则像平面上只看到竖直条纹而看不到水平条纹。

4）再将狭缝光阑转过45°，如图4.7.5d所示，观察此时像平面上条纹分布的方位和条纹宽度的变化。

5）用一圆屏光阑仅挡住中央零级光点，而使其他光点通过，观察像平面上强度分布的反转变化（与图4.7.5a对比）。

6）说明上述实验结果。

3. 空间滤波实验

由无线电传真所得到的照片由许多有规律地排列的像元所组成，如果用放大镜仔细观察，就可看到这些像元的结构，能否去掉这些分立的像元而获得原来的图像呢？由于像元比图像要小得多，它具有更高的空间频率，因而这就成为一个高频滤波的问题，下面的实验可以显示这样一种空间滤波的可能性。

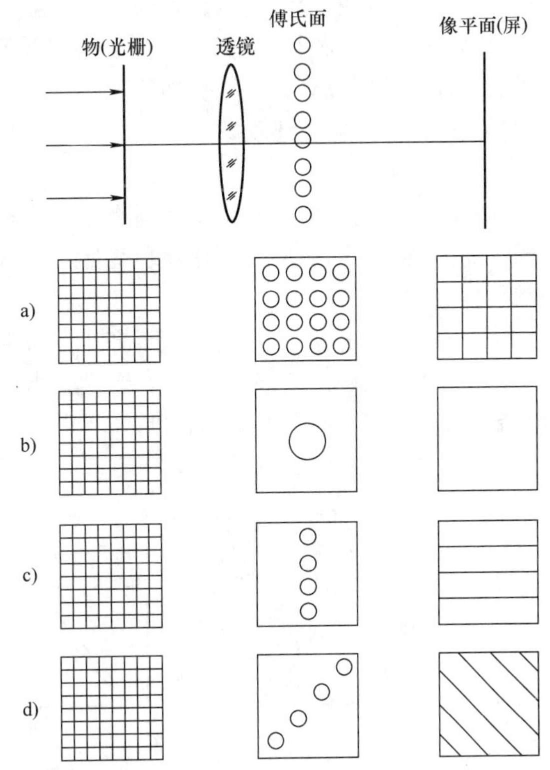

图4.7.5　正交光栅的频谱图

1）将一个正交铜丝网和纸上透明的字重叠在一起，作为成像系统的物，铜丝网格密度约为10条/mm（或用丝绢），而字的笔画粗细约为毫米数量级，观察所得的放大像。

2）光路布置如图4.7.6所示，用短焦距的扩束透镜L_1和准直透镜L_2组成倒装的望远系统，以获得截面较宽的平行光束照明物体。

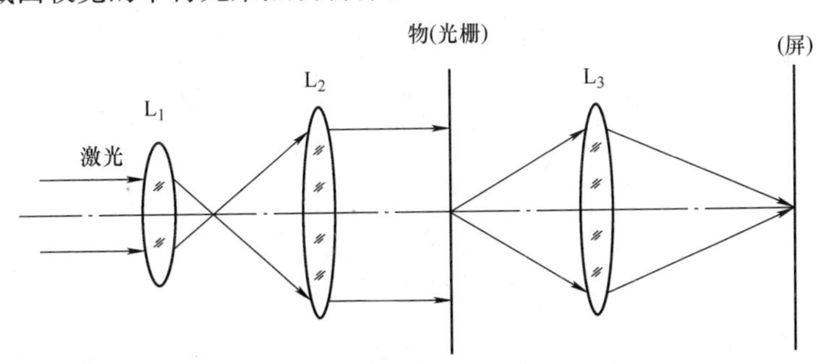

图4.7.6　空间滤波实验光路图

如透镜L_1的焦距为f_1，L_2的焦距为f_2，当调节L_1和L_2共焦时，其输出平行光束的截面将增大$M=f_2/f_1$倍。

先调节两透镜共轴，再改变L_2的位置，用白屏检查，直至不论白屏移至何处，屏上光斑的大小没有变化，此时，从L_2输出的即为平行光束。

3）用扩展后的激光照明物体，用透镜L_3将此物成像于较远处的屏上，则屏上出现带有网格的字样，由于网格为一周期性的空间函数，它的频谱是有规律排列的分立的点阵，而字迹是一个非周期性的低频信号，它的频谱就是连续的。

4）将一个可变圆孔光阑放在 L_3 的第二焦平面上，逐步缩小光阑，直到除了光轴上一个光点以外，其他分立光点均被挡住，此时像上不再有网格，但是字迹仍然保留下来。试从空间滤波的概念解释上述现象。

4. 调制实验

调制就是以不同取向的光栅调制物平面上的不同部位，经过空间滤波以后，使像平面上各相应部位呈现不同的灰度（用单色光照明）或不同的色彩（用白光照明）。下面进行彩色调制实验。

1）用全息照相方法制作一个调制的图像，即由不同取向的光栅组成的图像，如图 4. 7. 7所示。图中的草地、房子、天空分别由三个不向取向的光栅组成（光栅条纹数约为 100 条/mm），三个光栅的取向各相差 60°。

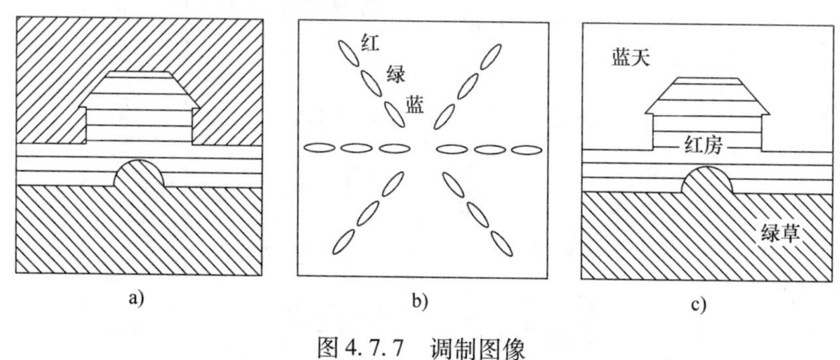

图 4. 7. 7　调制图像

2）以溴钨灯 S 为光源，上述调制的图像为物，按图 4. 7. 8 在光具座上布置光路。

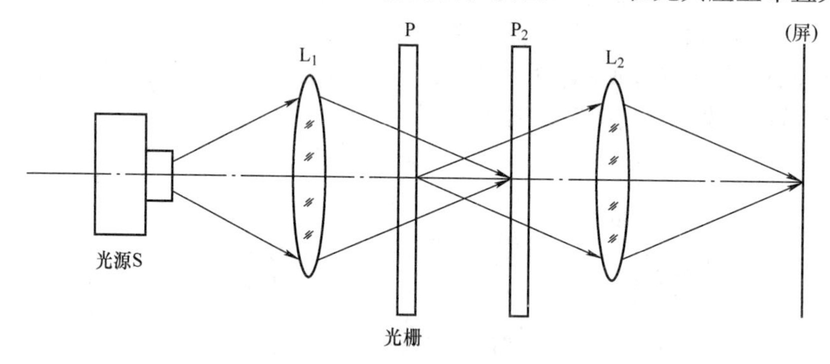

图 4. 7. 8　调制实验光路图

L_1 为聚光镜，物 P 就放在 L_1 后面，成像透镜 L_2 放在接近于傅氏面，P_2 平面上可以看到光栅的彩色衍射图，如图 4. 7. 7c 所示。三个不同取向的衍射极大值是相应于不同取向的光栅，也就是分别相应于图像中的天空、房子和草地。此时这些衍射极大值除了 0 级没有色散以外，一级、二级……都有色散。波长短的蓝光具有较小的衍射角，其次为绿光，而红光的衍射角最大。

3）用小孔（或细缝）作空间滤波器，调节一对小孔在同一彩色衍射图上的位置，仅使相应于草地的一级衍射图上的绿光能透过 P_2 面，用同样办法，仅使相应于房子的一级衍射的红光和相应于天空部分的一级衍射的蓝光能透过 P_2 面，这时在屏上将出现蓝色的天空、红色的房子和绿色的草地的彩色图像。

4）重新调整各滤波小孔在相应彩色衍射图上的位置，观察像面上图像彩色的变化。

实验4.8　全息照相

全息照相是一种不用透镜成像，而用相干光干涉得到物体全部信息的二步成像技术。无论从原理还是实验技术上，都和普通照相有本质的区别，它也是光学及精密测试研究中相当活跃并且有广泛应用价值的领域。全息照相的基本原理是D. 伽柏在1948年提出的，伽柏因此在1971年获得诺贝尔物理学奖。20世纪60年代以后，由于激光的发现，使全息照相技术有了迅速的发展，从而在全息干涉计量、全息无损检测、全息存储，以及全息器件等方面获得了重要的应用。

【实验目的】

（1）了解全息照相记录和再现的原理。

（2）学习在光学平台上进行光路调整的基本方法和技能。

（3）通过全息照片的拍摄和冲洗，了解有关照相的一些基础知识。

【实验仪器】

全息防震平台（包括全息实验防震光学平台、分束镜、反射镜、扩束镜、底片夹、载物台、光开关等）、He-Ne激光器、被摄物、全息干板、显影液、定影液、水盘、软夹等。

【实验原理】

1. 全息照片的拍摄

全息照相是利用光的干涉原理将光波的振幅和相位信息同时记录在感光板上的过程。相干光波可以是平面波也可以是球面波，现以平面波为例说明全息照片拍摄的原理，如图4.8.1所示。

一列波函数为 $y_1 = ae^{i2\pi\nu t}$、振幅为 a、频率为 ν、波长为 λ 的平面单色光波作为参考光垂直入射到感光板上。另一列同频率、波函数为 $y_2 = be^{i2\pi\nu t}$ 的相干平面单色光波从物体发出，称为物光，以入射角 θ 同时入射到感光板上，物光与参考光产生干涉，在感光板上形成的光强分布为

$$I = a^2 + b^2 + 2ab\cos ax \tag{4.8.1}$$

由此可见，在感光板上形成了明暗相间的干涉条纹，条纹的间距为

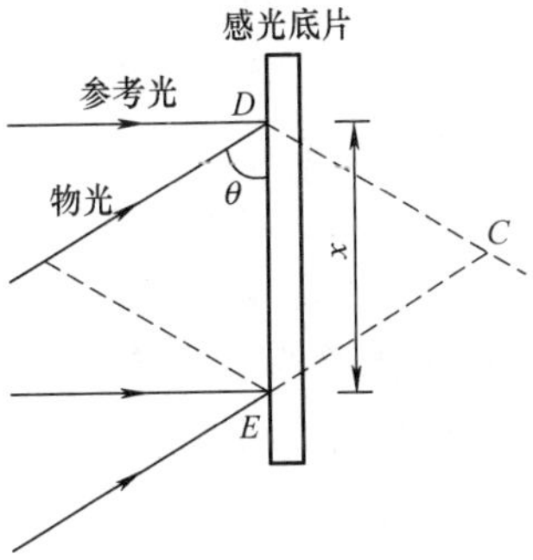

$$d = \frac{\lambda}{\sin\theta} \tag{4.8.2}$$

图4.8.1　全息照相局部放大图

可见，在感光底片上的光强分布和干涉条纹间距都受光波的振幅和相位所调制。

在实际情况中，物光是来自物体上的漫反射光，其波阵面很复杂，因此，感光底片上的干涉条纹并不是等间距的平行条纹，而是呈现出非常复杂的干涉图样，只是在极小的范围内可近似看作等间距的平行条纹。

全息照片的拍摄光路如图4.8.2所示。

激光束经过分束镜后分成两束，一束光经反射镜 M_2 反射后又经 L_1 扩束均匀地照射在被摄物体上，再从物体表面反射到感光底片上，这束光称为物光。同时使另一束相干光通过

反射镜 M_1 反射后又经 L_2 扩束后直接投射到感光底片上，这束光称为参考光。当物光与参考光满足相干条件时，在感光底片上形成干涉图样。由于物光的振幅和相位与物体表面各点的分布和漫反射光的性质有关，所以干涉图像与被摄物有一一对应的关系。这种把物光波的全部信息都拍摄下来的方法称为全息照相。

2. 物体的再现

由于全息照相在感光底片上形成的是干涉图样，所以在观察全息照片时，必须用与原来的参考光完全相同的光束去照射，这束光称为再现光。物体的再现光路原理如图 4.8.3 所示。

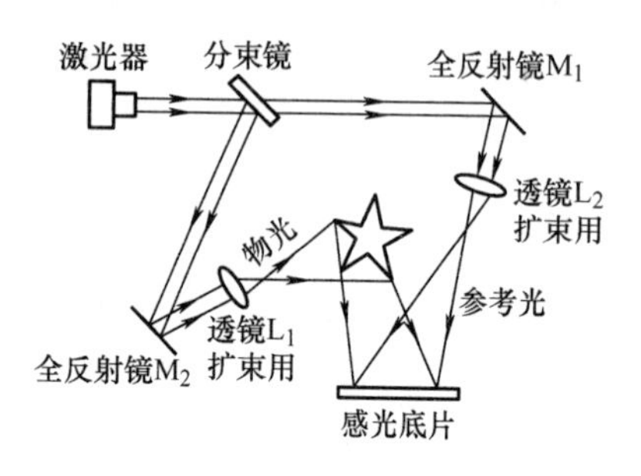

图 4.8.2　全息照相光路图

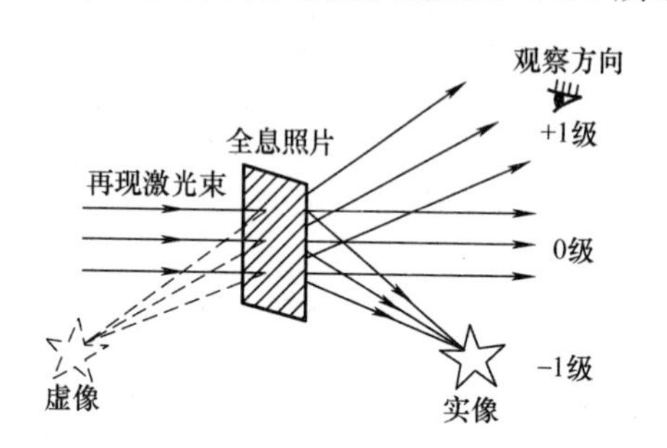

图 4.8.3　全息照相再现光路图

对于这束再现光，全息照片相当于一个透过率不同的复杂"光栅"，再现过程实际上是干涉图样的衍射过程。再现光经全息照片衍射后的光强分布为

$$I' = c(a^2 + b^2) + cab\mathrm{e}^{-\mathrm{i}ax} + cab\mathrm{e}^{\mathrm{i}ax} \tag{4.8.3}$$

式中，c 为常数。可见，再现光经全息照片衍射后沿 3 个方向衍射。第一项为再现光沿原方向的光波，相当于光栅衍射的零级衍射光波。第二、三项相当于光栅的 +1、-1 级衍射光波。第一项光强没有变化，不储存信息，所以没有使用价值。第二项光波的光强与物光的振幅和相位成正比，传播方向与物光的传播方向相同。这时如果将被摄物移开，眼睛迎着物光传播方向观察全息照片，就能够在被摄物体的原处观察到被摄物体的虚像。第三项光波的光强与第二项光波的光强共轭。当物光为发散光时，共轭光为会聚光。如果在被摄物体的对称位置放一接收屏，可再现被摄物体的实像，此实像与被摄物体共轭，称为赝像。

3. 全息照相的特点

全息照相是利用光的干涉和衍射原理，而普通照相则是利用光的透镜成像原理。另外，全息照片上的每一点都记录了整个物体的信息，所以全息照片具有可分割的特点。由于全息照片记录了物光的全部信息，所以再现出的物体的像是一个与被摄物体完全相同的三维立体像。

【实验内容】

1. 全息照片的拍摄

1）按图 4.8.2 在全息台上布置并牢固装夹各光学元件，调节各光学元件的中心等高，使激光光束大致与实验平台平行。

2）调整光路元件，不放 L_1、L_2，使经过分光镜的两束光即物光和参考光都均匀照射到光屏上。调物光路和参考光路大致等光程，并且两束光的夹角在 15°～45°范围内。

3）放入 L_1、L_2，使激光均匀照亮被摄物，使物光和参考光均匀地照射在光屏的同一区域内，并且避免杂散光的干扰。严格防止扩束后的物光束直接照射感光底片位置。

4）调节参考光与物光的光强比在合适的范围。

5）安装感光底片时需要用遮光板遮住激光，底片上的感光乳胶面面向激光束。

6）静置数分钟后曝光，曝光时间由实验室给出。

7）用 D-19 显影液显影后，用清水冲洗数分钟，放入 F-19 定影液中定影晾干后即可在激光下观察再现像。

2. 全息照片的观察

1）利用原拍摄光路并用与参考光方向相同的方向照亮全息照片的位置、大小和亮度，并与原被摄物体进行比较。

2）将开有小孔的遮挡板覆盖在全息照片上，并改变位置，观察其再现虚像，记录观察结果。

3）用未扩束的激光选取适当角度直接照射在全息照片的乳胶面的背面上，用接收屏接收再现实像。改变激光束的入射点，观察实像的视差特性，记录观察到的实像大小、清晰程度等。

4）将再现光换成钠灯或汞灯，观察并记录再现像的变化。

5）总结观察到的全息照相的特点，比较全息照相与普通照相的区别。

实验 4.9　玻尔共振实验

受迫振动所导致的共振现象普遍存在于力学、电磁学、光学及分子和原子物理学等几乎所有物理学领域。一方面，共振现象有破坏作用，如导致的雪崩、翻船、桥梁倒塌、机器损坏、次声波对人体的伤害等；而另一方面，共振现象也给人类带来了很多的技术应用，例如众多电声器件都是运用共振原理设计制作的，此外，激光的产生、核磁共振等都是共振技术的重要应用之一。

表征受迫振动的性质包括受迫振动的振幅-频率特性和相位-频率特性。本实验中采用玻尔共振仪定量测定机械受迫振动的幅频特性和相频特性，并利用频闪方法来测定动态的物理量（相位差）。

【实验目的】

（1）观察共振现象，观察不同阻尼力矩对受迫振动的影响。

（2）理解弹性摆轮受迫振动的幅频特性和相频特性。

（3）学习用频闪法测定相位差的方法。

（4）学会测绘弹性摆轮受迫振动的幅频、相频特性曲线。

【实验仪器】

玻尔共振仪、直流稳压电源、万用表等。

玻尔共振仪如图 4.9.1 所示，铜质圆形摆轮安装在机架上，弹簧的一端与摆轮的轴相连，另一端可固定在机架支柱上，在弹簧弹性力的作用下，摆轮可绕轴自由往复摆动。在摆轮的外围有一卷槽型缺口，其中一个长形凹槽比其他凹槽长出许多。机架上对准长型缺口处有一个光电门，用来测量摆轮的振幅角度值和摆轮的振动周期。在机架下方有一对带有铁心的线圈，摆轮恰巧嵌在铁心的空隙，当线圈中通过直流电流后，摆轮受到一个电磁阻尼力的作用。改变电流的大小即可使阻尼大小相应变化。为使摆轮做受迫振动，在电动机轴上装有偏心轮，通过连杆机构带动摆轮。在电动机轴上还装有带刻线的有机玻璃转盘，它随电动机一起转动，由它可以从角度读数盘读出相位差 φ。电动机的有机玻璃转盘上装有两个挡光片。在角度读数盘中央上方 90°处也有光电门（强迫力矩信号），用来测量强迫力矩的周期。

受迫振动时摆轮与外力矩的相位差是利用小型闪光灯来测量的。闪光灯受摆轮信号光电门控制，每当摆轮上长形凹槽通过平衡位置时，光电门接受光，引起闪光，这一现象称为频闪现象。在稳定情况下，由闪光灯照射下可以看到有机玻璃指针好像一直“停在”某一刻度处，所以此数值可方便地直接读出，误差不大于2。闪光灯放置位置如图4.9.1所示搁置在底座上，切勿拿在手中直接照射刻度盘。闪光灯开关用来控制闪光与否，当按住闪光按钮、摆轮长缺口通过平衡位置时便产生闪光，由于频闪现象，可从相位差读盘上看到刻度线似乎静止不动的读数（实际上有机玻璃上的刻度线一直在匀速转动），从而读出相位差数值。为使闪光灯管不易损坏，采用按钮开关，仅在测量相位差时才按下按钮。

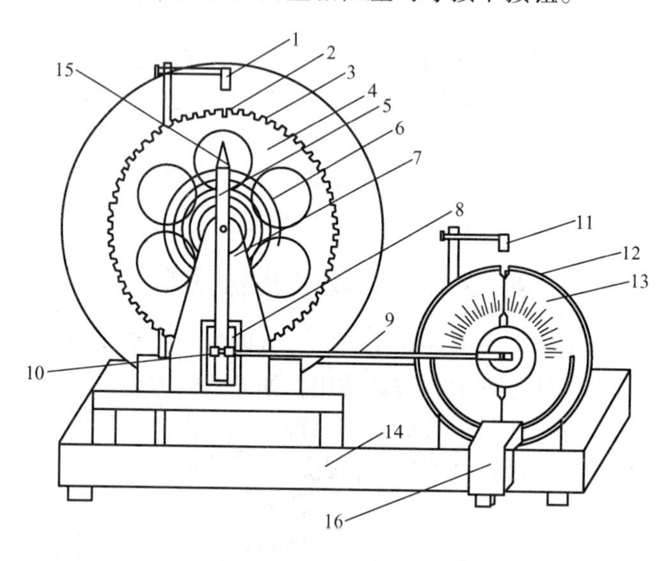

图4.9.1　玻尔共振仪

1—光电门　2—长凹槽　3—短凹槽　4—铜质摆轮　5—摇杆　6—涡卷弹簧　7—支承架　8—阻尼线圈　9—连杆　10—摇杆调节螺钉　11—光电门　12—角度盘　13—有机玻璃转盘　14—底座　15—弹簧夹持螺钉　16—闪光灯

直流稳压稳流电源为玻尔共振仪的阻尼线圈和驱动电动机提供电源。电压调节精度达到1mV，可精确控制加于驱动电动机上的电压，使电动机的转速在实验范围（30～45r/min）内连续可调，由于电路中采用特殊稳速装置、电动机采用惯性很小的带有测速发电机的特种电动机，所以转速极为稳定。

【实验原理】

受迫振动是物体在周期性外力（亦称强迫力）持续作用下产生的振动。如果外力是按简谐振动规律变化的，那么物体在稳定状态时的运动也是简谐振动，此时振幅保持恒定。振幅的大小与强迫力的频率和原振动系统无阻尼时的固有振动频率以及阻尼系数有关。在受迫振动状态下，系统除了受到强迫力作用外，同时还受到回复力和阻尼力的作用。所以在稳定状态下，物体的位移、速度变化与强迫力变化不是同相位的，存在一个相位差。当强迫力频率与系统的固有频率相同时会产生共振，而此时振幅最大，相位差为90°。

摆轮在周期性外力矩、弹性回复力矩和阻尼力矩（空气阻尼、电磁阻尼）的共同作用下做受迫振动。设外力矩是一个频率为ω、振幅为M_0的简谐力，表示为$M_0\cos\omega t$；弹性回复力矩与扭转角θ成反比，表示为$-k\theta$（k为扭转回复力系数）；在摆角不太大的情况下，阻尼力矩可近似认为与摆动的角度成正比，表示为 $-r\frac{d\theta}{dt}$（r 为阻力矩系数）。若摆轮的转动惯量为 I，则摆轮的运动方程为

$$I\frac{d^2\theta}{dt^2}=-k\theta-r\frac{d\theta}{dt}+M_0\cos\omega t \tag{4.9.1}$$

令 $\omega_0^2=\frac{k}{I}$（ω_0 称为固有圆频率），$2\beta=\frac{r}{I}$（β 为阻尼系数），$h=\frac{M_0}{I}$，则式（4.9.1）变为

$$\frac{d^2\theta}{dt^2}+2\beta\frac{d\theta}{dt}+\omega_0^2\theta=h\cos\omega t \tag{4.9.2}$$

式（4.9.2）即为阻尼振动方程，其通解为

$$\theta=A_0\exp(-\beta t)\cos(\omega_1 t+\alpha)+A\cos(\omega t+\varphi_0) \tag{4.9.3}$$

由式（4.9.3）可知，受迫振动的振幅可以分为两部分：

第一项为 $A_0\exp(-\beta t)\cos(\omega_1 t+\alpha)$，表示当 $h\cos\omega t=0$ 时的阻尼振动。其中 A_0 为扭摆的初始振幅。可见，该项的振幅随时间呈指数衰减，经过足够长的时间后就可忽略不计。

若测得初始振幅 A_0 及第 n 个周期的振幅 A_n，并测得摆动 n 个周期所用的时间 $t=nT$（T 为扭摆做阻尼振动的周期），则有

$$\frac{A_0}{A_n}=\frac{A_0}{A_0\exp(-\beta nT)}=\exp(\beta nT) \tag{4.9.4}$$

所以

$$\beta=\frac{1}{nT}\ln\frac{A_0}{A_n} \tag{4.9.5}$$

若扭摆在摆动过程中不受阻力矩的作用，则式（4.9.2）中的左边第二项不存在，即 $\beta=0$，由式（4.9.5）亦可知，不论摆动的次数如何，均有 $A_n=A_0$，即振幅始终不变，扭摆处于自由振动状态。

第二项为 $A\cos(\omega t+\varphi_0)$，表示振动系统在强迫力矩作用下，经过一段时间后即达到稳定状态。在稳态情况下振动具有确定的振幅，其大小为

$$A=\frac{h}{\sqrt{(\omega_0^2-\omega^2)^2+4\beta^2\omega^2}} \tag{4.9.6}$$

而角位移 θ 和强迫力矩之间的相位差为

$$\varphi=\arctan\frac{2\beta\omega}{\omega_0^2-\omega^2}=\arctan\frac{\beta T_0^2 T}{\pi(T^2-T_0^2)} \tag{4.9.7}$$

由以上的分析可知，不论扭摆一开始的振动状态如何，在简谐外力矩作用下，扭摆的振动都会逐渐趋于简谐振动，振幅为 A，频率与外力矩的频率相同，但二者之间存在相位差 φ。并从式（4.9.6）和式（4.9.7）可看出，振幅 A 和相位差 φ 的数值取决于强迫力矩 h、圆频率 ω、系统的固有圆频率 ω_0 和阻尼系数 β 四个因素，而与振动的初始状态无关。

通常可以采用振幅-频率特性和相位-频率特性（简称幅频特性和相频特性）来表征受迫振动的性质。

由极值条件 $\frac{\partial}{\partial\omega}[(\omega_0^2-\omega^2)^2+4\beta^2\omega^2]=0$ 可得出，当强迫力的圆频率 $\omega=\sqrt{\omega_0^2-2\beta^2}$ 时，

产生共振，θ 有极大值。若共振时圆频率和振幅分别用 ω_{Res} 和 θ_{Res} 表示，则

$$\omega_{\mathrm{Res}} = \sqrt{\omega_0{}^2 - 2\beta^2} \tag{4.9.8}$$

$$\theta_{\mathrm{Res}} = \frac{h}{2\beta\sqrt{\omega_0^2 - 2\beta^2}} \tag{4.9.9}$$

式（4.9.8）和式（4.9.9）表明，阻尼系数 β 越小，共振时圆频率 ω_{Res} 越接近于系统固有圆频率 ω_0，振幅 θ_{Res} 也越大。

1. 幅频特性

频率为共振频率 ω_{Res} 时，振动的振幅最大。而当 $\beta=0$ 时，$\omega_{\mathrm{Res}}=\omega_0$，即扭摆的固有振动频率，但根据式（4.9.9），此时的振幅将趋于无穷大因而会损坏设备。故要建立稳定的受迫振动，必须存在阻尼。图 4.9.2 为不同阻尼状态下的幅频特性曲线示意图。

2. 相频特性

由式（4.9.7）可知，当 $0 \leqslant \omega \leqslant \omega_0$ 时，有 $0 \geqslant \varphi \geqslant (-\pi/2)$，即受迫振动的相位落后于外加的简谐力矩的相位；在共振情况下，相位落后且接近于 $\pi/2$。在 $\omega=\omega_0$ 时（有阻尼时不是共振状态），相位正好落后 $\pi/2$。当 $\omega>\omega_0$ 时，有 $\tan\varphi>0$，此时应有 $\varphi<(-\pi/2)$，即相位落后得更多。当 $\omega \gg \omega_0$ 时，φ 趋于 $-\pi$，接近反相。在已知 ω_0 和 β 的情况下，可由式（4.9.7）计算出各 ω 值所对应的 φ 值。图 4.9.3 为不同阻尼状态下的相频特性曲线示意图。

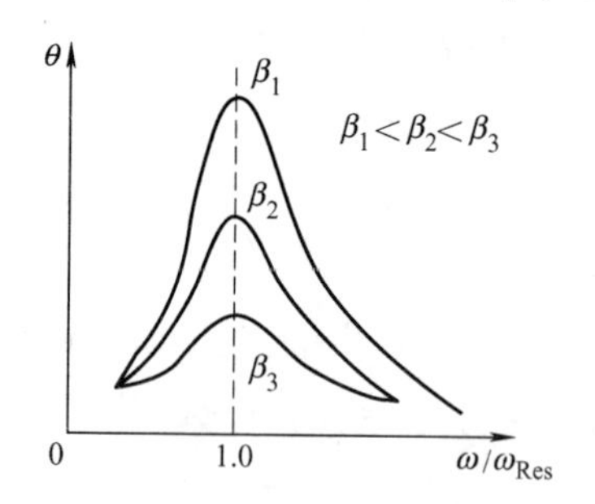

图 4.9.2　不同阻尼状态下的幅频特性曲线

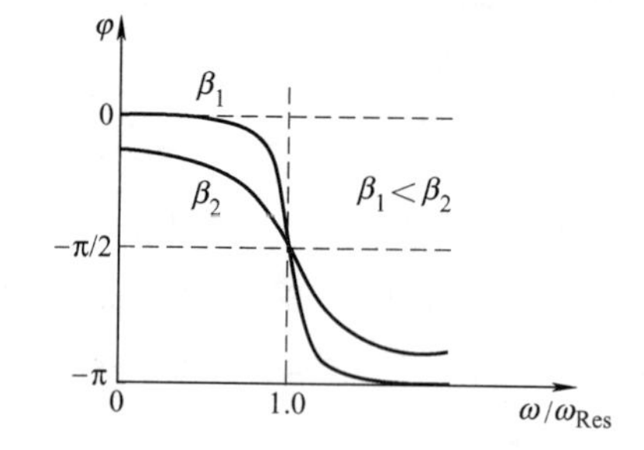

图 4.9.3　不同阻尼状态下的相频特性曲线

【实验内容】

1. 自由振动（测定摆轮振幅 θ 不同时与其对应的固有振动 T_0）

1）仪器选择“自由振荡”，用手转动相位差读数盘上的有机玻璃挡光杆使其置于水平位置（F→0 位置）。

2）用手将扭摆的摆轮转到某个不太大的初始角度使其偏离平衡位置，并记录初始偏转角度。

3）释放摆轮，让其自由摆动，观察摆动现象，用秒表记录摆轮来回摆动 n 次后的时间和振幅，计算阻尼系数和摆轮的固有振动频率 ω_0。

4）改变不同的初始偏转角度，采用上述相同的方法测量不同初始角度下的阻尼系数，讨论阻尼系数与初始释放角度之间的关系。

2. 阻尼振动（测定阻尼系数 β）

1）相位差读数盘的有机玻璃挡光杆仍置于水平位置。

2）仪器选择“阻尼振荡”，选定阻尼状态，用手将摆轮转到振幅为140°，松手使摆轮作阻尼振动，读取振幅数值，记录振动的振幅衰减过程中的前10组数据。

3）改变阻尼状态，测量不同阻尼状态下的振幅衰减过程，方法与上述相同。

3. 幅频特性与相频特性曲线测定

1）保持阻尼选择开关位置不变（阻尼系数不变），用手转动相位差读数盘上的有机玻璃挡光杆使之处于水平位置。仪器选择“强迫振动”，打开电动机开关使摆轮做受迫振动。

2）用频闪法寻找第一个受迫振动稳定状态下的相位差 φ。

旋转“强迫力周期”旋钮，将闪光灯放在电动机转盘下方，等待受迫振动稳定（稳定时摆轮振幅基本不变，摆轮周期与电动机周期基本一致），在稳定状态下，打开闪光灯开关，在电动机转盘上观察到的转动的挡光杆被闪光灯照亮的位置就是受迫振动与策动力之间的相位差 φ（频闪法观察到的 φ 值只作位置参考，不做记录）。

3）测量。

找到第一个 φ 值后，可以确定“强迫力周期”改变的旋转方向，顺时针 φ 值减小，逆时针 φ 值增大。取 φ 值为300°～1500°之间且沿某一方向依次改变，测量15个受迫振动稳定后与其对应的振幅 θ、周期 T，作幅频特性曲线和相频特性曲线。

【注意事项】

（1）电器控制器提前预热10～15min。

（2）实验时最大振幅不得超过150°。

（3）一旦选定阻尼开关位置后，实验中就不能再随意改变。

（4）受迫振动时阻尼系数不得为零。

（5）闪光灯应放在底座上。

（6）电动机有一定寿命，不用时应关闭电源。

实验4.10　电阻应变式传感器的静态特性研究

传感器技术是一门新兴科学技术，代表了现代技术的发展方向。传感器是现代检测和控制系统的重要组成部分，在现代科学技术领域中的地位越来越重要。传感器是将各种非电量（包括物理量、化学量、生物量，其中物理量是主要的）按一定规律转换成有用信号，以满足信息的传输、处理、存储、记录及控制的装置。传感器也被称为变换器，也就是换能器或探测器。如能用传感器把各种信息转变为电量，那就不但可以依靠传感器，利用电测的方法来检测物理学或化学状态，而且能够对各种各样的状态任意地进行控制。

传感器所感的各种非电量变化的信息，一般采用非电量电测技术进行检测，该技术有下列优点：①便于实现自动、连续测量；②具有高的灵敏度和准确度；③便于实现信号远距离传输和测量；④反应速度快，不仅能测量变化速度缓慢的非电量，而且能测量变化速度快的非电量；⑤测量范围宽广，它能测量非电量的微小变化，也能够测量大幅度的变化量；⑥便于与各种自动控制器和显示仪表配套，实现非电量的自动控制和自动记录；⑦便于与电子计算机接口，实现多路非电量的数据采集、数据处理和计算机控制。

传感器的种类繁多，应用十分广泛，本实验只介绍应变式传感器。

应变式传感器是当前自动测力或称重中应用最为广泛的传感器，其优点包括：①精确度高、线性度好、灵敏度高；②滞后和蠕变都较小，疲劳寿命高；③容易与二次仪表相匹配，实现自动检测；④结构简单，体积小，应用灵活；⑤工作稳定可靠，维护和保养方便。应变式传感器除用于测量力参数外，还可用于测量压差、加速度、振幅等其他物理量。

【实验目的】

（1）了解电阻应变式传感器的原理，研究传感器的静态特性。

（2）了解传感器实验仪桥式结构原理与组成应变电桥方法。

（3）了解惠斯通电桥、半桥、全桥的工作原理和性能，比较各电桥的不同性能，了解其特点。

（4）了解应变直流全桥的应用及电路的标定（电子秤）。

（5）掌握传感器特性仪的结构和使用方法，绘制传感器的静态特性曲线。

【实验仪器】

机头中的应变梁的应变片、测微头；显示面板中的F/V表（或电压表）、±2～±10V步进可调直流稳压电源；调理电路面板中传感器输出单元中的箔式应变片、调理电路单元中的电桥、差动放大器；4位半数显万用表；砝码（20g/只）5个；导线若干。

【实验原理】

1. 电阻应变式传感器的静态特性

传感器的输入可分为稳定状态输入和随时间变化输入两种情况。通常将被测量值处于稳定状态时的输出与输入关系称为“传感器的静态特性”；输出量与随时间变化输入量的响应关系称为“传感器的动态特性”。本实验着重研究电阻应变式传感器的静态特性。

理想传感器的输出与输入之间应当是线性关系。且当输入为零时，输出也为零，即

$$y = \alpha x \tag{4.10.1}$$

式中，x 和 y 是不同的物理量，如 x 是力，y 是输出电压；α 是灵敏系数。而实际上传感器的输出与输入之间关系为

$$y = [\alpha + f(x,q,t)]x + s(q,t) \tag{4.10.2}$$

式中，α 为设计时的灵敏度；q 为随环境变化的部分；t 为时间；$f(x,q,t)$ 是传感器的非线性及环境变化对灵敏度的影响值；$s(q,t)$ 是传感器的零点随着环境的变化值。式（4.10.2）表明实际上传感器的灵敏度不是定值，而是随着环境和时间变化的，而且零点也随着环境和时间的变化而变化。

经过长期的研究和使用，人们在电阻应变式传感器弹性元件、电阻敏感元件、电路设计等方面积累了丰富的经验，进而可得 $f(x,q,t)$ 和 $s(q,t)$ 控制在很小值，使之接近于理想传感器。

（1）传感器的静态特性的校准

如果在传感器的测量范围内取 m 个校准点，并进行 n 次循环地校准，则一个校准点上有 n 个正行程校准值和 n 个反行程校准值，全部 m 个校准点共有 $2mn$ 个校准值。

正行程的算术平均值为

$$\overline{y_{\mathrm{I}j}} = \frac{1}{n}\sum_{i=1}^{n} y_{\mathrm{I}ji}$$

反行程的算术平均值为

$$\overline{y_{\mathrm{D}j}} = \frac{1}{n}\sum_{i=1}^{n} y_{\mathrm{D}ji}$$

式中，$\overline{y_{Ij}}$为第j个校准点的正行程校准值的算术平均值；y_{Iji}为第j个校准点的正行程的第i个校准值；$\overline{y_{Dj}}$为第j个校准点的反行程校准值的算术平均值；y_{Dji}为第j个校准点的反行程的第i个校准值。

校准点j的正反行程的平均值为

$$\overline{y_j}=\frac{1}{2}(\overline{y_{Ij}}+\overline{y_{Dj}}) \tag{4.10.3}$$

连接各个校准点的正行程校准值的平均值$\overline{y_{I1}}$，$\overline{y_{I2}}$，…，$\overline{y_{Im}}$的曲线被称为正行程校准曲线，连接各个校准点的反行程校准值的平均值$\overline{y_{D1}}$，$\overline{y_{D2}}$，…，$\overline{y_{Dm}}$的曲线被称为反行程校准曲线；连接各个校准点上正、反行程的平均值$\overline{y_1}$，$\overline{y_2}$，…，$\overline{y_m}$的曲线被称为正、反行程的平均校准曲线，或简称平均校准曲线。

一般来说，应变式传感器的校准曲线可以用下面的多项式代数方程表示，即

$$y=a_0+a_1x+a_2x^2+\cdots+a_mx^m \tag{4.10.4}$$

式中，x为输入量；y为输出量；a_0为零点漂移量；a_1为传感器线性灵敏度；a_2，…，a_m为待定系数。式（4.10.4）描述了传感器在一般情况下的工作特性。常见的还有下列三种情况：

1）仅有式（4.10.4）中的奇次项分量，即

$$y=a_1x+a_3x^3+a_5x^5+\cdots \tag{4.10.5}$$

2）仅有式（4.10.4）中的偶次项分量，即

$$y=a_2x^2+a_4x^4+a_6x^6+\cdots \tag{4.10.6}$$

3）理想线性情况，即

$$y=a_1x \tag{4.10.7}$$

为了便于使用，我们希望传感器的工作特性是线性情况，如果减少测量范围，此时a_2，a_3，…，a_m很小，可以用式（4.10.7）线性工作特性来代表传感器的输出特性曲线，这个过程称为线性化。常用的线性化方法有以下几种。

Ⅰ．端点连线法

它是将力学量传感器测量下限处的平均值y_L与测量上限处平均值y_H连成直线，作为该力学量传感器的工作特性曲线，见图4.10.1中的直线CD。

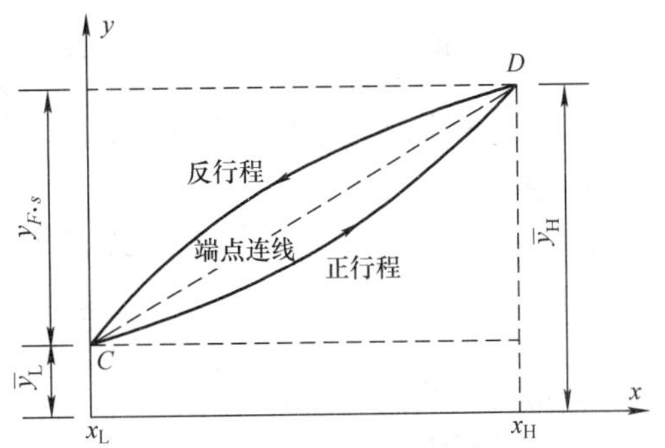

图4.10.1　端点连线法

设传感器下限处的输入值为x_L，该处的输出正、反行程校准平均值为$\overline{y_{IL}}$和$\overline{y_{DL}}$，两者的平均值为$y_L=\frac{1}{2}$（$\overline{y_{IL}}+\overline{y_{DL}}$）。另外，传感器上限处的输入值为$x_H$，该处的输出正、反行程校准平均值为$\overline{y_{IH}}$和$\overline{y_{DH}}$，两者的平均值为$y_L=\frac{1}{2}$（$\overline{y_{IH}}+\overline{y_{DH}}$）。连接（$x_L$，$y_L$）和（$x_H$，$y_H$）的直线称为端点连线，以它作为工作特性的方程为

$$y=y_L+\frac{y_H-y_L}{x_H-x_L}x=y_L+\frac{y_{F\cdot S}}{x_H-x_L}x \tag{4.10.8}$$

式中，$y_{F\cdot S}$称为满量程输出值。

采用端点连线作为工作特性曲线是为了计算方便，但它与平均校准曲线的偏差较大。

Ⅱ. 端点连线平移法

根据端点连线和正行程校准曲线可以求得它们之间的最大偏差$(\Delta y_{LH})'_{max}$，又由端点连线和反行程校准曲线求得它们之间的最大偏差$(\Delta y_{LH})''_{max}$。然后将端点连线沿着垂直方向平移$\frac{1}{2}\left[\left|(\Delta y_{LH})''_{max}\right|-\left|(\Delta y_{LH})'_{max}\right|\right]$就得到端点连线平移线，见图 4.10.2 中的直线 AP。用端点连线作为工作特性方程为

$$y=y_L+\frac{1}{2}\left[\left|(\Delta y_{LH})''_{max}\right|-\left|(\Delta y_{LH})'_{max}\right|\right]+\frac{y_{F\cdot S}}{x_H-x_L}x \tag{4.10.9}$$

(2) 传感器的静态特性的性能指标

Ⅰ. 满量程输出$y_{F\cdot S}$

满量程输出就是测量上限和下限处的输出值的差值，如图 4.10.2 所示，即

$$y_{F\cdot S}=y_H-y_L \tag{4.10.10}$$

Ⅱ. 直线度 L

直线度是表征正行程校准曲线与工作特性不一致的程度。如图 4.10.2 所示，正行程校准曲线与工作特性曲线的最大偏差为$(\Delta y_{LH})'_{max}$，则直线度定义为

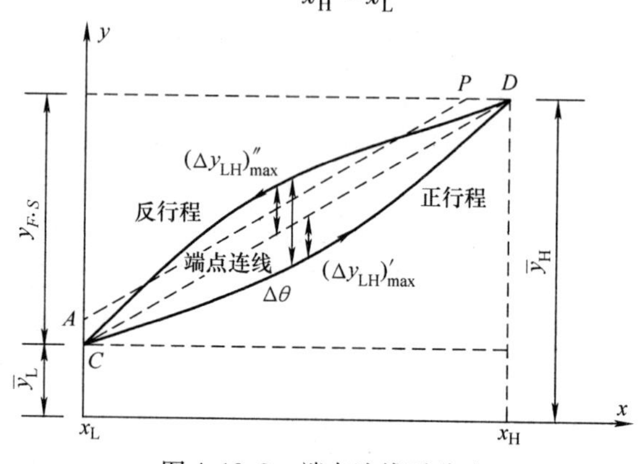

图 4.10.2　端点连线平移法

$$L=\frac{(\Delta y_{LH})'_{max}}{y_{F\cdot S}}\times 100\% \tag{4.10.11}$$

Ⅲ. 滞后性 H

滞后性是表征正、反行程校准曲线不重合程度的指标，如图 4.10.2 所示。其计算公式为

$$H=\frac{\Delta\theta}{y_{F\cdot S}}\times 100\% \tag{4.10.12}$$

式中，$\Delta\theta$ 为量程内正、反行程校准曲线之间的最大偏差值。

Ⅳ. 重复性 R

重复性是表征在相同条件下传感器输出值重复程度的指标，其计算公式为

$$R=\frac{\Delta\theta_R}{y_{F\cdot S}}\times 100\% \tag{4.10.13}$$

式中，$\Delta\theta_R$为行程重复校准时各点输出极差的最大值。

Ⅴ. 零点输出 Z

如果在没有负荷下测量 m 次，则传感器的零点输出为

$$\theta_0=\frac{1}{m}\sum_{j=1}^{m}\theta_{0j}$$

式中，θ_{0j}为第 j 次校准时的零负荷输出读数。通常用满量程输出的百分比表示零点读数，即

$$Z=\frac{\theta_0}{y_{F\cdot S}}\times 100\% \tag{4.10.14}$$

Ⅵ. 稳定度S_b

传感器长期使用中的稳定性是一个很重要的指标：

$$S_b = \frac{S_1 - S_2}{S_2} \times 100\% \tag{4.10.15}$$

式中，S_1为上次测得的灵敏度；S_2为本次测得的灵敏度。根据传感器的使用情况可以分为3个月、半年或一年检查一次。

2. 应变效应

将应变片贴在待测物体上，使其随着待测物体的应变而一起伸缩，这样应变片里的金属箔材就随着待测物体的应变而伸长或缩短，从而其阻值也发生改变，这种现象称为应变效应，这也是应变式传感器赖以工作的物理基础。应变片就是利用这个原理，通过测量电阻的变化而对待测物体的应变进行测量。电阻应变效应与导体或半导体的电阻与材料的电阻率以及它的几何尺寸（长度和截面积）有关，当它们受力产生形变时，这三者都要发生变化，从而导致电阻阻值发生变化。

取一根长度为l、截面积为S、电阻率为ρ的导体（或半导体），其初始电阻为R，则有

$$R = \rho \frac{l}{S}$$

如图4.10.3所示，设电阻丝在力F作用下，长度l变化了$\mathrm{d}l$，截面积S变化了$\mathrm{d}S$，半径r了变化$\mathrm{d}r$，电阻率ρ变化了$\mathrm{d}\rho$，因而将引起电阻R的变化$\mathrm{d}R$。则可得

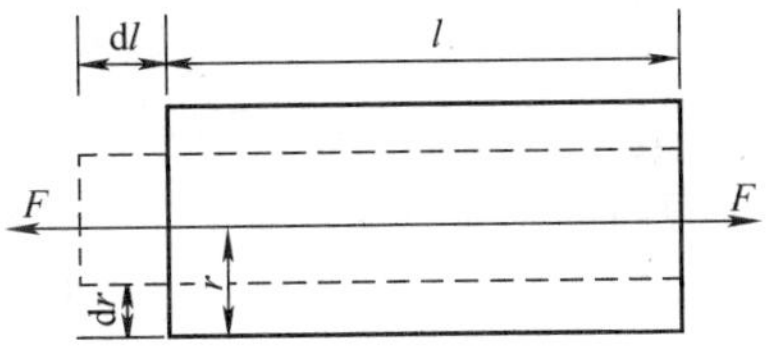

$$\frac{\mathrm{d}R}{R} = \frac{\mathrm{d}\rho}{\rho} + \frac{\mathrm{d}l}{l} - \frac{\mathrm{d}S}{S}$$

图4.10.3　应变效应示意图

因为$\mathrm{d}S = 2\pi r \mathrm{d}r$，所以$\frac{\mathrm{d}S}{S} = \frac{2\mathrm{d}r}{r}$。根据材料力学可知，电阻丝的轴向应变$\mathrm{d}l/l$与径向应变$\mathrm{d}r/r$的比例系数为泊松比$\mu$，即

$$\mu = -\frac{\mathrm{d}r/r}{\mathrm{d}l/l}$$

式中的负号表示轴向应变与径向应变的方向是相反的，大多是金属材料的泊松比在0.3～0.5之间。因而，有

$$\frac{\mathrm{d}R}{R} = \frac{\mathrm{d}l}{l}(1+2\mu) + \frac{\mathrm{d}\rho}{\rho} = \left[(1+2\mu) + \frac{\frac{\mathrm{d}\rho}{\rho}}{\frac{\mathrm{d}l}{l}}\right]\frac{\mathrm{d}l}{l} = K\frac{\mathrm{d}l}{l} = K\varepsilon \tag{4.10.16}$$

式（4.10.16）就是“应变效应”的表达式，式中，$\varepsilon = \frac{\mathrm{d}l}{l}$称为金属电阻丝的轴向应变（长度形变）；$K$称金属电阻丝的应变灵敏度，它的物理意义是单位应变所引起的电阻相对变化量，即

$$K = \frac{\mathrm{d}R/R}{\mathrm{d}l/l} = 1 + 2\mu + \frac{\mathrm{d}\rho/\rho}{\varepsilon} \tag{4.10.17}$$

式中，$(1+2\mu)$是与形变（几何尺寸）相关的分量；$\frac{\mathrm{d}\rho/\rho}{\varepsilon}$是材料的电阻率$\rho$随应变引起变化的分量。由式（4.10.17）可知，电阻丝的灵敏系数取决于它的几何应变（几何效应）和材料固有的导电性能（压阻效应）两个因素的影响。

对金属材料而言，K值的影响因素主要是几何效应。即

$$K=\frac{\mathrm{d}R/R}{\varepsilon}=1+2\mu$$

金属导体在受到应变作用时将产生电阻的变化，拉伸时电阻增大，压缩时电阻减小，且与其轴向应变成正比。金属导体的电阻应变灵敏度一般在 2 左右。

在半导体受力变形时会暂时改变晶体结构的对称性，因而改变了半导体的导电机理，使得它的电阻率发生变化，这种物理现象称为半导体的压阻效应。对半导体而言，K 值影响因素主要是压阻效应。不同材质的半导体材料在不同受力条件下产生的压阻效应不同，即同样的拉伸变形，有的半导体材料的阻值将增大，而有的则将减小，也就是说，半导体材料的电阻应变效应可正可负，与材料性质和应变方向有关。半导体材料的应变灵敏度较大，一般在 100 ~ 200 之间。

3. 电阻应变片

应变式传感器通常由弹性体、应变片、应变胶、桥路等组成。用弹性体将被测力成比例地转换为应变；用应变胶将应变片粘贴在弹性体表面合适位置，使应变片与弹性体同步发生应变；用应变片将应变进一步成比例地转换为电阻相对变化量；最后将应变片作为桥臂组成电桥，而桥路将应变片的电阻相对变化量转换成电压信号输出。

（1）电阻应变片的基本结构

电阻应变片种类较多，常见的有：丝式电阻应变片、箔式电阻应变片和半导体应变片。三种电阻应变片的结构形式分别示于图 4. 10. 4、图 4. 10. 5 与图 4. 10. 6 中。

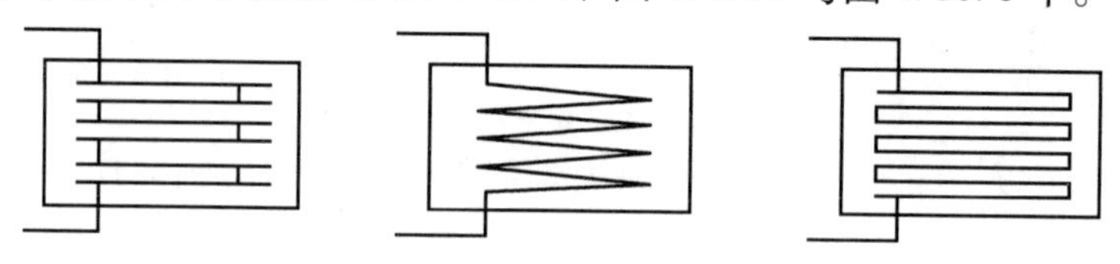

图 4. 10. 4　几种常见的丝式电阻应变片

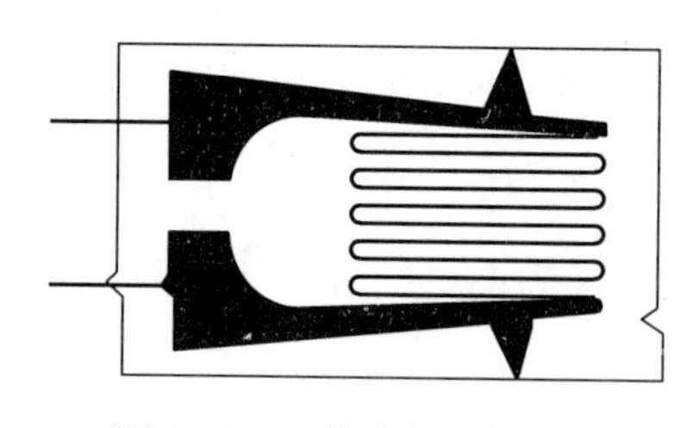

图 4. 10. 5　箔式电阻应变片

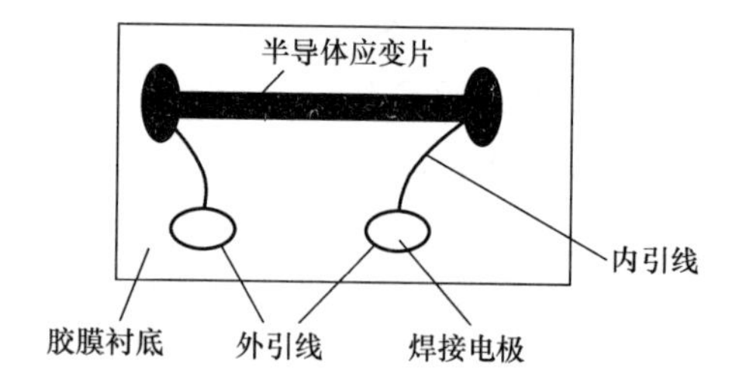

图 4. 10. 6　半导体应变片

电阻应变片由敏感栅、基片、盖片、引线等组成。敏感栅一般分丝式和箔式两种。丝式敏感栅通常由直径 0. 01 ~ 0. 05mm 的电阻应变丝弯曲而成栅状，箔式敏感栅通常是用极薄的康铜箔（3 ~ 5μm）蚀刻成栅状。敏感栅实际上是一个电阻元件，它可以感受应变并将应变成比例地转换为电阻值的变化。盖片与基片将敏感栅紧地黏合在其间，在对敏感栅起几何形状固定、绝缘和保护作用的同时，还可以将基片的应变准确地传递给敏感栅。此外，盖片还应具有良好的绝缘性能、抗潮性能和耐热性能等。盖片的厚度一般在 0. 03 ~ 0. 06mm。

箔式电阻应变片与丝式电阻应变片相比具有下列特点：

① 由于箔栅很薄，在箔材与丝材截面积相同时，箔材与黏接层的接触面积比丝材大，

使其能很好地与弹性体同步发生形变。其次，箔栅的端部可以制作得很宽，有利于改善其性能和提高应变测量精确度。

② 箔栅表面积大，散热条件好，允许通过较大的电流，输入较强的电信号，从而提高测量灵敏度。

③ 箔栅的加工尺寸准确，易于加工成复杂的形状。这个特点为制造应变花和小标距应变片提供了可能，从而扩大了使用范围。

④ 箔式电阻应变片可用先进的光刻加工工艺，便于大批量生产。

（2）电阻应变片的工作特性及参数

Ⅰ. 应变片的灵敏系数

由式（4.10.16）可知，$\Delta R/R$ 与 ε 的关系在很大范围内有很好的线性关系，即

$$\frac{\Delta R}{R}=K\varepsilon \tag{4.10.18}$$

式中，K 称为电阻应变片的灵敏度。

Ⅱ. 应变片的横向效应与横向灵敏度

应变片的敏感栅中除有纵向丝栅外，还有圆弧形或直线形的横栅。横栅不仅对应变片轴线方向的应变敏感，而且也对垂直于轴线方向的横向应变敏感；当电阻应变片粘贴在一维拉力状态下的试件上时，应变片的纵向丝栅因发生纵向拉应变ε_x，使其电阻增加，而应变片的横栅因同时感受纵向拉应变ε_x和横向压应变ε_y而使其电阻减小，因此应变片的横栅部分将纵向部分的电阻变化抵消一部分，从而降低了整个电阻应变片的灵敏度。这就是应变片的横向效应。因此，当应变片处于任意平面应变场中时，其电阻变化率可用下式表示：

$$\frac{\Delta R}{R}=K_x\varepsilon_x+K_y\varepsilon_y \tag{4.10.19}$$

式中，ε_x为沿应变片主轴线方向的应变；ε_y为垂直于应变片主轴线方向的应变；$K_x=\left(\frac{\frac{\Delta R}{R}}{\varepsilon_x}\right)_{\varepsilon_y=0}$ 为应变片的主轴线方向应变的灵敏系数，它代表$\varepsilon_y=0$时，敏感栅电阻相对变化与ε_x之比；$K_y=\left(\frac{\frac{\Delta R}{R}}{\varepsilon_y}\right)_{\varepsilon_x=0}$ 为应变片的横向应变的灵敏系数，它代表$\varepsilon_x=0$时，敏感栅电阻相对变化与ε_y之比。

定义 $C=\frac{K_y}{K_x}$为应变片的横向灵敏度，所以，要减小横向效应影响的有效方法是减小应变片的横向灵敏度 C，而 C 主要与敏感栅的构造及尺寸有关，显然，敏感栅的纵栅越窄、越长，而横栅越宽，则应变片的横向灵敏度 C 值越小，即横向效应的影响越小。

Ⅲ. 线性度、滞后性、零点漂移、蠕变和应变极限

线性度

应变片粘贴在试件上后，对试件逐渐加载，应变片的 $\Delta R/R-\varepsilon$ 特性曲线严格地说不是一条直线，即在大应变时出现了非线性。应变片的非线性通常是很小的，一般要求在 0.05% 以内。

滞后性

当对粘贴有应变片的试件进行循环加、卸载荷时，加载过程的 $\Delta R/R-\varepsilon$ 特性曲性与卸载过程的 $\Delta R/R-\varepsilon$ 特性曲线的不重合度称为机械滞后。

将应变片粘贴在试件上，保持试件的载荷为恒定值，而使温度反复升高和降低；在温度循环中，同一温度下应变片指示应变的差值称为应变片的热滞后。

零点漂移和蠕变

粘贴在试件的应变片在不承受荷载和恒定温度环境条件下，电阻值随时间变化的特性称为应变片的零点漂移。

粘贴在试件上的应变片，保持温度恒定，使试件在某恒定应变下，应变片的指示应变随时间而变化的特性称为蠕变。

零点漂移和蠕变都是用来衡量应变片的时间稳定性的参数，它们直接影响到长时间测量的结果的准确性。

应变极限

粘贴在试件上的应变片所能测量的最大应变值称为应变极限。应变极限是表示应变片产品质量的一个非常重要的参数，根据使用场合的不同，应变片会做成不同的形状、材质和尺寸，每种应变片的应变极限均有所不同，而应变极限是指应变片的最大形变量，超过这个形变量应变片内部电阻丝就会断裂导致开路，从而无法继续使用。

4. 双孔平行梁式力传感器的工作原理

（1）弯梁法原理

固体、液体及气体在受外力作用时，形状会发生或大或小的改变，这统称为形变。当外力不太大，因而引起的形变也不太大时，撤掉外力，形变就会消失，这种形变称之为弹性形变。弹性形变分为拉伸和压缩形变（长度形变）、切变、弯曲形变和扭转形变。

一段固体棒，在其两端沿轴方向施加大小相等、方向相反的外力 F，其长度 l 发生改变 Δl，以 S 表示横截面面积，称$\frac{F}{S}$为应力，相对长度形变$\frac{\Delta l}{l}$称为应变。在弹性限度内，根据胡克定律有

$$\frac{F}{S}=E\frac{\Delta l}{l}$$

E 称为弹性模量，其数值与材料性质有关。

在横梁发生微小弯曲时，梁中存在一个中性面，中性面的上部发生压缩，中性面下部发生拉伸，所以整体来说，可以理解横梁发生长度形变，即可以用弹性模量来描写材料的性质。

如图 4. 10. 7 所示，虚线表示弯曲梁的中性面，易知其既不拉伸也不压缩，取弯曲梁长为 $\mathrm{d}x$ 的小段，设其曲率半径为 $\rho(x)$，所以对应的张角为 $\mathrm{d}\theta$，再取中性面上部距离为 y、厚为 $\mathrm{d}y$ 的一层面为研究对象，那么，梁弯曲后其长变为$[\rho(x)+y]\mathrm{d}\theta$，则变化量为：$[\rho(x)+y]\mathrm{d}\theta-\mathrm{d}x$。又由于 $\mathrm{d}\theta=\frac{\mathrm{d}x}{\rho(x)}$，所以

$$[\rho(x)+y]\mathrm{d}\theta-\mathrm{d}x=[\rho(x)+y]\frac{\mathrm{d}x}{\rho(x)}-\mathrm{d}x=\frac{y}{\rho(x)}\mathrm{d}x$$

因此应变为

$$\varepsilon=\frac{y}{\rho(x)}$$

根据胡克定律有 $\frac{\mathrm{d}F}{\mathrm{d}S}=E\frac{y}{\rho(x)}$

则 $$\mathrm{d}F(x)=E\frac{y}{\rho(x)}\mathrm{d}S$$

所以，对中性面的弯矩为

$$M=F_S y=\frac{E}{\rho(x)}\int_s y^2\mathrm{d}S=\frac{E}{\rho(x)}I_z$$

因此

$$\rho(x)=\frac{M}{EI_z}$$

式中，EI_z称为梁的抗弯刚度。弯矩的正负区分标准是材料上部受压正，下部受压为负；反之，材料上部受拉为负，下部受拉为正。则应变为

$$\varepsilon=\frac{y}{\rho(x)}=\frac{My}{EI_z}=\frac{M}{E\frac{I_z}{y}}=\frac{M}{EW} \tag{4.10.20}$$

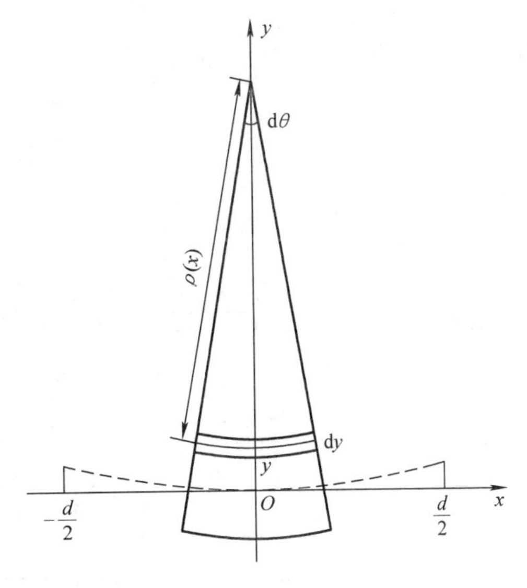

图4.10.7　弯梁法原理图

式中，$W=\frac{I_z}{y}$称为梁的抗弯截面模量。

（2）应变式传感器的电压输出

Ⅰ. 非平衡电桥的电压输出

通过应变可以把弹性体的应变量转换成电阻变化，但必须进一步将电阻变化转换成电压或电流变化，才便于测量。电桥电路是进行此种变换的最常用方法。

图4.10.8是电桥测量线路的基本形式。它由R_1、R_2、R_3、R_4四个阻抗元件首尾串接而成，称为桥臂。在串接回路中相对的两个结点A、C接入电桥电源U_S（也称工作电压）；在另两个相对结点B、D上将有电压U_0（也称输出电压）产生。若适当选取四个桥臂阻抗元件的阻值，在接入电桥的工作电压U_S时，电桥没有输出电压U_0（$U_0=0$），这时称电桥为平衡电桥；反之，则称为非平衡电桥$U_0\neq0$。

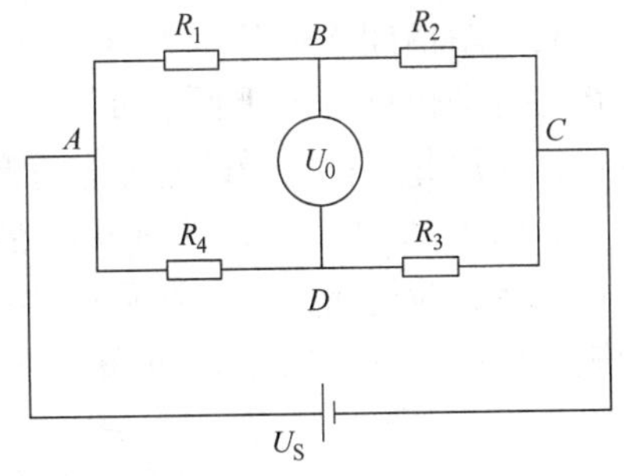

图4.10.8　电桥原理图

如图4.10.8所示，此时结点B处的电压为$U_B=\frac{R_2}{R_1+R_2}U_S$，而结点$D$处的电压为$U_D=\frac{R_3}{R_3+R_4}U_S$，则桥路输出电压$U_0=U_D-U_B$，将上两式代入得

$$U_0=\frac{R_1R_3-R_2R_4}{(R_1+R_2)(R_3+R_4)}U_S=\alpha U_S \tag{4.10.21}$$

① $\alpha=0$（即$R_1R_3=R_2R_4$）时，$U_0=0$，这种情况是平衡电桥。

② $\alpha<0$（即$R_1R_3<R_2R_4$）或$\alpha>0$（即$R_1R_3>R_2R_4$）时，$U_0\neq0$。这两种情况都是非平衡电桥。

若将桥臂电阻R_1的电阻变化量ΔR_1接入桥臂R_1，即$R_1'=R_1+\Delta R_1$，则由式（4.10.21）

可知，输出电压 U_0 与 $\frac{\Delta R_1}{R_1}$ 的关系为

$$U_0 = \left[\frac{n}{(1+n)^2} \cdot \frac{\Delta R_1}{R_1}\right] U_S$$

式中，$n = \frac{R_1}{R_2} = \frac{R_4}{R_3}$ 为桥臂的比例系数。

同理，可得 U_0 与 $\frac{\Delta R_2}{R_2}$、$\frac{\Delta R_3}{R_3}$、$\frac{\Delta R_4}{R_4}$ 的关系为

$$U_0 = \left[-\frac{n}{(1+n)^2} \cdot \frac{\Delta R_2}{R_2}\right] U_S$$

$$U_0 = \left[\frac{n}{(1+n)^2} \cdot \frac{\Delta R_3}{R_3}\right] U_S$$

$$U_0 = \left[-\frac{n}{(1+n)^2} \cdot \frac{\Delta R_4}{R_4}\right] U_S$$

则在任意负载下的桥路输出电压为

$$U_0 = \frac{n}{(1+n)^2}\left(\frac{\Delta R_1}{R_1} - \frac{\Delta R_2}{R_2} + \frac{\Delta R_3}{R_3} - \frac{\Delta R_4}{R_4}\right) U_S \tag{4.10.22}$$

在此应特别注意桥臂电阻变化 ΔR 的极性符号，若电阻增加 ΔR 为正，若电阻减少 ΔR 为负！

Ⅱ. 悬臂平行梁式力传感器的电压输出

在小量程称重传感器中常采用悬臂平行梁式力传感器，它的结构如图 4.10.9 所示。四片电阻应变片分别粘贴在悬臂平行梁的上下两表面上。四片电阻应变片组成电桥，采用非平衡电桥的原理进行测量。

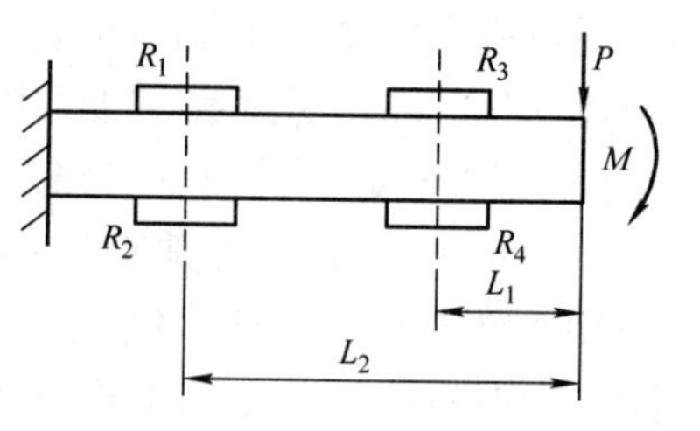

图 4.10.9　悬臂平行梁传感器受力图

如图 4.10.9 所示，载荷安放在平行梁的任一位置，都可以将载荷简化为作用在平行梁端部的力 P 所产生的弯矩，则由式（4.10.20）可知，各应变片的应变为

$$\varepsilon_1 = \frac{PL_2}{EW},\ \varepsilon_2 = -\frac{PL_2}{EW},\ \varepsilon_3 = \frac{PL_1}{EW},\ \varepsilon_4 = -\frac{PL_1}{EW}$$

因此，由式（4.10.18）和式（4.10.22）可得电桥的输出电压为

$$U_0 = \left[\frac{n}{(1+n)^2}\right]\left[K_1\left(\frac{PL_2}{EW}\right) - K_2\left(-\frac{PL_2}{EW}\right) + K_3\left(\frac{PL_1}{EW}\right) - K_4\left(-\frac{PL_1}{EW}\right)\right] U_S \tag{4.10.23}$$

直流非平衡电桥的输出电压与桥臂电阻的变化有单臂输入、双臂输入和全桥输入等三种情形，如图 4.10.10 所示。

而在实际应用中，四个阻值相同的应变片粘贴在距离平行梁端部相同的位置，即 $R_1 = R_2 = R_3 = R_4 = R$，$K_1 = K_2 = K_3 = K_4 = K$，$L_1 = L_2 = L$；桥臂的比例系数 $n = 1$。

如图 4.10.10a 所示，当仅使用一个应变片时，由式（4.10.22）和式（4.10.23）可知，桥路的输出为

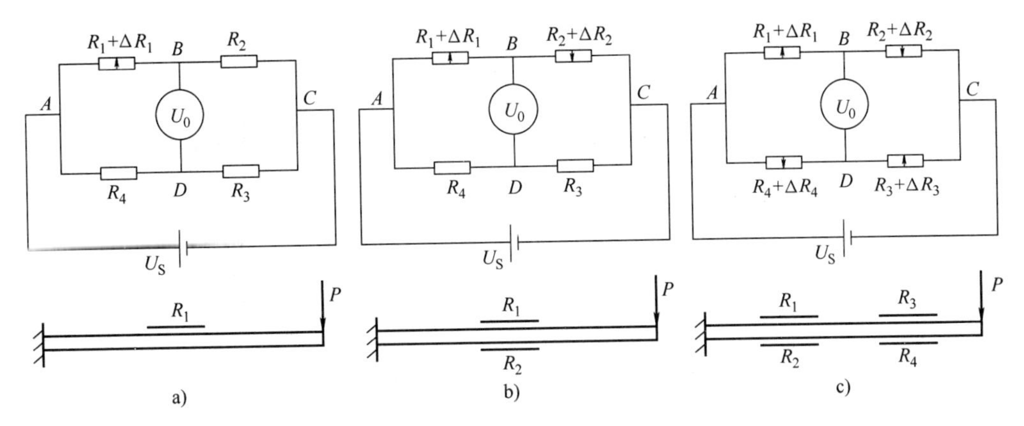

图 4. 10. 10　应变电桥

a）单臂输入　b）双臂输入　c）全桥输入

$$U_0=\frac{\Delta R}{4R}U_S=\frac{KPL}{4EW}U_S \tag{4.10.24}$$

根据电桥输出灵敏度的定义$S_{\Delta R}=\dfrac{dU_0}{d(\Delta R)}$可得，此时电桥输出灵敏度为$S_1=\dfrac{U_S}{4R}$。

如图 4. 10. 10b 所示，当使用两个应变片时，相邻的两臂为差模输入（即两者的大小相等而极性相反），而另外两臂的输入不变的情况下，电阻应变片 R_1受到拉伸作用而阻值增大；R_2受到压缩作用而阻值减小，则由式（4. 10. 22）和式（4. 10. 23）可知，桥路的输出为

$$U_0=\frac{\Delta R}{2R}U_S=\frac{KPL}{2EW}U_S \tag{4.10.25}$$

此时，电桥输出灵敏度为$S_2=\dfrac{U_S}{2R}$，可见，双臂输入时，电桥的灵敏度比单臂输入时提高了一倍。

如图 4. 10. 10c 所示，当使用四个应变片时，四个应变片组成了两组差模输入。此时，电阻应变片 R_1和 R_3受到拉伸作用而阻值增大；R_2和 R_4受到压缩作用而阻值减小，则由式（4. 10. 22）和式（4. 10. 23）可知，桥路的输出为

$$U_0=\frac{\Delta R}{R}U_S=\frac{KL}{EW}PU_S \tag{4.10.26}$$

式中，L 为应变片的中心与平行梁端部的距离。可见，全桥输入时，桥路的输出电压 U_0正比于负荷 P 与电桥的工作电压 U_S。此时，电桥输出灵敏度为$S_4=\dfrac{U_S}{R}$。

【仪器介绍】

1. 悬臂双平行梁（机头）

如图 4. 10. 11 所示，在双平行梁的上、下梁表面粘贴了应变片；封装了 PN 结、NTC 热敏电阻、热电偶、加热器；在梁的自由端上安装了压电传感器、激振器（磁钢、激振线圈）和测微头。其中，可以通过调节测微头来产生力或位移而开展静态实验，也可以通过调节激

振器来激励双平行梁振动而开展动态实验。

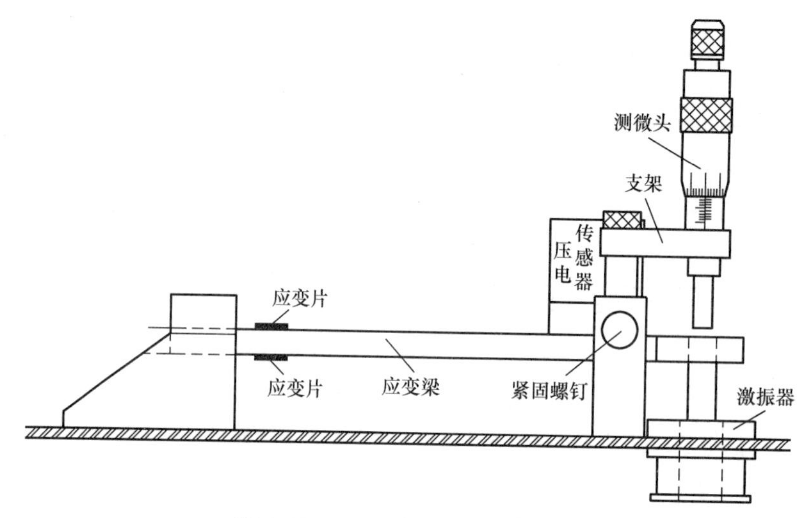

图 4.10.11　悬臂双平行梁结构图

2. 调理电路

调理电路就是信号处理电路，把模拟信号变换为用于数据采集、控制过程、执行计算显示读出或其他目的的数字信号。模拟传感器可测量很多物理量，如温度、压力、光强等。但由于传感器信号不能直接转换为数字数据（这是因为传感器输出是相当小的电压、电流或电阻变化），因此，在变换为数字信号之前必须进行调理。调理就是放大、缓冲或定标模拟信号等，使其适合于模数转换器（ADC）的输入。然后，ADC 对模拟信号进行数字化，并把数字信号送到单片机（MCU）或其他数字器件，以便用于系统的数据处理。

Ⅰ. 电桥

1）图 4.10.12 为电桥面板图，菱形虚框为无实体的电桥模型（为实验者组装电桥参考而设，无其他实际意义）。

2）$R_1=R_2=R_3=350\Omega$ 是固定电阻，为组成单臂输入和双臂输入而配备的其他桥臂电阻。

3）W_1 电位器、r 电阻为电桥直流调节平衡网络，W_2 电位器、C 电容为电桥交流调节平衡网络。

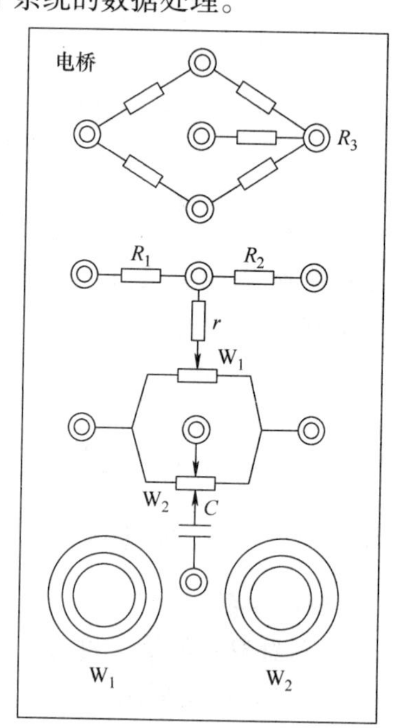

图 4.10.12　电桥面板图

Ⅱ. 差动放大器

如图 4.10.13 所示，差动放大器是将两个对称放大器件接在一起，将两个输入端电压差以一种固定增益放大的电子放大器。在理想情况下，输出信号 V_o 只与一对输入信号 V_{i+}、V_{i-} 的差值有关的。

【实验内容和步骤】

1. 差动放大器的零点调节

1）按图 4.10.14 接线。

2）将 F/V 表（或电压表）的量程切换开关切换到 2V 档，合上主、副电源开关，将差动放大器的增益电位器按

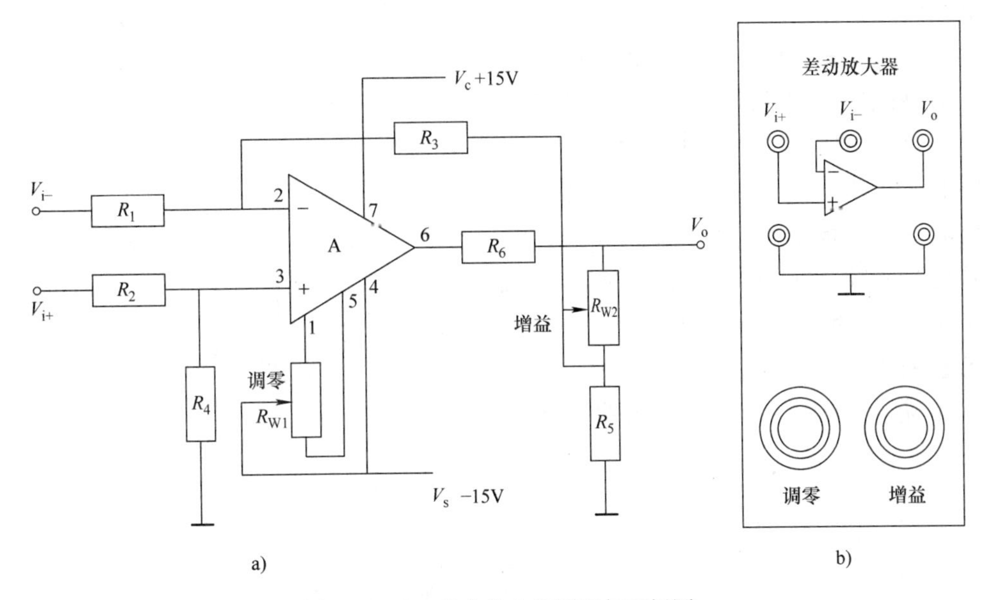

图 4.10.13 差动放大器原理与面板图
a）差动放大器原理 b）差动放大器面板图

顺时针方向轻轻转到底后再逆向回转一点点，即将放大器的增益调至最大。（**注意**：“回转一点点”的目的：电位器触点在根部估计可能会接触不良。）

3）再调节差动放大器的调零电位器，使电压表显示电压为零。

4）差动放大器的零点调节完成，关闭主电源。

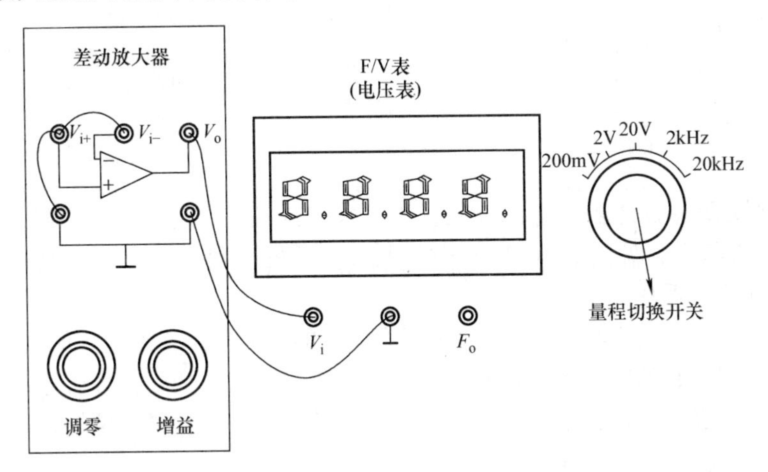

图 4.10.14 差动放大器的零点调节接线图

2. 应变片单臂输入特性

1）在应变梁处于自然状态（不受力）的情况下，用4位半数显万用表测量所有应变片阻值；在应变梁受力状态（用手下压或用手上提梁的自由端）的情况下，再次测量应变片的阻值，观察一下应变片阻值变化情况（标有“上下箭头”的四片应变片纵向受力阻值有变化；标有“左右箭头”的两片应变片在横向不受力时阻值无变化，是温度补偿片），如

图4.10.15所示。

2）将 ±2 ~ ±10V 步进可调直流稳压电源切换到4V 档，将主板上传感器输出单元中的箔式应变片（标有上下箭头的 4 片应变片中任意一片为工作片）与电桥单元中 R_1、R_2、R_3组成电桥电路，电桥的一组对角接 ±4V 直流电源，另一组对角作为电桥的输出接差动放大器的两个输入端，将 W_1 电位器、r 电阻直流调节平衡网络接入电桥中（W_1 电位器两个固定端接电桥的 ±4V 电源端、W_1 的活动端 r 电阻接电桥的输出端），如图 4.10.16（粗曲线为连接线）所示。

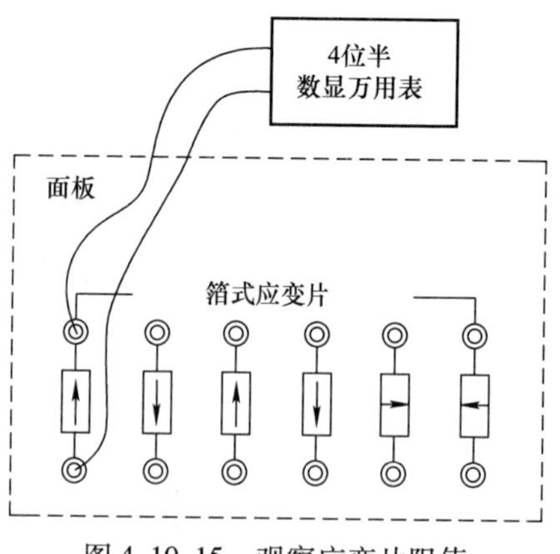

图4.10.15　观察应变片阻值变化情况示意图

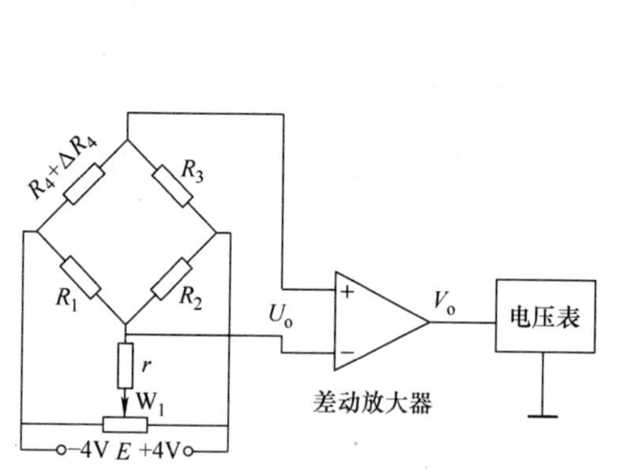

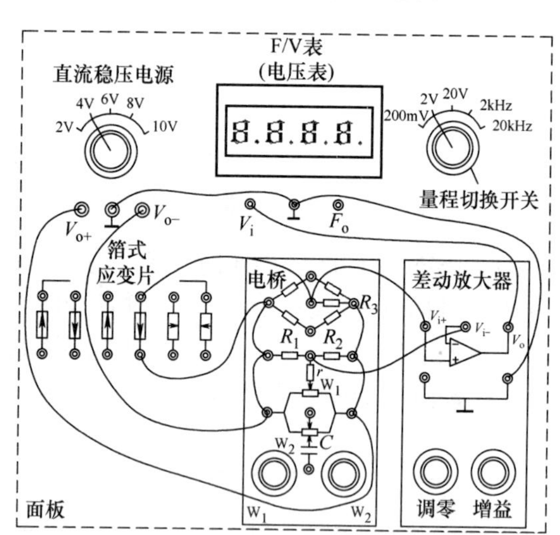

图4.10.16　应变片单臂输入特性实验原理图与接线示意图

3）检查接线无误后合上主电源开关，当机头上应变梁的自由端的测微头离开自由端（应变梁处于自然状态，见图4.10.11）时，调节电桥的直流调节平衡网络 W_1 电位器，使电压表显示为0或接近0。

4）在测微头吸合应变梁的自由端前调节测微头的微分筒，使测微头的读数为10mm时，再松开测微头支架轴套的紧固螺钉，调节测微头支架高度使应变梁吸合后进一步调节支架高度，同时观察电压表示数，当示数的绝对值尽量为最小时，拧紧紧固螺钉，固定测微头的支架高度。

5）仔细微调微分筒，使电压表示数为0（梁不受力，处于自然状态），将此时测微头的刻度线位置作为应变梁位移的相对0位的位移点。

6）首先，确定某个方向位移，然后调节微分筒一周产生0.500mm位移，读取相应的电压值并记录在表4.10.1中“正行程”一栏中，直至位移量到8.000mm；继续旋进微分筒一周左右，再反向调节微分筒，在表4.10.1中“反行程”一栏中，记录位移量为8.000mm至位移量为0的过程中的电压值，每改变0.500mm位移量读取一次。

7）重复上述步骤，再分别进行两次正、反行程的测量。

8）反方向调节测微头的微分筒，使电压表显示0V（此时测微头微分筒的刻度线不在原来的0位的位移点位置上，是由于测微头存在机械空程误差），以此时测微头的刻度线位置作为梁位移的0位的位移点，再重复步骤5）。

注意：调节测微头要仔细，微分筒每转一周 $\Delta x = 0.500\text{mm}$；如调节过量再回调，则会产生空程误差。

9）实验完毕，关闭电源。

3. 应变片双臂输入特性

1）完成差动放大器的零点调节后，按照图4.10.17接线，除将电桥单元中 R_1、R_2 与相邻的两片应变片组成电桥电路外，其余线路的接线方式与单臂输入相同。

2）实验步骤和实验数据处理要求与［实验内容和步骤］2（应变片单臂输入特性）完全相同。

3）实验完毕，关闭电源。

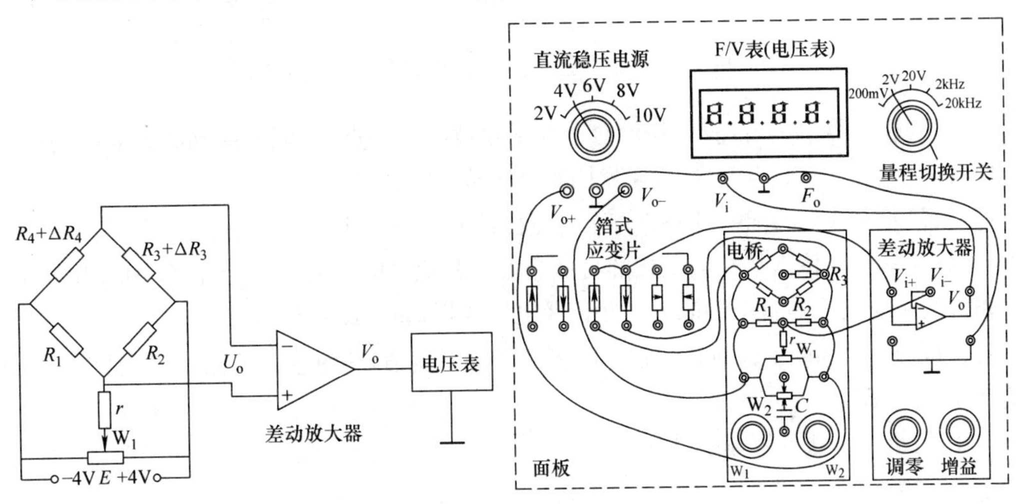

图4.10.17　应变片双臂输入特性实验原理图与接线示意图

4. 应变片全桥输入特性

1）完成差动放大器的零点调节后，按照图4.10.18接线，除将四片应变片组成电桥电路外，其余线路的接线方式与单臂输入相同。

2）实验步骤和实验数据处理要求与［实验内容和步骤］2（应变片单臂输入特性）完全相同。

3）实验完毕，关闭电源。

5. 应变片全桥输入的应用——电子秤实验

1）完成差动放大器的零点调节后，按照图4.10.18连线。

2）在应变梁的自由端无砝码时，调节电桥中的 W_1 电位器，使数显表显示为0.000V。将5只砝码全部置于应变梁的自由端上（尽量放在中心点），调节差动放大器的增益电位器，使数显表显示为0.100V（“2V”档测量）或 −0.100V。

3）拿去应变梁的自由端上所有砝码，调节差动放大器的调零电位器，使数显表显示为

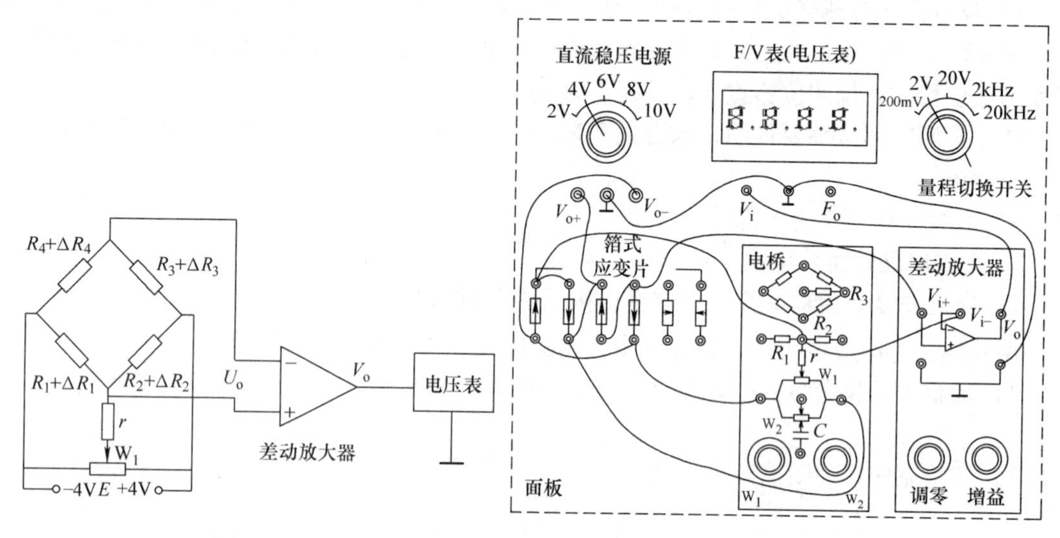

图 4. 10. 18　应变片全桥输入实验原理图与接线示意图

0. 000V。再将 5 只砝码全部置于振动台上（尽量放在中心点），调节差动放大器的增益电位器，使数显表显示为 0. 100V（“2V”档测量）或 −0. 100V。

4）重复步骤 3）的标定过程，直至重复性误差较小为止。

5）将 5 只砝码依次放在应变梁的自由端上，并记录电压数据$V_{正}$于表 4. 10. 2 中；而后，将砝码依次从应变梁的自由端取下，并记录电压数据$V_{反}$于表 4. 10. 2 中。

6）以负载的质量 M 为横轴、输出电压的校准平均值$\overline{V}$为纵轴，绘制$\overline{V}-M$ 曲线，并计算灵敏度 $S=\Delta V/\Delta M$。

7）用最小二乘法计算非线性误差 δ：

$$\delta=\frac{\Delta V_{\max}}{V_{F\cdot S}}\times 100\%$$

8）在应变梁的自由端上放上笔、钥匙之类的小东西，记录电压数据并计算出其相应的质量。

9）实验完毕，关闭电源。

【数据记录及处理】

表 4. 10. 1　应变片单臂输入特性实验数据

位移 x/mm	输出电压 V/mV									
	第一次循环			第二次循环			第三次循环			校准平均值
	正行程	反行程	滞后	正行程	反行程	滞后	正行程	反行程	滞后	
0. 000										
0. 500										
1. 000										
…										
8. 000										

（1）以位移为横轴、校准平均值为纵轴，绘制 $V-x$ 曲线，并计算灵敏度 $S=\Delta V/\Delta X$。

（2）用最小二乘法计算非线性误差 δ：

$$\delta=\frac{\Delta V_{\max}}{V_{F\cdot S}}\times 100\%$$

（3）计算滞后性 H 和重复性 R。

表 4.10.2　电子秤实验数据

负载的质量 M/g	0.00	20.00	40.00	60.00	80.00	100.00
加载的输出电压 $V_{正}$/mV						
撤载的输出电压 $V_{反}$/mV						
校准平均值 $\overline{V}$/mV						

【结果分析】

比较单臂、半桥、全桥输出时的灵敏度和非线性度，并从理论上加以分析比较，得出相应的结论。

【注意事项】

（1）不要在砝码盘上放置超过 1kg 的物体，否则容易损坏传感器。

（2）电桥的电压为 ±4V，绝不可错接成 ±15V。

实验 4.11　非线性电路的研究

混沌现象反映了自然界的非周期性与不可预测性问题，因而成为 20 世纪三大重要基础科学之一。随着计算机的快速发展，混沌现象及其应用研究已成为自然科学技术和社会科学研究领域的一个热点。混沌行为是确定性因素导致的类似随机运动的行为，即一个可由确定性方程描述的非线性系统，其长期行为表现为明显的随机性和不可预测性。混沌中蕴含着有序，有序的过程中也可能出现混沌。混沌的基本特征是具有对初始条件的敏感依赖性，即初始值的微小差别经过一段时间后可以导致系统运动过程的显著差别。

非线性电路中一个最典型的电路是三阶自治蔡氏电路，在这个电路中能够观察到混沌吸引子。蔡氏电路是能产生混沌行为最简单的自治电路，所有能从三阶自治常微分方程所描述的系统中得到的分岔和混沌现象都能够在蔡氏电路中通过计算机仿真和示波器观察到。经过若干年的研究及目前对它的分析，在理论和实践方面不断取得进展，同时人们也不断开拓新的应用领域，如在通信、生理学、化学反应方程等方面不断产生新的技术构想，并有希望很快成为现实。

【实验目的】

（1）研究蔡氏电路，分析其电路特性和产生周期与非周期振荡的条件。

（2）分析 RLC 电路中混沌现象的基本特性和混沌产生的方法。

（3）对所观察的奇怪吸引子的各种图像进行探讨和说明。

（4）测量有源非线性电路的负阻特性。

【实验仪器】

混沌电路实验仪、双踪示波器、电阻箱。

【实验原理】

1. 非线性电路与非线性动力学

1983 年，美籍华裔科学家蔡少棠教授首次提出了著名的蔡氏电路（Chua's circuit）。它是历史上第一例用电子电路来证实混沌现象的电路，也是迄今为止在非线性电路中产生复杂动力学行为的最为有效和较为简单的电路之一。通过改变蔡氏电路的拓扑结构或电路参数，可以产生倍周期分叉、单涡旋吸引子、双涡旋吸引子、多涡旋吸引子等十分丰富的混沌现象。因此，蔡氏电路开启了混沌电子学的大门，围绕它人们已开展了混沌机理的探索以及混沌在保密通信中的应用等方面的研究，并取得了一系列丰硕的成果。图 4. 11. 1 是蔡氏电路的原理图，它是一个由两个电容 C_1 和 C_2、一个电感 L、一个可变线性电阻 R_0，以及一个非线性电阻元件 R_n 组成的三阶电路。在电路中，L 与 C_1 并联构成一个损耗可以忽略的振荡电路，可变电阻 R_0 能使 A、B 两处输入示波器的信号产生相位差，从而得到 X、Y 两个信号的合成图形。

非线性电阻 R_n 是一个分段线性的负电阻，它的伏安特性曲线虽对称，但却是非线性的，并且曲线的中间一段呈现负电阻的特征，如图 4. 11. 2 所示。耦合电阻 R_0（实际是电导）呈现正阻性，它将振荡电路与非线性电阻 R_n 和电容 C_2 组成的电路耦合起来并且消耗能量，以防止由于非线性线路的负阻效应使电路中的电压和电流不断增大。

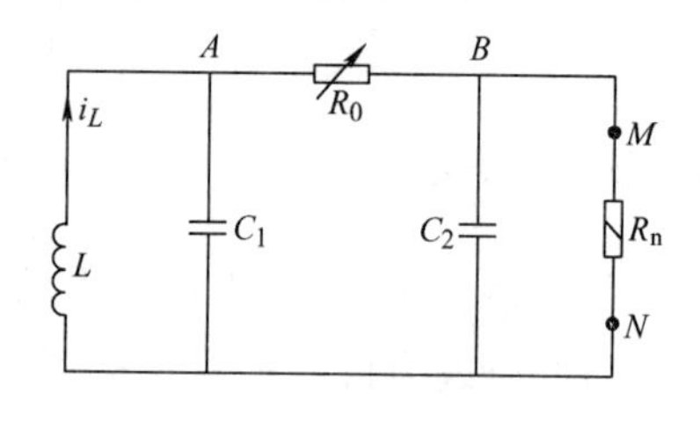

图 4. 11. 1　蔡氏电路原理图

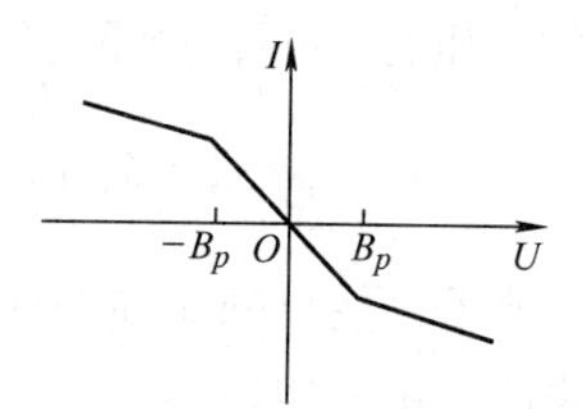

图 4. 11. 2　非线性电阻 R_n 的伏安特性曲线

根据基尔霍夫定律可知，图 4. 11. 1 所示电路的状态方程式为

$$\begin{cases} C_1\dfrac{\mathrm{d}U_{C_1}}{\mathrm{d}t}=G(U_{C_2}-U_{C_1})+i_L \\ C_2\dfrac{\mathrm{d}U_{C_2}}{\mathrm{d}t}=G(U_{C_1}-U_{C_2})-f(U_{C_2}) \\ L\dfrac{\mathrm{d}i_L}{\mathrm{d}t}=-U_{C_1} \end{cases} \tag{4.11.1}$$

式中，G 是 R_0 的电导；U_{C_1}、U_{C_2} 分别是 C_1、C_2 上的电压；函数 $f(U_{C_2})$ 是非线性电阻 R_n 的特征函数，它的分段表达式为

$$f(U_{C_2})=\begin{cases} m_0U_{C_1}+(m_1-m_0)B_p & U_{C_1}\geqslant B_p \\ m_1U_{C_1} & |U_{C_1}|\leqslant B_p \\ m_0U_{C_1}-(m_1-m_0)B_p & U_{C_1}\leqslant -B_p \end{cases}$$

式中，m_0、m_1 为常数，量纲与电导相同。

如果 R_n 是线性的，$f(U_{C_2})$ 是常数，则图 4. 11. 1 所示的电路就是一般的振荡电路，得到的解是正弦函数，此时示波器显示的图形就是椭圆。然而，R_n实际上是一个分段线性的电阻，整体呈现出非线性，它的伏安特性如图4.11.2所示，因此，函数$f(U_{C_2})$也是一个分段线性函数，故三元非线性方程组（4.11.1）没有解析解。若用计算机编程进行数据计算，当选取适当的电路参数时，可在显示屏上观察到模拟实验的混沌现象。

2. 有源非线性负阻元件的实现

非线性元件R_n是产生混沌现象的必要条件，它的作用是使振动周期产生分岔和混沌等一系列现象。实验中用于产生非线性电阻的方法很多，如单结晶体管、变容二极管以及运算放大电路等。如图4.11.3所示，本实验中选用的是由一个双运算放大器和六个电阻组合而成的电路作为产生非线性元件R_n的电路，其伏安特性如图4.11.4所示。比较图4.11.2和图4.11.4可以认为，这个电路在分段线性方面与图4.11.2所要求的理论特性相近。但当U过大或过小时，特征曲线都出现了负阻向正阻的转折。这是由于外加电压超过了运算放大器在线性区工作的要求电压值（接近电源电压）而出现的非线性现象。这个特性将导致在电路中产生附加的周期轨道，但这对混沌电路产生吸引子和鞍形周期轨道没有影响。

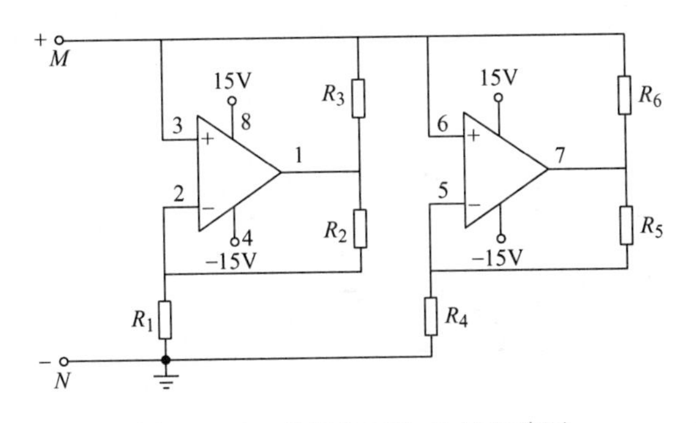

图4.11.3　非线性元件R_n的电路图

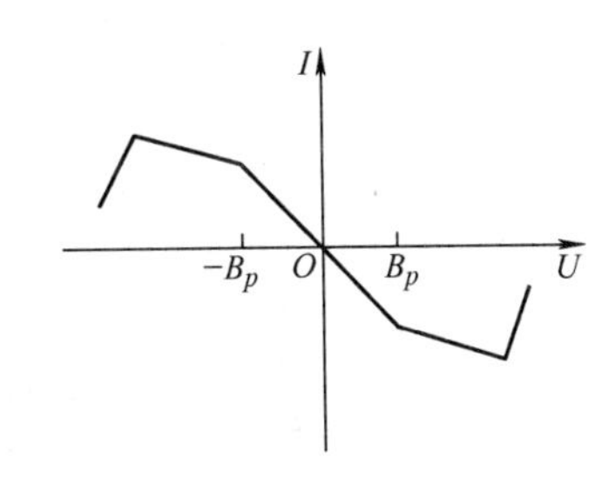

图4.11.4　非线性元件R_n的伏安特性曲线

如图4.11.5所示，双运算放大器前级和后级的正、负反馈同时存在，正反馈的强弱与比值R_3/R_0和R_6/R_0有关，而负反馈的强弱与比值R_2/R_1和R_5/R_4有关。当正反馈大于负反馈时，振荡电路才能维持振荡。若调节R_0，正反馈就发生变化，双运算放大器处于振荡状

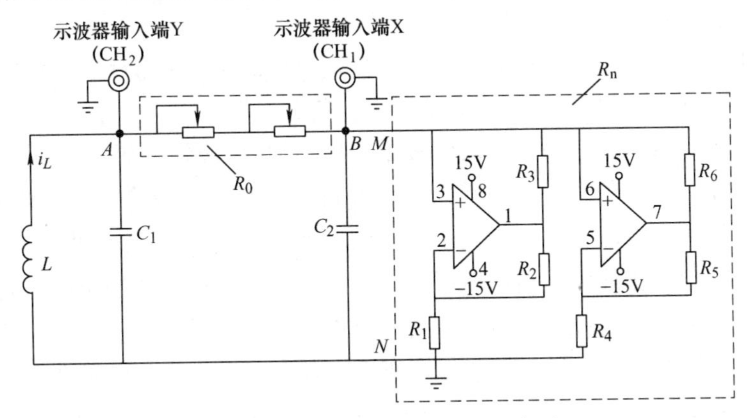

图4.11.5　非线性混沌实验电路图

态，表现出非线性。从 M、N 两点来看，双运算放大器与6个电阻组成的电路等效于一个非线性电阻 R_n，它的伏安特性大致如图4.11.4所示。

3. 有源非线性电阻的伏安特性测量

如图4.11.6所示，由于有源非线性负阻元件 R_n 是有源的，所以在实验中，即使将图4.11.5中的 LC 振荡部分与非线性电阻直接断开，图4.11.6的回路中也始终会有电流流过，而电压表则用来测量非线性元件 R_n 两端的电压。可调电阻 R 的作用是改变非线性元件的对外输出。

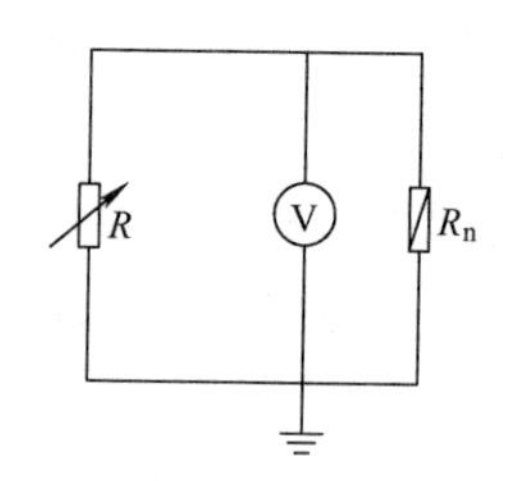

图4.11.6　有源非线性元件伏安特性测量电路图

【仪器介绍】

非线性电路混沌实验仪由四位半电压表（量程0～19.999V，分辨率1mV）、−15V～0～+15V稳压电源和非线性电路混沌实验线路板三部分组成，其面板如图4.11.7所示。

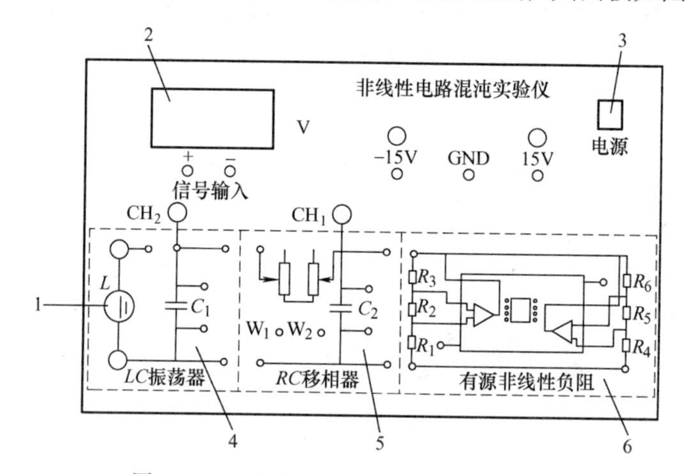

图4.11.7　非线性电路混沌实验仪面板图

1—电感　2—数字电压表　3—电源开关　4—LC 振荡器　5—RC 移相器　6—有源非线性负阻

【实验内容】

1. 观测非线性电路倍周期分岔和混沌现象

1）回顾示波器基本功能的使用。

2）按照图4.11.8所示接好电路。同时，用数据线将实验仪面板上的 CH_1 和 CH_2 分别与示波器的 CH_1 和 CH_2 接好。检查电路无误后，打开电源。

3）将 W_1+W_2（即 R_0）的阻值调到最小（W_1 是粗调旋钮，W_2 是细调旋钮），在示波器的显示屏上可观察到一条直线，然后逐渐增大 R_0，直线将变成椭圆。当调节 R_0 到某一阻值时，图形将会缩成一点。此时，增大示波器的倍率，反向微调 R_0（即 R_0 逐渐减小），可见曲线做倍周期变化，曲线由一倍周期增为两倍周期，由两倍周期增至四倍周期，…，直至一系列难以计数的无首尾的环状曲线，这是一个单涡旋吸引子集。

4）再细微调节 R_0，单涡旋吸引子突然变成了双吸引子，可看见环状曲线在两个向外涡旋的吸引子之间不断填充与跳跃，这就是混沌研究文献中所描述的“蝴蝶”图像，它也是一种奇怪吸引子，其特点是整体上的稳定性和局域上的不稳定性同时存在。

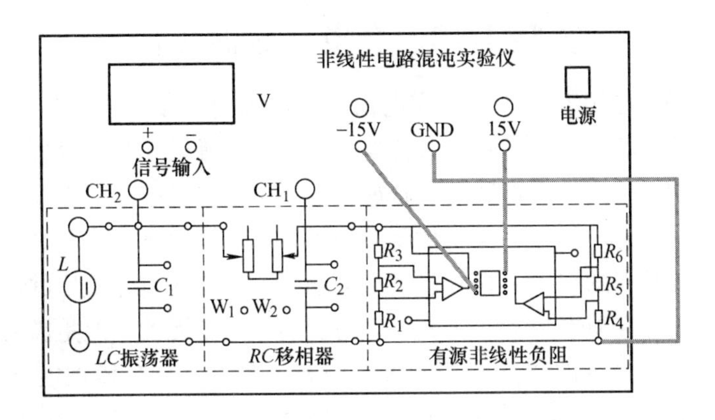

图4.11.8　观测非线性电路倍周期分岔和混沌现象连线图

5）利用这个电路还可以观察到周期性窗口，仔细调节 R_0，有时原先的混沌吸引子不是倍周期变化，却突然出现了一个三周期图像，再微调 R_0，又会出现混沌吸引子，这一现象称为阵发混沌。

6）记录一倍周期、两倍周期、四倍周期、阵发混沌、三倍周期、奇异吸引子和双吸引子的现象。

2. 测量有源非线性负阻元件的伏安特性并画出曲线

1）如图4.11.9所示，断开实验仪的电源，将 +15V 电源输出端与有源非线性负阻的正极连接，负极与电阻箱的一端连接，然后将电阻箱的另一端与 −15V 电源输出端连接，最后在有源非线性负阻两端并联上实验仪上的数字电压表，将电阻箱阻值调到最大。检查电路无误后，打开实验仪电源。

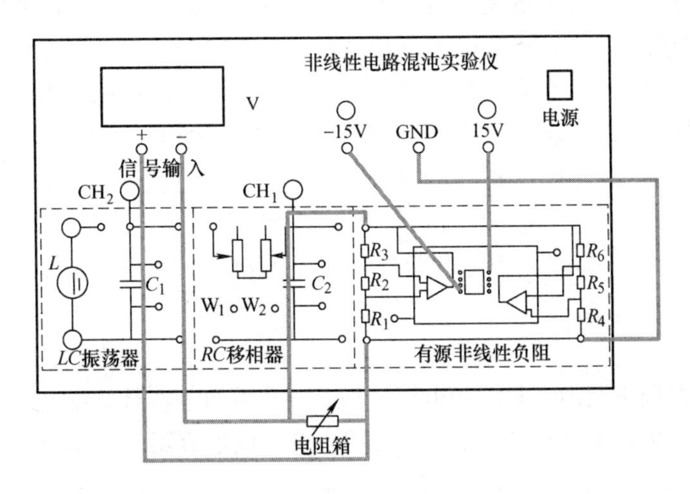

图4.11.9　有源非线性负阻元件的伏安特性测量连线图

2）调节电阻箱阻值的大小，测量非线性单元电路在电压 $U<0$ 时的伏安特性，绘制出 I-U 关系图，并进行直线拟合。

实验4.12　介电常数的测量

介质在外加电场的作用下会产生感应电荷，从而削弱电场，原外加电场（真空中）与介质中电场的比值即为相对介电常数，又称电容率。介电常数是相对介电常数与真空中绝对介电常数的乘积。如果将高介电常数的材料放在电场中，电场强度会在电介质内有可观地下降，理想导体内部由于静电屏蔽，电场强度总为零，故其介电常数为无穷大。介电常数是用来描述电介质使电场减弱的程度，它等于真空电场强度与加入电介质后其内的合电场强度之比，而且此比值只由电介质本身的性质决定，与所加外电场无关。但是需要强调的是，一种材料的介电常数数值与测试的频率密切相关。因此，介电常数是描述电介质性质的重要参数，根据物质的介电常数可以判别高分子材料的极性大小。通常，介电常数大于3.6的物质为极性物质；介电常数在2.8～3.6范围内的物质为弱极性物质；介电常数小于2.8的物质为非极性物质。电介质介电常数的测量对于深入了解某些物质结构的规律，发现物理性能优异的新型电介质材料都具有重要的意义。

【实验目的】

（1）掌握固体、液体电介质相对介电常数的测量原理及方法。

（2）学习减小系统误差的实验方法。

（3）学习用线性回归处理数据的方法。

【实验仪器】

平行板电容器、数字式交流电桥、液体测量用空气电容、介电常数测试仪、频率计等。

【实验原理】

电介质是指不导电的绝缘介质。当电介质被放入电场中时，无论其性质如何，都会由于电场的感应而获得一个宏观的电偶极矩，净效应表现为在电介质表面上的不同侧面出现等量的正、负电荷的聚集。这样，感生电荷（束缚状态）就会在电介质内部建立起一个与外加电场方向相反的电场，使电介质内部的合电场较原来的外加电场小，即电介质在有外加电场时会产生感应电荷而削弱电场。法拉第于1837年通过实验发现：

1）当保持平行板电容器两极板电压不变时，加入电介质后，极板上所带电荷量将增加。

2）当保持平行板电容器极板上所带电荷量不变时，加入电介质后，两极板间电压会减小。

这就说明：

① 两个电容器极板上加有相同的电压，加有电介质的电容器极板上电荷较多。

② 两个电容器极板上有相同的电荷，加有电介质的电容器两极间的电压较低。

在上述两种情况下，根据电容器的电容公式 $C=\dfrac{Q}{U}$，由实验测量可以证明，加入电介质后电容器的电容总是增大为原来的 ε_r倍。而且，ε_r与电容器本身无关，只由电介质决定。

用两块平行放置的金属电极构成一个平行板电容器，其电容为

$$C=\frac{\varepsilon S}{D} \tag{4.12.1}$$

式中，D 为极板间距；S 为极板面积；ε 即为介电常数。材料不同，ε 也不同。真空中的介电常数为 ε_0，$\varepsilon_0 = 8.85 \times 10^{-12} \mathrm{F \cdot m^{-1}}$。

考察一种电介质的介电常数，通常是看相对介电常数，即与真空介电常数的比值 ε_r。若能测出平行板电容器在真空中的电容 C_1 和充满介质时的电容 C_2，则介质的相对介电常数即为

$$\varepsilon_r = \frac{C_2}{C_1} \tag{4.12.2}$$

然而，由于 C_1、C_2 的值都很小，此时电极的边界效应所引起的边界电容和测量用的引线等引起的分布电容都不可忽略，这些因素将会引起很大的误差，该误差属于系统误差。本实验用电桥法和频率法成功地消除了实验中的系统误差，并分别测出了固体和液体的相对介电常数。

1. 用电桥法测量固体电介质相对介电常数 ε_r 和真空介电常数 ε_0

如图4.12.1a、b所示，将平行板电容器与数字式交流电桥相连接，测出空气中的电容 C_1 和放入固体电介质后的电容 C_2。

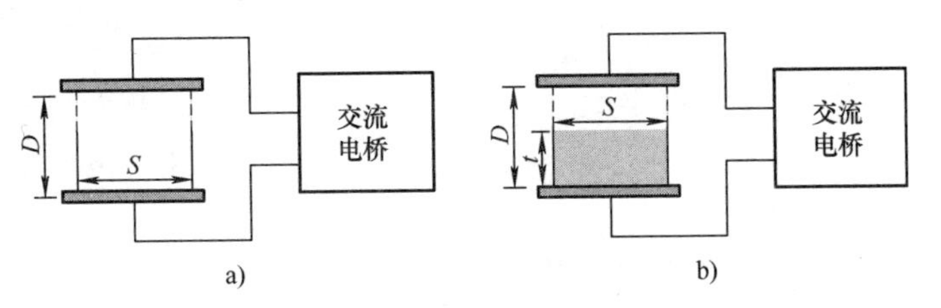

图4.12.1　电桥法测量电介质相对介电常数 ε_r

$$C_1 = C_0 + C_{边1} + C_{分1} \tag{4.12.3}$$

$$C_2 = C_{串} + C_{边2} + C_{分2} \tag{4.12.4}$$

式中，C_0 是样品的面积为 S、两极板间距为 D、电极间以空气为介质的电容，$C_0 = \dfrac{\varepsilon_0 S}{D}$；$C_{边}$ 为样品面积以外电极间的电容和边界电容之和；$C_{分}$ 为测量引线及测量系统等引起的分布电容之和；放入样品时，由于样品没有充满电极之间，样品面积比极板面积小，厚度也比极板的间距小，因此，由样品面积内介质层和空气层将组成串联电容而形成 $C_{串}$，根据电容串联公式有

$$C_{串} = \frac{\dfrac{\varepsilon_0 S}{D-t} \dfrac{\varepsilon_r \varepsilon_0 S}{t}}{\dfrac{\varepsilon_0 S}{D-t} + \dfrac{\varepsilon_r \varepsilon_0 S}{t}} = \frac{\varepsilon_r \varepsilon_0 S}{t + \varepsilon_r (D-t)} \tag{4.12.5}$$

若在两次测量中，两极板间距 D 不变，即系统状态保持不变，则有

$$C_{边1} = C_{边2},\ C_{分1} = C_{分2}$$

由此可得

$$C_{串} = C_2 - C_1 + C_0$$

因此，可得

$$\varepsilon_r = \frac{C_{串} t}{\varepsilon_0 S - C_{串}(D-t)} = \frac{(C_2 - C_1 + C_0) t}{\varepsilon_0 S - (C_2 - C_1 + C_0)(D-t)} \tag{4.12.6}$$

式中不再包含边界电容和分布电容，也就是说运用该实验方法成功地消除了由边界效应和测量用的引线等引入的系统误差。

因此，在不考虑边界效应的情况下，测量系统的总电容应为

$$C = \frac{\varepsilon_0 S_0}{D} + C_{分} \tag{4.12.7}$$

式中，S_0为平行板电容极板面积。

保持系统分布电容不变，改变电容器的极板间距D，测量不同的D值所对应的两极板间充满空气时的电容C_D，则由最小二乘法进行线性拟合，可求得分布电容$C_{分}$和真空介电常数ε_0（$\varepsilon_0 \approx \varepsilon_{空}$）。

2. 用频率法测定液体电介质的相对介电常数 ε_r

如图4.12.2所示，将两个电容分别为C_{01}和C_{02}的空气电容组合在一起，并通过一个开关将其分别与介电常数测试仪相连。测试仪中的电感L与电极电容和分布电容构成LC振荡回路。振荡频率为$f = \dfrac{1}{2\pi\sqrt{LC}}$，即

$$C = \frac{1}{4\pi^2 f^2 L} = \frac{k^2}{f^2} \tag{4.12.8}$$

图4.12.2　频率法测定电介质的相对介电常数ε_r

式中，$C = C_0 + C_{分}$；$k = \dfrac{1}{2\pi\sqrt{L}}$。当介电常数测试仪中的电感$L$一定时，式（4.12.8）中的$k$即为常数，因而频率$f$仅随电容$C$的变化而变化。当电极在空气中时接入电容$C_{01}$，相应的振荡频率为$f_{01}$，得$C_{01} + C_{分} = \dfrac{k^2}{f_{01}^2}$；接入电容$C_{02}$，相应的振荡频率为$f_{02}$，得$C_{02} + C_{分} = \dfrac{k^2}{f_{02}^2}$。实验中保证测量引线及测量系统等引起的分布电容$C_{分}$不变，则有

$$C_{02} - C_{01} = \frac{k^2}{f_{02}^2} - \frac{k^2}{f_{01}^2} \tag{4.12.9}$$

当电极浸在液体中时，相应地有

$$\varepsilon_r (C_{02} - C_{01}) = \frac{k^2}{f_2^2} - \frac{k^2}{f_1^2} \tag{4.12.10}$$

由此可得液体电介质的相对介电常数ε_r：

$$\varepsilon_r = \frac{\dfrac{1}{f_2^2} - \dfrac{1}{f_1^2}}{\dfrac{1}{f_{02}^2} - \dfrac{1}{f_{01}^2}} \tag{4.12.11}$$

此结果不再和分布电容有关，因此该实验方法同样消除了由分布电容引入的系统误差。

【实验内容】

1. 测量固体电介质相对介电常数 ε_r

1）用游标卡尺和测微电极电容系统上的外径千分尺，分别测出样品的直径R和厚度t，

重复测量 5 次，并由此计算出$\overline{C_0}$及其不确定度。

2）连接好线路，调节测量电极上、下极板间的间距，使间距约为样品厚度的 1.2 倍。用测微电极电容系统上的外径千分尺测出间距 D 的大小。

3）用交流电桥测出以空气为介质的电容 C_1，重复测量 5 次，并由此计算出$\overline{C_1}$及其不确定度。

4）保持电极板的间距不变，将待测样品放入两极板间，再用交流电桥测出有介质时的电容量 C_2，重复测 5 次，并由此计算出$\overline{C_2}$及其不确定度。

5）求出样品的相对介电常数 ε_r及其不确定度，并写出及结果表达式。

2. 测量真空介电常数 ε_0

连接好线路，调节测量电极上、下极板间的间距，使间距分别为 1.100mm，1.200mm，…，1.500mm，用交流电桥测出以空气为介质的电容 C_D，利用最小二乘法进行线性拟合，并求出分布电容 $C_{分}$和真空介电常数 ε_0。

3. 测定液体电介质的相对介电常数 ε_r

1）电极在空气中，将开关置于 1 时，测出频率f_{01}，开关置于 2 时，测出频率f_{02}；在电极的容器中倒入液体介质（乙醇），使电极浸没在液体中，将开关置于 1 时，测出频率f_1，开关置于 2 时，测出频率f_2，每个状态的频率测量 5 次。

2）计算乙醇的相对介电常数 ε_r，并与标准值$\varepsilon_r\big|_{t=25℃}=24.3$ 进行比较，计算百分差。

实验 4.13　用椭圆偏振法测量薄膜厚度及折射率

近代科学技术中对各种薄膜的研究和应用日益广泛。因此，能够更加迅速和精确地测量薄膜的光学参数（例如厚度和折射率）就非常重要。

在实际工作中可以利用各种传统的方法来测定薄膜的光学参数，如布儒斯特角法测介质膜的折射率、干涉法测膜等。此外，还有称重法、X 射线法、电容法、椭圆偏振法等。其中，椭圆偏振测法是研究两介质界面或薄膜中发生的现象及其特性的一种光学方法，其原理是利用偏振光束在界面或薄膜上反射或透射时出现的偏振变换。因为椭圆偏振法具有测量精度高、灵敏度高、非破坏性等优点，已广泛用于各种薄膜的光学参数测量，如半导体、光学掩膜、圆晶、金属、介电薄膜、玻璃（或镀膜）、激光反射镜、大面积光学膜、有机薄膜等，也可用于介电、非晶半导体、聚合物薄膜，以及薄膜生长过程的实时监测等测量。

椭圆偏振法是一种先进的测量薄膜纳米级厚度的方法，它的基本原理由于数学处理上的困难，直到 20 世纪 40 年代计算机出现以后才发展起来，其测量经过几十年来的不断改进，已从手动进入到全自动、变入射角、变波长和实时监测，极大地促进了纳米技术的发展，椭偏法的测量精度很高（比一般的干涉法高一至两个数量级），测量灵敏度也很高（可探测到生长中的薄膜小于 0.1nm 的厚度变化）。利用椭圆偏振法可以测量薄膜的厚度和折射率，也可以测定材料的吸收系数或金属的复折射率等光学参数。因此，椭圆偏振法在半导体材料、光学、化学、生物学和医学等领域都有着广泛的应用。

【实验目的】

（1）了解椭圆偏振测法的基本原理，并掌握一些偏振光学实验技术。

（2）学会用椭偏法测量纳米级薄膜的厚度和折射率，以及金属的复折射率。

【实验仪器】

He-Ne 激光器、椭圆偏振测厚仪。

【实验原理】

当样品对光存在强烈的吸收（如金属）或者待测薄膜厚度远远小于光的波长时，常规的用来测量折射率的几何光学方法和测量薄膜厚度的干涉法均不再适用。本实验用一种反射型椭圆偏振仪（以下简称椭偏仪）测量折射率和薄膜厚度的方法。用反射型椭偏仪可以测量金属的复折射率，并且可以测量很薄的薄膜（几十埃[⊖]）。

反射型椭偏仪的基本原理是，用一束椭圆偏振光作为探针照射到样品上，由于样品对入射光中平行于入射面的电场分量（以下称 p 分量）和垂直于入射面的电场分量（以下简称 s 分量）有不同的反射、透射系数，因此从样品上出射的光，其偏振状态相对于入射光来说也要发生变化。样品对入射光电矢量的 p 分量和 s 分量的反射系数之比 G 正是把入射光与反射光的偏振状态联系起来的一个重要物理量。同时，G 又是一个与材料的光学参量有关的函数。因此，设法观测光在反射前后偏振状态的变化可以测定反射系数比，进而得到与样品的某些光学参量（例如材料的复折射率、薄膜的厚度等）有关的信息。

1. 光在两种均匀、各向同性介质分界面上的反射

众所周知，光是电磁波，光的性质除了用波长、频率和传播方向描述外，还需要用振幅、位相和偏振方向来描述。

普通光源发出的光是自然光，它是由许多没有固定相位关系的线偏振光组成的，它的电矢量方向均匀地分布在垂直于光传播方向的平面上。

线偏振光电矢量的方向限定在一定方向上振动，椭圆偏振光电矢量端点的轨迹在垂直于光传播方向平面上的投影为一椭圆，这些光均可用分解在两个互相垂直方向上的分量来表示（这两个分量一个是振动平面平行于入射面的分量 p 或称 p 波，另一个是振动面垂直于入射面的分量 s 或称 s 波），如此分解，那么光在不同介质的分界面上所发生的现象，便可借助于两个特定的线偏振光（p 波和 s 波）来进行分析。

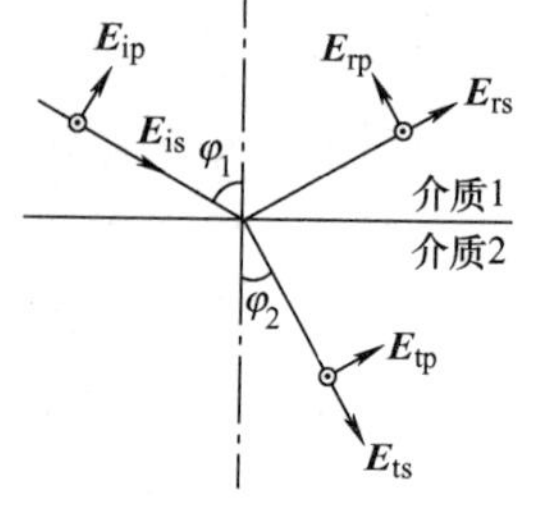

图 4. 13. 1　光在两种介质界面上的反射

如图 4. 13. 1 所示，单色平面波以入射角 φ_1 入射到折射率为 n_1 的介质 1 和折射率为 n_2 的介质 2 的分界面上，折射角为 φ_2。选用 p、s 分量的方向分别与入射光、反射光、透射光的传播方向构成右旋直角坐标系。$\boldsymbol{E}_{ip}$ 和 $\boldsymbol{E}_{is}$ 分别为入射光波的 p 波和 s 波，$\boldsymbol{E}_{rp}$ 和 $\boldsymbol{E}_{rs}$ 分别为反射光波的 p 波和 s 波，$\boldsymbol{E}_{tp}$ 和 $\boldsymbol{E}_{ts}$ 分别为折射光波的 p 波和 s 波，用（A_{ip}，A_{is}）、（A_{rp}，A_{rs}）、（A_{tp}，A_{ts}）分别表示入射、反射、透射光电矢量的复振幅。定义振幅反射系数和透射系数

$$\begin{cases} r_p = A_{rp}/A_{ip}\,,\ r_s = A_{rs}/A_{is} \\ t_p = A_{tp}/A_{ip}\,,\ t_s = A_{ts}/A_{is} \end{cases} \tag{4.13.1}$$

⊖ 埃（Å）为非法定计量单位，1Å = 0. 1nm = 10^{-10}m。——编辑注

当光波由介质 1 进入介质 2 时，入射角为 φ_1，折射角为 φ_2，利用折射定律，根据麦克斯韦（Maxwell）方程组和界面上的连续条件，可得光波在界面上的反射菲涅耳（Fresnel）公式

$$\begin{cases} r_{\mathrm{p}} = (n_2\cos\varphi_1 - n_1\cos\varphi_2)/(n_2\cos\varphi_1 + n_1\cos\varphi_2) = \tan(\varphi_1 - \varphi_2)/\tan(\varphi_1 + \varphi_2) \\ r_{\mathrm{s}} = (n_1\cos\varphi_1 - n_2\cos\varphi_2)/(n_1\cos\varphi_1 + n_2\cos\varphi_2) = -\sin(\varphi_1 - \varphi_2)/\sin(\varphi_1 + \varphi_2) \\ t_{\mathrm{p}} = 2n_1\cos\varphi_1/(n_2\cos\varphi_1 + n_1\cos\varphi_2) = 2\cos\varphi_1\sin\varphi_2/[\sin(\varphi_1 + \varphi_2)\cos(\varphi_1 - \varphi_2)] \\ t_{\mathrm{s}} = 2n_1\cos\varphi_1/(n_1\cos\varphi_1 + n_2\cos\varphi_2) = 2\cos\varphi_1\sin\varphi_2/\sin(\varphi_1 + \varphi_2) \end{cases} \tag{4.13.2}$$

光束在反射前后的偏振状态的变化可以用反射系数比 G 来表征。定义反射系数比 G 为

$$G = \frac{r_{\mathrm{p}}}{r_{\mathrm{s}}} = \tan\Psi \mathrm{e}^{\mathrm{i}\Delta}$$

利用折射定律

$$n_1\sin\varphi_1 = n_2\sin\varphi_2$$

可得

$$n_2 = n_1\sin\varphi_1\left[1 + \left(\frac{1-G}{1+G}\right)^2\tan^2\varphi_1\right]^{\frac{1}{2}} \tag{4.13.3}$$

由式（4.13.3）可以看出，如果 n_1 是已知的，那么在一个固定的入射角 φ_1 下测定反射系数比 G，则可以确定介质 2 的复折射率 n_2。

2. 多光束干涉理论

图 4.13.2 为光从环境介质（折射率为 n_1）入射到单层膜系统（由折射率为 n_3 的衬底和折射率为 n_2、厚度为 d 的薄膜构成的系统）的情况。反射光是由光束（1），光束（2），光束（3），…，光束（m）构成的，并且在它们之间有一定的位相差。入射光的振幅为 A_1，设它为 1，则光束（1）的振幅为 r_1，光束（2）的振幅为 $t_1 r_2 t_1^*$，光束（3）的振幅为 $t_1 r_2^2 r_1^* t_1^*$，……其余可照此类推，则光束（m）的振幅为 $t_1 r_2^{(m-1)}(r_1^*)^{(m-2)} t_1^*$。此外，将光束（1）与光束（2）或光束（2）与光束（3）相比可以看出，任意两相邻反射光由于光程上的差别所引起的相位差皆为

$$2\delta = \frac{4\pi}{\lambda} n_2 d\cos\varphi_2$$

式中，λ 为光在真空中的波长。由折射率公式，可得

$$2\delta = \frac{4\pi d}{\lambda}\sqrt{{n_2}^2 - {n_1}^2\sin^2\varphi_1} \tag{4.13.4}$$

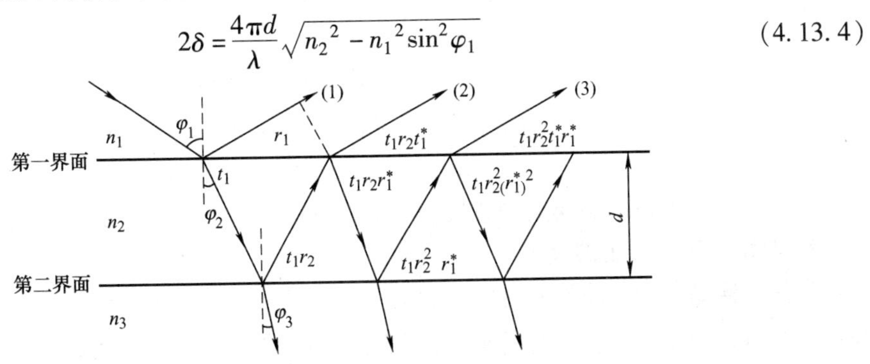

图 4.13.2　光在介质薄膜上的反射和折射

由式（4.13.4）可知，若两相邻的反射光的相位差改变 2π，则有 $d_0 = \frac{\lambda}{2} \cdot \frac{1}{\sqrt{n_2^2 - n_1^2 \sin^2 \varphi_1}}$，$d_0$称为一个厚度周期，即薄膜的厚度 d 每增加一个 d_0，相应的相位差 2δ 也就改变 2π。

仿照式（4.13.1），当光线由 n_2进入 n_1时，入射角为 φ_2，折射角为 φ_1，则利用折射定律，此时的反射系数与透射系数分别用 r^* 和 t^* 表示，则

$$\begin{cases} r_p^* = \tan(\varphi_2 - \varphi_1)/\tan(\varphi_2 + \varphi_1) \\ r_s^* = -\sin(\varphi_2 - \varphi_1)/\sin(\varphi_2 + \varphi_1) \\ t_p^* = 2\cos\varphi_2 \sin\varphi_1/[\sin(\varphi_2 + \varphi_1)\cos(\varphi_2 - \varphi_1)] \\ t_s^* = 2\cos\varphi_2 \sin\varphi_1/\sin(\varphi_2 + \varphi_1) \end{cases} \tag{4.13.5}$$

由式（4.13.2）与式（4.13.5）相比，可得

$$\begin{cases} r_p^* = -r_p \\ r_s^* = -r_s \\ t_p^* t_p = 1 - r_p^2 \\ t_s^* t_s = 1 - r_s^2 \end{cases}$$

由图4.13.2知，反射光的合振幅 A_r应是（1），（2），（3）…，（m）条反射光叠加的结果，即

$$\begin{aligned} A_r &= r_1 + t_1 t_1^* r_2 e^{-i2\delta} + t_1 r_2^2 r_1^* t_1^* e^{-i4\delta} + \cdots + t_1 r_2^{(m+1)} (r_1^*)^{(m-2)} t_1^* e^{-i(m-1)2\delta} \\ &= r_1 + t_1 t_1^* r_2 e^{-i2\delta} \sum_{i=0}^{\infty} r_2 r_1^* e^{-i2\delta} = r_1 + \frac{t_1 t_1^* r_2 e^{-i2\delta}}{1 - r_2 r_1^* e^{-i2\delta}} \end{aligned}$$

因为 $r_1^* = -r_1$，$t_1 t_1^* = 1 - r_1^2$，则

$$A_r = r_1 + \frac{(1 - r_1^2) r_2 e^{-i2\delta}}{1 + r_1 r_2 e^{-i2\delta}} = \frac{r_1 + r_1^2 r_2 e^{-i2\delta} + (r_2 - r_1^2 r_2) e^{-i2\delta}}{1 + r_1 r_2 e^{-i2\delta}} = \frac{r_1 + r_2 e^{-i2\delta}}{1 + r_1 r_2 e^{-i2\delta}}$$

上式给出了振幅为 1 的入射光经单层膜反射后所得反射光的合振幅。根据振幅反射系数的定义，单层膜的总反射系数 R 为

$$\begin{aligned} R = \frac{A_r}{A_i} &= \frac{r_1 + r_2 \cos 2\delta - i r_2 \sin 2\delta}{1 + r_1 r_2 \cos 2\delta - i r_1 r_2 \sin 2\delta} \\ &= \frac{(r_1 + r_2 \cos 2\delta - i r_2 \sin 2\delta)(1 + r_1 r_2 \cos 2\delta + i r_1 r_2 \sin 2\delta)}{(1 + r_1 r_2 \cos 2\delta)^2 + (r_1 r_2 \sin 2\delta)^2} \\ &= \frac{r_1(1 + r_2^2) + r_2(1 + r_1^2)\cos 2\delta - i r_2 (1 - r_1) \sin 2\delta}{(1 + r_1 r_2 \cos 2\delta)^2 + (r_1 r_2 \sin 2\delta)^2} \end{aligned} \tag{4.13.6}$$

由此看来，光在单层膜上的总反射系数可视为光在一等效界面上的反射系数。

3. 光在介质薄膜上的反射

设待测样品是均匀涂镀在衬底上的透明同性膜层。如图 4.13.3 所示，n_1、n_2和 n_3分别为环境介质、薄膜和衬底的折射率，d 是薄膜的厚度，入射光束在膜层上的入射角为 φ_1，在薄膜及衬底中的折射角分别为 φ_2和 φ_3。当光线以入射角 φ_1从介质 1 入射到薄膜上时，由于

薄膜上、下表面对光的多次反射和折射，则在环境介质内得到的总反射光是多次反射波相干叠加的结果。

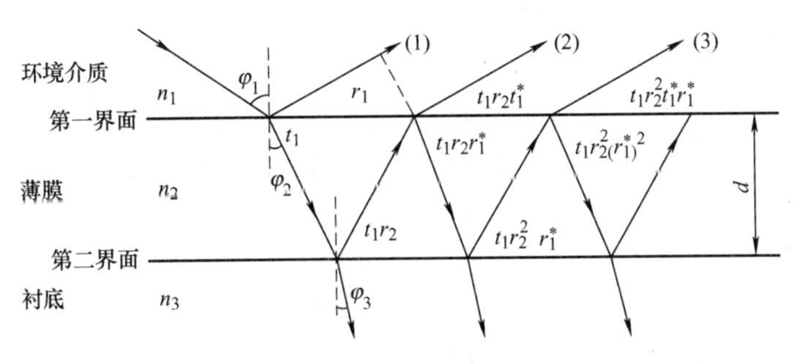

图 4.13.3　光在介质薄膜上的反射和折射

根据折射定律及菲涅耳反射公式，可求得 p 分量和 s 分量在第一界面上的振幅反射率分别为

$$\begin{cases} r_{1p} = (n_2\cos\varphi_1 - n_1\cos\varphi_2)/(n_2\cos\varphi_1 + n_1\cos\varphi_2) = \tan(\varphi_1 - \varphi_2)/\tan(\varphi_1 + \varphi_2) \\ r_{1s} = (n_1\cos\varphi_1 - n_2\cos\varphi_2)/(n_1\cos\varphi_1 + n_2\cos\varphi_2) = -\sin(\varphi_1 - \varphi_2)/\sin(\varphi_1 + \varphi_2) \end{cases}$$

而在第二个界面处则有

$$\begin{cases} r_{2p} = (n_3\cos\varphi_2 - n_2\cos\varphi_1)/(n_3\cos\varphi_3 + n_2\cos\varphi_3) = \tan(\varphi_2 - \varphi_3)/\tan(\varphi_2 + \varphi_3) \\ r_{2s} = (n_2\cos\varphi_2 - n_3\cos\varphi_3)/(n_2\cos\varphi_2 + n_3\cos\varphi_3) = -\sin(\varphi_2 - \varphi_3)/\sin(\varphi_2 + \varphi_3) \end{cases}$$

根据多光束干涉理论，如果把 R 沿 p 和 s 分量分解，则有

$$R_p = \frac{r_{1p} + r_{2p}e^{-i2\delta}}{1 + r_{1p}r_{2p}e^{-i2\delta}}$$

$$R_s = \frac{r_{1s} + r_{2s}e^{-i2\delta}}{1 + r_{1s}r_{2s}e^{-i2\delta}} \tag{4.13.7}$$

光束在反射前后的偏振状态的变化可以用总反射系数比 G 来表征。定义反射系数比

$$G = \frac{R_p}{R_s} = \tan\Psi e^{i\Delta} = \frac{r_{1p} + r_{2p}e^{-i2\delta}}{1 + r_{1p}r_{2p}e^{-i2\delta}} \frac{1 + r_{1s}r_{2s}e^{-i2\delta}}{r_{1s} + r_{2s}e^{-i2\delta}} \tag{4.13.8}$$

依据振幅反射系数的定义，有

$$\tan\Psi e^{i\Delta} = \frac{\dfrac{(A_p)_r}{(A_p)_i}}{\dfrac{(A_s)_r}{(A_s)_i}} = \frac{\left(\dfrac{A_p}{A_s}\right)_r}{\left(\dfrac{A_p}{A_s}\right)_i} = \frac{\left|\dfrac{A_p}{A_s}\right|_r e^{i(\beta_p - \beta_s)_r}}{\left|\dfrac{A_p}{A_s}\right|_i e^{i(\beta_p - \beta_s)_i}}$$

β_{pi}、β_{si}、β_{pr}、β_{sr}分别是入射光束和反射光束的 p 分量和 s 分量的位相，令 $\beta_r = (\beta_p - \beta_s)_r$、$\beta_i = (\beta_p - \beta_s)_i$，则

$$\tan\Psi e^{i\Delta} = \frac{\left|\dfrac{A_p}{A_s}\right|_r}{\left|\dfrac{A_p}{A_s}\right|_i} e^{i(\beta_r - \beta_i)}$$

$$\begin{cases} \tan\Psi = \dfrac{\left|\dfrac{A_p}{A_s}\right|_r}{\left|\dfrac{A_p}{A_s}\right|_i} \\ \Delta = \beta_r - \beta_i \end{cases}$$

由于 R_p 与 R_s 是复数，所以可用它的模数和一个相因子表示出来，即

$$\begin{cases} R_p = |R_p| e^{i\beta_p} \\ R_s = |R_s| e^{i\beta_s} \\ \tan\Psi = \dfrac{|R_p|}{|R_s|} \\ \Delta = \beta_p - \beta_s \end{cases} \tag{4.13.9}$$

将式（4.13.9）与式（4.13.7）相比较，代入式（4.13.8），参照式（4.13.6）整理后得出

$$\begin{cases} \tan\Psi = \left(\dfrac{r_{1p}^2 + r_{2p}^2 + 2r_{1p}r_{2p}\cos2\delta}{1 + r_{1p}^2 r_{2p}^2 + 2r_{1p}r_{2p}\cos2\delta} \dfrac{1 + r_{1s}^2 r_{2s}^2 + 2r_{1s}r_{2s}\cos2\delta}{r_{1s}^2 + r_{2s}^2 + 2r_{1s}r_{2s}\cos2\delta}\right)^{\frac{1}{2}} \\ \Delta = \arctan\left(\dfrac{-r_{2p}(1 - r_{1p}^2)\sin2\delta}{r_{1p}(1 + r_{2p}^2) + r_{2p}(1 + r_{1p}^2)\cos2\delta}\right) - \arctan\left(\dfrac{-r_{2s}(1 - r_{1s}^2)\sin2\delta}{r_{1s}(1 + r_{2s}^2) + r_{2s}(1 + r_{1s}^2)\cos2\delta}\right) \end{cases} \tag{4.13.10}$$

由式（4.13.10）不难看出，反射系数比 G 中的参量 Ψ 和 Δ 与 n_1、n_2、n_3、φ_1、λ 有关。$\tan\Psi$ 的物理意义是 p 波与 s 波的相对振幅的比，而 Δ 是 p 波和 s 波的位相差经系统反射后的变化。

因此，只要测量出 Ψ 和 Δ，原则上应该能解出 d 和 n_2。然而，由式（4.13.10）却无法解析出 $d=f(\Psi, \Delta)$ 和 $n_2=f(\Psi, \Delta)$ 的具体形式。因此，只能先按以上各式用计算机算出在 n_1、n_3、φ_1、λ 一定的条件下 (Ψ, Δ)-(d, n) 的关系图表，待测出某一薄膜的 Ψ 和 Δ 后再从图表上查出相应的 d 和 n（即 n_2）的值。

4. 用椭偏法测量反射系数比 G

测量 Ψ 和 Δ 的方法主要有光度法和消光法。下面介绍用椭偏消光法确定 Ψ 和 Δ 的基本原理。

如前所述，把 G 写成 $G=\tan\Psi e^{i\Delta}$ 的形式，因此，反射系数比 G 的测量可以归结为两个椭偏角 Ψ 和 Δ 的测量。为了测量 Ψ 和 Δ，需要分别测量入射光中两分量的振幅比和相位差，以及反射光中两分量的振幅比和相位差。但如果设法使入射光成为等幅椭圆偏振光（即 $A_{ip}=A_{is}$），问题将大大简化。此时有

$$\begin{cases} \tan\Psi = |A_{rp}/A_{rs}| \\ \Delta = (\beta_{rp} - \beta_{rs}) - (\beta_{ip} - \beta_{is}) \end{cases} \tag{4.13.11}$$

因此，对于确定的 Ψ 和 Δ 而言，如果连续调节 $(\beta_{ip} - \beta_{is})$，那么有可能使反射光变成线偏振光，即 $(\beta_{rp} - \beta_{rs}) = 0$ 或 π。这样只需测定 $|A_{rp}/A_{rs}|$ 以及 $(\beta_{ip} - \beta_{is})$ 就可以得到 Ψ 和 Δ 的值了。

综上所述，椭偏法操作的要点是：首先要获得（$\beta_{ip}-\beta_{is}$）连续可调的等幅椭偏入射光；其次，对不同的样品，改变（$\beta_{ip}-\beta_{is}$）的数值，使反射光成为线偏振光并用检偏器来检测。

图4.13.4是本实验装置的示意图。在图4.13.4中的坐标系中，x轴和x'轴均在入射面内且分别与入射光束或反射光束的传播方向垂直，而y和y'轴则垂直于入射面。起偏器和检偏器的透振方向t和t'与x轴和x'轴的夹角分别是P和A。因此，只需让$\lambda/4$片的快轴f与x轴的夹角为$\pi/4$，便可以在$\lambda/4$片后面得到满足条件$A_{ip}=A_{is}$的特殊椭圆偏振入射光束。

图4.13.5中的E_0代表由方位角为P的起偏器出射的线偏振光，它的幅值为A_0。当它投射到快轴f与x轴夹角为$\pi/4$的$\lambda/4$波片时，将E_0在波片的快轴f和慢轴s上分解，可得

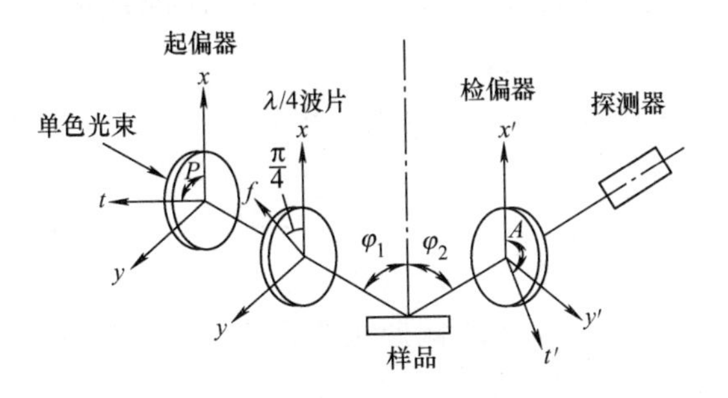

图4.13.4　实验装置示意图

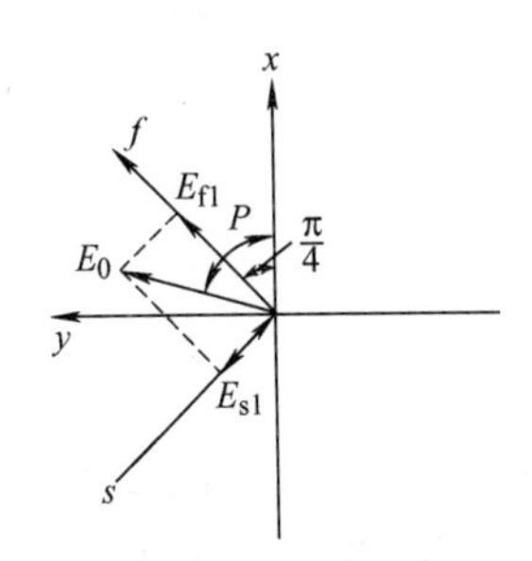

图4.13.5　λ/4片快轴取向

$$\begin{cases}E_{f1}=A_0\cos\left(P-\dfrac{\pi}{4}\right)\\E_{s1}=A_0\sin\left(P-\dfrac{\pi}{4}\right)\end{cases}$$

通过$\lambda/4$波片后，E_f将比E_s的相位快$\pi/2$，于是在$\lambda/4$波片之后应有

$$\begin{cases}E_{f2}=A_0\cos\left(P-\dfrac{\pi}{4}\right)e^{i\frac{\pi}{2}}\\E_{s2}=A_0\sin\left(P-\dfrac{\pi}{4}\right)\end{cases}$$

把这两个分量分别在x轴及y轴上投影并再合成为E_x和E_y，便得到

$$\begin{cases}E_x=E_{f2}\cos\dfrac{\pi}{4}-E_{s2}\sin\dfrac{\pi}{4}=\dfrac{\sqrt{2}}{2}A_0\left[\cos\left(P-\dfrac{\pi}{4}\right)e^{i\frac{\pi}{2}}-\sin\left(P-\dfrac{\pi}{4}\right)\right]=\dfrac{\sqrt{2}}{2}A_0e^{i\left(P+\frac{\pi}{4}\right)}\\E_y=E_{f2}\cos\dfrac{\pi}{4}+E_{s2}\sin\dfrac{\pi}{4}=\dfrac{\sqrt{2}}{2}A_0e^{i\left(\frac{3\pi}{4}-P\right)}\end{cases}$$

可见，E_x和E_y就是投射到待测样品表面的入射光束的p分量和s分量，它们的幅值为

$$\begin{cases}A_{ip}=|E_{ip}|=|E_x|=\left|\dfrac{\sqrt{2}}{2}A_0e^{i\left(P+\frac{\pi}{4}\right)}\right|\\A_{is}=|E_{is}|=|E_y|=\left|\dfrac{\sqrt{2}}{2}A_0e^{i\left(\frac{3\pi}{4}-P\right)}\right|\end{cases}\tag{4.13.12}$$

显然，入射光束已经成为满足条件$A_{ip}=A_{is}$的特殊椭圆偏振光，其两分量的相位差为

$$\beta_{ip}-\beta_{is}=2P-\frac{\pi}{2}\tag{4.13.13}$$

由图4.13.6可以看出，当检偏器的透光轴t'与合成的反射线偏振光束的电矢量大小E_r

垂直时，即反射光在检偏器后消光时，应该有

$$\tan A=\frac{|E_{rp}|}{|E_{rs}|} \tag{4.13.14}$$

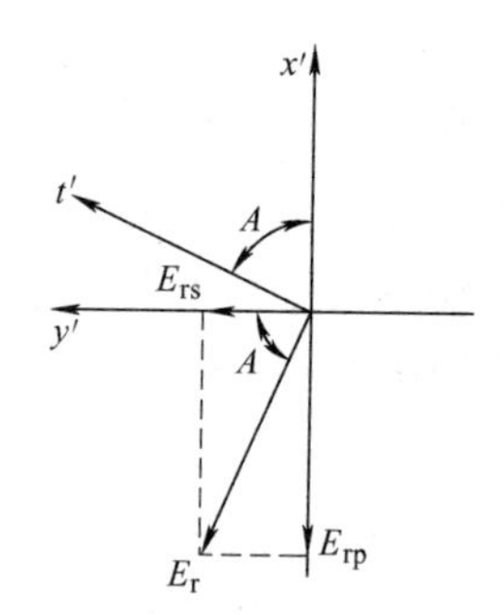

图4.13.6　检偏器的透振方向

这样，由式（4.13.11）可得

$$\begin{cases}\tan\Psi=\tan A\\ \Delta=(\beta_{rp}-\delta_{rs})-\left(2P-\dfrac{\pi}{2}\right)\\ \beta_{rp}-\beta_{rs}=0\ 或\ \pi\end{cases} \tag{4.13.15}$$

若 A 在 x'-y'坐标系中只在第一及第四象限内取值。则

（ⅰ）若$\beta_{rp}-\beta_{rs}=0$，此时的 P 记为 P_1，合成的反射线偏振光 E_r在第一及第三象限里，于是 A 在第四象限并记为 A_1，由式（4.13.11）可得到

$$\begin{cases}\Psi=-A_1\\ \Delta=\dfrac{\pi}{2}-2P_1\end{cases} \tag{4.13.16}$$

（ⅱ）$\beta_{rp}-\beta_{rs}=\pi$，此时的 P 记为 P_2，合成的反射线偏振光的 E_r在第二及第四象限里，于是 A 在第一象限并记为 A_2。由式（4.13.11）可得到

$$\begin{cases}\Psi=A_2\\ \Delta=\dfrac{3\pi}{2}-2P_2\end{cases} \tag{4.13.17}$$

由式（4.13.16）和式（4.13.17），可得

$$\begin{cases}A_1=-A_2\\ P_1=\dfrac{\pi}{2}-P_2\end{cases} \tag{4.13.18}$$

因此，在图4.13.4的装置中只要使 $\lambda/4$ 波片的快轴 f 与 x 轴的夹角为 $\pi/4$，然后测出检偏器后消光时的起、检偏器方位角（P_1，A_1）或（P_2，A_2），便可按式（4.13.16）或式（4.13.17）求出 Ψ 和 Δ，从而完成总反射系数比 G 的测量。再借助已计算好的（Ψ，Δ）-（d，n）的关系图表，即可查出待测薄膜的厚度 d 和折射率 n_2。

椭圆偏振法的优点：

1）由式（4.13.4）可知，当 n_1 和 n_2 均为实数时，d_0 也是一个实数。这将使厚度相差 d_0 的整数倍的薄膜具有相同的（Ψ，Δ）值，而（Ψ，Δ）-（d，n）关系图表给出的都是以第一周期内的数值为准的，因此，应根据其他方法来确定待测薄膜厚度究竟处在哪个周期中。不过，一般用椭圆偏振法测量的薄膜，其厚度多在第一周期内（纳米量级），即在 0 到 d_0之间，能够测量微小的厚度（纳米量级），这正是椭偏法的优点。

2）用椭圆偏振法也可以测量金属的复折射率。金属复射率 n_2 可分解为实部和虚部，即

$$n_2=N-\mathrm{i}NK \tag{4.13.19}$$

据理论推导（参见本实验的附件），式（4.13.19）中的系数 N、K 与椭偏角 Ψ 和 Δ 有如下的近似关系：

$$\begin{cases}N\approx n_1\sin\varphi_1\tan\varphi_1\cos2\Psi/(1+\sin2\Psi\cos\Delta)\\ K\approx\tan2\Psi\sin\Delta\end{cases} \tag{4.13.20}$$

可见，测量出与待测金属样品总反射系数比对应的椭偏参量 Ψ 和 Δ 就可以求出其复折射率 n_2 的近似值。

【实验内容】

（1）椭偏测厚仪的调节，按仪器说明书调节好起偏器、检偏器和 1/4 波片的位置。确定入射角，放上样品，打开仪器主机电源和计算机电源，使仪器处于待测状态。

（2）测量硅（Si）衬底表面的 SiO_2 薄膜厚度和折射率。其中硅的复折射率取 3.85 ~ 0.02i，空气折射率取 $n_1=1$。

（3）测量氧化锆（ZrO_2）衬底表面上生长的超导薄膜厚度和折射率，其中 ZrO_2 的折射率取 2.1。

（4）测量金属铝的复折射率 n_2。

（5）改变入射角，使其等于 60°和 50°，分别测量同一块薄膜样品（如 SiO_2）的厚度和折射率，并分析结果的相对误差和产生误差的原因。

【附件】

金属复折射率 n_2 与椭偏参量 Ψ 和 Δ 的关系

设光束从具有实折射率 n_1 的物质中以入射至角 φ_1 入射至复折射率为 n_2 的金属表面，在金属中的复折射角为 φ_2，则依据复振幅反射率，总反射系数和位相差的各表达式可得

$$G=\tan\Psi \mathrm{e}^{\mathrm{i}\Delta}=-\frac{\cos(\varphi_1+\varphi_2)}{\cos(\varphi_1-\varphi_2)}$$

则式（4.13.3）中的

$$\frac{1-G}{1+G}=\frac{1-\tan\Psi \mathrm{e}^{\mathrm{i}\Delta}}{1+\tan\Psi \mathrm{e}^{\mathrm{i}\Delta}}=\frac{\cos\varphi_1\cos\varphi_2}{\sin\varphi_1\sin\varphi_2}=\frac{\cos\varphi_2}{\sin\varphi_2\tan\varphi_1}=\frac{\sqrt{n_2^2-n_1^2\sin^2\varphi_1}}{n_1\sin\varphi_1\tan\varphi_1} \tag{4.13.21}$$

另一方面，并利用欧拉公式又会得到

$$\frac{1-G}{1+G}=\frac{1-\tan\Psi \mathrm{e}^{\mathrm{i}\Delta}}{1+\tan\Psi \mathrm{e}^{\mathrm{i}\Delta}}=\frac{\cos 2\Psi-\mathrm{i}\sin 2\Psi\sin\Delta}{1+\sin 2\Psi\cos\Delta} \tag{4.13.22}$$

比较式（4.13.21）和式（4.13.22），可得

$$\sqrt{n_2^2-n_1^2\sin^2\varphi_1}=\frac{n_1\sin\varphi_1\tan\varphi_1\cos 2\Psi}{1+\sin 2\Psi\cos\Delta}-\mathrm{i}\frac{n_1\sin\varphi_1\tan\varphi_1\sin 2\Psi\sin\Delta}{1+\sin 2\Psi\cos\Delta} \tag{4.13.23}$$

设

$$\begin{cases}\sqrt{n_2^2-n_1^2\sin^2\varphi_1}=a-\mathrm{i}b\\ A=a^2-b^2+n_1^2\sin^2\varphi_1\\ B=2ab\end{cases} \tag{4.13.24}$$

则由式（4.13.19）、式（4.13.23）和式（4.13.24），有

$$\begin{cases}a=\dfrac{n_1\sin\varphi_1\tan\varphi_1\cos 2\Psi}{1+\sin 2\Psi\cos\Delta}\\ b=\dfrac{n_1\sin\varphi_1\tan\varphi_1\sin 2\Psi\sin\Delta}{1+\sin 2\Psi\cos\Delta}\end{cases}$$

$$\begin{cases} N=\sqrt{\dfrac{\sqrt{A^2+B^2}+A}{2}} \\ K=\sqrt{\dfrac{\sqrt{A^2+B^2}-A}{B}} \end{cases}$$

可见，只要在 n_1 和 φ_1 确定的条件下测量出椭偏参量 Ψ 和 Δ，便可算出金属的复折射率 n_2。当 n_2^2 的实部 $N^2(1-K^2) \gg n_1^2\sin^2\varphi_1$ 时，$\sqrt{n_2^2-n_1^2\sin^2\varphi_1}\approx n_2$。

比较式（4. 13. 19）和式（4. 13. 23）即可得

$$\begin{cases} N\approx a=\dfrac{n_1\sin\varphi_1\tan\varphi_1\cos2\Psi}{1+\sin2\Psi\cos\Delta} \\ K\approx\dfrac{b}{a}=\tan2\Psi\sin\Delta \end{cases}$$

实验 4. 14　液晶的电光效应

液晶是相态的一种，是介于液体与晶体之间的一种物质状态。一般液体内部分子排列是无序的，晶体则是有序的，而液晶既具有液体的流动性，其分子又按一定规律有序排列，使它呈现晶体的各向异性。早在 20 世纪 70 年代，液晶已作为物质存在的第四态开始写入各国学生的教科书。至今已成为由物理学家、化学家、生物学家、工程技术人员和医药工作者共同关心与研究的领域，在物理、化学、电子、生命科学等诸多领域有着广泛应用。其中液晶显示器件、光导液晶光阀、光调制器、光路转换开关等均是利用液晶电光效应的原理制成的。因此，掌握液晶电光效应从实用角度或物理实验教学角度都是很有意义的。

液晶分子是含有极性基团的极性分子，在电场作用下，偶极子会按电场方向取向，导致分子原有的排列方式发生变化，从而液晶的光学性质也随之发生改变，这种因外电场引起的液晶光学性质的改变称为液晶的电光效应。

【实验目的】

（1）掌握液晶光开关的基本工作原理，了解简单的液晶显示器件的显示原理。

（2）学会测量液晶光开关的电光特性曲线及电光效应的主要参数。

【实验仪器】

液晶电光效应实验仪、数字示波器。其中液晶电光效应实验仪主要由控制主机、导轨、滑块、激光器、起偏器、液晶样品、检偏器及光电探测器组成。

【实验原理】

1. 液晶

液晶态是一种介于液体和晶体之间的中间态，既有液体的流动性、黏度、形变等机械性质，又有晶体的热、光、电、磁等物理性质。液晶与液体、晶体之间的区别是：液体是各向同性的，分子取向无序；液晶分子有取向序，但无位置序；晶体则既有取向序又有位置序。

按形成方式进行分类，液晶可分为溶致液晶和热致液晶，溶致液晶是溶质溶于溶剂中形成的液晶，热致液晶是加热液晶物质时形成的各向异性熔体。热致液晶在一定的温度范围内呈现液晶的光学各向异性，它的电光特性随温度的改变而有一定变化。热致液晶又可分为近晶相、向列相和胆甾相。目前用于显示器件的都是热致液晶。

2. 液晶电光效应

液晶分子是在形状、介电常数、折射率及电导率上具有各向异性特性的物质，如果对这样的物质施加电场（电流），随着液晶分子取向结构发生变化，它的光学特性也随之变化，这就是通常说的液晶的电光效应。

液晶的电光效应种类繁多，主要有动态散射型（DS）、扭曲向列相型（TN）、超扭曲向列相型（STN）、有源矩阵液晶显示（TFT）、电控双折射（ECB）等。其中应用较广的有TFT型——主要用于液晶电视、笔记本电脑等高档产品；STN型——主要用于手机屏幕等中档产品；TN型——主要用于电子表、计算器、仪器仪表、家用电器等中低档产品，是目前应用最普遍的液晶显示器件。

TN型液晶显示器件显示原理较简单，是STN、TFT等显示方式的基础。本仪器所使用的液晶样品即为TN型。

3. TN型液晶盒结构

TN型液晶盒结构如图4.14.1所示。

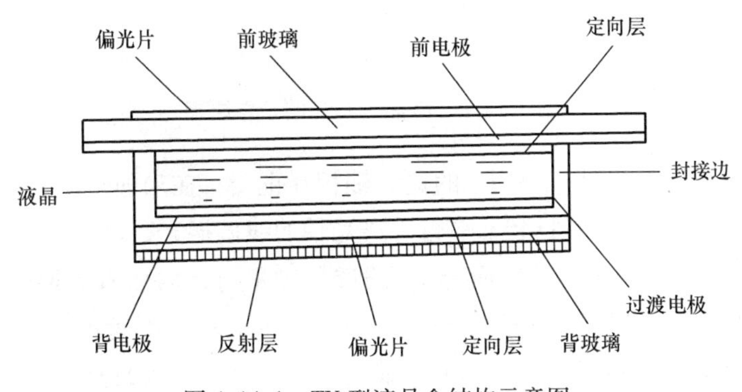

图4.14.1　TN型液晶盒结构示意图

在涂覆透明电极的两枚玻璃基板之间，夹有正介电各向异性的向列相液晶薄层，四周用密封材料（一般为环氧树脂）密封。玻璃基板内侧覆盖着一层定向层，通常是一薄层高分子有机物，经定向摩擦处理，可使棒状液晶分子平行于玻璃表面，沿定向处理的方向排列。上下玻璃表面的定向方向是相互垂直的，这样，盒内液晶分子的取向逐渐扭曲，从上玻璃片到下玻璃片扭曲了90°，所以称为扭曲向列型。

4. 液晶光开关的工作原理

液晶的种类很多，下面仅以常用的TN（扭曲向列）型液晶为例，说明其工作原理，如图4.14.2所示。在两块玻璃板之间夹有正性向列相液晶，液晶分子为棍状，长度约为十几埃（$1Å=10^{-10}m$），直径约为4～6Å，液晶层厚度一般为5～8μm。玻璃板的内表面涂有透明电极，电极的表面预先做了定向处理，表面的液晶分子按一定方向排列，且上下电极上的定向方向相互垂直。上下电极之间的那些液晶分子因范德瓦尔斯力的作用，趋向于平行排列。然而由于上下电极上液晶的定向方向相互垂直，所以从俯视方向看，液晶分子的排列方向从上电极的定向方向逐步地、均匀地扭曲到下电极定向方向。理论和实验都表明，上述均匀扭曲排列起来的结构具有光波导的性质，即偏振光从上电极表面透过扭曲排列起来的液晶传播到下电极表面时，偏振方向会旋转90°。

取两张偏振片贴在玻璃的两面，P_1的透光轴与上电极的定向方向相同，P_2的透光轴与

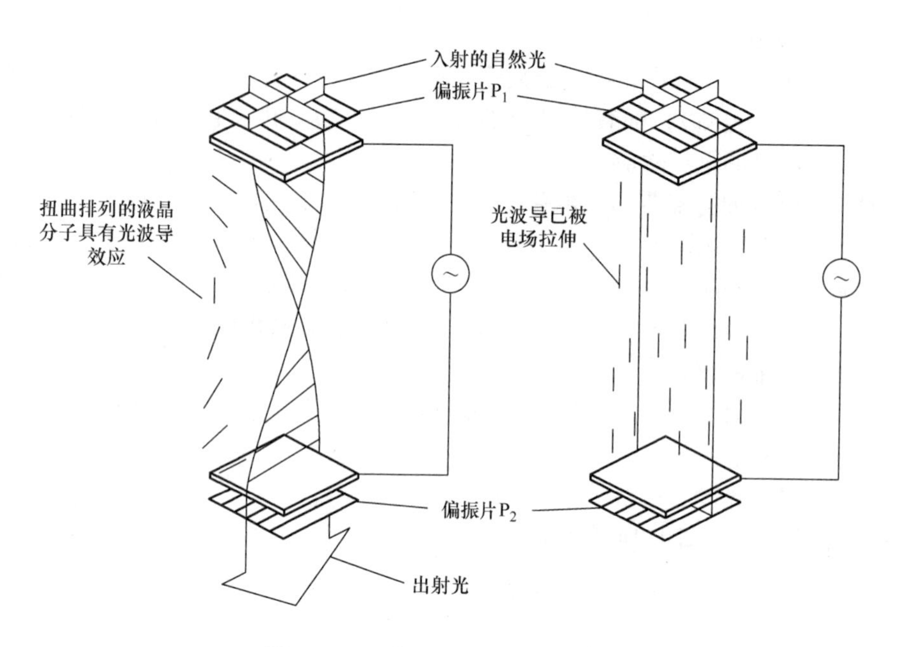

图 4. 14. 2　液晶光开光的工作原理

下电极的定向方向相同，于是 P_1 和 P_2 的透光轴相互正交。在未加驱动电压的情况下，来自光源的自然光经过偏振片 P_1 后只剩下平行于透光轴的线偏振光，该线偏振光到达输出面时，其偏振面旋转了 90°。这时光的偏振面与 P_2 的透光轴平行，因而有光通过。在施加足够电压的情况下（一般为 1 ~ 2V），在静电场的吸引下，除了基片附近的液晶分子被基片"锚定"以外，其他液晶分子趋于平行于电场方向排列。于是原来的扭曲结构被破坏，成了均匀结构，如图 4. 14. 2 右图所示。从 P_1 透射出来的偏振光的偏振方向在液晶中传播时不再旋转，保持原来的偏振方向到达下电极。这时光的偏振方向与 P_2 正交，因而光被关断。

由于上述光开关在没有电场的情况下让光透过，加上电场的时候光被关断，因此叫作常通型光开关，又叫作常白模式。若 P_1 和 P_2 的透光轴相互平行，则称为常黑模式。

5. 液晶光开关的电光特性和时间响应特性

图 4. 14. 3 为光线垂直入射时液晶相对透射率（以不加电场时的透射率为 100%）与外加电压的关系示意图。由图 4. 14. 3 可见，对于常白模式的液晶，其透射率随外加电压的升高而逐渐降低，在一定电压下达到最低点，此后略有变化。可以根据此电光特性曲线图得出液晶的阈值电压和关断电压。最大透光强度的 90% 所对应的电压值称为阈值电压 U_{th}，标志了液晶电光效应有可观察反应的开始（或称起辉），阈值电压小，是电光效应好的一个重要指标。最大透光强度的 10% 对应的电压值称为关断电压 U_r，U_r 标志了获得最大对比度所需的外加电压数值，U_r 小则易获得良好的显示效果，且降低显示功耗，对显示寿命有利。对比度 $D_r = I_{max}/I_{min}$，其中 I_{max} 为最大观察（接收）亮度（照度），I_{min} 为最小亮度。陡度 $\beta = U_r/U_{th}$ 即关断电压与阈值电压之比。

液晶的电光特性曲线越陡，即阈值电压与关断电压的差值越小，由液晶开关单元构成的显示器件允许的驱动路数就越多。TN 型液晶最多允许 16 路驱动，故常用于数码显示。在计算机和电视等需要高分辨率的显示器件中，常采用 STN（超扭曲向列）型液晶，以改善电光特性曲线的陡度，增加驱动路数。

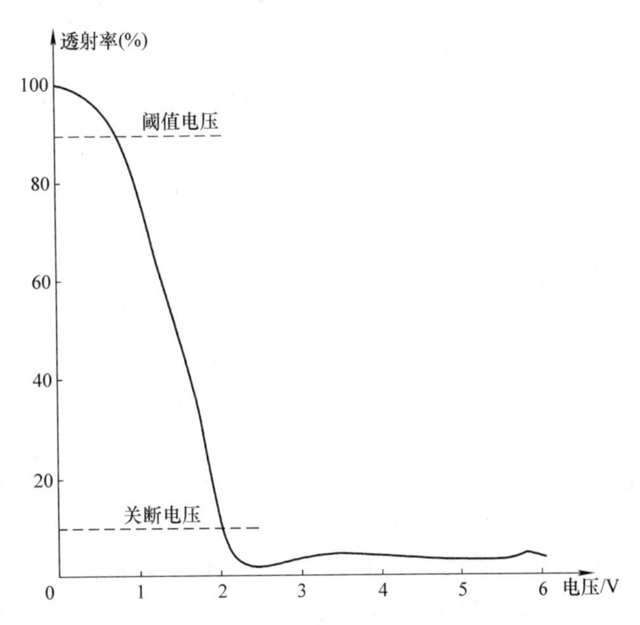

图 4.14.3　液晶光开关的电光特性曲线示意图

给液晶加上电压，透光率随之改变，这种改变来源于分子排列的变化。分子排列的变化需要一定的时间，这就是液晶响应时间的概念，分为上升时间和下降时间。如图 4.14.4 所示，给液晶加上一个周期性的电压，透光率也随之发生周期性的变化。上升时间τ_r指相对透光率由 10% 上升到 90% 所用的时间；而下降时间τ_d指对透光率由 90% 下降到 10% 所用的时间。液晶的响应时间越短，对动态图像的显示效果越好，这是液晶显示器的一个重要参数。

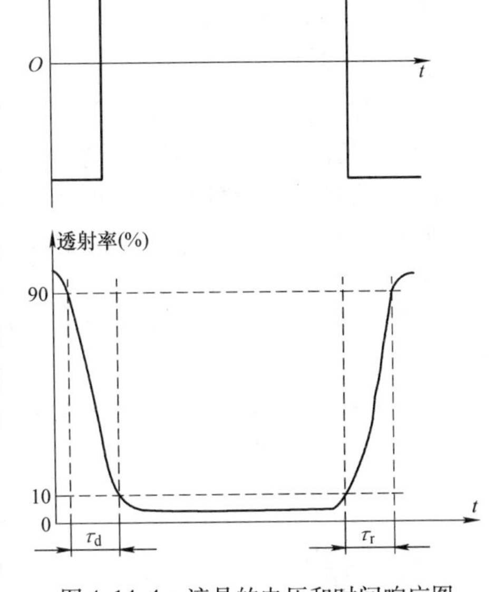

图 4.14.4　液晶的电压和时间响应图

【实验内容】

（1）将各光学仪器放置在导轨上，依次为：激光器、（带起偏器）液晶盒、检偏器、光电探测器。打开激光器，调节各仪器高度，使激光依次穿过起偏器、液晶盒、检偏器，照射在光电探测器的通光孔上。

（2）接通主机电源，将光功率计调零，连接光功率计和光电转换盒，此时光功率计显示的数值为透过检偏器的光强大小。旋转检偏器，观察光功率计数值变化，使透射光强达到最大；再旋转起偏器，使透射光强达到最大，此时起偏器偏振方向与液晶片表面分子取向平行。

（3）将电压表调至零点，连接主机和液晶盒，从 0 开始逐渐增大电压，观察光功率计读数变化，电压调至最大值后归零。

（4）从 0 开始逐渐增加电压，在透射光强变化缓慢的区域每隔 0.2V 或 0.3V 记一次电压及透射光强值，在透射光强变化剧烈的区域每隔 0.1V 记一次数据。

（5）利用数字示波器，测试液晶样品的电光响应曲线，求得样品的响应时间。

（6）作电光曲线图，并求出样品的阈值电压、关断电压和对比度。

第 5 章　设计性实验

5.0　物理设计实验概述

设计性实验是一种介于基础实验和科学实验之间的教学实验，它是在学生进行了一定的基础实验训练后，对学生进行初步的科学实验训练的教学实验。开设设计性实验的目的在于激发学生学习的主动性和创新意识，培养学生独立思考、综合运用知识、提出问题和解决复杂问题的能力。设计性实验的课题一般根据实验室的条件给出题目，其内容应具有综合性、探索性和可行性的特点，由学生根据实验项目的要求，自己拟订实验方案和测量方法，并选定仪器设备进行实验，最后撰写合格的实验报告。

1. 设计性实验方案的制订

设计性实验的核心是设计和选择实验方案，并在实验中检验该实验方案的正确性与合理性。在设计和制订实验方案时，应综合考虑以下几个方面：选择合理的实验方法、设计最佳测量方法、合理配套实验仪器和选择有利的测量条件。

（1）实验方法的选择

根据设计题目，查阅有关资料，提出多种可能的实验方法，画出必要的原理图，推论有关理论公式，通过分析和比较，选择一种实验上可行、经济上最省或实验室条件允许，又能够符合测量精度要求的最佳实验方法。

例如，测量某个电阻的阻值，可以用伏安法、惠斯通电桥、万用表（或欧姆表）等，按照以上原则确定一种实验方法。

（2）最佳测量方法的选择

实验方法确定之后，还需要选择一种最佳的测量方法，使测量结果的误差最小。

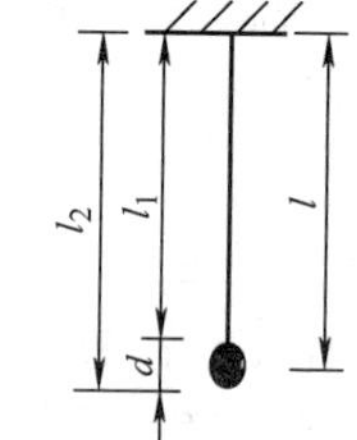

图 5.0.1　单摆摆长的测量

例如，测量单摆的摆长 l 有三种方法（见图 5.0.1）。

1）$l=\dfrac{l_1+l_2}{2}$；

2）$l=l_1+\dfrac{d}{2}$；

3）$l=l_2-\dfrac{d}{2}$。

其中 l_1、l_2 用米尺（$\Delta_{\text{ins}}=0.5\text{mm}$）测量，$d$ 用 50 分度游标卡尺（$\Delta_{\text{ins}}=0.02\text{mm}$）测量。根据不确定度传递公式，有

$$①\ u(l)=\sqrt{\left[\frac{1}{2}u(l_1)\right]^2+\left[\frac{1}{2}u(l_2)\right]^2}=\frac{\sqrt{2}}{2}\times 0.5\text{mm}=0.35\text{mm}$$

$$②\ u(l)=\sqrt{[u(l_1)]^2+\left[\frac{1}{2}u(d)\right]^2}=\sqrt{0.5^2+\left(\frac{0.02}{2}\right)^2}\text{mm}=0.50\text{mm}$$

③ $u(l)=\sqrt{[u(l_2)]^2+\left[\frac{1}{2}u(d)\right]^2}=\sqrt{0.5^2+\left(\frac{0.02}{2}\right)^2}\text{mm}=0.50\text{mm}$

计算表明，第一种方法的测量误差最小。

（3）实验仪器的选择

根据精度要求，选择与配置和经济上最合理的测量仪器。

例如，用单摆测量重力加速度时，测量的相对误差为

$$\frac{\Delta g}{g}=\frac{\Delta l}{l}+2\frac{\Delta T}{T}$$

根据精度允许的最大误差，进行各量的误差平均分配，由此确定测量仪器。在测量 l 时，若用卷尺测量能够达到精度要求，就尽量不要用游标卡尺测量；测量周期 T 时，若用秒表测量能够达到精度的要求，就尽量不要用数字毫秒计。

（4）测量条件的选择

选择最有利的测量条件，可以使测量误差最小，一般可以通过对误差函数求极值来确定最佳测量条件。

例如，用滑线式电桥测量电阻（见图 5.0.2）时，已知电桥平衡条件为

$$R_X=\frac{a}{b}R_S=\frac{l-b}{b}R_S$$

其中，R_X为待测电阻；R_S为标准电阻，它的精度很高。测量结果的误差主要由长度测量的误差决定：

$$E_R=\frac{dR_X}{R_X}=\frac{l}{(l-b)b}db$$

由$\frac{dE_R}{db}=\frac{(l-2b)l}{(l-b)^2b^2}=0$，可解得

$$b=\frac{l}{2}$$

且有

$$\left.\frac{d^2E_R}{db^2}\right|_{b=l/2}>0$$

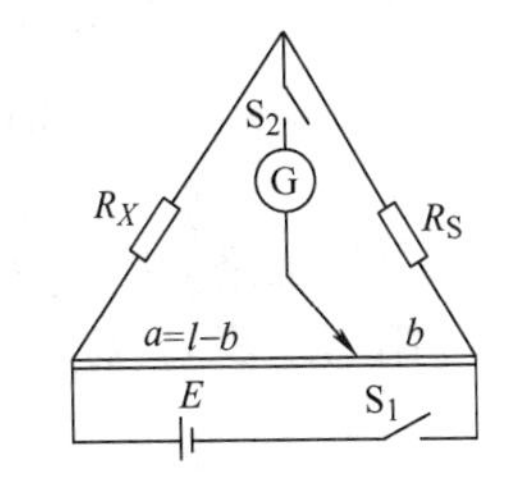

图 5.0.2　滑线式电桥

表明 E_R达到极小值。$a=b=\frac{l}{2}$就是滑线式电桥的最佳测量条件。

2. 设计性实验举例

滑线电阻的限流特性和分压特性的研究。

将滑线电阻连成限流和分压电路时，希望负载上的电流和电压能随着变阻器触头位置的改变而均匀地变化，即所谓调节的线性较好。绘制滑线电阻的限流特性曲线和分压特性曲线，便可知滑线电阻与负载应怎样匹配。

【实验目的】

测绘滑线电阻的限流特性曲线和分压特性曲线。

【实验条件】

直流稳压电源、滑线变阻器、电阻箱、电压表、毫安表等。

【实验提示】

限流电路如图 5.0.3 所示。电流的最大值和最小值分别为

$$I_{max}=\frac{U_0}{R_L},\ I_{min}=\frac{U_0}{R_L+R_0}$$

这就是电流调节范围。R_0越大，I_{max}越小，调节范围越大。我们还要考虑调节时对电流控制的线性程度。

负载 R_L上的电流为

$$I=\frac{U_0}{R_L+R_0-R_2}=\frac{R_L I_{max}}{R_L+R_0-R_2}$$

引进参数 $x=R_2/R_0$，$k=R_L/R_0$，可得

$$\frac{I}{I_{max}}=\frac{k}{k+1-x}$$

对于不同的 k 值，x 与 I/I_{max}的关系如图 5.0.4 所示，由曲线可知：

1）负载 R_L上的电流不可能为零，且 k 越大，电流可调范围越小。

2）k 越大，调节范围越小但线性度较好。

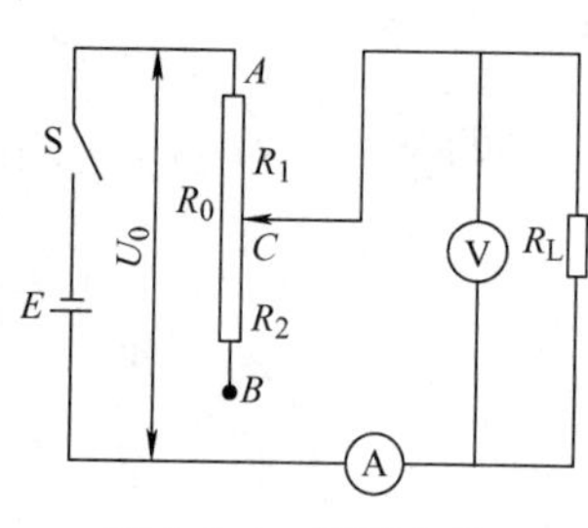

图 5.0.3　限流电路

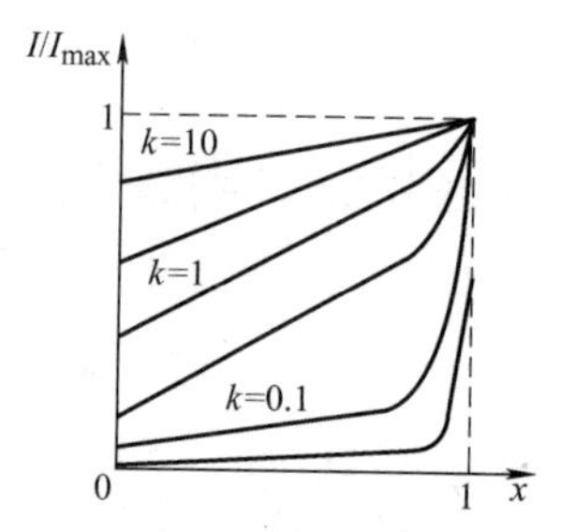

图 5.0.4　限流特性曲线

分压电路如图 5.0.5 所示。随触头位置的变动，R_L的电压 U 就从 0 变到 U_0，调节范围和变阻器阻值 R_2无关。触头在任意位置，即任意 R_L上的电压为

$$U=\frac{R_2R_L}{R_1(R_2+R_L)+R_2R_L}U_0$$

同样引入参数 $x=R_2/R_0$，$k=R_L/R_0$，可得

$$\frac{U}{U_0}=\frac{xk}{x+k-x^2}$$

对于不同的 k 值，x 与 U/U_0的关系如图 5.0.6 所示，由图可以看出：

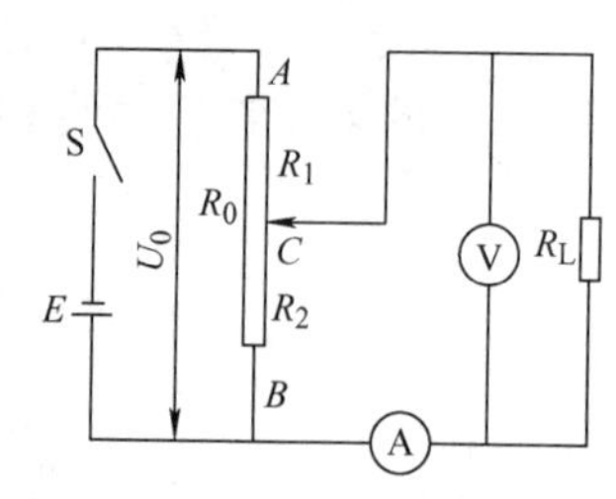

图 5.0.5　分压电路

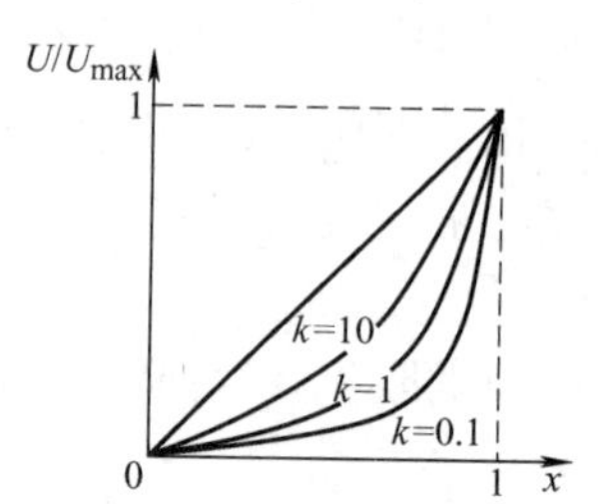

图 5.0.6　分压特性曲线

1）当 $k>1$ 时，U/U_0 在整个范围内均匀变化，且有足够的调节范围，故通常取 R_0 接近于负载 R_L。

2）当 $k<1$ 时，曲线出现突变部分，不易调节到某些电压值。

实验 5.1　固体密度的测定

任务： 测定一块不规则固体的密度，且已知该固体的密度小于水的密度。

要求： a. 写出实验原理，导出测量公式。

b. 拟出实验步骤。

c. 列出数据表格。

d. 测出固体的密度，$E_\rho \leqslant 0.2\%$。

e. 分析讨论误差产生的原因，并对实验结果进行评价。

条件： 待测固体、密度未知的金属块、物理天平、烧杯、蒸馏水等。

原理提示：

流体静力称衡法，首先称出待测物在空气中的称量值 m_1，然后将物体没入水中，称出其在水中的称量值 m_2，则物体在水中所受浮力为

$$F=(m_1-m_2)g \tag{5.1.1}$$

又

$$F=\rho_0 Vg \tag{5.1.2}$$

则由

$$V=\frac{m_1-m_2}{\rho_0} \tag{5.1.3}$$

得

$$\rho=\frac{m_1}{m_1-m_2}\rho_0 \tag{5.1.4}$$

实验 5.2　液体密度的测定

任务： 测定待测液体的密度。

要求： a. 写出实验原理，导出测量公式。

b. 拟出实验步骤。

c. 列出数据表格。

d. 测出待测液体的密度，$E_\rho \leqslant 3\%$。

e. 分析讨论误差产生的原因，并对实验结果进行评价。

条件： 待测液（为浓度一定的食盐水）、蒸馏水、物理天平、比重瓶、烧杯、密度未知的金属块。

原理提示： 液体物质的密度可用上节所述流体静力称衡法测量，也可用比重瓶法。比重瓶的体积可通过注入蒸馏水，由天平称其质量算出，若称得空比重瓶的质量为 m_0，充满密度为 ρ_0 的蒸馏水时的质量为 m_1，则

$$m_1=m_0+\rho_0 V_0 \tag{5.2.1}$$

因此

$$V_0=\frac{m_1-m_0}{\rho_0} \tag{5.2.2}$$

如果再将待测密度为 ρ' 的液体注入比重瓶，再称待测液和比重瓶的质量为 m_2，则

$$\rho' = (m_2 - m_0)/V_0 \tag{5.2.3}$$

则

$$\rho' = \rho_0 \frac{m_2 - m_0}{m_1 - m_0} \tag{5.2.4}$$

实验 5.3　用单摆测重力加速度

任务： 用单摆法测出本地区的重力加速度 g 值。

要求： a. 写出实验原理，导出测量公式。

b. 根据相对误差，利用误差等作用原则确定测量仪器的精度，并由此选择合适的测量仪器。

c. 拟出实验步骤。

d. 列出数据表格。

e. 测出 g 值，$E_g \leqslant 0.2\%$。

f. 分析讨论误差产生的原因，并对实验结果进行评价。

条件： 单摆仪、米尺、游标卡尺、外径千分尺、停表、数字毫秒计、光电门等。

实验 5.4　用焦利氏秤测弹簧的有效质量

任务： 研究焦利氏秤下弹簧的简谐振动，测量弹簧的有效质量。

要求： a. 由于焦利氏秤的弹簧 k 值很小，弹簧自身的有效质量 m_0 与弹簧下所加的物体系（包括平面镜、砝码和托盘）的质量相比不能略去，因此在研究弹簧做简谐振动时，需考虑其有效质量。

b. 设计出一种测量弹簧有效质量的方法，并写出实验原理和测量公式。

c. 拟出实验步骤。

d. 列出数据表格。

e. 提出数据处理方法。

f. 分析讨论误差产生的原因，并对实验结果进行评价。

原理提示： 焦利氏秤的结构参阅实验 3.3。

实验 5.5　测定金属铜棒的线膨胀系数

任务： 测定金属铜棒在 0 ~ 100°C 范围内的线膨胀系数。

要求： a. 用光学放大法进行测量。写出实验原理，导出测量公式。

b. 拟出实验步骤。

c. 列出数据表格。

d. 注意温度不要过高，不可超出温度计的量程。

e. 分析讨论误差产生的原因，并对实验结果进行评价。

条件： 待测金属铜棒一根、温度计、其余自选。

原理提示： 线膨胀系数是指固态物质当温度改变 1℃时，其长度的变化和它在 0℃时的长度的比值。

$$\alpha = \frac{L_t - L_0}{L_0 t} \tag{5.5.1}$$

不同材料的固体具有不同的线膨胀系数。大多数情况之下，此系数为正值。也就是说温度升高，体积扩大。但是也有例外，当水在 0 ~4℃之间，会出现反膨胀现象。

实验表明，在一定的温度范围内，原长为 L 的固体受热后，其伸长量 ΔL 与其温度的增加量 Δt 近似成正比，与原长 L 亦成正比，即

$$\Delta L = \alpha_t L \Delta t \tag{5.5.2}$$

式中，比例系数 α_t称为固体在温度 t 时的线膨胀系数。其数值与实际温度和确定长度 L 时所选定的参考温度有关，但由于固体的线膨胀系数变化不大，通常可以忽略，因而认为 $\alpha \approx \alpha_t$。

实验发现，同一材料的固体在不同温度区域内，其线膨胀系数也未必相同。在某些特殊的情况下，某些合金会出现线膨胀系数的突变。但是，在温度变化不大的范围内，线膨胀系数仍可认为是一常量。

为了测出线膨胀系数，将材料制作成条状或杆状。由式（5.5.1）可知，测量出温度为 t_1时的杆长 L、受热后温度达到 t_2时杆的伸长量 ΔL，该材料在（t_1，t_2）温度区间的线膨胀系数为

$$\alpha = \frac{\Delta L}{L(t_2 - t_1)} \tag{5.5.3}$$

其物理意义是，固体材料在（t_1，t_2）温度区间内，温度每升高 1℃时材料的相对伸长量，其单位为 K^{-1}。

为了能测出固体的线膨胀系数，必须准确测出式（5.5.3）中右端各量。其中 L、t_1、t_2 都可用一般方法测得，唯有 ΔL 是一个微小的变化量，用普通量具如钢尺或游标卡尺是难以测准的。因此，实验的核心问题是对微小变化量 ΔL 的测量。对于微小长度变量 ΔL 的测量，参阅实验 3.1。

实验 5.6　良导体导热系数的测定

任务：用稳态平板法测出柱体金属的导热系数。

要求：a. 写出实验原理，导出测量公式。

b. 拟出实验步骤。

c. 列出数据表格。

d. 实验时要注意使柱体上、下表面的温度达到稳定后再读数。

e. 分析讨论误差产生的原因，并对实验结果进行评价。

条件：导热系数测定仪、数字电压表、调压器、游标卡尺、待测金属柱体等。

原理提示：参阅实验 3.6。

实验 5.7　滑线变阻器的限流特性和分压特性的研究

要求：a. 指定实验方案，推导测量公式，设计测量电路。

b. 测绘出限流特性和分压特性曲线。

条件：直流稳压电源、滑线变阻器、电阻箱、电压表、毫安表等。

原理提示：略。

实验 5.8　用伏安法测电阻

任务：用伏安法测电阻，要求相对误差 $\Delta R_X / R_X \leqslant 1.5\%$，由此选择仪器和测量条件。

要求： a. 定出电表的级别和量程。

b. 定出电表的测量范围。

条件： 9V 直流电源、滑线变阻器、不同级别且多量程的电压表、电流表、待测电阻 R_x（≈100Ω）

原理提示： 根据欧姆定律的变形公式 $R=\dfrac{U}{I}$ 可知，要测某一电阻 R_X 的阻值，只要用电压表测出 R_X 两端的电压，用电流表测出通过 R_X 的电流，代入公式即可计算出电阻 R_X 的阻值。

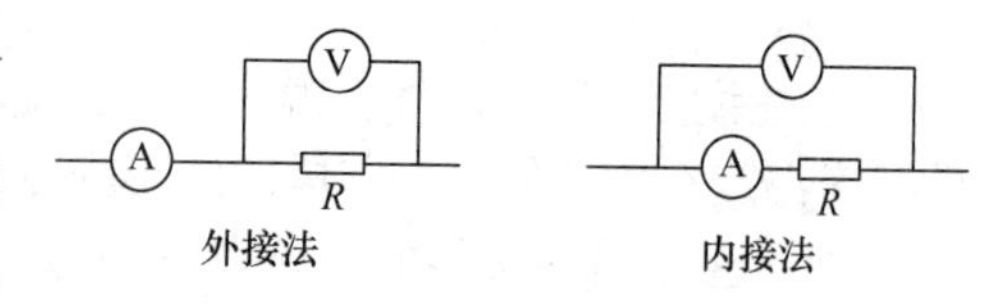

图 5.8.1　伏安法的两种基本连线方法

误差原因： 由于所用电压表和电流表都不是理想电表，即电压表的内阻并非趋近无穷大，电流表也存在内阻，因此实验测量出的电阻值与真实值不同，存在误差。

测量方法： 通常伏安法测电阻的电路有两个基本连接方法：内接法和外接法（见图 5.8.1）。

实验 5.9　测定灵敏电流计的自由振荡周期

任务： 灵敏电流计的线圈一般受到三个力矩的作用，即磁偏转力矩、悬丝的扭力矩以及电磁阻尼力矩。当电磁阻尼力矩为零时的振荡叫自由振荡，相应的周期叫自由振荡周期。实验的任务就是测量该周期。

要求： a. 设计测量电路，拟订实验方案。

b. 测出自由振荡周期。

条件： UJ31 型电位差计、直流稳压电源、检流计、标准电池、标准电阻等。

原理提示： 灵敏电流计可动部分的运动特性（即阻尼情况）与它是否能迅速、准确地读取示值是密切相关的。根据研究结论，在实际使用检流计时，可以加接一些外部线路，利用电磁阻尼来控制线圈的运动状态，使电流计的指针能迅速停在平衡位置上，缩短检流计可动部分时，作用在它上面的有以下力矩：

a. 流过动框的电流产生移动力矩

$$M=\psi_0 I_g$$

式中，I_g 为电流值；$\psi_0=BNS$，等于转动框偏转一个"单位角度 θ"时穿过它的磁链。

b. 张丝弹性产生的反作用力矩

$$M\theta=W\theta$$

式中，W 为张丝的弹性扭转系数。

c. 电磁阻尼力矩

$$M_p=p\frac{d\theta}{dt}$$

因为电流计工作时它的内阻 R_g 与外电路上总电阻 $R_{外}$ 闭合组成回路，当有感应电流流过线圈时，这个电流与磁场相互作用就会产生阻止线圈运动的电磁阻尼力矩 M_p，并且其大小与回路总电阻成反比，即

$$M_p\propto\frac{1}{R_g+R_{外}}$$

d. 另有一些相对来说很小，讨论时可以忽略的力矩，如空气阻尼力矩等。由理论力学固体绕轴转动时有

$$J\frac{d^2\theta}{dt^2} = \sum_{i=1}^{n} M_i$$

即

$$J\frac{d^2\theta}{dt^2} = \psi_0 I_g - W\theta - p\frac{d\theta}{dt}$$

或

$$J\frac{d^2\theta}{dt^2} + p\frac{d\theta}{dt} + W\theta = NSBI \tag{5.9.1}$$

由式（5.9.1）可求出 θ 与时间 t 的关系，据此可进一步得到在各种情况下检流计的最适合的使用条件。

在平衡时，即$\frac{d\theta}{dt}=0$ 及$\frac{d^2\theta}{dt^2}=0$，解方程得

$$\theta_C = \frac{\psi_0}{W}I = S_I I \tag{5.9.2}$$

式中，θ_C称为稳定偏转角；$S_I = \frac{\psi_0}{W}$为电流灵敏度。显然，式（5.9.2）是式（5.9.1）的特解。

在运动过程中，流过检流计的电流 I_g不变，由 I_g引起的运动方式也不会改变，它只是形成一个稳定偏转角 θ_C，与没有电流流过时绕其纯力学平衡位置 $\theta=0$ 做振动一样。因此，当电流接通时，线圈返回零点的运动完全相同（外电路中电阻 $R_{外}$一样时）。所以，可以把偏转角 θ 看作由稳定偏转角 θ_C和变化偏转 γ 两部分组成，并只研究 $\theta_C=0$ 的简单情况，即

$$J\frac{d^2\theta}{dt^2} + p\frac{d\theta}{dt} + W\gamma = 0 \tag{5.9.3}$$

解此方程，并由方程的解进一步研究后可知，只要改变检流计电路的电阻，便可以使检流计在不同的状态下工作。

实验 5.10 测定电阻丝的电阻率

任务：测定一段电阻丝的电阻率。

要求：a. 推导出计算公式。

b. 测出电阻丝的电阻率。

c. 分析测量误差。

条件：箱式电桥、外径千分尺、米尺、待测电阻丝等。

原理提示：箱式电桥的使用，参阅实验 2.4。

实验 5.11 固体折射率的测定

任务：测量三棱镜的最小偏向角，并计算出待测三棱镜的折射率。

要求：a. 拟出实验步骤。

b. 测出待测三棱镜的折射率。

c. 分析测量误差。

条件： 分光仪、三棱镜。

原理提示： 当平行光射向透光物质时，在两种介质的分界面上光线会发生折射，如图5.11.1所示。一束平行光S以入射角 i_1 射到三棱镜的光学面 AB 上，经棱镜两次折射后以 i_2 角从另一光学面 AC 射出，入射线S与出射线S′之间的夹角 δ 称为偏向角。

偏向角 δ 的大小与入射角 i_1，三棱镜的顶角 A 及棱镜的折射率 n 有关。可以证明，当 $i_1=i_2$ 时，偏向角 δ 有极小值，这个极小值 $\delta_{\min}$ 称为棱镜的最小偏向角，它与棱镜的顶角和折射率 n 有关：

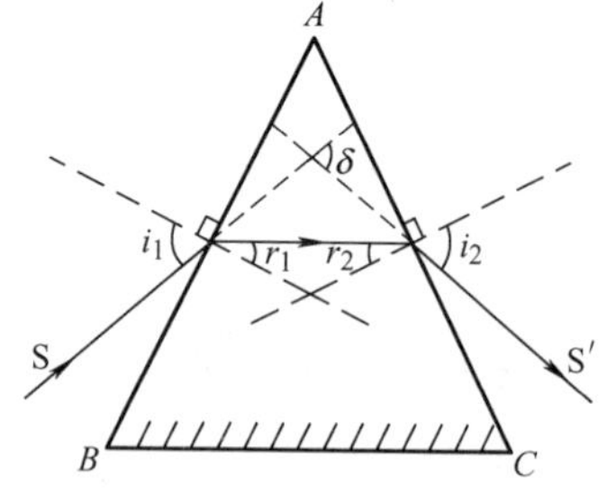

图5.11.1　最小偏向角示意图

$$n=\frac{\sin\left(\frac{A+\delta_{\min}}{2}\right)}{\sin\frac{A}{2}}$$

只要用分光仪分别测出棱镜顶角 A 和最小偏向角 $\delta_{\min}$，即可由上面的公式求出待测棱镜材料的折射率。本实验中，待测三棱镜的 $A=60°$，其误差为2′。

因棱镜最小偏向角 $\delta_{\min}$ 还与入射的单色光波长有关，所以测出的折射率 n 均对指定波长而定。

实验5.12　用分光仪测定液体（水）的折射率

任务： 根据折射极限法原理设计一个实验，在分光仪上测定液体（水）的折射率。

要求： 说明实验原理，画出光路图，推导出测量公式，拟订实验步骤，测定数据并计算。

条件： 分光仪、钠光灯、待测液体（蒸馏水），其他所用仪器、材料自选。

原理提示： 由光的折射定律可知，当光在两种介质界面发生折射时，入射角 i 的正弦与折射角 r 的正弦之比是一个常数，即

$$n_{21}=\frac{\sin i}{\sin r}$$

n_{21} 为第二种介质对第一种介质的折射率。任一种介质相对于真空的折射率称为该介质的绝对折射率，简称折射率。在常温（20℃）和一个标准大气压条件下，空气的折射率为1.0002926，通常介质的折射率是相对于空气而言的。由于介质的折射率随入射光波长而变，故实验时必须用单色光，一般通用的折射率数据都是对钠黄光的波长而言，用 n_D 表示。

用掠射法测量液体折射率的原理如图5.12.1所示。将折射率为 n 的待测物质放在已知折射率为 n_1 的直角棱镜的折射面 AB 上，且 $n<n_1$。若以单色的扩展光源照射分界面 AB 时，则从图5.12.1可以看出，入射角为 $\frac{\pi}{2}$ 的光线Ⅰ将掠射到 AB 界面而进入三棱镜内。显然，其折射角 i_c 应为临界角，因而满足关系式

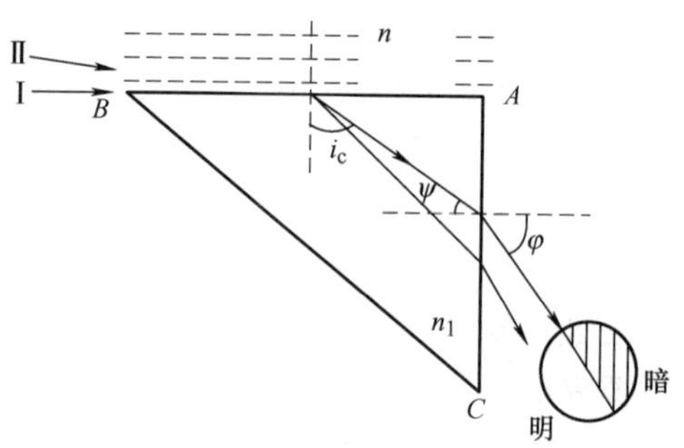

图5.12.1　用掠射法测量液体的折射率示意图

$$\sin i_c = \frac{n}{n_1} \tag{5.12.1}$$

当光线Ⅰ射到 AC 面，再经折射而进入空气时，设在 AC 面上的入射角为 Ψ，折射角为 φ，则有

$$\sin\varphi = n_1 \sin\psi \tag{5.12.2}$$

除掠射光线Ⅰ外，其他光线（例如光线Ⅱ）在 AB 面上的入射角均小于 $\frac{\pi}{2}$，因此经三棱镜折射最后进入空气时，都在光线Ⅰ的左侧。当用望远镜对准出射光的方向观察时，在视场中将看到以光线Ⅰ为分界线的明暗半荫视场，如图 5.12.1 所示。

由图 5.12.2 可以看出

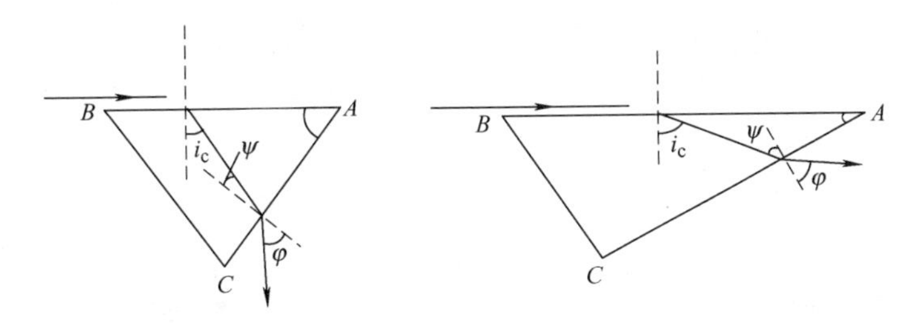

图 5.12.2　不同顶角棱镜的折射率情况示意图

1）当三棱镜的棱镜角 A 大于角 i_c 时，A、i_c 和角 ψ 有如下关系：

$$A = i_c + \psi \tag{5.12.3}$$

由式（5.12.1）~式（5.12.3）消去 i_c 和 ψ 后可得

$$n = \sin A\sqrt{n_1^2 - \sin^2\varphi} - \cos A\sin\varphi \tag{5.12.4}$$

2）当三棱镜的棱镜角 A 小于 i_c 时，A、i_c 和角 ψ 有如下关系：

$$A + \psi = i_c \tag{5.12.5}$$

由式（5.12.1）、式（5.12.2）和式（5.12.5）消去 i_c 和 ψ 后可得

$$n = \sin A\sqrt{n_1^2 - \sin^2\varphi} + \cos A\sin\varphi \tag{5.12.6}$$

如果设棱镜角 $A = 90°$，则式（5.12.4）和式（5.12.6）可统一化简为

$$n = \sqrt{n_1^2 - \sin^2\varphi} \tag{5.12.7}$$

因此，当三棱镜的折射率 n_1 为已知时，测出 φ 角后即可计算出待测物质的折射率 n。上述测定液体折射率的方法是基于全反射原理的方法，因此称为掠射法（也称为折射极限法）。

实验 5.13　光谱定性分析

任务： 测量待测光源的特定波长，并通过查阅相关资料，确定光源的发光物质。

要求： a. 拟出实验步骤。

b. 测出待测光源的特定波长。

c. 分析测量误差。

条件： 光源、分光仪、光栅。

原理提示： 光栅是根据多缝衍射原理制成的分光元件。在结构上可分透射式和反射式两种。平面透射光栅是在一块透明的平面玻璃板上刻出大量相互平行且宽度和间距相等的刻痕

制成的。1mm 内可刻出数百到上千条刻线，每条刻痕相当于毛糙面不易透光，光线只能从刻痕之间的光滑部分通过。这光滑部分就相当于一条条狭缝，光栅就是由一系列等宽等距离的平行狭缝组成的。

如图 5.13.1 所示，以 a 表示一狭缝的宽度，b 表示两狭缝间的距离（即刻痕的宽度）（$a+b$）就称为光栅常数，以符号 d 表示。

若以单色平行光垂直照射在光栅平面上，透过各狭缝的光线因单缝衍射将向各个方向传播，经透镜会聚后，同方向的平行衍射光将发生相互干涉，并在透镜的焦平面上形成一列被相当宽的暗区隔开的、间距不同的亮条纹。这就是说，光栅衍射图样是每条单缝的夫琅禾费衍射和多光束干涉的总效果。衍射图样的光强主最大的亮条纹位置按光栅理论由下式决定：

$$(a+b)\sin\varphi_k = k\lambda \quad 或 \quad d\sin\varphi_k = k\lambda \quad (k=0,\pm1,\pm2,\cdots) \tag{5.13.1}$$

式（5.13.1）称为光栅方程式，式中，λ 为入射光波长；k 为主最大明条纹级次；φ_k 为 k 级明条纹的衍射角；“ ± ”表示在中央明条纹（原入射光方向）左右对称分布且有相同级次的主最大明条纹，如图 5.13.2 所示。

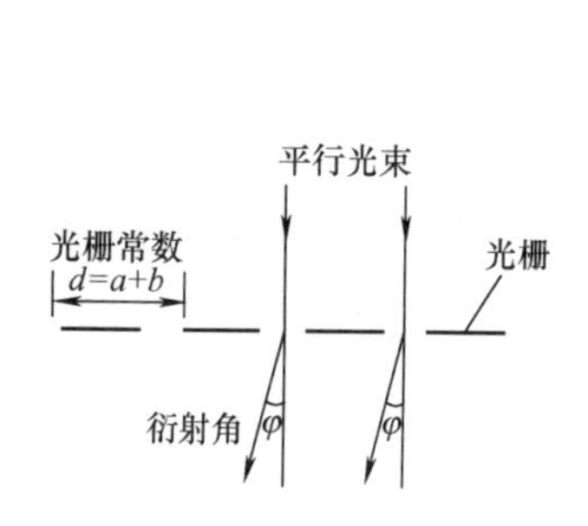

图 5.13.1　光栅结构示意图

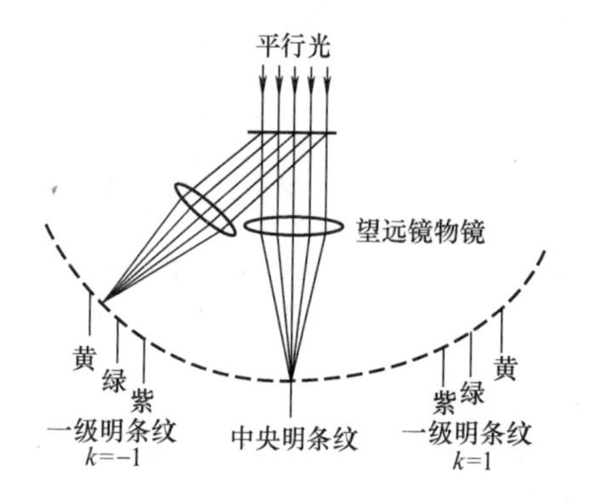

图 5.13.2　衍射光谱

如果入射的不是单色光，由式（5.13.1）可知各种不同波长 λ 因衍射角 φ_k 不同，同一 k 级的复色光将分列在不同位置上，组成一组彩色光谱线，这就是光栅的衍射光谱。如果已知光栅常数 d，用分光仪测出 k 级光谱某一明条纹的衍射角 φ_k，按式（5.13.1）即可算出该明条纹所对应的单色光的波长 λ。这样就可以知道光源中发光物质是何元素了。

实验 5.14　用干涉法测量细丝的直径

任务： 利用干涉法原理测量细丝的直径。

要求： 说明实验原理，画出光路图，推导出测量公式，拟定实验步骤，测定数据并计算。

条件： 所需实验仪器、设备、工具自选。

原理提示： D 为细丝的直径，L 为玻璃片的长度，θ 为两玻璃片的夹角，如图 5.14.1 所示。由于 θ 实际很小，所以在劈尖的上表面处反射的光线和在劈尖下表面处反射的光线都可以看作垂直于劈尖表面，它们在劈尖表面处相遇并相干叠加。由于劈尖层空气的折

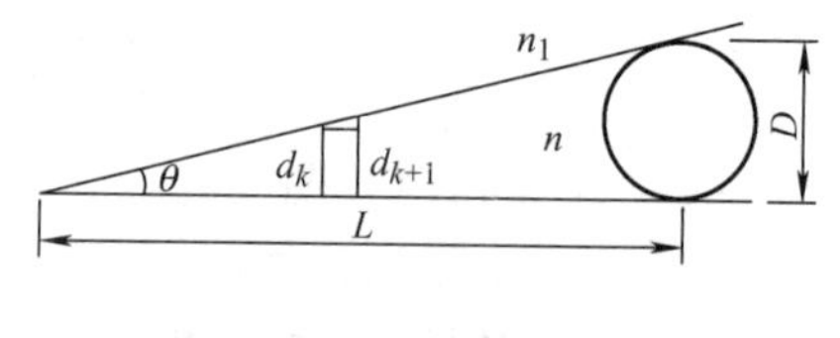

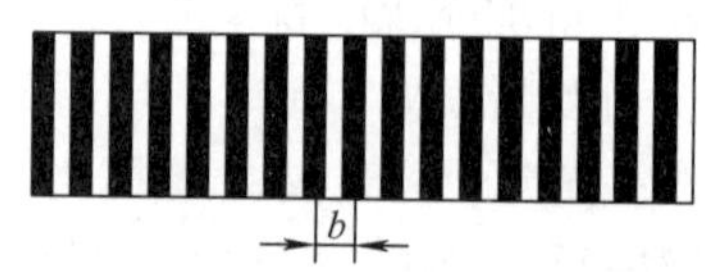

图 5.14.1　劈尖干涉原理图及其现象

射率 n_0 比玻璃的折射率 n_1 小，所以光在劈尖下表面反射时有相位跃变而产生附加光程差 $\lambda/2$。因此，劈尖上、下表面反射的两相干光的总光程差为

$$\Delta d+\frac{\lambda}{2} \tag{5.14.1}$$

式中，d 为劈尖上下表面的距离。

劈尖反射光干涉极大（明纹）的条件为

$$2nd+\frac{\lambda}{2}=k\lambda \quad (k=1,2,3,\cdots) \tag{5.14.2}$$

劈尖反射光干涉极小（暗纹）的条件为

$$2nd+\frac{\lambda}{2}=(2k+1)\frac{\lambda}{2} \quad (k=0,1,2,\cdots) \tag{5.14.3}$$

根据以上讨论，可以得到相邻明纹（或暗纹）处劈尖的厚度差。设第 k 级明纹（或暗纹）处的劈尖的厚度为 d_k，第 $k+1$ 级明纹（或暗纹）处的劈尖的厚度为 d_{k+1}，则

$$d_{k+1}-d_k=\frac{\lambda}{2n} \tag{5.14.4}$$

一般劈尖的夹角 θ 很小，从图5.14.1可以看出，如果相邻两明纹（或暗纹）间的距离为 b，则由

$$\theta\approx\frac{D}{L},\ \theta\approx\frac{\lambda/2n}{b}$$

得

$$D=\frac{\lambda}{2nb}L \tag{5.14.5}$$

因此，若已知劈尖长度 L，光在真空中的波长 λ 和劈尖介质的折射率 n，并测出相邻明纹（或暗纹）间的距离 b，就可以计算出细丝的直径 D。

实验5.15 用偏振光测定玻璃相对空气的折射率

任务： 根据偏振光的性质及产生偏振光的方法，设计一个实验，测出玻璃相对空气的折射率 n。

要求： 说明实验原理，画出光路图，推导出测量公式，拟定实验步骤，测定数据并计算。

条件： 分光仪、检偏器、照明光源，其他所用仪器、工具自选。

原理提示： 如图5.15.1所示，自然光在两种介质（折射率分别为 n_1 和 n_2）的界面处反射和折射，反射光和折射光都是部分偏振光，当入射角改变时，反射光和折射光的偏振化程度也随之改变。

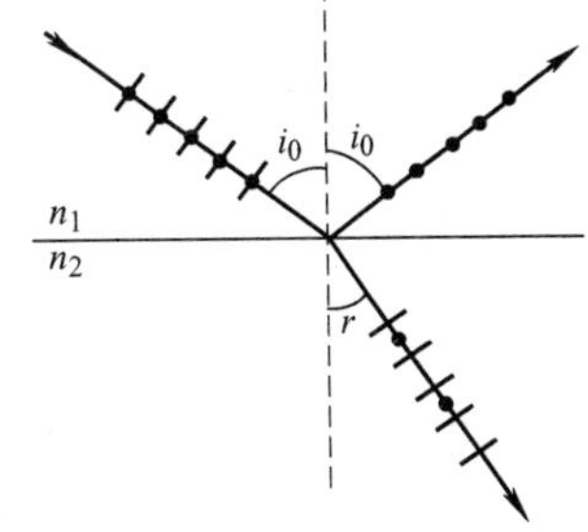

图5.15.1 自然光在两种介质界面处的反射与折射

当入射角 i_0 满足

$$\tan i_0=\frac{n_2}{n_1}$$

时，反射光成为振动方向垂直于入射面的线偏振光，这个规律称布儒斯特定律，i_0 称为布儒斯特角或起偏角，而折射光为部分偏振光。一般介质在空气中的起偏角在53°~58°之间。此方法也可以用来测定物质的折射率。当光线

以起偏角入射时，反射光和折射光的传播方向互相垂直，即 $i_0 + r = 90°$。

实验 5.16　用分光仪测定三棱镜的顶角

任务：设计一实验测定三棱镜的顶角。

要求：说明实验原理，画出光路图，推导出测量公式，拟定实验步骤，测定数据并计算。

条件：待测三棱镜一块、分光仪，其他所需仪器、设备、工具自选。

原理提示：玻璃三棱镜是光学基本元件（见图 5.16.1）。AB 和 AC 是两个透光的光学表面，称为“折射面”，其夹角 α 称为三棱镜的顶角；BC 面一般为毛玻璃面，称为“三棱镜的底面”。

1. 自准直法测量三棱镜的顶角

自准直法测量三棱镜顶角的原理如图 5.16.2 所示。望远镜照明小灯发出的光线垂直入射于三棱镜 AB 面而沿原路反射回来，记下此时光线入射方位 $T_1(\theta_1, \theta_2)$ 两角度值；然后转动望远镜使光线垂直入射于 AC 面，记下沿原路反射回来的方位 $T_2(\theta_3, \theta_4)$ 两角度值，则望远镜转角 φ 和三棱镜顶角 A 分别为

$$\varphi = |T_1 - T_2| = \frac{1}{2}(|\theta_3 - \theta_1| + |\theta_4 - \theta_2|)$$

$$A = 180° - \frac{1}{2}(|\theta_3 - \theta_1| + |\theta_4 - \theta_2|) \tag{5.16.1}$$

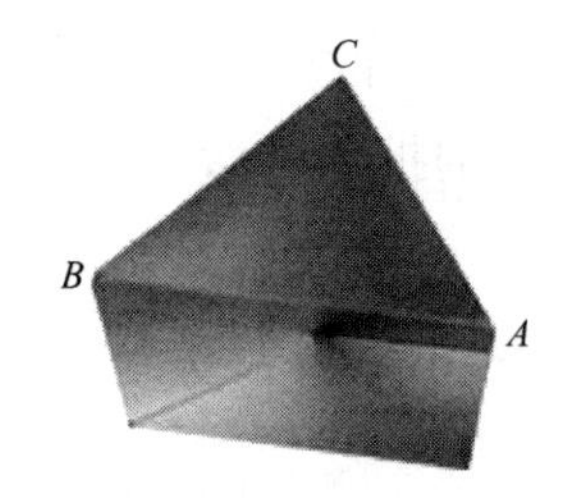

图 5.16.1　玻璃三棱镜

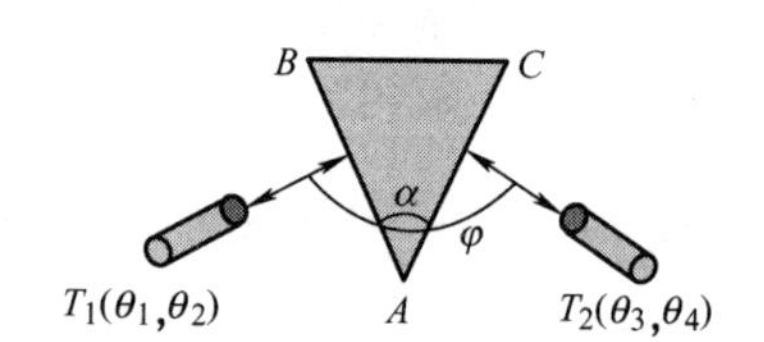

图 5.16.2　自准直法测量三棱镜顶角原理图

将三棱镜按图 5.16.3a 所示的放置方法放到分光计的载物台上。如图 5.16.3b 所示，当在望远镜中看到绿十字像成像在上叉丝的交点时，即表明由望远镜照明小灯发出的光线垂直入射在三棱镜的光学面上，此时即可记下光线的入射方位的角度值。

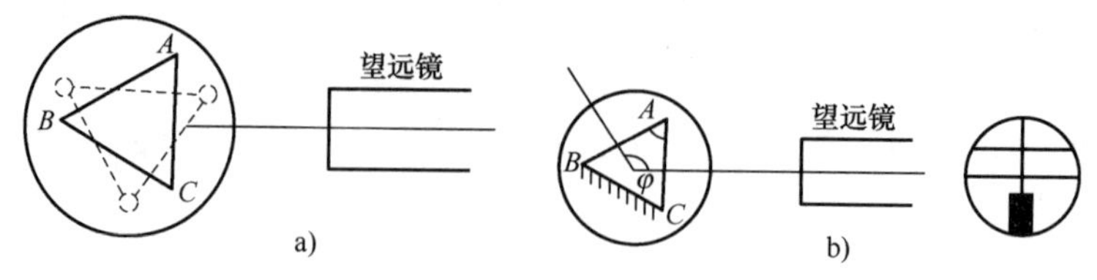

图 5.16.3　自准直法测量三棱镜顶角的示意图

2. 掠射法测三棱镜的顶角

将三棱镜放置在载物台上并离平行光管远些，转动载物台，使三棱镜顶角对准平行光管，让平行光管射出的光束照在三棱镜的两个折射面上（见图 5.16.4a）。将望远镜转至 I 处观测反射光，调节望远镜微调螺钉使望远镜竖直叉丝对准狭缝像中心线。再分别从两个游

标（设左游标为L，右游标为R）读出反射光的方位角θ_L、θ_R，然后将望远镜转至Ⅱ处观测反射光，用相同方法读出反射光的方位角θ'_L、θ'_R。由光路图（见图5.16.4b）可以证明得到

$$\varphi=\angle A+\angle 1+\angle 2$$

$$\angle A=\angle 1+\angle 2$$

$$\angle A=\alpha=\frac{1}{2}\varphi$$

$$a=\frac{\varphi}{2}=\frac{1}{4}(|\theta'_L-\theta_L|+|\theta'_R-\theta_R|) \tag{5.16.2}$$

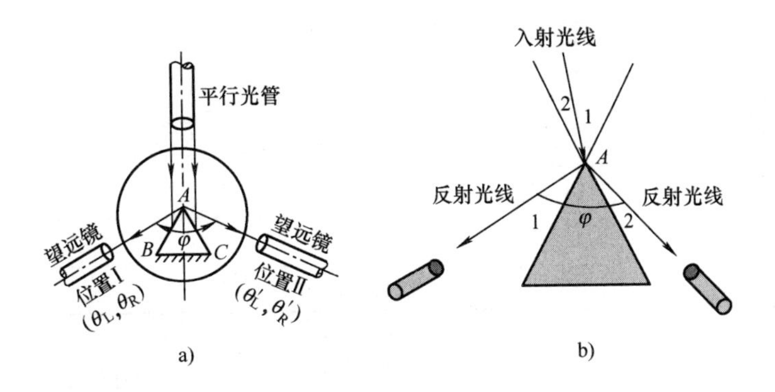

图 5.16.4

a）掠射法测量示意图 b）掠射法光路图

附 录

国际单位制（SI）基本单位

国际单位制以下表中的 7 个单位为基础，这 7 个单位称为国际单位制基本单位。

量的名称	单位名称	单位符号
长度	米	m
质量	千克	kg
时间	秒	s
电流	安［培］	A
热力学温度	开［尔文］	K
物质的量	摩［尔］	mol
发光强度	坎［德拉］	cd

SI 基本单位的定义

米：光在真空中（1/299 792 458）s 时间间隔内所经过路径的长度。［第 17 届国际计量大会（1983）］

千克：国际千克原器的质量。［第 1 届国际计量大会（1889）和第 3 届国际计量大会（1901）］

秒：铯^{133}原子基态的两个超精细能级之间跃迁所对应的辐射的 9 192 631 770 个周期的持续时间。［第 13 届国际计量大会（1967），决议 1］

安培：在真空中，截面积可忽略的两根相距 1m 的无限长平行圆直导线内通以等量恒定电流时，若导线间相互作用力在每米长度上为 2×10^{-7}N，则每根导线中的电流为 1A。［国际计量委员会（1946）决议 2。第 9 届国际计量大会（1948）批准］

开尔文：水三相点热力学温度的 1/273.16。［第 13 届国际计量大会（1967），决议 4］

摩尔：是一系统的物质的量，该系统中所包含的基本单元（原子、分子、离子、电子及其他粒子，或这些粒子的特定组合）数与 0.012kg 碳^{12}的原子数目相等。［第 14 届国际计量大会（1971），决议 3］

坎德拉：是一光源在给定方向上的发光强度，该光源发出频率为 540×10^{12} Hz 的单色辐射，且在此方向上的辐射强度为（1/683）W/sr。［第 16 届国际计量大会（1979），决议 3］

SI 导出单位

导出单位是用基本单位以代数形式表示的单位，术语称为组合单位。这种单位符号中的乘和除采用数学符号。如速度的 SI 单位为米每秒（$m\cdot s^{-1}$）。

对某些 SI 导出单位，国际计量大会通过了专门的名称和符号（见下表）。使用这些专门名称以及用它们表示其他导出单位，往往更为方便、明确。

量的名称	SI 导出单位		
	名　称	符　号	用 SI 基本单位和 SI 导出单位表示
（平面）角	弧度	rad	1rad = 1m/1m = 1
立体角	球面度	sr	$1sr = 1m^2/1m^2 = 1$
频率	赫兹	Hz	$1Hz = 1s^{-1}$
力	牛顿	N	$1N = 1kg\cdot m\cdot s^{-2}$
压力，压强，应力	帕斯卡	Pa	$1Pa = 1N\cdot m^{-2}$

（续）

量的名称	SI 导出单位		
	名　　称	符　　号	用 SI 基本单位和 SI 导出单位表示
能（量），功，热量	焦耳	J	1J = 1N · m
功率，辐射通量	瓦特	W	$1W = 1J \cdot s^{-1}$
电荷（量）	库仑	C	1C = 1A · s
电压，电动势，电势	伏特	V	$1V = 1W \cdot A^{-1}$
电容	法拉	F	$1F = 1C \cdot V^{-1}$
电阻	欧姆	Ω	$1\Omega = 1V \cdot A^{-1}$
电导	西门子	S	$1S = 1\Omega^{-1}$
磁通（量）	韦伯	Wb	1Wb = 1V · s
磁通密度，磁感应强度	特斯拉	T	$1T = 1Wb \cdot m^{-2}$
电感	亨利	H	$1H = 1Wb \cdot A^{-1}$
摄氏温度	摄氏度	℃	1℃ = 1K
光通量	流明	lm	1lm = 1cd · sr
（光）照度	勒克斯	lx	$1lx = 1lm \cdot m^{-2}$

在 SI 单位制中，弧度和球面度（纯系几何单位）称为 **SI 辅助单位**，它们是具有专门名称和符号的量纲，现已并入导出单位。弧度和球面度的定义如下。

弧度：一个圆内两条半径之间的平面角。这两条半径在圆周上截取的弧长与半径相等。

球面度：一个立体角，其顶点位于球心，而它在球面上所截取的面积等于以球半径为边长的正方形的面积。

常用基本物理常量表

物理常数	符　号	数　　值	标准不确定度	单　　位
真空中光速	c	299792458	［精确］	$m \cdot s^{-1}$
引力常量	G	6.67384×10^{-11}	0.00080×10^{-11}	$m^3 \cdot kg^{-1} \cdot s^{-2}$
阿伏伽德罗常量	N_A	$6.02214129 \times 10^{23}$	$0.00000027 \times 10^{23}$	mol^{-1}
摩尔气体常数	R	8.3144621	0.0000075	$J \cdot mol^{-1} \cdot K^{-1}$
重力加速度	g	9.80665	［精确］	$m \cdot s^{-2}$
玻尔兹曼常量	k	$1.3806488 \times 10^{-23}$	$0.0000013 \times 10^{-23}$	$J \cdot K^{-1}$
斯特藩-波尔兹曼常量	σ	5.670373×10^{-8}	0.000021×10^{-8}	$W \cdot m^{-2} \cdot K^{-4}$
理想气体摩尔体积（273.15K，101.325kPa）	V_m	22.413968×10^{-3}	0.000020×10^{-3}	$m^3 \cdot mol^{-1}$
元电荷（基本电荷）	e	$1.602176565 \times 10^{-19}$	$0.000000035 \times 10^{-19}$	C
原子质量单位	u	$1.660538921 \times 10^{-27}$	$0.000000073 \times 10^{-27}$	kg
电子静止质量	m_e	$9.10938291 \times 10^{-31}$	$0.00000040 \times 10^{-31}$	kg
电子荷质比	$-e/m_e$	$-1.758820088 \times 10^{11}$	$0.000000039 \times 10^{11}$	$C \cdot kg^{-1}$
质子静止质量	m_p	$1.672621777 \times 10^{-27}$	$0.000000074 \times 10^{-27}$	kg
中子静止质量	m_n	$1.674927351 \times 10^{-27}$	$0.000000074 \times 10^{-27}$	kg
法拉第常数	F	96485.3321	0.0043	$C \cdot mol^{-1}$

（续）

物理常数	符号	数值	标准不确定度	单位
真空电容率	ε_0	$8.854187817\cdots\times10^{-12}$	[精确]	$F\cdot m^{-1}$
真空磁导率	μ_0	$4\pi\times10^{-7}=12.566370614$	[精确]	$N\cdot A^{-2}$
电子磁矩	μ_e	$-928.476430\times10^{-26}$	0.000021×10^{-26}	$J\cdot T^{-1}$
质子磁矩	μ_p	$1.410606743\times10^{-26}$	$0.000000033\times10^{-26}$	$J\cdot T^{-1}$
玻尔半径	a_0	$5.2917721092\times10^{-11}$	$0.0000000017\times10^{-11}$	m
玻尔磁子	μ_B	9.27400968×10^{-24}	0.00000020×10^{-24}	$J\cdot T^{-1}$
核磁子	μ_N	5.05078353×10^{-27}	0.00000011×10^{-27}	$J\cdot T^{-1}$
普朗克常量	h	6.62606957×10^{-34}	0.00000029×10^{-34}	$J\cdot s$
精细结构常数	α	$7.2973525698\times10^{-3}$	$0.0000000024\times10^{-3}$	—
里德伯常量	R_∞	10973731.568539	0.000055	m^{-1}
康普顿波长	λ_C	$2.4263102389\times10^{-12}$	$0.0000000016\times10^{-12}$	m
磁通量子	Φ_0	$2.067833758\times10^{-15}$	$0.000000046\times10^{-15}$	Wb

常用晶体及光学玻璃折射率表

物质名称	分子式或符号	折射率
熔凝石英	SiO_2	1.458 43
氯化钠	NaCl	1.544 27
氯化钾	KCl	1.490 44
萤石	CaF_2	1.433 81
冕牌玻璃	K6	1.511 10
	K8	1.515 90
	K9	1.516 30
重冕玻璃	ZK6	1.612 63
	ZK8	1.614 00
钡冕玻璃	BaK2	1.539 88
火石玻璃	F1	1.603 28
钡火石玻璃	BaF8	1.625 90
重火石玻璃	ZF1	1.647 52
	ZF5	1.739 77
	ZF6	1.754 96

液体折射率表

物质名称	分子式	密度	温度/℃	折射率
丙酮	CH_3COCH_3	0.791	20	1.359 3
甲醇	CH_3OH	0.794	20	1.329 0
乙醇	C_2H_5OH	0.800	20	1.361 8
苯	C_6H_6	1.880	20	1.501 2

（续）

物质名称	分子式	密度	温度/℃	折射率
二硫化碳	CS_2	1.263	20	1.627 6
四氯化碳	CCl_4	1.591	20	1.460 7
三氯甲烷	$CHCl_3$	1.489	20	1.446 7
乙醚	$C_4H_{10}O$	0.715	20	1.353 8
甘油	$C_3H_8O_3$	1.260	20	1.473 0
松节油	—	0.87	20.7	1.472 1
橄榄油	—	0.92	0	1.476 3
水	H_2O	1.00	20	1.333 0

晶体的折射率 n_o 和 n_e

物质名称	分子式	n_o	n_e
冰	H_2O	1.313	1.309
氟化镁	MgF_2	1.378	1.390
石英	SiO_2	1.544	1.553
方镁石	$MgO \cdot H_2O$	1.559	1.580
锆石	$ZrO_2 \cdot SiO_2$	1.923	1.968
硫化锌	ZnS	2.356	2.378
方解石	$CaCO_3$	1.658	1.486
钙黄长石	$2CaO \cdot Al_2O_3 \cdot SiO_2$	1.669	1.658
菱镁矿	$ZnO \cdot CO_2$	1.700	1.509

常用物质的熔点、熔解热、沸点和汽化热

物质	熔点/℃	熔解热/cal·g^{-1}①	沸点/℃	汽化热/cal·g^{-1}
乙醇	-114	23.54	78	204
二硫化碳	-112	45.3	46.25	84
氨	-77.7	81.3	-33	327
松节油	-10	80	160	539
冰	0	36	100	1505
萘	80	33	218	50.5
生铁	110 0~120 0	8	2450	93
一氧化碳	-200	46.68	-190	263
醋酸	16.6	16.4	118.3	104
甲醇	-97.1	20.95	64.7	94
苯胺	-6.24	30.24	184.3	124
苯	5.48		82.2	
丙酮	-96.5		56.1	

① cal（卡）是非法定计量单位，1cal = 4.186 8J。——编辑注

常用材料的弹性模量、切变模量和泊松比

材 料 名 称	弹性模量 E/GPa	切变模量 G/GPa	泊松比 μ
碳钢	196～206	79	0.24～0.28
纯铜	127	48	—
锌	82	31	0.27
铝	68	25～26	0.32～0.36
铅	17	7	0.42
玻璃	55	22	0.25
橡胶	0.007 84	—	0.47
尼龙	28.3	10.1	0.4
高压聚乙烯	0.15～0.25	—	—
低压聚乙烯	0.49～0.78	—	—
聚丙烯	1.32～1.42	—	—

常用物质密度表

材 料 名 称	密度/g · cm^{-3}	材 料 名 称	密度/g · cm^{-3}
水	1.00	玻璃	2.60
冰	0.92	金	19.30
乙醇	0.79	银	10.50
水银（汞）	13.60	铜	8.90
汽油	0.75	铁	7.86
柴油	0.85	铅	11.40
煤油	0.8	锌	7.10
浓硫酸	1.84	铝	2.70
海水	约 1.03	白金（铂）	21.5
人体	约 1.07	金刚石	3.5
空气	0.001 29	氢气	0.000 09
氦气	0.000 18	氧气	0.001 43
氮气	0.001 25	氯气	0.003 21
二氧化碳	0.001 98	一氧化碳	0.001 25
煤气	0.000 60		

在不同温度下与空气接触的水的表面张力系数 σ

温度/℃	σ/10^{-3}N · m^{-1}	温度/℃	σ/10^{-3}N · m^{-1}	温度/℃	σ/10^{-3}N · m^{-1}
0	75.62	16	73.34	30	71.15
5	74.90	17	73.20	40	69.55
6	74.76	18	73.05	50	67.90
8	74.48	19	72.89	60	66.17
10	74.20	20	72.75	70	64.41
11	74.07	21	72.60	80	62.60
12	73.92	22	72.44	90	60.74
13	73.78	23	72.28	100	58.84
14	73.64	24	72.12		
15	73.48	25	71.96		

在 20℃时与空气接触的液体的表面张力系数 σ

液　　体	$\sigma/10^{-3}\text{N}\cdot\text{m}^{-1}$	液　　体	$\sigma/10^{-3}\text{N}\cdot\text{m}^{-1}$
石油	30	甘油	63
煤油	24	水银	513
松节油	28.8	蓖麻油	36.4
水	72.75	乙醇	22.0
肥皂溶液	40	乙醇（在 60℃时）	18.4
氟利昂—12	9.0	乙醇（在 0℃时）	24.1

水在不同温度下的密度、黏度和介电常数

温度 t/℃	密度 $\rho/\text{g}\cdot\text{cm}^{-3}$	黏度 $\eta/(10^{-3}\text{Pa}\cdot\text{s})$	介电常数/$\text{F}\cdot\text{m}^{-1}$
0	0.999 84	—	87.90
5	0.999 965	1.518 8	85.90
10	0.999 700	1.309 7	83.95
20	0.998 203	1.008 7	80.18
30	0.995 646	0.800 4	76.58
40	0.992 22	0.653 1	73.15
50	0.988 04	0.549 2	69.88
60	0.983 20	0.469 7	66.76
70	0.977 77	0.406 0	63.78
80	0.971 79	0.355 0	60.93
90	0.965 31	0.314 8	58.20
100	0.958 36	0.282 5	55.58

某些液体的黏度 η

液　　体	温度/℃	$\eta/(\mu\text{Pa}\cdot\text{s})$	液　　体	温度/℃	$\eta/(\mu\text{Pa}\cdot\text{s})$
汽油	0	1 788	甘油	−20	134 × 106
	18	530		0	121 × 105
甲醇	0	817		20	1 499 × 103
	20	584		100	12 945
乙醇	−20	2 780	蜂蜜	20	650 × 104
	0	1 780		80	100 × 103
	20	1 190	鱼肝油	20	45 600
乙醚	0	296		80	4 600
	20	243	水银	−20	1 855
变压器	20	19 800		0	1 685
蓖麻油	10	242 × 104		20	1 554
葵花籽油	20	50 000		100	1 224

材料的线膨胀系数（$\times10^{-1}℃^{-1}$）

材料名称	温度范围/℃						
	20	20 ~ 100	20 ~ 200	20 ~ 300	20 ~ 400	20 ~ 600	20 ~ 700
纯铜	—	17.2	17.5	17.9	—	—	—
黄铜	—	17.8	16.8	20.9	—	—	—
碳钢	—	10.6 ~ 12.2	11.3 ~ 13	12.1 ~ 13.5	12.9 ~ 13.9	13.5 ~ 14.3	14.7 ~ 15
铬钢	—	11.2	11.8	12.4	13	13.6	—
铸铁	—	8.7 ~ 11.1	8.5 ~ 11.6	10.1 ~ 12.2	11.5 ~ 12.7	12.9 ~ 13.2	—
镍铬合金	—	14.5	—	—	—	—	—
砖	9.5	—	—	—	—	—	—
混凝土	10 ~ 14	—	—	—	—	—	—
硬橡皮	64 ~ 77	—	—	—	—	—	—
玻璃	—	4 ~ 11.5	—	—	—	—	—
赛璐珞	—	100	—	—	—	—	—
有机玻璃	—	130	—	—	—	—	—
铝合金	—	22.0 ~ 24.0	23.4 ~ 24.8	24.0 ~ 25.9	—	—	—

金属电阻率及其温度系数

物　质	电阻率 $\rho/10^{-8}\Omega\cdot m$	电阻温度系数 $\alpha_\rho/℃^{-1}$
银	1.586	0.0038
铜	1.678	0.00393
金	2.40	0.00324
铝	2.65	0.00429
钙	3.91	0.00416
铍	4.0	0.025
镁	4.45	0.0165
钨	5.65	0.0048
锌	5.20	0.00419
铁	9.71	0.00651
铂	10.6	0.00374
锡	11.0	0.0047
铅	20.7	0.00376
康铜	0.48	0.000050
新康铜	0.48	0.000050
镍铬	1.09	0.000070
镍铬铁	1.12	0.000150
铁铬铝	1.26	0.000120

金属超导体的临界温度

物　质	临界温度 t/K	物　质	临界温度 t/K
钨（W）	0.012	铊（Tl）	2.39
铪（Hf）	0.134	铟（In）	3.403 5
铱（Ir）	0.140	锡（Sn）	3.722
钛（Ti）	0.39	汞（Hg）	4.153
钌（Ru）	0.49	钽（Ta）	4.483 1
锆（Zr）	0.546	镧（La）	4.92
镉（Cd）	0.56	钒（V）	5.30
锇（Os）	0.655	铅（Pb）	7.193
铀（U）	0.68	锝（Tc）	8.22
锌（Zn）	0.75	铌（Nb）	9.25
钼（Mo）	0.92	铌三铝（Nb_3Al）	17.2
镓（Ga）	1.091	铌三锗（Nb_3Ge）	22.5
铝（Al）	1.196	铌三锡（Nb_3Sn）	18
钍（Th）	1.368		
镤（Pa）	1.4		
铼（Re）	1.698		

固体导热系数 λ

物质	温度/K	$\lambda/10^2 W \cdot m^{-1}K^{-1}$	物质	温度/K	$\lambda/10^2 W \cdot m^{-1}K^{-1}$
银	273	4.18	康铜	273	0.22
铝	273	2.38	不锈钢	273	0.14
金	273	3.11	镍铬合金	273	0.11
铜	273	4.0	软木	273	0.3×10^{-3}
铁	273	0.82	橡胶	298	1.6×10^{-3}
黄铜	273	1.2	玻璃纤维	323	0.4×10^{-3}

不同温度时水的比热容

（单位：$J \cdot kg^{-1} \cdot K^{-1}$）

温度/℃	0	10	20	30	40	50	60	70	80	90	99
比热容	4 217	4 192	4 182	4 178	4 178	4 180	4 184	4 189	4 196	4 205	4 215

固体的比热容

（单位：$kJ \cdot kg^{-1} \cdot K^{-1}$）

物　质	比　热　容	物　质	比　热　容
金	0.13	铅	0.13
银	0.24	钙	0.66
铜	0.39	碳	0.51
铁	0.45	铬	0.45
锌	0.39	钴	0.43
铝	0.90	锂	3.6

（续）

物　质	比　热　容	物　质	比　热　容
钢	0.46	镁	1.0
镍	0.46	锰	0.48
锡	0.23	钠	1.3
钾	0.76	硬橡胶	1.67
钨	0.13	玻璃	0.84
铀	0.12	花岗岩	0.80
钛	0.52	石膏	1.1
黄铜	0.38	冰	2.2
康铜	0.41	云母	0.88
伍德合金	0.15	石蜡	2.1 ~ 2.9
石棉	0.84	尼龙	1.8
砖	0.80	聚乙烯	2.1
混凝土	0.92	瓷器	0.8
软木	1.7 ~ 2.1	木材（松）	2.4

气体的质量定压热容 c_p 和质量定压热容与质量定容热容之比 c_p/c_V

物　质	$c_p/10^3\ \mathrm{J \cdot kg^{-1} \cdot K^{-1}}$	c_p/c_V	物　质	$c_p/10^3\ \mathrm{J \cdot kg^{-1} \cdot K^{-1}}$	c_p/c_V
空气	1.01	1.40	氦	5.2	1.66
氨	2.05	1.31	氖	1.03	1.64
二氧化碳	0.82	1.30	氩	0.52	1.67
一氧化碳	1.04	1.40	氪	0.81	1.41
氯	0.50	1.35	甲烷	2.21	1.30
氮	1.04	1.40	乙烷	1.73	1.21
氧	0.92	1.40	乙烯	1.51	1.18
氢	1.42	1.41	乙炔	1.68	1.23

某些场合下光照度的值 E　　（单位：lx）

场合	E
无月夜天光在地面上	3×10^6
接近天顶的满月在地面上	0.2
电影院的银幕上	20 ~ 80
阅读	50
书写工作，缝纫	75
制图，修理钟表，雕刻制版	100
晴朗的夏日在采光良好的室内	100 ~ 500
太阳不直接照到的露天地面	$10^3 \sim 10^5$
正午露天地面（中纬度地区）	10^5

不同纬度海平面的重力加速度和秒摆的长度

纬 度	重力加速度 $g/cm \cdot s^{-2}$	秒摆长度 l/cm
0	978.039	99.0961
5	978.078	99.1000
10	978.195	99.1119
15	978.384	99.1310
20	978.641	99.1571
25	978.960	99.1894
30	979.329	99.2268
35	979.737	99.2681
40	980.171	99.3121
45	980.621	99.3577
50	981.071	99.4033
55	981.507	99.4475
60	981.918	99.4891
65	982.288	99.5266
70	982.608	99.5590
75	982.868	99.5854
80	983.059	99.6047
85	983.178	99.6168
90	983.217	99.6207

固体和液体中的声速

（单位：$m \cdot s^{-1}$）

物 质	声 速	物 质	声 速
铍	12 890	铅	2 160
铝	6 420	石英	5 968
钼	6 250	玻璃	3 980 ~ 5 640
钛	6 070	树脂	2 680
镍	6 040	尼龙	2 620
铁	5 960	聚乙烯	1 950
镁	5 770	橡胶	1 550 ~ 1 830
钨	5 410	榆木	4 120
铜	5 010	甘油	1 904
锌	4 210	海水	1 531
银	3 650	水	1 496.7
铂	3 260	煤油	1 324
锡	3 320	蓖麻油	1 477
金	3 240	松节油	1 255

常用光源的谱线波长表

（单位：nm）

一、H（氢）

656.28 红
486.13 绿蓝
434.05 蓝
410.17 蓝紫
397.01 蓝紫

二、He（氦）

706.52 红
667.82 红
587.56（D3）黄
501.57 绿
492.19 绿蓝
471.31 蓝

二、He（氦）

447.15 蓝
402.62 蓝紫
388.87 蓝紫

三、Ne（氖）

650.65 红
640.23 红
638.30 红
626.25 红
621.73 橙
614.31 橙
588.19 黄
585.25 黄

四、Na（钠）

589.592（D1）黄
588.995（D2）黄

五、Hg（汞）

623.44 红
579.07 黄
576.96 黄
546.07 绿
491.60 绿蓝
435.83 蓝
407.78 蓝紫
404.66 蓝紫

六、He-Ne 激光

632.8 红

铜-康铜热电偶的温差电动势（自由端温度 0℃）

（单位：mV）

康铜的温度	铜的温度/℃										
	0	10	20	30	40	50	60	70	80	90	100
0	0.000	0.389	0.787	1.194	1.610	2.035	2.468	2.909	3.357	3.813	4.277
100	4.227	4.749	5.227	5.712	6.204	6.702	7.207	7.719	8.236	8.759	9.288
200	9.288	9.823	10.363	10.909	11.459	12.014	12.575	13.140	13.710	14.285	14.864
300	14.864	15.448	16.035	16.627	17.222	17.821	18.424	19.031	19.642	20.256	20.873

几种标准温差电偶

名　称	分度号	100℃时的电动势/mV	使用温度范围/℃
铜—康铜	CK	4.26	−200～300
镍铬—康铜	EA—2	6.95	−200～800
镍铬—镍硅	EV—2	4.10	1200
铂铑—铂	LB—3	0.643	1600
铂铑—铂铑	LL—2	0.034	1800

参考文献

[1] 张三慧. 大学物理学 [M]. 3 版. 北京: 清华大学出版社, 2008.
[2] 胡林, 余克俭. 大学物理实验教程 [M]. 北京: 机械工业出版社, 2002.
[3] 朱鹤年. 新概念基础物理实验讲义 [M]. 北京: 清华大学出版社, 2013.
[4] 李治学, 等. 近代物理实验 [M]. 北京: 科学出版社, 2007.
[5] 马科斯·玻恩, 埃米尔·沃耳夫. 光学原理 [M]. 7 版. 杨葭荪, 译. 北京: 电子工业出版社, 2009.
[6] 肖明耀. 误差理论与应用 [M]. 北京: 中国计量出版社, 1985.
[7] 王卫兵. 传感器技术及其应用实例 [M]. 北京: 机械工业出版社, 2013.
[8] 贾克军, 张建志, 丁振君, 等. 电学计量 [M]. 2 版. 北京: 中国计量出版社, 2010.
[9] 赵凯华, 罗蔚茵. 新概念物理教程: 量子物理 [M]. 2 版. 北京: 高等教育出版社, 2008.
[10] 母国光, 战元令. 光学 [M]. 北京: 人民教育出版社, 1978.
[11] 褚圣麟. 原子物理学 [M]. 北京: 人民教育出版社, 1979.
[12] 黄昆. 固体物理学 [M]. 北京: 高等教育出版社, 1988.
[13] 张映辉. 大学物理实验 [M]. 北京: 机械工业出版社, 2010.
[14] 张飞雁, 黄水平, 李志芳, 等. 综合与近代物理实验 [M]. 北京: 机械工业出版社, 2012.
[15] 李长江. 物理实验 [M]. 北京: 化学工业出版社, 2002.
[16] 孟庆云. 物理实验 [M]. 北京: 化学工业出版社, 2009.
[17] P R 贝文顿. 数据处理和误差分析 [M]. 北京: 知识出版社, 1988.
[18] 费业泰. 误差理论与数据处理 [M]. 6 版. 北京: 机械工业出版社, 2010.
[19] 吴泳华, 霍剑青, 浦其荣. 大学物理实验 [M]. 北京: 高等教育出版社, 2005.
[20] 周炳琨, 高以智, 陈峥嵘, 等. 激光原理 [M]. 6 版. 北京: 国防工业出版社, 2010.
[21] 赵凯华, 陈熙谋. 电磁学 [M]. 北京: 高等教育出版社, 1985.
[22] 吴胜举. 声学测量原理与方法 [M]. 北京: 科学出版社, 2014.
[23] 张雄, 等. 物理实验设计与研究 [M]. 北京: 科学出版社, 2001.
[24] 谢超然. 大学物理实验 [M]. 北京: 机械工业出版社, 2015.